全国高等学校教材

建筑节能概论

张志刚　常　茹　李　岩　主编

天津大学出版社
TIANJIN UNIVERSITY PRESS

内容提要

本书包括绪论和十章内容，主要介绍了建筑节能的含义与意义、建筑节能途径与措施、建筑节能标准与法规，建筑节能原理与方法，保温隔热（绝热）材料，建筑围护结构节能技术，照明节能技术，节能型建筑设备系统，建筑设备系统的运行节能，热源及供热系统节能技术，可再生能源在建筑中的利用，分布式能源等。侧重于工程实际应用，图文并茂，取材广泛，内容较为翔实，深入浅出，实用性较强。

本书可作为土木工程、建筑学、景观建筑设计、热能与动力工程、安全工程、建筑环境与设备工程、电气工程等专业的教材和参考书，还可供相关专业工程技术人员及从事房地产开发、施工与运行管理人员、室内装饰、物业管理等人员参考。

图书在版编目(CIP)数据

建筑节能概论/张志刚，常茹主编．—天津：天津大学出版社，2011．9

ISBN 978－7－5618－4183－9

Ⅰ．①建… Ⅱ．①张…②常… Ⅲ．①建筑－节能 Ⅳ．①TU111．4

中国版本图书馆CIP数据核字(2011)第214680号

出版发行 天津大学出版社
出 版 人 杨欢
地　　址 天津市卫津路92号天津大学内（邮编：300072）
电　　话 发行部：022—27403647　邮购部：022—27402742
网　　址 http://publish.tju.edu.cn
印　　刷 河北省昌黎县第一印刷厂
经　　销 全国各地新华书店
开　　本 185mm×260mm
印　　张 17.5
字　　数 437千
版　　次 2011年10月第1版
印　　次 2011年10月第1次
印　　数 1—3000
定　　价 35.00元

前　言

能源是发展国民经济、改善人民生活水平的重要物质基础。自20世纪70年代爆发全球性能源危机以来，世界各国相继开展了能源的综合利用与节约工作，掀起了节能的高潮。在社会总能耗中，建筑能耗已成为一个国家总能耗的重要组成部分，建筑节能的重要性越来越引起人们的关注。建筑节能是贯彻可持续发展战略、实现国家节能规划目标、减排温室气体的重要措施，符合全球发展趋势。

我国是一个发展中国家，人口众多，人均能源资源相对匮乏。随着全面建设小康社会的逐步推进，建设事业迅猛发展，建筑能耗迅速增长。国民经济要实现可持续发展，推行建筑节能势在必行。我国政府极其重视建筑节能工作，各相关科研单位在建筑节能领域中做了大量的工作，取得了很多科研成果。

本书在编写过程中参照了国家有关现行法规和标准，力求在内容上能够全面地覆盖当前建筑节能领域的研究内容及最新研究成果，体现全书内容的系统性和实用性特点。本书可供从事本学科领域的教学、设计、生产的科技和管理人员及大专院校的师生作参考。

本书由天津城市建设学院张志刚、常茹、李岩主编，参加编写的人员有张志刚（第1章）、李军（第2、6、10章）、常茹（第3、4、5、9章）、李岩（第7、8章），全书统稿工作由常茹完成。香港理工大学屋宇设备工程学系杨洪兴教授、天津市人防建筑科研设计院副总工程师向天游教授级高工审阅了本书并提出了许多宝贵意见，在此表示衷心的感谢。另外，天津城市建设学院能源与机械工程系研究生李艳、刘丽玉、张伟、李文博、刘贤崇、鲁丹、张灿、寥城、段月强、陈浩、满虹等参与了收集资料和绘制插图等工作，在此一并表示感谢。

由于编者水平有限，编写时间仓促，书中难免会存在不当和错误之处，恳请广大读者给予评判指正，并提出宝贵意见，以便再版时进行补充和修正。

编者

2011年6月

目　　录

第1章 绪 论

能源是整个世界发展和经济增长的最基本的动力，是人类赖以生存的物质基础。自工业革命以来，能源安全问题就开始出现。在全球经济高速发展的今天，能源安全问题已上升到了国家高度，各国都制定了以能源供应安全为核心的能源政策。此后30多年里，在稳定的能源供应支持下，世界经济规模取得了较大增长。但是，人类在享受能源带来的经济发展、科技进步等利益的同时，也遇到一系列无法避免的能源安全挑战，能源短缺、资源争夺以及过度使用能源造成的环境污染等问题威胁着人类的生存与发展。

那么，什么是能源呢？

能源是指可以直接获取能量或经过加工转换获取能量的各种资源。在自然界天然存在的、可以直接获得而不改变其基本形态的能源称为一次能源，包括煤炭、原油、天然气、煤层气、水能、核能、风能、太阳能、地热能、生物质能等。将一次能源经加工改变其形态的能源产品称为二次能源，包括电力、热力、各种石油制品、氢能、沼气等。

当今世界中，能源的发展，能源和环境，是全世界、全人类共同关心的问题，也是我国社会经济发展的重要问题。

1.1 建筑节能的含义与意义

能源问题是当今世界各国普遍重视的问题，被公认为人类面临的四大生存问题之一。而在能源消耗中，作为人类活动基本场所的建筑，其使用过程中所消耗的能量，称为建筑能耗，包括采暖、空调、通风、热水、炊事、照明、家用电器、电梯和建筑相关设备等方面能耗，目前这部分能耗在社会总能耗中占有很大的比例：对于西方发达国家，建筑能耗占社会总能耗的30%～50%；我国建筑能耗目前已占社会总能耗的30%左右，随着人们生活质量的改善，居住舒适度要求的提高，建筑能耗所占比例还将不断上升，并有逐步提高到35%的趋势。它与工业、农业、交通运输能耗并列，是主要的民生能耗。因此，节约能源便成为当今社会可持续发展的重要措施。

显而易见，就节约能源而言，建筑节能无疑是节约能源最有效的途径之一。发达国家在20世纪70年代石油危机之后都已认识到建筑节能问题的严峻性，普遍将建筑节能作为国家的基本政策。40多年来，各国在新建建筑设计和施工、既有建筑的节能改造、建筑运行节能管理方面结合本国的能源情况，相继推出一系列建筑节能法律法规和标准，并制定了相应的监督、激励政策以保障法规和标准的有效实施，这些举措使发达国家在建筑节能领域取得了瞩目的成就。

节能是指加强用能管理，采取技术上可行、经济上合理以及环境和社会可以承受的措施，从能源生产到消费的各个环节，降低消耗、减少损失和污染物排放、制止浪费，有效、合理地利用能源。

所谓建筑节能，就是在满足居住舒适度要求的前提下，在建筑中使用隔热保温的新型墙体材料和高能效比的采暖、空调和照明设备，达到节约能源、减少能耗、提高能源利用效率之目的。亦即通过采取合理的建筑设计和选用符合节能要求的墙体材料、屋面隔热材料、门窗、空调等措施，使所建造的房屋，与没有采取节能措施的房屋相比，在保证相同的室内热舒适环境条件下，可以提高能源利用效率，减少建筑能耗。

建筑节能具体指在建筑物的规划、设计、新建（改建、扩建）、改造和使用过程中，执行节能标准，采用节能型的技术、工艺、设备、材料和产品，提高保温隔热性能和采暖供热、空调制冷制热系统效率，加强建筑物用能系统的运行管理，利用可再生能源，在保证室内热环境质量的前提下，减少供热、空调制冷制热、照明、热水供应的能耗。

世界上“建筑节能”的概念曾有过不同的含义，自从1973年发生世界性石油危机以后的30多年里，在发达国家中，它的说法已经经历了三个发展阶段：最初被称为“建筑节能”（Energy efficiency in buildings）；但不久即改为“在建筑中保持能源”（Energy conservation in buildings），意思是减少建筑中能量的散失；近来则普遍称作“提高建筑中的能源利用效率”，也就是说，并不是消极意义上的节省，而是从积极意义上提高利用效率。在中国，现在仍然通称为建筑节能，但其含义应该进到第三层意思，即在建筑中合理使用和有效利用能源，不断提高能源利用效率。

建筑节能的范围界定，国内过去较多的说法是，包括建筑材料生产、建筑施工和建筑物使用几个方面的能耗，这种说法，将建筑用能涵盖了工业生产和民用生活的不同领域，从而与国际上通行的统计口径不符。近来，经过认真研究，大家认为，我国建筑用能的范围，应该与发达国家取得一致，即建筑能耗应指建筑使用能耗，其中包括采暖、空调、热水供应、炊事、照明、家用电器等方面的能耗。在国际上，它与工业、农业、交通运输能耗并列，属于民生能耗，一般占全国总能耗的30%左右。由于建筑用能关系国计民生，量大面广，节约建筑用能，是牵涉国家全局和人类前途、影响深远的大事情。

能源是发展国民经济、改善人民生活水平的重要物质基础。随着我国经济的发展，人民生活水平的提高，全国建筑能耗呈稳步上升的趋势，但我国能源生产的增长长期滞后于国内生产总值的增长速度，能源短缺是制约国民经济发展的根本性因素，加大了我国能源压力，制约着国民经济的可持续发展，因此降低建筑能耗、节约能源是发展国民经济的客观需要，建筑节能工作亦是刻不容缓的。

建筑节能是缓解能源紧缺矛盾、改善人民生活工作条件、减轻环境污染、促进经济可持续发展的一项最直接、最有效的措施，也是深化经济体制改革的一个重要组成部分。

目前，我国建筑采暖能源以煤炭为主，采暖燃煤排放二氧化碳每年约1.9亿t，排放二氧化硫每年近300万t，采暖期城市污染指标普遍超过标准，造成严重大气污染环境。以二氧化碳（CO_2）为主的温室气体，严重危害人类生存环境；烟尘、二氧化硫和氮氧化物也是呼吸道疾病、肺癌等许多疾病的根源，环境酸化、酸雨也是破坏森林、损坏建筑物的罪魁祸首。显然，建筑节能，可大幅度降低建筑能耗，减少有害物质的排放。提高建筑节能效果，是改善大气环境的重要措施。

适宜的室内热环境，可使人体易于保持平衡，从而使人产生舒适感。节能建筑则可改善室内环境，做到冬暖夏凉。对符合节能要求的采暖居住建筑，其采暖能耗仅为非节能建筑的一半左右，且冬季室内温度可保持在18 ℃左右，并使围护结构内表面保持较高的温度，从而避免其结露、长霉，显著改善冬季室内热环境。由于节能建筑围护结构传热系数较小，对夏季隔热也极为有利，室内热舒适度大为提高。

我国原有建筑及每年新建建筑数量巨大，加之居住人口众多，建筑能耗占全国总能耗的30%以上，特别是高能耗建筑大量建造，建筑能耗的增长远高于能源生产的增长速度，尤其是电力、燃气、热力等优质能源的需求急剧增加，鉴于建筑用能的严重浪费，抓紧建筑节能工作将对国民经济可持续发展具有重大意义。

1.2 建筑节能途径与措施

为提高建筑使用能源的利用效率，改善居住热舒适条件，促进城乡建设、国民经济和生存环境的协调发展，住房和城乡建设部提出建筑节能的发展目标。

第一步目标：1996 年以前，新建采暖居住建筑在 1980—1981 年当地通用设计能耗水平的基础上普遍降低 30%，即节能率 30%。

第二步目标：1996 年起，在达到第一阶段要求的基础上再节能 30%，即节能率 50%。

第三步目标：2005 年起，在达到第二阶段要求的基础上再节能 30%，即节能率 65%。

此外，对采暖地区既有建筑的节能改造，集中供热的民用建筑实行按表计量收费，新建采暖公共建筑及夏热冬冷地区民用建筑的节能等，也提出了发展目标。

建筑节能的途径可以从以下几个方面来考虑：

①政府出台一系列建筑节能政策、法规、规章，对建筑节能提出明确的规定和要求；

②制定一系列标准，形成建筑节能的标准体系，为建筑节能提供可靠的技术依据；

③研发建筑节能技术和产品，特别是建筑外墙、屋顶和门窗的保温隔热以及采暖系统方面的节能产品，使建筑围护结构的保温隔热性能和供热采暖系统的效率得到大幅度提高；

④以试点示范工作为载体，大力推广节能建筑。

目前主要采取的建筑节能措施有如下几个方面。

1. 建筑围护结构的节能

为了创造一个适宜人们生活、工作的室内环境，冬夏两季要靠采暖空调系统来维持室内温度与室外温度之间的差别。正是这个室内外的温差导致能量以热的形式流出或流入室内，采暖空调设备消耗的能量主要就是用来补充这个能量损失的。

提高建筑围护结构的保温隔热能力可以减少流出或流入室内的热量，降低采暖、空调系统的负荷，减小设备的容量，缩短系统实际运行的时间，从而达到降低采暖空调能耗。

提高外墙、屋顶的节能性能，主要是增大其热阻。现代节能建筑对墙体热阻的要求非常高，开发同时能满足承重和保温两种性能要求的墙体材料非常困难。因此，必须考虑走结构性材料和高效保温材料复合的技术路线，将墙体的承重层和保温层功能明确区分开来。国际上，建筑节能做得比较好的国家都是走的这条技术路线。

提高窗和玻璃幕墙的节能性能，除了降低其传热系数外，对于空调负荷比较大的建筑，提高玻璃的遮阳性能也非常重要。使用断桥铝型材、多空腔的 PVC 型材制作窗框、幕墙框，能够降低窗、幕墙的传热系数。使用各种中空玻璃也能够降低窗、幕墙的传热系数。透过玻璃直接进入室内的太阳辐射对空调负荷影响很大，为减少直接进入室内的太阳辐射热，可以用低透型的 Low－E 玻璃，也可以借助各种各样的建筑外遮阳装置。

2. 采暖空调系统的节能

采暖系统中的节能首先应该做到热源节能，改革传统供暖系统，提高调节效果，减少由于调节带来的不必要的损失是降低集中供热系统能耗的重要途径。

以煤为燃料的大型热电联产热源和大型锅炉房通过采用洁净燃烧技术，热效率高、低污染，如果大型供热系统的调节不当和调节不及时，会导致部分建筑过热，造成很大的能量损失。若使锅炉稳定在某个最佳工况，系统末端配合快速的调节方式，则可以避免调节带来的浪费，燃煤热源也可稳定运行，保证清洁与高效。

供暖系统中，60%的能耗是风机和水泵的输配能耗，这也是导致建筑能源消耗过高的主要原因。在集中供热系统中推广变频技术，根据负荷需求调节供热水流量，减少阀门能耗，不仅可以改善调节效果，同时也可以大幅降低运行费用，实现节能运行。

在我国，空调应用日益广泛、普及，空调用电占总用电量的比例不断上升，空调能耗已占总能耗的20%左右，因而空调节能意义巨大。同时，空调系统的设计及设备选型均建立在设计工况下，实际运行中空调负荷则随多种因素而变化，运行最小负荷甚至还不到设计负荷的10%，实现合理的运行调节是空调系统节能的关键。

空调节能并不是独立的，需要结合整个建筑的结构、布局、功能等方面来通盘考虑。

①在满足要求的前提下，尽量降低设计标准，在舒适度相同的情况下，根据实际情况在允许范围内调整室内温湿度的取值、考虑利用热湿环境的各个因素，都可以减少空调系统能耗。

②制冷机组选型时应根据容量大小尽量选择能效比高的机组，如螺杆式、离心式冷水机组等，此类制冷机组的能效比一般都在4.5～5.8之间。根据计算的负荷大小选择容量相同的机组，而不选用容量过大的主机。容量过大的主机不能全负荷运转，却会增加设备投资、浪费运转能耗。

③为使系统在运行中能够节能，空调系统的节能设计需根据工程具体情况对空调运行季节进行全工况、全过程的分析，使空调系统在不同的室外气象参数或室内工况下都能经济合理地运行。

④对舒适性空调而言，人的舒适感有一个较宽的范围，因而运行过程中室内参数设置不必过高。同时，合理地利用环境因素也能够节约能耗，在室外温度较低时注意房间的通风，白天采用遮阳措施，空调运行时尽量关闭门窗等都是节能的有效措施。

3. 照明动力系统节能

目前，我国照明用电量已占总用电量的7%～8%。按照我国提出的“中国绿色照明工程”，照明节电已成为节能的重要方面。节电是在保证照度的前提下，推广高效节能照明器具，提高电能利用率，减少用电量。

科学选用电光源是照明节电的首要问题。电光源发光原理可分为两类，一类是热辐射电光源，如白炽灯、卤钨灯等；另一类是气体放电光源，如汞灯、钠灯、氮灯、金属卤化物灯等。各种电光源的发光效率有较大差别，气体放电光源比热辐射电光源高得多。一般情况下，可逐步用气体放电光源替代热辐射电光源，并尽可能选用光效高的气体放电光源。

灯具的主要功能是合理分配光源辐射的光通量，满足环境和作业的配光要求，并且不产生眩光和严重的光幕反射。各类灯具中，荧光灯主要用于室内照明，汞灯和钠灯用于室外照明，也可将二者装在一起作混光照明。这样做光效高、耗电少，光色逼真、协调，视觉舒适。

选择照度是照明设计的重要问题。在满足标准照度的条件下，为节约电力，应恰当地选用一般照明、局部照明和混合照明三种方式。当一种光源不能满足显色性要求时，可采用两种及两种以上光源混合照明的方式，这样既提高了光效，又改善了显色性。同时，充分利用自然光，正确选择自然采光，也能改善工作环境，使人感到舒适，有利于健康。充分利用室内受光面的反射性，也能有效地提高光的利用率。

加强照明用电管理是照明节电的重要方面。照明用电管理主要以节电宣传教育和建立实施照明节电制度为主，使人们养成随手关灯的习惯；按户安装电表，实行计度收费；对集体宿舍安装电力定量器，限制用电，这些都能有效地降低照明用电量。灯泡积污时，光通量可能降到正常光通量的50%以下；灯泡、灯具、玻璃、墙壁不清洁时，其反射率和透光率也会大大降低。为了保证灯泡的发光效果，应根据照明环境定期清洁灯泡、灯具和墙壁。

4. 可再生能源在建筑中的应用

可再生能源是指氢能、太阳能、风能、水能、生物质能、海洋能等非化石能源，随着“十一五”规划的提出和《中华人民共和国可再生能源法》的确立，中国迎来了可再生能源飞速发展的契机。住房和城乡建设部也提出以提高资源利用效率为核心，以节能、节地、节水、节材和发展循环经济以及大力推进可再生能源应用为重点，推广可再生能源在建筑领域的规模化应用，着力解决资源节约与城乡建设中的突出矛盾，努力建设节约型城镇。

具体地讲，可再生能源在建筑中的应用重点可以分成以下六个方面：一是太阳能光热在建筑中的推广应用及太阳能光电在建筑中的应用研究；二是地源热泵、水源热泵在建筑中的推广应用；三是热电冷三联供技术在城市供热、空调系统中的研究与应用；四是生物质能发电技术的研究与应用；五是太阳能、沼气和风能在村镇中的推广应用；六是垃圾燃烧在发电、供热中的应用。

可再生能源在建筑中的应用推广必将有利于缓解能源压力，减少大气污染，这同时也是节能建筑、绿色建筑的必然要求。

5. 建筑能源系统的运行管理节能

由于系统的运行管理操作不够科学与规范，可造成系统大量的能量浪费，最主要的体现在：空调的操作和管理人员缺乏专业知识；对水泵、风机的节能普遍重视不够；过渡季节不重视利用室外空气降温；冷却塔质量差，导致制冷主机耗电增加。通过以下措施可实现能源系统的运行管理节能。

①合理降低室内给定值标准。实际生活中，由于每个人对舒适感的要求标准差别很大，民用空调可有一个范围较宽的舒适区，在该舒适区范围内，夏季降温时，取较高的干球温度和相对湿度作为设定值；冬季采暖时，取较低的干球温度和相对湿度作为设定值，可以减少围护结构的传热负荷和新风负荷，从而减少处理空气所耗费的能量。

②减少新风量。从卫生要求出发，室内每人必须保证有一定的新风量，和固定新风量的情况相比较，调节新风量，冷负荷可减少到50%～70%，热负荷可减少到近35%，手动调节虽然没有自动调节的省能效果好，但不需要增加设备，比较简单，而且操作工作量不大。

③防止空调过冷和过热。夏季室温过低或冬季室温过高，不仅耗费能量，而且对人体舒适和健康来说也是不适宜的，故设置恒温器是十分必要的。

④改变空调设备启动、停止时间。在预冷、预热时停止取用新风；对间歇运行的空调系统，应根据围护结构热工性能、气候变化、房间使用功能及房间换气次数的多少进行预测控制，确定最合适的启动和停止时间，在保证舒适的条件下节约空调能耗。

⑤实现空调运行管理的自动化。目前在空调系统的运行中，大多数已采用分区多工况调

节方式来达到经济运行的目的，但在工况间的相互转换方面，基本上还是由运行操作人员根据运行的状况和工况转换条件进行手动转换，从而会因人为原因，而造成能量的过多损耗。建筑设备自动化系统可将建筑物的空调、电气、卫生、防火报警等进行集中管理和最佳控制，可通过预测室内、外空气状态参数以维持室内舒适环境为约束条件，把最小耗能量作为评价函数，来判断和确定所需提供的冷热量、冷热源和空调机、风机、水泵的运行台数、工作顺序和运行时间及空调系统各环节的操作运行方式，以达到最佳节能运行效果。

1.3 建筑节能标准与法规

我国建筑节能工作还处在发展初期，从地域、建筑类型、围护结构与设备系统、设计施工和运行等各方面均有十分广阔的发展空间。我国从20世纪80年代中期开始重视建筑节能，1986年建设部颁布了《民用建筑节能设计标准（采暖居住建筑部分）》，1993年建设部又批准了《旅游旅馆建筑热工与空气调节节能设计标准》，1995年建设部制定了《建筑节能“九五”计划和2010年规划》，1996年建设部发布了《建筑节能技术政策》，1997年建设部发布了《1996—2010年建筑技术政策》。

国家对降低建筑能耗工作非常重视，1998年1月1日起实施的《中华人民共和国节约能源法》（主席令［第90号］，以下简称《节能法》）和《中华人民共和国建筑法（主席令［第91号］，以下简称《建筑法》），对依法推进建筑节能工作具有重要意义。1999年，国家经济贸易委员会公布实施了《重点用能单位节能管理办法》，它是《节能法》最早的配套规章，其后有关部委陆续制定了节电、节水、能源标准管理、节能产品认证管理、资源综合利用认定管理以及铁路、交通行业的《实施节约能源法细则》。2000年建设部发布了《民用建筑节能管理规定》；2002年建设部发布了《建设部建筑节能“十五”计划纲要》。为了达到节能50%的目标，国家还颁布了《民用建筑节能设计标准》（JGJ 26－1995）、《民用建筑热工设计规范》（GB 50176－1993）、《夏热冬冷地区居住建筑节能设计标准》（JGJ 134－2001）。截至2004年6月，有20多个省市先后颁布了总计约70项以《节能法》实施条例或者实施办法为主要内容的地方法规，大部分是对新建建筑执行节能标准强制性条文作出的明确规定。2005年，建设部颁布了《民用建筑节能管理规定》、《关于新建居住建筑严格执行节能设计标准的通知》，以及2010年3月18日发布的《夏热冬冷地区居住建筑节能设计标准》（JGJ 134—2010）对民用建筑的建筑节能工作进一步作出了明确规定。

除了上述法律法规外，我国还制定了一些与建筑节能相关的标准。首先，新建建筑节能方面，我国现行国家标准主要集中在建筑设计领域。而建筑运行节能方面，我国已制定的国家标准主要包括用于空调通风运行管理的《GB 50365－2005 空调通风系统运行管理规范》以及用于锅炉运行管理的《GB/T 3486－1993 评价企业合理用热技术导则》、《GB/T 15317－1994 工业锅炉节能监测方法》和《GB/T 17954－2000 工业锅炉经济运行》。此外，围绕推行新型建材和进行建筑墙体改革，我国还制定了一系列新型墙材的国家和行业标准，例如《MT/T 5011－1995 节能墙体 EPS 外保温工程施工及验收规范》等。近年来，随着我国循环经济建设的推进，我国又制定了《GB/T 50378－2006 绿色建筑评价标准》等一些与绿色建筑相关的标准。

由国家及地方等部门制定的建筑节能相关法律、法规、标准等一部分文件清单参见书后附录。建筑节能法规和标准的实施，保证了建筑节能工作的顺利开展，并有效地促进了相关节能技术的进步。

第2章　建筑节能原理与方法

2.1　节能原理

节能的目的是提高能量的利用效率。热能是能量的一种主要形式，成为建筑节能的主要对象。热力学第一定律和第二定律奠定了节能分析的理论基础。热力学第一定律告诉人们能量在“数量”上是守恒的，它既不会无故产生，也不会无缘消失。具体到热量和功量，它们是等价的，亦即热功当量。热力学第二定律告诉人们能量在“质量”上是有差异的，不同形式能量间的转换存在“不等价”现象。例如，机械能可以自发地全部转化为热能，而热能则只能有条件地部分转化为机械能。建立在热力学第一定律之上的能量守恒分析法和建立在热力学第二定律之上的熵分析法和㶲分析法指出了能量“浪费”的关键所在，为节约能源指明了方向和途径。

做功和传热是能量传递的两种方式。热利用在建筑的能量利用中占有较大比重，通过对热量传递规律的研究，对建筑物的围护结构、暖通空调冷热源设施等采取一定的隔热保温措施，防止热（冷）量的散失是建筑节能的一个重要方面。

2.1.1　能量分析的基本概念

1. 对能量的再认识

长期的物理现象观察和实验告诉我们：能量在不同形式之间可以转换，并且总量守恒。但同时有序能可以无条件地、完全地转换为无序能，无序能则不能自动地、完全地转换为有序能。例如，热能和机械能可以相互转换并且守恒，这通过摩擦生热和热功当量的实验已经加以证明。但是物质的热能却不能全部转换为机械能，该现象在所有的热能和机械能转换装置中均有体现。描述能量在“数量”和“质量”上的这种转换规律总结为热力学第一定律和第二定律。为了更清晰地描述能量在“质量”上的区别，引入“㶲”和“炁”的概念。在一定的环境条件下，能量中最大限度地可转化为有用功的部分称为㶲，不可能转化为有用功的部分称为炁。

任何能量 E 都是由㶲E_x 和炁A_n 两部分组成的，即

$$E=E_x+A_n \tag{2-1}$$

不同形式的能量其所含的㶲和炁的量是不同的。例如，机械能和电能全部是㶲，不含炁；高于环境条件的热能既含有㶲也含有炁；处于环境条件下的热能全部是炁，不含㶲。即使同为热能，由于所处的状态条件不同，所含的㶲和炁的量也不同。通常用能质系数表示能量的“质量”，能质系数是指能量中㶲所占的百分比，其定义为

$$\lambda=\frac{E_x}{E} \tag{2-2}$$

2. 能量利用经济性指标

任一能量系统的能量利用程度，即经济性指标通常用效率表示，效率被普遍定义为

$$效率=\frac{收益}{代价} \tag{2-3}$$

在确定效率时应该严格遵循一个原则，即同类项与同类项相比较。但是，由于对能量的认识不同，对得到的收益和付出的代价的理解不同，存在不同形式的效率表达式。从热量“数量”的角度考虑，效率通常用热效率（或者性能系数）表示。

对于动力循环，如果循环所做的功为 W，从高温热源吸收的热量为 Q_1，则循环的热效率

$$\eta_t=\frac{W}{Q_1} \tag{2-4}$$

对于制冷循环，如果循环所消耗的功为 W，从低温热源吸收的热量为 Q_2，则循环的性能系数

$$\xi=\frac{Q_2}{W} \tag{2-5}$$

对于热泵循环，如果循环所做的功为 W，从高温热源放出的热量为 Q_1，则循环的性能系数

$$\xi'=\frac{Q_1}{W} \tag{2-6}$$

对于间壁式换热器（又称表面式换热器），如果低温流体所得到的热量为 Q_2，高温流体所放出的热量为 Q_1，则换热器的热效率

$$\eta=\frac{Q_2}{Q_1} \tag{2-7}$$

从能量“质量”的角度考虑，效率通常用㶲效率表示。

对于动力循环，如果循环所做的功为 W，从高温热源吸收的热量为 Q_1，则循环的㶲效率

$$\eta_{ex}=\frac{E_{x,W}}{E_{x,Q_1}} \tag{2-8}$$

对于制冷循环，如果循环所消耗的功为 W，从低温热源吸收的热量为 Q_2，则循环的㶲效率

$$\eta_{ex}=\frac{E_{x,Q_2}}{E_{x,W}} \tag{2-9}$$

对于热泵循环，如果循环所做的功为 W，从高温热源放出的热量为 Q_1，则循环的㶲效率

$$\eta_{ex}=\frac{E_{x,Q_1}}{E_{x,W}} \tag{2-10}$$

对于间壁式换热器，如果低温流体所得到的热量为 Q_2，高温流体所放出的热量为 Q_1，则换热器的㶲效率

$$\eta_{ex}=\frac{E_{x,Q_1}}{E_{x,Q_2}} \tag{2-11}$$

式（2-8）～（2-11）中，$E_{x,Q}$和$E_{x,W}$分别为热力系统与外界交换的热量和功量的㶲，单位为焦耳（J）。

2.1.2 能量转换的基本原理

节约能源，实质上就是提高能量转换的经济性指标。这就需要对能量转换系统中的能量转换规律进行研究和分析。

研究能量属性及其转换规律的科学是热力学。从热力学的角度看，能量是物质运动的度量，运动是物质存在的形式，因此一切物质都有能量。物质的运动可以分为宏观运动和微观运动：度量物质宏观运动的能量是宏观动能和位能，度量物质微观运动的能量是所谓的“热力学能”。广义上讲，热力学能包括分子热运动形成的内动能、分子间相互作用所形成的内位能、维持一定分子结构的化学能和原子核内部的核能。温度越高，分子的内动能越大；内位能取决于分子之间的距离，距离越小，内位能越大。在没有化学反应和核反应的物理过程中，化学能和核能都不变，所以热力学能的变化只包括内动能和内位能的变化。只要物质运动状态一定，物质拥有的能量就一定。所以物质的能量仅仅取决于物质的状态，即状态参数。

尽管物质的运动多种多样，但就其形态而论只有有序（有规则）运动和无序（无规则）运动两类。人们常将量度有序运动的能量称为有序能，量度无序运动的能量称为无序能。显然，一切宏观整体运动的能量和大量电子定向运动的电能都是有序能；而物质内部分子杂乱无章的热运动则是无序能。大量事实证明，有序能可以完全、无条件地转换为无序能；相反的转换却是有条件的、不完全的。能量和能量转换这一特性，导致能量不仅有“量”的多少，而且有“质”的高低。而这正是能量转换中两个最重要的方面。热力学第一定律和第二定律就是各种能量转换装置所遵循的最基本规律。

1. 热力学第一定律

热力学第一定律是能量守恒和转换定律在具有热现象的能量转换中的应用，由德国物理学家迈耶（J. R. Mayer）、亥姆霍兹（H. L. Helmholtz）和英国物理学家焦耳（J. P. Joule）奠定的基础，它的本质就是能量守恒和转换定律。

能量守恒和转换定律指出：“自然界的一切物质都具有能量；能量既不能创造，也不能消灭，而只能从一种形式转换成另一种形式，从一个物体传递到另一个物体；在能量转换和传递过程中能量的总和恒定不变。”这一定律和细胞学说及进化论，被称为19世纪自然科学的三大发现。

热能是自然界广泛存在的一种能量，其他形式的能量（机械能、电能、化学能）都很容易转换成热能。热能与其他形式能量之间的转换也必然遵循能量守恒和转换定律——热力学第一定律。在热力学第一定律提出前，许多人曾幻想制造一种不消耗任何能量便能连续获得机械能的永动机。热力学第一定律发现后，制造这种违背热力学第一定律的永动机（后人就称之为第一类永动机）的企图最终被科学理论所否定。因此，热力学第一定律也常表述为“第一类永动机是不可能制成的”。

2. 热力学第二定律——能量贬值原理

既然能量守恒，不可创造，也不会消灭，那么天然能源如煤、石油却越用越少，甚至出现了“能源危机”，这又是为什么？这些能源释放出来的能量又到哪里去了呢？要回答以上问题，我们除了要知道能量守恒的一方面，还必须了解能量转化及传递上存在方向性的另一面，即能量不仅有量的多少，还有质的高低。热力学第一定律只说明能量在量上要守恒，并没有说明能量在“质”方面的高低。

事实上能量是有品质上的差别的。例如，一大桶温水的热量可谓很多，却不足以煮熟一个鸡蛋；而一勺沸水所含热量可能很少，却可以烫伤人。所以同样多的两个热量，如果它们的温度不同，产生的客观效果也不同，因此有加以区分的必要。

热力学第一定律只告诉我们某一个变化过程中的能量关系，并没有告诉我们这个变化过程进行的方向。比如在两个温度不同的物体所组成的孤立系统中，热力学第一定律只告诉我们，如果它们之间有热交换的话，则一个物体所得的热量必然等于另一个所失的热量。事实上我们都知道，温度高的物体失去热量、温度低的物体得到热量；永远不会有这样一个孤立系统，其中热者得到热量变得更热，冷者失去热量变得更冷。热力学第一定律没有包含这个尽人皆知的事实。

上述例子说明，自然界进行的能量转换过程是有方向性的。不需要外界帮助就能自动进行的过程称为自发过程，反之为非自发过程。自发过程都有一定的方向，前述温差传热就是典型的例子，即热量只能自发地（即不花代价地）从高温物体传向低温物体，却不能自发地由低温物体传向高温物体。

热能和机械能之间的转换也是有方向性的。因为机械能是有序能，热能是无序能。实践证明，机械能可以不花代价地全部转换成热能（如摩擦生热），而热能却不可能全部转变为机械能。可见机械能转换成热能是自发过程，反之则为非自发过程。

自由膨胀是另一个过程方向性的例子。一个刚性绝热容器分隔成两室，分别储有同类的高压和低压气体，若在隔板上开一个小孔，高压气体就会自动流入低压室，直到两室压力相等时宏观流动才停止。这种自由膨胀过程也是自发过程，若要恢复到初始状态，则必须花费一定的代价。

在上例中，若隔板两侧有不同种类的气体，则不论两侧的温度、压力是否相等，当抽去隔板后两侧的气体会互相扩散、混合，最后成为均匀一致、处处状态相同的混合气体。显然，这种扩散混合过程也是自发的。若要使过程反向进行，并恢复到初始状态，也要花费代价。

由此可见，自发过程都是朝着一定方向进行的，若要使自发过程反向进行并回到初始状态，则需要花费代价，所以自发过程都是不可逆过程。产生过程不可逆的原因有很多，如有序的机械能通过摩擦转换为无序的热能，有序的电能通过电阻转换为无序的热能。这种通过摩擦或电阻使有序能不可逆地转换为无序能的现象称为耗散效应。而温差传热、扩散混合等过程是在温度差、浓度差的推动下进行的过程，它们虽然没有耗散效应，但也是不可逆过程。因此有耗散效应以及在有限的势差推动下的过程都是不可逆过程。

过程的方向性反映在能量上，就是能量有品质的高低。由于能量可以区分为有序能和无序能，有序能之间可以无条件地转换；但当能量转换或传递过程中有无序能参与时，就会产生转换的方向性和不可逆问题。由此可以看出，有序能比无序能更宝贵和更有价值。正如能量“量”的属性遵循热力学第一定律一样，能量“质”的属性则遵循热力学第二定律。

考察一种普通的自然现象——摩擦生热。由于摩擦，机械能转换为热能，即有序能变成了无序能。从能量的数量上看没有变化，但从品质上看却降低了，即它的使用价值变小了。这种情况称为能量贬值。因此从能量的品质上看，摩擦使高品质的能量贬值为低品质的能量。

能量贬值是自然界的普遍现象。例如在发电机中由于摩擦、内电阻等耗散结构，输入的机械能除绝大部分变成电能外，总有一小部分机械能要变成热能，使总的能量品质下降。只有在完全理想的可逆条件下才能使机械能全部变成电能，能量品质保持不变，但这只是一种理想的情况。

同热力学第一定律一样，热力学第二定律也是长期实践经验的总结，有许多不同的表达方式，而热力学第二定律的实质就是能量贬值原理。它指出，能量转换过程总是朝着能量贬值的方向进行，高品质的能量可以全部转换成低品质的能量。能量传递过程也总是自发地朝着能量品质下降的方向进行。能量品质提高的过程不可能自发地单独进行。一个能量品质提高的过程肯定伴随有另一个能量品质下降的过程，并且这两个过程是同时进行的，即这个能量品质下降的过程就是实现能量品质提高过程的必要的补偿条件。在实际过程中，作为代价的能量品质下降过程必须足以补偿能量品质提高过程，因为某一系统实际过程之所以能进行，都是以该系统中总的能量品质必定下降为代价，即任何实际过程的进行都会产生能量贬值。因此，在以一定的能量品质下降作为补偿的条件下，能量品质的提高也必定有一个最高的理论限度。显然这个最高的理论限度是：能量品质的提高值正好等于能量品质的下降值。此时系统总的能量品质不变。

上述热力学第二定律深刻地指明了能量转换的方向、条件及限度。

以热能和机械能之间的转换为例。机械能可以自发地无条件地转换为热能，热能转换为机械能或电能则是有条件的。即使在理想的完全可逆的条件下，也不可能连续不断地把热能全部地转换成机械能，总有一部分热能不可避免地要传给低温热源，而无法转换成机械能，即必须以部分热能从高温传向低温作为补偿条件才能实现热能转换为机械能这一能量品质提高的过程，因此，任何实现热能转换成机械能的热机的效率都不可能是100％。在完全可逆的条件下，可以算出热能转变为机械能的最高理论限度。在实际转换过程中，由于不可逆因素的存在，热能转换成机械能的数量必定低于这个理论极限。两者之间的差距可以用来量度实际转换过程的不可逆损失，也可反映在改进转换过程时可能具有的潜力。

热力学第二定律也指明了能量传递过程的方向、条件和限度。当存在有限势差（温度差、浓度差等）时，自发过程总是朝着消除势差的方向进行，在势差消除时自发过程即终止（过程的极限）。例如当物体之间存在温度差时，就会发生热量的传递过程，热量总是自发地从高温物体传向低温物体；当两物体温度相等时，热量的传递过程就结束。当热量从高温物体传给低温物体时，能量在数量上是守恒的，但能量品质却下降了。又如水总是自动地从高处流向低处；电流总是自发地由高电势点流向低电势点；气体总是自发地由高压处膨胀到低压处；气体分子总是自由地从高浓度区向低浓度区扩散；不同气体可以自动地混合，相变过程和化学反应过程能自动地向一定的方向进行等，这些都是司空见惯的自发过程的例子。它们进行的方向都朝着消除势差的方向，即朝着能量品质贬值的方向。虽然它们的反向过程并不违反热力学第一定律，但却是不可能自发进行的。

可以从概率论的角度来阐述过程存在方向性的原因。例如一个刚性绝热容器被隔板分成左、右两室，其中左室充满气体，右室为真空。当隔板抽出后气体分子必定均匀地充满全部容器。若无外力作用，气体分子绝不会自动地回到左室中去。从概率论的角度分析，若容器中只有一个分子，由于分子运动的不规则性，分子出现在左室和右室的可能性完全一样，其概率都是1/2；若容器中有4个分子，则4个分子同时出现在左室或右室的概率也相同，但概率只有 $(1/2)^4=1/16$。这时左、右室中可能出现的分子分布情况共有16种。从微观的角度看，每一种分布的可能性都是一样的，均为1/16。所以4个分子均集中在左室的概率为

l/16，而左室中 3 个分子、右室中 1 个分子的概率就为 4/16；左室 2 个分子右室也是 2 个分子的均匀分布的概率则为 6/16。由此可见，均匀分布的状态有最大的概率，较不均匀的状态有较小的概率，而最不均匀的状态概率最小。

实际上，一个宏观容器中所包含的气体分子数目是非常巨大的，所以气体集中分布在左室或右室的概率极小，实际上是不可能，出现均匀分布的概率则极大。所以容器抽出隔板后的自由膨胀过程就是气体分子从概率小的状态变到概率大的状态的过程。由此可以得出：从概率较小的状态变化到概率较大的状态是自发过程，反之是非自发过程。显然自发过程是不可能自动恢复的。

实践证明，在付出一定代价的条件下，自发过程的反向过程也是可以实现的。例如通过制冷装置以机械能转换成热能的过程为代价；或者以热量从高温传给低温的过程作为补偿条件，可以实现把热量从低温区传给高温区的过程。又如，利用压气机，以消耗一定的机械能为代价可以实现对气体的压缩；应用水泵，也以消耗机械能为代价，可以把水由低处输向高处；利用气体分离装置，以消耗机械能为代价，可以把混合气体中的组成气体分离出来。可见这些非自发的过程（能量品质提高的过程）不可能自发地单独进行；一种能量品质提高的非自发过程必定有一个能量品质下降的自发过程作补偿；在一定的补偿条件下，非自发过程进行的程度不能超过一定的最大理论限度。

针对不同自发过程的物理现象，热力学第二定律有不同的表述，德国物理学家克劳修斯（R. J. E. Clausius）、英国科学家开尔文（L. Kelvin）和法国物理学家卡诺（N. L. S. Carnon）对热力学第二定律作出了巨大的贡献。例如热力学第二定律的克劳修斯说法：不可能把热量从低温物体传到高温物体而不引起其他变化。为了将热量从冷态输送到热态，需要一个装置（例如热泵或冰箱）持续做功。他指出了热量传递过程的单向性。热力学第二定律的开尔文说法：不可能从单一热源吸取热量使之完全转变成功而不产生其他影响。他说明了热能与机械能转换的方向性。显然，这些说法都是等效的。

人们常把能够从单一热源取热，使之完全变为功而不引起其他变化的机器叫做第二类永动机。人们设想的这种机器并不违反热力学第一定律。它在工作过程中能量是守恒的，只是这种机器的热效率是 100%，而且可以利用大气、海洋和地壳作热源，把其中无穷无尽的热能完全转换为机械能，机械能又可变为热，循环使用，取之不尽、用之不竭。这种机器显然违反开尔文的说法。因此，热力学第二定律又可表述为：第二类永动机是不可能制成的。根据热力学第二定律，在实际中任何热机都不能把热能全部转换为机械能，到底有多少热能可以转换为机械能呢？卡诺定律从理论上回答了这一问题。

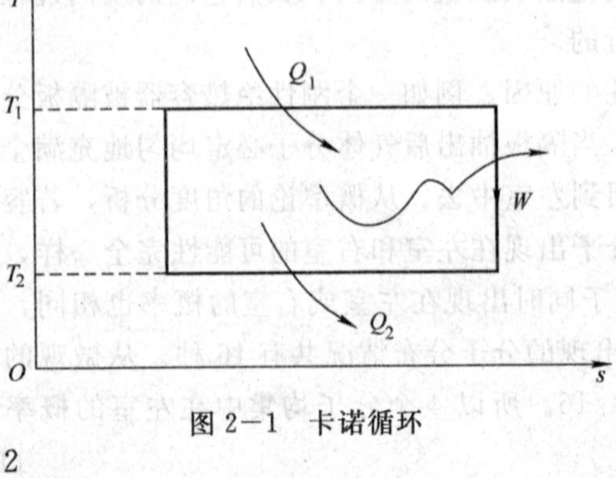

图 2-1　卡诺循环

卡诺首先假设了一个工作在两个恒温热源之间按照卡诺循环工作的理想热机，如图 2-1 所示，卡诺循环是由两个可逆定温过程和两个可逆绝热过程组成的可逆循环，工质从温度为 T_1 的高温热源吸热 Q_1，作出循环净功 W，向温度为 T_2 的低温热源放热 Q_2，卡诺循环的热效率

$$\eta_{t,c}=\frac{W}{Q_1}=1-\frac{T_2}{T_1} \qquad (2-12)$$

显然，遵守卡诺循环的热机把从高温热源吸收的热能转换为机械能的数量

$$W=\eta_{t,c}Q_1=\left(1-\frac{T_2}{T_1}\right)Q_1 \qquad (2-13)$$

卡诺通过卡诺定理一和定理二进一步阐述热力学第二定律。

卡诺定理一：在相同的高温热源和相同的低温热源之间工作的可逆热机的热效率恒高于不可逆热机的热效率。

卡诺定理二：在相同的高温热源和相同的低温热源之间工作的可逆热机有相同的热效率，而与工质无关。

遵循卡诺循环的热机虽然是理想化的，但是卡诺定理的意义在于：任何热机热效率的极限值是卡诺热机的热效率 $\eta_{t,c}$，而不是热力学第一定律体现出来的 100%。例如，工作在温度为 1 000 K 的高温热源和 300 K 的低温热源之间的卡诺热机的热效率为 70%，工作在该温差之间的所有热机热效率的极限值就是 70%。换句话说，如果从该高温热源吸热 1 000 kJ，能够转化的最大功为 700 kJ。

值得指出的是，热力学第一定律和热力学第二定律是两条互相独立的基本定律。前者揭示在能量转换和传递过程中能量在数量上必定守恒。后者则指出在能量转换和传递过程中，能量在品质上必然贬值。一切实际过程必须同时遵守这两条基本定律，违背其中任何一条定律的过程都是不可能实现的。

能量从“量”的观点看，只有是否已利用、利用了多少的问题；而从“质”的观点看，还有是否按质用能的问题。所谓提高能量的有效利用率，其实质在于防止和减少能量贬值的发生。

2.1.3 合理利用能量的原则

根据热力学第一定律和第二定律，能量合理利用的原则，就是要求能量系统中能量在数量上保持平衡，在质量上合理匹配。从能量利用经济性指标的角度考虑，就是要尽量使系统的热效率和㶲效率接近 100%。

能量在数量上保持平衡在实践中容易做到，根据热力学第一定律，没有足够的能量输入，就达不到人们所需要的生产和生活需求，但同时还要认识到输入的能量一定能够完全被生产和生活所利用。建筑供能中工质跑、冒、滴、漏带走的能量及能量运送中的沿程损失等都是不可避免的。关键的问题在于最大限度地减少这种非需求的能量损失，通常把这种能够在数量上表现出来的能量损失叫做外部损失。暖通空调工程中常常采用的余热回收利用、保温防漏等都是减少能量外部损失、实现节能的重要措施。

能量在质量上合理匹配，在很长一段历史时期被人们所忽视，即使现在往往也不被人们重视。如工业实践中使用高压蒸汽通过减压阀来提供低压蒸汽，生活实践中使用电热供暖就是典型的例子。把高压蒸汽和电能这两种高“质量”能量直接转换成低压蒸汽和热能等低“质量”能量，使能量中大量的㶲变成炕，也是能量损失的一种形式。通常把这种不能从数量上表现出来，只能在质量上反映出来的能量损失叫做内部损失。能量发生内部损失而贬值到一定程度时，往往难以利用而只好废弃，又引发能量的外部损失。所以，能量在质量上的合理匹配是不容忽视的，通过能量系统中㶲损失的分析，计算其大小，找出其发生的部位和原因，改进生产方法、设备、工艺流程或者采用新技术等都是合理匹配利用能量、实现节能

的方法。下面通过电热供暖和热泵供暖的比较来说明能量的合理利用。

假设环境温度为 0 ℃，为使室内温度保持 20 ℃，单位时间内需向室内供热 10 kJ。如果采用电热供暖，在没有外部损失的情况下，由式（2－7）、式（2－10）和式（2－13）可以计算出电热供暖的热效率和㶲效率。

热效率：$\eta=\dfrac{Q_2}{Q_1}=\dfrac{10}{10}\times 100\%=100\%$

㶲效率：$\eta_{ex}=\dfrac{E_{x,Q_1}}{E_{x,W}}=\dfrac{\left(1-\dfrac{273.15}{273.15+20}\right)\times 10}{10}\times 100\%=6.82\%$

如果采用卡诺热泵，由工程热力学的知识不难求得，将花费 0.682 kJ 的电功从环境中吸收 9.318 kJ 的热量送入室内。在同样条件下计算该卡诺热泵的热效率和㶲效率。

热效率：$\eta=\dfrac{Q_2}{Q_1}=\dfrac{10}{0.682+9.318}\times 100\%=100\%$

㶲效率：$\eta_{ex}=\dfrac{E_{x,Q_1}}{E_{x,W}}=\dfrac{\left(1-\dfrac{273.15}{273.15+20}\right)\times 10}{0.682}\times 100\%=100\%$

比较电热供暖和热泵供暖，可以看出：电热供暖在能量数量上保持了平衡，热效率达到 100％，但在能量质量上匹配不合理，㶲效率只有 6.82％。热泵供暖在能量数量上保持平衡的基础上同时达到了能量质量的合理匹配，热效率和㶲效率都达到了 100％。电热供暖比热泵供暖多消耗了 93.2％的电能，浪费了大量的能量，所以电热供暖是不合理的。

2.1.4 能量传递的基本方式

通过能量交换而实现的能量传递可归纳为两种，即做功和传热。做功（这里指机械功）的三种基本方式是容积功、转动轴功和流动功（推动功）。传热的三种基本方式是热传导、热对流和热辐射。由于建筑的能量利用主要是热利用，下面对热量传递的三种基本方式进行简要的介绍。

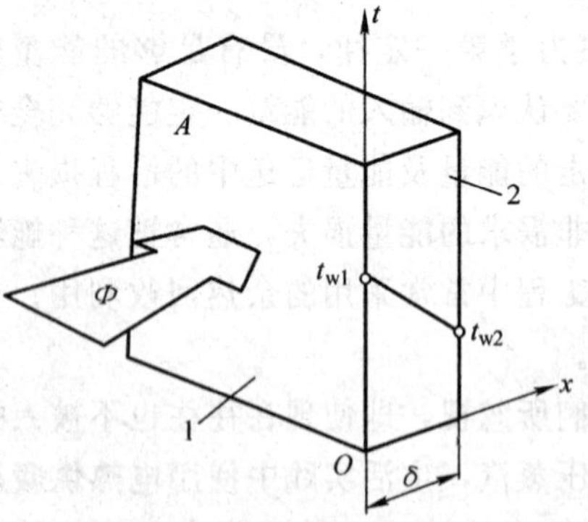

图 2－2　通过平壁的导热

1. 热传导

当物体内有温度差或两个不同温度的物体接触时，在物体各部分之间不发生相对位移的情况下，依靠物质微粒（分子、原子或自由电子等）的热运动而产生的热量传递现象称为热传导，简称导热。通常认为导热是固体中的热传递方式，实际上，在液体和气体中同样有导热现象，但因流体具有流动特性，在发生导热的同时往往伴随有对流现象。

设有如图 2－2 所示的大平壁，厚度为 δ，两侧的表面积均为 A，两侧表面分别维持均匀的温度 t_{w1} 和 t_{w2}，且 $t_{w1}>t_{w2}$。实践表明，单位时间内从表面 1 传导到表面 2 的热流量 Φ 与两侧温差 Δt（$=t_{w1}-t_{w2}$）及垂直于热流方向的面积 A 成正比，与平壁的厚度 δ 成反比，即

$$\Phi=\lambda A\frac{\Delta t}{\delta}=\lambda A\frac{t_{w1}-t_{w2}}{\delta} \tag{2-14}$$

式中：λ 为导热系数或热导率，W/（m·K）。λ 是表征材料导热能力的物理量。

单位时间内通过某一给定面积的热量称为热流量，记为 Φ，单位为 W。单位时间内通过单位面积的热量称为热流密度（或称面积热流量），记为 q，单位为 W/m²，于是式（2—14）写成热流密度的表达式为

$$q=\frac{\Phi}{A} \tag{2—15}$$

2. 热对流

流体中温度不同的各部分之间发生相对位移时所引起的热量传递现象叫热对流，简称对流。对流仅发生在流体中，而且由于流体中的分子同时还进行着不规则的热运动，因而对流过程必然伴随有导热现象。

工程上经常遇到的是流体流过固体壁面时发生的对流和导热联合作用的热量传递现象（见图 2—3），称为对流换热，以区别于一般意义上的对流。

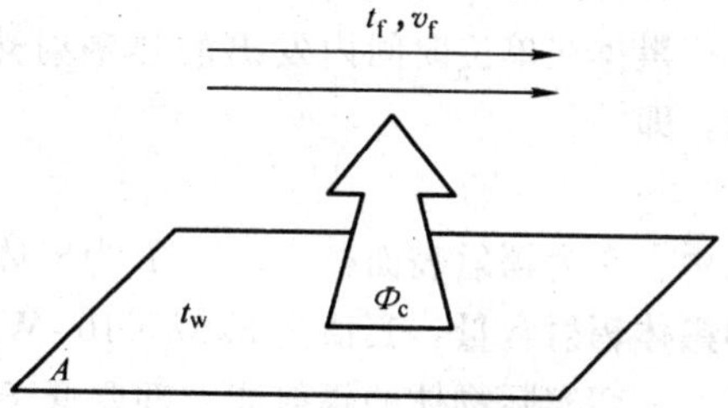

图 2—3　平壁上的对流换热

按引起流体流动的不同原因，对流换热可分为自然对流换热与强制对流换热两大类。自然对流是由于流体各部分之间密度差而引起的相对运动，强制对流是由于机械（泵或风机等）的作用或其他压差而引起的相对运动。另外，工程上还常遇到液体在热表面上沸腾及蒸气在冷表面上凝结的对流换热问题，分别简称为沸腾换热及凝结换热，它们是伴随有相变的对流换热。

对流换热的基本计算式是牛顿冷却公式，即

$$\Phi=hA\Delta t \tag{2—16}$$

或

$$q=h\Delta t \tag{2—17}$$

式中：Δt 为流体与壁面间的温差，K；h 为对流换热系数，W/（m²·K）。工程上取 Φ（或 q）为正值，因此流体被加热（$t_w>t_f$）时，取 $\Delta t=t_w-t_f$；流体被冷却（$t_w<t_f$）时，取 $\Delta t=t_f-t_w$。

对流换热系数表示对流换热能力的大小。不同情况的表面换热系数 h 相差很大。表 2—1 给出了几种对流换热过程对流换热系数的数值范围。在传热学的学习中，掌握典型条件下对流换热系数的数量级是很有必要的。由表 2—1 可见，就介质而言，水的对流换热比空气的对流换热强烈；就换热方式而言，有相变的优于无相变的，强制对流高于自然对流。

表 2—1　几种对流换热过程对流换热系数的数值范围

过　程	h [W/（m²·K）]	过　程	h [W/（m²·K）]
自然对流		强制对流	
空气	1～10	水	1 000～15 000
水	200～1 000	气—液相变传热	
强制对流		水沸腾	2 500～35 000
气体	20～100	水蒸气凝结	5 000～25 000
高压水蒸气	500～3 500	有机蒸气凝结	500～2 000

3. 热辐射

物体通过电磁波来传递能量的方式称为辐射。物体会因各种原因发出辐射能，其中因热的原因而发出辐射能的现象称为热辐射。温度高于绝对零度的任何物体都不停地向空间发出热辐射能。

热辐射与导热、对流有本质上的区别。一是它不需要物体间的直接接触，即使在真空中也能照常进行，实际上在真空中辐射能的传递最有效；二是在能量传递过程中它伴随有能量形式的转换，即发射时从热能转换为辐射能，而被吸收时又从辐射能转换为热能。

物体的辐射能力与温度有关。同一温度下不同物体的辐射与吸收本领也不一样。绝对黑体（简称黑体）的吸收能力和辐射能力在同温度的物体中为最大。

黑体在单位时间内发出的热辐射热量由斯蒂芬-玻尔兹曼定律（又称四次方定律）表示，即

$$\Phi=A\sigma T^4 \tag{2-18}$$

式中：A 为辐射表面积，m^2；T 为黑体表面的热力学温度，K；σ 为斯蒂芬-玻尔兹曼常量，即黑体辐射常量，其值为 5.67×10^8 W/（$m^2\cdot$K）。

一切实际物体的辐射能力都要低于同温度下黑体的辐射能力，其辐射热流量的计算均可以采用斯蒂芬-玻尔兹曼定律的经验修正形式，即

$$\Phi=\varepsilon A\sigma T^4 \tag{2-19}$$

式中：ε 为该物体的发射率（习惯上称为黑度）。ε 值总小于 1，该值表示物体辐射能力接近黑体辐射能力的程度。

物体不断向周围空间发出热辐射能，并被周围物体吸收。同时，物体也不断接收周围物体辐射给它的热能。这样，物体发出和接收过程的综合结果产生了物体间通过热辐射而进行的热量传递——辐射换热。对于两个无限接近的平行黑体平壁，它们之间的辐射换热量

$$\Phi=A\sigma\left(T_1^4-T_2^4\right) \tag{2-20}$$

在实际工程技术问题中，一个物体表面常常既有对流换热又有辐射换热。这种对流与辐射同时存在的换热过程称为复合换热。对于复合换热，工程上为计算方便，常采用把辐射换热量折合成对流换热量的处理方法，即先按有关辐射换热的公式算出辐射换热量 Φ_r，然后将它表示成牛顿冷却公式的形式，即

$$\Phi_r=h_r A\Delta t \tag{2-21}$$

式中：$\Delta t=T_1-T_2$；h_r 为辐射换热系数。

于是复合换热的总换热量可方便地表示成

$$\Phi=h_c A\Delta t+h_r A\Delta t=\left(h_c+h_r\right)A\Delta t=hA\Delta t \tag{2-22}$$

式中：h 为包括对流与辐射在内的复合换热系数。（下角标“c”表示对流换热）

2.2 建筑节能的方法

2.2.1 建筑能耗的成因

建筑中的能耗以采暖空调和照明为主。

照明能耗的成因与室内自然采光不能满足室内光环境质量要求，启动人工照明所消耗的电能有关。

采暖空调能耗的成因和影响因素是复杂的。建筑中为了满足人们生活的舒适性及生产工艺的要求，就需要通过消耗一定的能量在室内造成良好的热湿环境，如空气的温度、湿度、洁净度、流速与压力，以及围护结构的内表面温度等，而且还经常要求这些条件不会因室外气象条件（如室外空气的温度、湿度和太阳辐射等）和室内各种条件（如灯光、设备和人员的活动情况）的变化而变化，或者应使之维持在一定允许波动的范围内。

为了经济合理地达到上述目的，一方面应选择合理的建筑布局和围护结构，另一方面应合理确定采暖空调系统的运行方案，并且恰当地配置采暖空调设备，这样既能满足建筑物对冷、热量的需求，又能经济、合理地使用能量，节约投资和运行费用。欲达到以上两点要求，必须熟悉建筑围护结构的热工特性，掌握室内外各种因素如何影响室内空气的热湿状况，从而正确地考虑和计算各种影响建筑能耗的因素。

影响建筑物内热湿状况和空气环境的因素有室外气象条件、室内产热和产湿量，以及供热与空气调节系统的工作方式。外部因素系指室外空气的温度、湿度，太阳辐射强度，风速和风向，以及邻室的空气温湿度。它们可以通过两种形式影响房间的热湿状态。一是周围空气温度以及太阳辐射，都会通过不透明的板壁围护结构和半透明的门、窗玻璃等，通过传热与房间进行热量交换，以及太阳辐射透过半透明玻璃向房间投射的辐射热。二是通过门窗缝隙，室内外空气将有一定数量的交换，即所谓空气渗透，通过空调通风系统也会人为地向房间送入或从房间排出一定数量的空气，它们均属于空气交换。伴随室内外的空气交换，外界的热量或湿量将直接影响房间空气的热湿状况。内部影响因素系指照明装置、设备和人体的散热、散湿，它们也都将与房间进行热湿交换。因此，影响建筑物内热湿状况的因素可以归纳为外扰和内扰两类。

2.2.2 建筑节能的基本方法

随着人类对自然世界认识的提高、对生活环境调控能力的增强，建筑节能技术水平不断提高，建筑节能方法与手段也层出不穷。但归纳起来，建筑节能的基本方法主要是从建筑规划设计、建筑围护结构、采暖空调、建筑照明、建筑能源系统的运行管理、可再生能源利用、养成良好用能习惯（行为节能）等方面来降低建筑使用过程中的能源消耗，提高能源利用效率。

1. 建筑规划设计与建筑节能

建筑规划分区、群体和单体、建筑朝向、间距、太阳辐射、风向以及外部空间环境对建筑的能耗有着极其重要的影响。

1）建筑平面设计

建筑的平面布局不仅对建筑的合理使用及提高室内舒适度有着决定性的影响，对于建筑节能（尤其是冬季热损失的多少），亦有很大的作用。

（1）热环境的合理分区。由于人们对不同房间的使用要求及在其中活动状况各不相同，人们对不同房间室内热环境的需求也各异。在设计中，应根据这种对热环境的需求而合理分区，即将热环境质量要求相近的房间相对集中布置。这样做既有利于对不同区域分别控制，又可将对热环境质量要求较低的房间集中设于平面中温度相对较低的区域，要求高的设于温度较高区域，从而取得最大限度利用太阳辐射保持室内具有较高温度，同时减少供热能耗的效果。

（2）温度阻尼区的设置。为了保证主要使用房间（或质量要求较高的热环境分区）的室内环境，可结合使用情况，在该热环境区与温度很低的室外空间之间，设置各式各样的温度阻尼区（Buffer Zone）。这些阻尼区就像是一道“热闸”，不但可使房间外墙的传热损失减少40%～50%，而且大大减少了房间的冷风渗透，从而减少了建筑的渗透热损失。设于南向的温度阻尼区常可当作附加日光间来使用，是冬季减少耗热的一个有效措施。

2）建筑体形

建筑体形一般用体形系数来表示，体形系数指建筑物与室外大气接触的外表面积（不计算地面）与其所包围的建筑体积之比。体形系数越大，说明单位建筑空间所分担的散热面积越大，能耗就越多。

建筑的体形系数还与建筑物的体形是否规整及建筑的体量大小有关。一般来说，控制或降低体形系数的方法主要有：减少建筑面宽，加大建筑进深；增加建筑物的层数；加大建筑长度或增加组合体；建筑体形不宜变化过多等多种。

3）建筑规划

（1）建筑朝向与节能的关系。建筑物的朝向对于建筑节能有很大的影响，这一点已成为人们的共识。例如，同是长方形建筑物，当其为南北向时，耗热较少；而且在面积相同的情况下，主朝向的面积越大，这种倾向越明显。因此，从节能的角度出发，如总平面布置允许自由考虑建筑物的形状和朝向，则应首先选长方形体形，采用南北朝向。

（2）建筑间距与节能的关系。建筑在阳光下总是要产生阴影的，但从节能角度考虑，总希望建筑南墙面的太阳辐射面积在整个采暖季中不要因被其他物体遮挡而减少。为此，需要研究建筑物各瞬时阴影长度，寻找最有利于节能的建筑间距。

（3）建筑密度与节能的关系。从节能与建筑间距的关系可以看出，宜适当增加建筑物冬季接受直射阳光的时间，即适当地调整建筑物密度。

2. 建筑围护结构节能

建筑围护结构节能是指减少围护结构各部位（屋顶、墙壁、地面、门窗）与外界的热传递，从而提高居住环境质量。

1）屋顶的绝热

由于混凝土的热容量非常大，在夏天，接受太阳辐射热后，空气被加热，温度升高而上浮，热空气便停留于房间的上部。而且混凝土屋面板还会将热蓄积于内部，到了夜里，又把热释放出来，使室内空气温度高于室外气温，从而使人感到如似“烘烤”一般。

屋顶的绝热就是设法力求减少混凝土受太阳辐射后的蓄热量，一般是将绝热材料置于屋顶内侧或外侧，来达到屋顶绝热的目的。但是将绝热材料置于屋顶的内侧或外侧，其效果却是不一样的。

图2－4所示为内侧绝热且屋顶受强烈日照时，一天里温度的变化情况。在一天中，混凝土板的温度变化很大，其表面层和板下部（与绝热材料的交界面）的温度变化情况并不相同。由于混凝土的热容量较大，致使板下部的温度变化出现了时间上的滞后。如表面温度在14时左右达到了最高值，而板下部（与绝热材料的交界面）的温度在17时左右才达到最高值。

图2－5所示为外侧绝热时，屋顶上各层温度的变化情况。这时，混凝土的温度变化很小。盛夏时，若是采用内侧绝热，混凝土板的温度变化值在一天之内可高达30℃左右，而

采用外侧绝热，温度的变化值仅为 4 ℃左右，混凝土温度变化大势必会出现热胀冷缩现象。

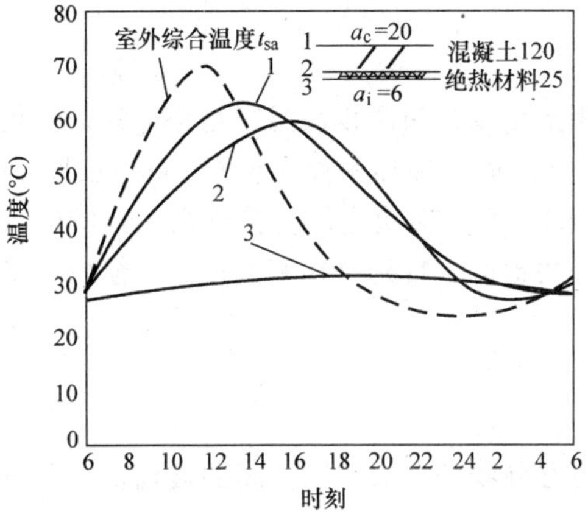

图 2—4　夏天受太阳辐射时，内侧绝热的各层温度的变化曲线

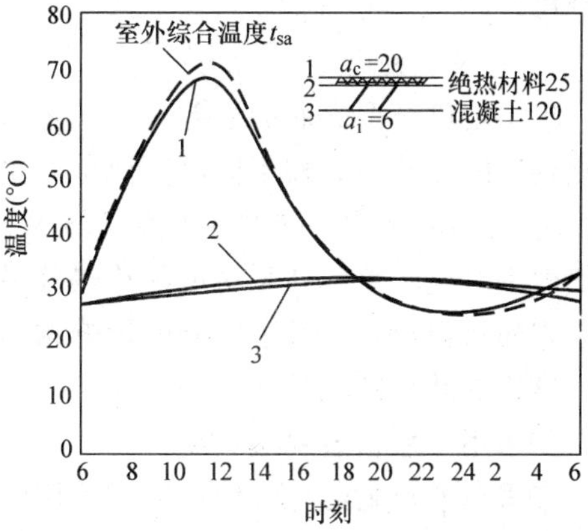

图 2—5　夏天受太阳辐射时，外侧绝热的各层温度的变化曲线

2）墙壁的绝热

与屋顶类似，墙壁受太阳辐射，墙体也会产生很大的热应力，特别是东、西墙。图 2—6、图 2—7 表示在夏天绝热材料位于西墙的外侧和内侧，一天里温度的变化情形。由图中可知，如果不采取外侧绝热，混凝土墙体就可能产生很大的弯曲应力，使其发生龟裂。

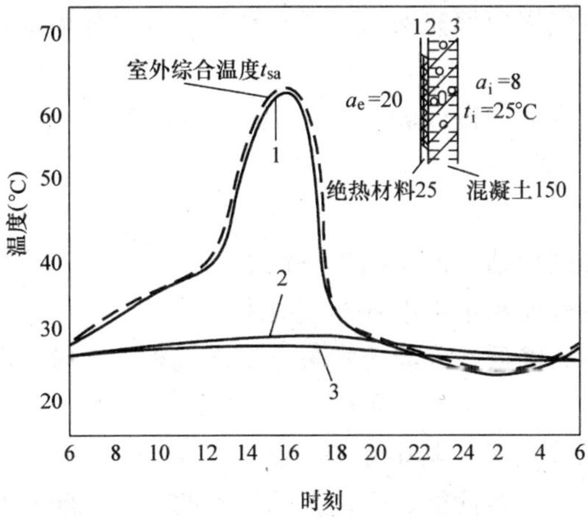

图 2—6　受太阳辐射的西墙温度的变化曲线（夏天外侧绝热）

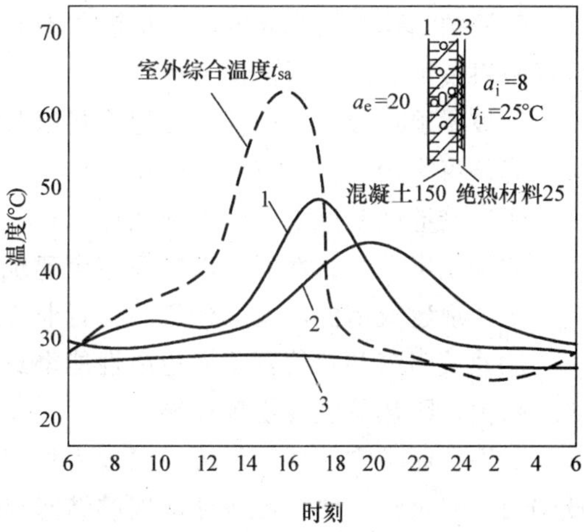

图 2—7　受太阳辐射的西墙温度的变化曲线（夏天内侧绝热）

3）地面的绝热

当地面的温度高于地下土壤温度时，热流便由室内传入土壤中去。房间下部土壤温度的变化并不太大，但在房屋与室外空气相邻的四周边缘部分的地下土壤温度的变化还是相当大的。冬天，其受室外空气以及房屋周围低温土壤的影响，将有较多的热量由该部分被传递出去。因此，若仅就减少冬季的热损失来考虑，只要对四周部分进行绝热就够了。但是对于南方地区，还必须考虑到高温高湿气候的特点，因为高温高湿的天气容易引起夏季地面的结

露。因此在这种情况下，应进行内侧绝热。另外，为了防止土壤中的湿气侵入室内，应加设防潮层。

4）门窗的绝热

单层玻璃窗两表面的温差只有0.4 ℃，在实用上可以认为两表面温度是相等的。一般单层玻璃窗的传热系数按不同厚度取值，当厚度为3 mm时，传热系数为6 W/（m^2·K）；当厚度为5～8 mm时，传热系数为5.5 W/（m^2·K）。由于玻璃窗的传热系数大，所以，其绝热效果对整个墙面乃至房屋的绝热效果都是十分关键的。特别是在寒冷地区，窗户对于冬季供暖的热损耗，即对于节能的影响相当大。

常用的减少热流量的方法有：

①采用双层窗或双层玻璃；

②采用能反射红外线的玻璃或采用贴有能反射红外线的合成树脂薄膜的玻璃；

③利用 ①与②的复合形式。

此外，还可以设可动式隔热层，如窗帘、窗盖板等，也可以取得一定效果。

建筑围护结构的节能是建筑节能的重要组成部分，优良的围护结构将极大地减少建筑物对环境的能量损失。特别是建筑门窗和建筑幕墙更是建筑物热交换、热传导最活跃、最敏感的部位，是墙体热损失的5倍。门窗和幕墙的节能约占建筑节能的40%，具有极其重要的地位。当今，节能门窗将成为建筑门窗市场新的增长点。

世界各国对建筑围护结构的节能均十分重视，例如英国相继采取了如下一系列措施来加强建筑围护结构的节能：

①围护结构外墙中采取了中保温（空心墙空气层中填充保温材料）和外保温（外墙铺设保温材料及饰面层）两大保温措施；

②坡屋顶顶层天花板铺设保温材料以及沿坡屋面铺设保温材料；

③外窗采用低辐射双层玻璃窗；

④房屋地面铺以木质地板绝热保温；

⑤加强房屋密封性能，以提高整个建筑物外围护结构的保温隔热性能。

为实现建筑节能，我国建筑门窗行业应重点开发和推广下列八项技术。

①建筑门窗和建筑幕墙周边高性能密封技术。降低空气渗透损失，提高气密、水密、隔声、保温、隔热等主要物理性能。

②高性能中空玻璃和经济性双玻系列产品工艺技术。其中重点解决中空玻璃的热反射、低辐射、安全性问题，经济性双玻的结露温度、耐冲击性能、安装技术等问题，实现隔热与太阳能有效利用的结合。

③铝合金专用型材及镀锌彩板专用异型材的绝热技术。重点解决绝热材料国产化和耐火、防有害窒息气体安全问题，降低材料成本，扩大推广面。

④复合型门窗专用材料开发和推广应用技术。重点开发铝塑、钢塑、木塑复合型门窗专用材料和复合型配套附件及密封材料。

⑤门窗窗型及幕墙保温隔热技术。改变单一的推拉门窗，发展平开，特别是复合内窗及多功能窗。改善高密封窗的换气性能和安全性能，发展绝热高效节能型门窗产品。

⑥门窗和幕墙成套技术。开发多功能、系列化、具有地域特色的成套产品，提高配套产品附件质量、品种、性能，发展多元化、多层次节能产品产业化生产体系。

⑦可再生能源开发及利用技术。建筑门窗和建筑幕墙要改变消极保温隔热单一节能技术的观念，把节能和合理利用太阳能、地下热（水）能、风能结合起来，开发节能和用能（利用太阳能、风能、地热能）相结合的门窗及幕墙产品。

⑧改进门窗及幕墙安装技术。提高门窗及幕墙结构与围护结构的一体化节能技术水平，改善墙体总体节能效果。

3. 建筑物的采暖空调节能

建筑物的采暖空调节能是建筑节能的关键。在建筑物设计时就应对采暖空调方式及其设备的选择进行精心的考虑，并根据当地的资源情况及用户对设备运行费用的承担能力，对不同方案进行技术经济比较，在设备运行时要进行运行方案的优化设计，在满足用户要求的前提下实现经济运行。

1）冷热源设备的选用

冷热源设备的选用直接关系到建筑物的能耗，应在积极发展集中供热、区域供冷供热站和热、电、冷三联产技术的基础上，根据安全性、经济性和适应性的原则来统筹兼顾。具体考虑的因素有：能源、环保和城建的要求和法规，建筑物的用途、规模和冷热负荷，初投资和运行费，机房条件、消防、安全和维护管理，设备的性能和能效比。

若当地供电紧张，但有热电站供热或有足够的冬季采暖锅炉，特别是有废热和余热可供利用时应优先采用溴化锂机组。若当地供电紧张，但夏季有廉价的天然气供应，可选用直燃型溴化锂吸收式冷温水机组。直燃型溴化锂吸收式冷温水机组与溴化锂吸收式制冷机相比，具有热效率高、燃料消耗少、安全性好、可直接供冷和供热、初投资和运行费低、占地面积小等优点。因此在同等条件下，特别是有廉价的天然气供应时，应优先选用。一般情况下宜优先选用两用机。

按性能系数高低来选择制冷设备的顺序为：离心式、螺杆式、活塞式、吸收式。电力制冷机的性能系数高于吸收式，因此当地供电不紧张时，从性能系数来考虑，应优先选用电力制冷机。大型系统以离心式为主，中小型系统以螺杆式为主。选用风冷机组还是水冷机组须因地制宜，因建筑物而异。一般大型建筑物宜选用水冷机组，小型工程或缺水地区宜选用风冷机组。在选用冷水机组时，应考虑机组之间互为备用或轮换使用的可能性。从节能的角度出发，应选用不同类型、不同机组互相搭配。

在选择制冷机型、台数和调节方式时，应充分考虑建筑物全年空调负荷的分布规律及制冷机在部分负荷下的调节特性来合理选择。这样方可提高制冷系统在部分负荷下的运行效率，降低全年总能耗。为平衡供电的峰谷差，应积极推广蓄冷空调和低温送风相结合的系统。如供电部门给予较大的峰谷差价优惠政策，选择利用谷电蓄热的电热锅炉也是可行的。

2）广泛采用热泵技术

热泵技术非常适合于建筑物的采暖和空调，而且已在我国建筑物中得到了广泛的应用。在夏季需要用空调、冬季需要采暖的地区，宜优先考虑采用热泵采暖的方式，可以同时兼顾采暖供冷两种功能。热泵主要用来为建筑物的采暖和空调提供100 ℃以下的低温用能。用于建筑物的热泵主要有水源热泵、土壤源热泵和空气源热泵。目前建筑物中热泵应用要解决的主要问题是，如何因地制宜地正确选用机组。

对要求全年空调的中小型建筑，当技术经济比较合理或不便采用一次能源时，宜采用空气源热泵；当冬季因结霜除霜导致供热不足时，则应在热泵出水管上增设辅助加热装置。热泵机组一般应安装在屋顶、阳台或室外平台上。若必须装在室内，则须采取措施防止空气短路。

对同一建筑物，如果内区要求供冷，外区要求供热，或者外部有廉价的低品位热源，如地下水、江河水或工业废水时，可优先选用性能系数较好的水源热泵。但如果使用冷却塔，则必须采用密闭式。目前在京津等地区，出现了所谓“一户一机，深井回灌”的水源热泵系统，这种系统能量利用率高，但地下水回灌的最佳方式和地下水回灌后对含水层热力和水力状态的影响还有待深入研究。

当有良好的地热条件，且技术经济分析合理时，土壤源热泵也很有前途。目前地下埋管的深度日益加深，土壤传热模型和强化措施也取得了很大进展，如北京工业大学已成功地解决了地下埋管的深层（大于 70 m）置入技术及地下埋管的强化传热问题。北京已有多座别墅采用了该校的土壤源热泵技术，解决了全年的供暖、空调和生活热水供应问题。

3）实现经济运行

建筑物采暖和空调的经济运行是非常重要的。例如，据统计我国旅馆类建筑的空调能耗约占年营业收入的15%，已成为影响经营效益的重要因素。造成建筑物采暖空调能耗高的原因，一是因为设计不当，例如目前多数建筑机组选择过大，远远超出实际需要，造成设备的闲量和初投资浪费；又如冷冻水泵配置过大，部分负荷时水泵经常处在低效率区工作。另外一个原因就是没有经济运行，主要表现在：

①没有根据天气、负荷和人员的变动情况，选择合适的新风比例，要么空气品质欠佳，要么能耗过大；

②负荷侧变流量时，冷热源侧未能进行相应的变流量调节，以致输送能耗增加；

③风机盘管和空调机组过滤器未能经常清洗，不但因阻力增加而使能耗增加，另外也引来卫生方面的问题；

④过渡季节未能充分利用冷却塔实现全新风运行，造成能量浪费；

⑤四管制空调系统仍按两管制运行，造成资源和能量浪费；

⑥蓄冷空调和低温送风系统，因为管理复杂，未能充分发挥效益。

根据上述情况，从设计和运行两方向着手，加强人员的管理和培训，就能够使建筑物的采暖空调费用大幅度下降。

4）实行供冷暖的分户热计量

供冷暖建筑实施分户热计量，既可以节省建筑物能耗，又可提高供冷暖的质量，同时还有利于物业管理。我国建设部已明令从 2000 年 10 月 1 日起正式实施分户热计量。在市场经济日益完善的今天，热量早已由福利转化为商品，理应强化其商品的“属性”，做到“保证质量，方便使用，合理计价”。满足用户对供冷暖质量的要求，这也是分户热计量的前提。

5）发展建筑物蓄冷空调和蓄热供暖

常规的蓄冷技术包括冰蓄冷空调和水蓄冷空调。通过降低介质温度或凝固介质，将冷能以显热和潜热的形式储存在介质中。必要时，被储存的冷能可以通过升高介质温度，或融化介质再次被利用。目前我国蓄热供暖主要使用电锅炉蓄热式系统且以水作为蓄热介质，就是以电锅炉为热源，利用低谷廉价电力，对水加热，并将其储存在蓄热水箱中，在电网高峰时段关闭电锅炉，由储存在蓄热水箱中的热水供热。其优点是不排出有害气体，无污染，无噪声，比煤锅炉、油锅炉的热效率高，又能充分利用低谷电，运行费用低。

6）建筑物分布式能源系统

分布式燃气冷热电联供系统（DES/CCHP）是一种建立在能量梯级利用概念基础上，以天然气为一次能源，同时产生电能和可用热（冷）能的分布式供能系统。

中国建筑物能源需求的特点是暖通空调、热水供应、电气、炊事各占用能的比例为65%、15%、14%、6%，其中80%属于低品位能量，目前多半采用燃料和电力，“高质低用”，属于浪费。天然气用来烧水做饭，虽说是一种非常理想的清洁燃料，但就其热量利用效率来说是极其不合算的。利用天然气产生的高温烟气来加热热水，达到80～100 ℃，从热力学第二定律计算可知其利用效率极低。作为民用燃料又不得不使用。作为工业燃料直接烧锅炉，将大量热能浪费在烟气中，更是极不经济的做法。所有的能量一旦从高品位到低品位就很难再回收回来，这就是能源在质量意义上的浪费。

充分利用燃料的㶲值不但是节能的关键，也是省钱的关键。例如需要用450～5 000 ℃的高温气体加热原料的陶瓷厂就是一个突出的例子，此时若前置燃气轮机以其排气代替直接燃烧天然气供应高温气体，则天然气的超高温段（1 200～5 000 ℃）的焓值就可以100%用来发电。

天然气作为能源利用的最高效率是电热冷三联供系统形式。从热力学第一定律来说，它的节能原理就是能把能量吃光榨尽。从热力学第二定律角度来看，它充分地利用了高品质的能量，同样在能量质的角度起到了节能效果。

燃气冷热电联供系统根据“温度对口、梯级利用”的原则，尽可能按照需求提供各子系统的输入：高品位热能（> 450 ℃）优先用于动力系统发电；中品位的热能（温度约在170～450 ℃）用于对口的中低温区域的热力循环系统；低品位的热能（温度一般低于170 ℃）用于低温区域的热力循环系统，提供吸收式低温热量的过程。将燃气发电、供冷、供热有机结合，梯级利用一次能源，其能源利用率将会比各种形式的热电联供系统高。

天然气在燃气轮机里有30%～40%的能量转化为电能，一次转化的效率高于一般火电厂的锅炉蒸汽轮机机组的效率，再加上排出高温烟气产生的高温高压蒸汽进入蒸汽轮机发电，使能量利用率达到60%以上，剩余的能量还可以用来制冷，产生热水，用于各种不同能级的用户，系统能量梯级充分利用，使能量利用率达到80%以上。

4. 建筑照明节能

照明节能在于不使用照明设备，或者使用很少的能耗，得到需要的照度及其均匀的照度分布状态，达到合理的采光和照明效果。照明的节能方法有如下几种。

1）防止光损失

光的损失方式有两种：一种是从开口部位向外漏掉，另一种是被建筑部位等表面吸收。为了控制光的损失，可以提高所有建筑部位（包括开口部位在内）及室内的所有物体的光反射系数。可以考虑使照度分布均匀，也可以把有扩散性的反射面都做成白色。

2）利用太阳照射和天空光

当室内日照严重不足时，可以采取如下利用自然光的方法。

①利用反射面。如利用反射板、室外墙面、相邻建筑物的墙面等，使反射光从北侧开口部位传入室内。如果窗户的外面有白色的墙，当太阳光照射到该墙上时，室内就会变得很明亮。

②利用天窗。在建筑南侧墙面上，如果没有充分的开口，则最上层的房间可以通过天

窗，利用阳光和天空光来照明。

③照亮室内顶棚的方法。如果用带有方向性的玻璃砖、百叶窗、水平遮光栅等，使光的照射有一定的方向性，照亮顶棚，室内就可得到来自上方的光。另外，还可利用地面或阳台的反射光。

④扩散照到窗户上的阳光。不是积极地使光的照射产生方向性，只是简单地使光产生扩散，也能取得自然光照明的效果。例如，可以使用半透明的白窗帘、压花玻璃、毛玻璃、百叶窗、遮光格栅、推拉门窗等。

此外，还有补充日照时间不足、利用上层的光亮等方法，均可起到充分利用天然光的作用。

3）高照明设备的效率

高照明设备的效率从建筑角度来看，主要应考虑下述两个方面的问题。

①使用高效率光源。建筑内使用的光源有白炽灯、荧光灯和水银灯等，其中白炽灯的效率只有其他光源的八分之一。但白炽灯仍然得到最为广泛的应用，这是因为它价格便宜，维修简单，尺寸小，能得到暖色的光。而荧光显色性已得到了明显的改善，它的优点是光色接近于白天的光。至于水银灯及其他光源，虽然效率高，但显色性还不够好。

②设置条件。可以不使室内全部很亮，只让需要的位置保证亮度，其他地方可以暗一点，只要眼睛不感觉疲劳即可。也可以采用整体照明与局部照明相结合的方法，或者采用照明灯具的安装位置可自由变换的方法。

4）降低照度标准

降低照度标准是指只在重要的地方进行所需高照度的局部照明，其他地方只要不给整个房间带来不方便，就可以暗一些。

5. 建筑能源系统的运行管理

能源管理系统就是将建筑物或者建筑群内的变配电、照明、电梯、空调、供热、给排水等能源使用状况，实行集中监视、管理和分散控制的管理与控制系统，是实现建筑能耗在线监测和动态分析功能的硬件系统和软件系统的统称。它由各计量装置、数据采集器和能耗数据管理软件系统组成。通过实时的在线监控和分析管理可基本实现以下效果：

①对设备能耗情况进行监视，提高整体管理水平；

②找出低效率运转的设备；

③找出能源消耗异常部位；

④降低峰值用电水平，最终达到降低能源消耗、节省费用的目的。

6. 可再生能源在建筑中的应用

建筑是可再生能源应用的重要领域，推进可再生能源在建筑中应用是贯彻落实科学发展观、调整能源结构、保证国家能源安全的重要举措。可再生能源是重要的战略替代能源，对增加能源供应、改善能源结构、保障能源安全、保护环境有重要作用，是建设资源节约型、环境友好型社会和实现可持续发展的重要战略措施。如利用太阳能、浅层地能等可再生能源解决建筑的采暖空调、热水供应、照明，地表水及地下水丰富地区利用水源热泵技术供热制冷，沿海地区利用海水源热泵技术供热制冷，利用土壤源热泵技术供热制冷，利用污水源热泵技术供热制冷，农村地区利用太阳能、生物质能等进行供热、炊事等。以上均是可再生能源应用的重要领域，对替代常规能源，促进建筑节能具有重要意义。

上海世博园在园区建设中采用了大量的节能、生态和绿色建筑技术，综合采用了江水源热泵、太阳能光伏发电、风力发电、中水回收、自然通风、主动式导光、结构加固、智能化集成平台、绿色建材等资源和可再生能源利用技术。安装在园区主要永久建筑物顶部的太阳能发电系统，发电总量可达约 4.5MW・h。创造我国地下空间综合体之最的“世博轴”及地下综合体工程、演艺中心、世博中心和城市最佳实践区均使用了黄浦江水源热泵及地源热泵作为空调系统的冷热源。

7. 行为节能

行为节能是指通过人为设定或采用一定技术手段或做法，使供电、供暖、供水等能耗系统运行向着人们需要的方向发展，减少不必要的能源浪费或有利于节能的行为。如尽量不要使家电处于待机状态，而要关掉电器开关，或者彻底关掉电源；随手关灯；利用节能方式洗衣；正确使用节能灯，使其达到最佳节能效果；合理使用采暖空调等。

第3章　保温隔热（绝热）材料

建筑工程中，把用于控制室内热量外流的材料称为保温材料，把防止室外热量进入室内的材料称为隔热材料，或者将两种材料笼统地称为保温隔热材料或绝热材料。一般来说，绝热材料的共同特点是质轻、疏松，呈多孔状或纤维状，以其内部不流动的空气来阻隔热的传导。保温隔热（绝热）材料在节能建筑、绿色建筑、零能耗建筑中起着难以替代的作用。

绝热材料主要分为以下几大类型：纤维类绝热材料、硬质绝热材料、有机高分子绝热材料、金属反射型绝热材料和纳米孔硅质绝热材料等。常见的绝热材料有岩棉、矿棉、玻璃棉、膨胀珍珠岩、微孔硅酸钙、膨胀蛭石、软木、保温涂料、泡沫玻璃、耐火纤维和各类有机泡沫塑料，等等。

3.1　绝热材料的性能及选择

由于绝热材料的种类繁多，绝热性能也有很大的不同，而且随着不同条件（温度、湿度、施工状况及应用部位等）而有差异。绝热材料的各种性能之间存在相互影响、相互制约的关系，这些在工业和建筑绝热设计，尤其是在建筑物的节能设计方面应给予充分的重视。

3.1.1　绝热材料的结构与绝热机理

从结构上看，各类绝热材料都由固相和气相（气孔）构成，按固相与气相的存在方式和分布状态可分为三类：气相连续结构的绝热材料，其中固态为孤立分散相；固相连续结构的绝热材料，其中气相为孤立分散相；气相和固相都为连续结构的绝热材料，在这种结构中，固态物质以纤维状形式存在，构成连续固相骨架，而气相（气孔）则连续存在于纤维材料的骨架间隙之中。三种结构如图3—1所示。

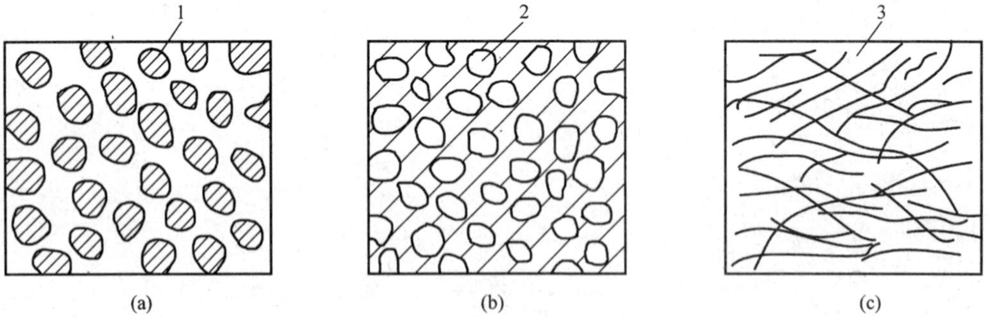

图3—1　绝热材料组织结构示意图

（a）气相连续结构型　（b）固相连续结构型　（c）固相气相均连续结构型

1—固相；2—气相；3—纤维

绝热材料按绝热原理分为多孔材料和反射材料。多孔材料是指靠热导率小的气体充满孔隙而实现绝热的材料，一般以空气为热阻介质，主要是纤维状聚集组织和多孔结构材料。泡沫塑料的绝热性较好，其次为矿物纤维、膨胀珍珠岩和多孔混凝土、泡沫玻璃等。反射材料的代表性材料为铝箔，它能靠热反射减少辐射传热，几层铝箔或与纸组成夹有薄空气层的复合结构还可以增大热阻值。

热量的传递方式有热传导、热对流和热辐射三种基本形式。对于绝热材料在热环境中依靠分子、原子及自由电子等微观粒子的运动和相互碰撞进行热量传递的现象称为热传导。与此同时，存在于绝热材料气孔中的空气会沿着气孔通道从热面流向冷面，从而也把热量从绝热热面带至冷面，这种热流动机理称为热对流。但是这种对流现象极其微弱，可以忽略。随着温度的升高，受热分子的动能增大，并以电磁波的形式向四周辐射能量的能力增强，温度越高，辐射能力越强，这种传热机理称为热辐射。经过绝热材料工作面和材料传递出的热量，最后从绝热层的冷面经对流和辐射传热散失在周围环境中。在不通电的情况下，这三种热量传递形式均对绝热材料的绝热性能有着不同程度的影响。

在绝热材料的绝热过程中应该尽量减少热量的散失。而对于不同组织结构的材料，可以用气相和固相的两种不同组合模型表示出来。气相连续结构型材料可以看作是由固相和气相并联的模型；而对于固相连续结构型材料可以看作是由固相和气相串联的模型。

如图 3－2 所示，在并联模型的情况下，材料内部的热流分为两部分，即固相内的热流 q_s 和气相内的热流 q_g。由于固相内的传热是依靠热传导，取固相的热导率为 λ_s，则

$$q_s=\lambda_s\frac{\Delta T}{\Delta L} \tag{3-1}$$

式中：ΔT 为与 ΔL 相对应的温度差，ΔL 为隔热材料内部结构的单位长度。

同样，取气相的导热率为 λ_g，则

$$q_g=\lambda_g\frac{\Delta T}{\Delta L} \tag{3-2}$$

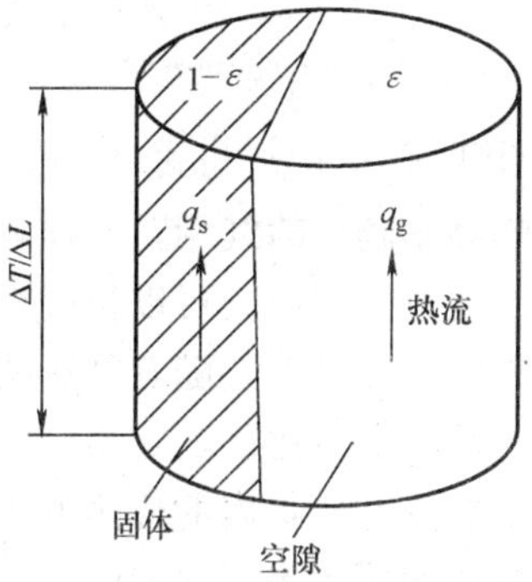

图 3－2　固相－气相并联模型

假如绝热材料内部的热流 q_s 和 q_g 是并列的，则总的传热量 q 就可以用下式表示：

$$q=\varepsilon q_g+(1-\varepsilon)q_s=[\varepsilon\lambda_g+(1-\varepsilon)\lambda_s]\frac{\Delta T}{\Delta L} \tag{3-3}$$

式中：ε 为材料中的气相体积分数，%。

如果此并联模型的表观热导率为 λ_1，则总的传热量 q 可定义为

$$q=\lambda_1\frac{\Delta T}{\Delta L} \tag{3-4}$$

因而可以得出并联模型的表观热导率

$$\lambda_1=\varepsilon\lambda_g+(1-\varepsilon)\lambda_s \tag{3-5}$$

通常气体的热导率比任何固体的热导率都低得多，即 $\lambda_g \ll \lambda_s$，因此上式可以近似表示为

$$\lambda_1\approx(1-\varepsilon)\lambda_s \tag{3-6}$$

式（3－6）表明在温度较低的情况下，即在辐射传热不起主要作用时，材料的热导率取决于热导率较大的固相热导率，材料的热导率随着气孔率的增加近似呈线性降低。

在串联模型的情况下，如图 3－3 所示，固相和气相以串联方式组合，总的热流量等于

通过各物相的热流量，即

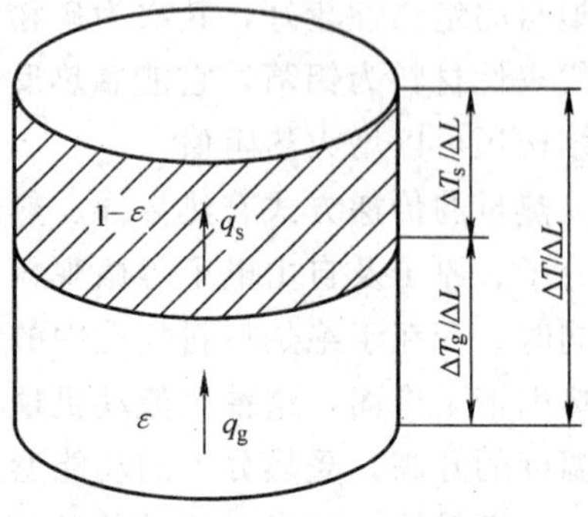

图 3－3　固相－气相串联模型

$$q=q_s=\lambda_s\frac{\Delta T_s}{(1-\varepsilon)\ \Delta L}=\frac{\Delta T_s}{(1-\varepsilon)\ \dfrac{\Delta L}{\lambda_s}} \tag{3-7}$$

$$q=q_g=\lambda_g\frac{\Delta T_g}{\varepsilon\Delta L}=\frac{\Delta T_g}{\dfrac{\varepsilon\Delta L}{\lambda_g}} \tag{3-8}$$

因为 $q_s=q_g$，利用比例项的分子和分母相加其值不变的原理，即 $\frac{a}{b}=\frac{c}{d}=\frac{a+c}{b+d}$，两式联立可以得到下面的表达式：

$$q=\frac{\Delta T_s+\Delta T_g}{\dfrac{1-\varepsilon}{\lambda_s}\Delta L+\dfrac{\varepsilon}{\lambda_g}\Delta L}=\frac{1}{\dfrac{1-\varepsilon}{\lambda_s}+\dfrac{\varepsilon}{\lambda_g}}\frac{\Delta T}{\Delta L} \tag{3-9}$$

令 λ_2 表示串联模型的表观热导率，由于 $\lambda_g \ll \lambda_s$，则 λ_2 可表示为

$$\lambda_2=\frac{1}{\dfrac{1-\varepsilon}{\lambda_s}+\dfrac{\varepsilon}{\lambda_g}}=\frac{\lambda_s\lambda_g}{(1-\varepsilon)\ \lambda_g+\varepsilon\lambda_s}\approx\frac{\lambda_g}{\varepsilon} \tag{3-10}$$

式（3－10）与式（3－6）所表述的情况不同，在串联模型情况下，材料的热导率取决于热导率较小的气相，这样就可以解释气相为连续相的纤维材料的热导率较小的原因了。

通过上述模型可以很好地理解在低温情况下材料内部的传热现象和传热机理。但是除了真正的热传导外，随着材料的使用温度升高，通过气孔的辐射传热的作用就变得很重要了，辐射传热所占比例随着温度的提高明显增大，因而对气孔内的传热有必要进一步分析。

热量在气相内的传热方式包括气体导热传递的热量传导，气体对流传递的热量对流，包围气体的固体表面之间的辐射换热。总传热量就是这三种传热方式传递的热量之和，即气相的总的传热值。因此，ΔL 和 ΔT 可视为每个气孔的特征长度和温差。

在一般的绝热材料中，气孔的尺寸（ΔL）很小，气孔内的对流传热基本上不会发生，而在低温情况下辐射传热也可以忽略，所以表观热导率就等于空气的热导率。但要注意在高温情况下，辐射传热项不能忽略。

绝热材料气相（气孔）的主要作用是降低热导率，实质上就是因为气体的热导率比任何其他固体的热导率都低。通常绝热材料是在大气环境下制造和使用的，存在于气相中的气体主要是空气。因此，在绝大多数的情况下，所谓气相在绝热材料中所起的作用实际上就是空气的绝热作用。

有时候在工业生产中也会采用氢气、一氧化碳、二氧化碳、碳氢化合物及惰性气体等气体来绝热，所以有必要了解气相对材料的导热性能的影响。一般来说气体相对分子质量越小，组成和结构越简单，其热导率就越大。

3.1.2　提高绝热材料绝热效果的途径

为了满足节能规范，需要在设计施工过程中选取合适的绝热材料，并且严格遵守施工要求，这样才能充分发挥绝热材料的作用。在选择绝热材料时，应着眼于多种元素组成的化合物或混合物，其绝热效果优于单一元素组成的绝热材料。

1. 减小传热系数

粒子排列无秩序（实为近程无序，远程有序）的非晶体材料比规则排列的晶体材料热传导性要差。几种物质虽组成相同，但由于形体状态不同，热导率有较大的差异。玻璃体状态的热导率比晶体态小得多。显然在配制绝热材料时，宜选择玻璃体。

气体分子之间的距离比液体和固体大得多，它只能靠分子不规则的热运动来传热，因此，热导率是很小的。完全静止的空气，0 ℃时的热导率只有 0.023 8 W/（m·K）。据此人们研制和应用了纤维状、微孔状和气泡状等空隙率很高的多孔性材料作为绝热材料。

如能使固体材料构成足以阻止空气微量对流的微孔结构，其热导率可以十分接近静止空气的热导率。要进一步提高绝热效能，应研究在微孔中充填热导率更低的气体。如在聚氨酯硬质泡沫塑料中引入氯氟烃气体，使热导率由原来充填 CO_2 时的 0.034 W/（m·K）降至 0.020 W/（m·K），显然提高了绝热效果。

多孔性材料随孔隙率的增高，空气含量增多，相对的热导率（严格上应称为当量热导率）要小一些。但不能由此引出一个绝对的结论——容重越轻，热导率越小。就实体材料来说，并不存在这种“质量定律”，多孔材料也只是在一定条件下有这种趋势。

2. 减少对流传热

气孔的大小和分布显著影响到对流传热过程。一些研究报告指出：当绝热体的空腔直径足够小时，例如小于 0.5 mm，可以忽略自然对流传热过程的影响。因此，近年来绝热材料孔隙结构的研究，多致力于发展密闭、均布和微孔的绝热材料或绝热制品。

例如，对于纤维类绝热制品，正致力于研究减小纤维直径，发展超细纤维，以减小孔隙尺寸。试验和计算结果表明，直径为 1.8 μm 的玻璃纤维，总当量热导率比直径为 3.6 μm 的玻璃纤维小 10%。要精确计算多孔材料内部孔隙的对流传热是很困难的。所以应主要通过改善材料的内部孔隙结构，减少绝热层对流传热。近年来，为从根本上解决气体对流传热问题，研究发展了真空结构，把孔隙抽成真空或负压，大大减少了气体传导和对流传热。例如把玻璃纤维填入真空封闭壳内，理论上的当量热导率可低至 0.004 3 W/（m·K）。

3. 减少辐射换热

削弱辐射换热就要从产生辐射换热的存在根源出发。由于热辐射属于电磁波范畴，波谱在 0.38～1 000 μm 之间，大部分能量在红外线区段的 0.76～20 μm 范围内。欲取得良好的绝热效果，必须采取必要的屏蔽措施，以减少辐射形式传递热量。尤其对于高温工况，按斯蒂芬-玻尔兹曼定律，辐射力与绝对温度的四次方成正比，温度越高，辐射传热在总体传热中所占的比例越高，所以应注重对热辐射的屏蔽。

辐射对于物体表面的反射现象类似于光，有镜面反射和漫反射的区分。当物体表面的不平整度小于投射热辐射波长时，形成镜面反射，入射角等于反射角，反射最大。高度磨光的铝板可达到镜面反射，对波长为 8～10 μm 的热辐射，反射率达 90%以上。当表面不平整度大于投射热辐射的波长时，则形成漫反射。一般建筑材料属于这类，反射较小，大多在 10%以下。

同一物体的发射率又随温度而变化。例如，严重氧化的铝表面在 50 ℃和 500 ℃的温度下，其发射率分别为 0.2 和 0.3。热辐射发射的大小，除了与表面状况有关外，还受到材料性质影响，例如，常温下具有光滑氧化层表皮的铜板的发射率为 0.82，而镀锌铁皮的发射率只有 0.23。

对于建筑节能来说，要综合考虑各方面的影响，要做到资源的最优化利用，同时尽可能减少能量的消耗。对于不同种类的建筑物来说要考虑其主要能耗部分，这样才能抓住重点来做好节约能源工作。例如，在大型公共建筑玻璃幕墙设计中应用绿色节能技术，现阶段主要是在提高玻璃幕墙节能保温性能方面。通过上面传热原理的分析，对于这种建筑的节能我们也可以采用镀膜玻璃、Low－E玻璃、热反射玻璃、中空玻璃及隔热断桥铝型材，降低结构传热系数 K、消除结构体系热桥、降低空气渗透热损失、减小开启窗扇面积、提高其密封性等方面来达到节能的目的。

针对不同的建筑应该有不同的绝热材料的处理方法，在实际的工程运用中应当充分考虑各种因素对能耗的影响，这样才能更好地利用基本原理来实现较好的节能效果。

3.1.3 绝热材料的一般性能

1. 选用绝热材料的基本要求

为了满足建筑节能的要求，需要对不同种类的绝热材料进行分析，并从中选取最合适的绝热材料。由于绝热材料种类繁多，性能各有所长，同时不仅要满足节能的要求，而且要充分考虑材料的强度、耐火性、防腐性能等。在绝热设计施工中不能局限于某种材料，要根据具体情况和用户要求，选择不同的绝热材料，基本原则如下。

（1）绝热材料应选择能提供具有随温度变化的热导率方程式或图表的产品。对于松散或可压缩的绝热材料，应选择能提供在使用密度下的热导率方程式或图表的产品。在可行性研究和初步设计阶段，进行绝热计算时可采用国家规范中常用绝热材料性能规定的数据。

（2）运行中，保温材料平均温度低于 350 ℃时，其热导率不得大于 0.12 W/（m·K），保冷材料的平均温度低于 27 ℃时，其热导率不应大于 0.064 W/（m·K）。

（3）保温的硬质材料密度不得大于 300 kg/m³，软质材料及半硬质制品密度不得大于 200 kg/m³，保冷材料的密度不得大于 200 kg/m³。

（4）用于保温的硬质材料抗压强度不得小于 0.4 MPa，用于保冷的硬质材料抗压强度不得小于 0.15 MPa。

（5）保温材料的含水率不得大于 7.5%（质量分数，下同），保冷材料的含水率不得大于 1%。

（6）绝热层材料应选择能提供具有允许使用温度和不燃性、难燃性、可燃性性能检测证明的产品，对保冷材料尚需提供吸水性、吸湿性、憎水性检测证明，对硬质绝热材料尚需提供材料的线膨胀或收缩率数据。

（7）绝热层材料按被绝热的工艺设备和管道外表面温度不同，其燃烧性能应符合现行国家标准《建筑材料燃烧性能分级方法》（GB 8624）规定的燃烧等级，并应符合下列规定：

①被绝热的设备与管道外表面温度 $T_0>100$ ℃时，绝热层材料应符合不燃类 A 级材料性能要求；

②被绝热的设备与管道外表面温度 $T_0 \leqslant 100$ ℃时，绝热层材料不得低于难燃类 BⅠ级材料的性能要求；

③被绝热的设备与管道外表面温度 $T_0 \leqslant 50$ ℃时，有保护层的泡沫塑料类绝热层材料不得低于一般可燃性 BⅡ级材料的性能要求。

另外，在绝热材料的选择过程中应满足材料的机械强度要求、设计使用年限要求、材料安全性要求、防潮防腐要求等，具体的要求应参照相应的设计和施工规范。

2. 建筑节能规范对绝热材料的要求

根据建筑所处城市的建筑气候分区，围护结构的热工性能应分别符合表3－1～表3－6的规定，其中外墙的传热系数为包括结构性热桥在内的平均值 K_m。当建筑所处城市属于温和地区时，应判断该城市的气象条件与表中的哪个城市最接近，围护结构的热工性能应符合该城市所属气候分区的规定。

表3－1　严寒地区A区围护结构传热系数限值

围护结构部位		体形系数≤0.3 传热系数（kW/（m²·K））	0.3<体形系数≤0.4 传热系数（kW/（m²·K））
屋面		≤0.35	≤0.30
外墙（包括非透明幕墙）		≤0.45	≤0.40
底面接触室外空气的架空或外挑楼板		≤0.45	≤0.40
非采暖房间与采暖房间的隔墙或楼板		≤0.6	≤0.6
单一朝向外窗（包括透明幕墙）	窗墙面积比≤0.2	≤3.0	≤2.7
	0.2<窗墙面积比≤0.3	≤2.8	≤2.5
	0.3<窗墙面积比≤0.4	≤2.5	≤2.2
	0.4<窗墙面积比≤0.5	≤2.0	≤1.7
	0.5<窗墙面积比≤0.7	≤1.7	≤1.5
屋顶透明部分		≤2.5	

表3－2　严寒地区B区围护结构传热系数限值

围护结构部位		体形系数≤0.3 传热系数（kW/（m²·K））	0.3<体形系数≤0.4 传热系数（kW/（m²·K））
屋面		≤0.45	≤0.35
外墙（包括非透明幕墙）		≤0.50	≤0.45
底面接触室外空气的架空或外挑楼板		≤0.50	≤0.45
非采暖房间与采暖房间的隔墙或楼板		≤0.8	≤0.8
单一朝向外窗（包括透明幕墙）	窗墙面积比≤0.2	≤3.2	≤2.8
	0.2<窗墙面积比≤0.3	≤2.9	≤2.5
	0.3<窗墙面积比≤0.4	≤2.6	≤2.2
	0.4<窗墙面积比≤0.5	≤2.1	≤1.8
	0.5<窗墙面积比≤0.7	≤1.8	≤1.6
屋顶透明部分		≤2.6	

表 3—3　寒冷地区围护结构传热系数和遮阳系数限值

<table>
<tr><td colspan="2">围护结构部位</td><td colspan="2">体形系数≤0.3
传热系数（kW/（m^2·K））</td><td colspan="2">0.3<体形系数≤0.4
传热系数（kW/（m^2·K））</td></tr>
<tr><td colspan="2">屋面</td><td colspan="2">≤0.55</td><td colspan="2">≤0.45</td></tr>
<tr><td colspan="2">外墙（包括非透明幕墙）</td><td colspan="2">≤0.60</td><td colspan="2">≤0.50</td></tr>
<tr><td colspan="2">底面接触室外空气的架空或外挑楼板</td><td colspan="2">≤0.60</td><td colspan="2">≤0.50</td></tr>
<tr><td colspan="2">非采暖房间与采暖房间的隔墙或楼板</td><td colspan="2">≤1.5</td><td colspan="2">≤1.5</td></tr>
<tr><td colspan="2">外窗（包括透明幕墙）</td><td>传热系数（kW/（m^2·K））</td><td>遮阳系数 S_c（东、南、西/北向）</td><td>传热系数（kW/（m^2·K））</td><td>遮阳系数 S_c（东、南、西/北向）</td></tr>
<tr><td rowspan="5">单一朝向外窗（包括透明幕墙）</td><td>窗墙面积比≤0.2</td><td>≤3.5</td><td>—</td><td>≤3.0</td><td>—</td></tr>
<tr><td>0.2<窗墙面积比≤0.3</td><td>≤3.0</td><td>—</td><td>≤2.5</td><td>—</td></tr>
<tr><td>0.3<窗墙面积比≤0.4</td><td>≤2.7</td><td>≤0.70</td><td>≤2.3</td><td>≤0.70</td></tr>
<tr><td>0.4<窗墙面积比≤0.5</td><td>≤2.3</td><td>≤0.60</td><td>≤2.0</td><td>≤0.60</td></tr>
<tr><td>0.5<窗墙面积比≤0.7</td><td>≤2.0</td><td>≤0.50</td><td>≤1.8</td><td>≤0.50</td></tr>
<tr><td colspan="2">屋顶透明部分</td><td>≤2.7</td><td>≤0.50</td><td>≤2.7</td><td>≤0.50</td></tr>
</table>

注：有外遮阳时，遮阳系数＝玻璃的遮阳系数×外遮阳系数；无外遮阳时，遮阳系数＝玻璃的遮阳系数

表 3—4　夏热冬冷地区围护结构传热系数和遮阳系数限值

<table>
<tr><td colspan="2">围护结构部位</td><td colspan="2">传热系数（kW/（m^2·K））</td></tr>
<tr><td colspan="2">外墙（包括非透明幕墙）</td><td colspan="2">≤0.70</td></tr>
<tr><td colspan="2">底面接触室外空气的架空或外挑楼板</td><td colspan="2">≤1.0</td></tr>
<tr><td colspan="2">围护结构部位</td><td colspan="2">≤1.0</td></tr>
<tr><td colspan="2">外窗（包括透明幕墙）</td><td>传热系数（kW/（m^2·K））</td><td>遮阳系数 S_c（东、南、西/北向）</td></tr>
<tr><td rowspan="5">单一朝向外窗（包括透明幕墙）</td><td>窗墙面积比≤0.2</td><td>≤4.7</td><td>—</td></tr>
<tr><td>0.2<窗墙面积比≤0.3</td><td>≤3.5</td><td>≤0.55</td></tr>
<tr><td>0.3<窗墙面积比≤0.4</td><td>≤3.0</td><td>≤0.50/0.60</td></tr>
<tr><td>0.4<窗墙面积比≤0.5</td><td>≤2.8</td><td>≤0.45/0.55</td></tr>
<tr><td>0.5<窗墙面积比≤0.7</td><td>≤2.5</td><td>≤0.40/0.50</td></tr>
<tr><td colspan="2">屋顶透明部分</td><td>≤3.0</td><td>≤0.40</td></tr>
</table>

注：有外遮阳时，遮阳系数＝玻璃的遮阳系数×外遮阳系数；无外遮阳时，遮阳系数＝玻璃的遮阳系数

表 3—5　夏热冬暖地区围护结构传热系数和遮阳系数限值

围护结构部位	传热系数（kW/（m^2·K））
外墙（包括非透明幕墙）	≤0.90
底面接触室外空气的架空或外挑楼板	≤1.5
围护结构部位	≤1.5

续表

外窗（包括透明幕墙）		传热系数 （kW/（m^2·K））	遮阳系数 S_c （东、南、西/北向）
单一朝向外窗 （包括透明幕墙）	窗墙面积比≤0.2	≤6.5	—
	0.2<窗墙面积比≤0.3	≤4.7	≤0.50/0.60
	0.3<窗墙面积比≤0.4	≤3.5	≤0.45/0.55
	0.4<窗墙面积比≤0.5	≤3.0	≤0.40/0.50
	0.5<窗墙面积比≤0.7	≤3.0	≤0.35/0.45
屋顶透明部分		≤3.5	≤0.35

注：有外遮阳时，遮阳系数＝玻璃的遮阳系数×外遮阳系数；无外遮阳时，遮阳系数＝玻璃的遮阳系数

表 3－6　不同气候区地面和地下室外墙热阻限值

气候分区	围护结构部位	热阻 R(K/W)
严寒地区 A 区	地面：周边地面	≥2.0
	非周边地面	≥1.8
	采暖地下室（与土壤接触的墙）	≥2.0
严寒地区 B 区	地面：周边地面	≥2.0
	非周边地面	≥1.8
	采暖地下室（与土壤接触的墙）	≥1.8
寒冷地区	地面：周边地面	≥1.5
	非周边地面	≥1.5
	采暖地下室（与土壤接触的墙）	≥1.2
夏热冬冷地区	地面：周边地面	≥1.2
	非周边地面	≥1.2
夏热冬暖地区	地面：周边地面	≥1.0
	非周边地面	≥1.0

注：周边地面系指距外墙内表面 2 m 以内的地面，地面热阻系指建筑基础持力层以上的各层材料的热阻之和，地下室外墙热阻系指土壤以内各层材料的热阻之和

在进行负荷计算和施工过程中，必须严格遵守建筑节能规范，并通过建筑节能规范中围护结构的传热系数要求来选取绝热保温材料。对于主要城市所处气候分区可以参照表 3－7。

表 3－7　主要城市所处气候分区

气候分区	代表性城市
严寒地区 A 区	海伦、博克图、伊春、呼玛、海拉尔、满洲里、齐齐哈尔、富锦、哈尔滨、牡丹江、克拉玛依、佳木斯、大庆
严寒地区 B 区	长春、乌鲁木齐、延吉、通辽、通化、四平、呼和浩特、抚顺、大柴旦、沈阳、大同、本溪、阜新、哈密、鞍山、张家口、酒泉、伊宁、吐鲁番、西宁、银川、丹东
寒冷地区	兰州、太原、唐山、阿坝、喀什、北京、天津、大连、阳泉、平凉、石家庄、德州、晋城、天水、西安、拉萨、康定、济南、青岛、安阳、郑州、洛阳、宝鸡、徐州

续表

气候分区	代表性城市
夏热冬冷地区	南京、蚌埠、盐城、南通、合肥、安庆、九江、武汉、黄石、岳阳、汉中、安康、上海、杭州、宁波、宜昌、长沙、南昌、株洲、永州、赣州、韶关、桂林、重庆、达县、万州、涪陵、南充、宜宾、成都、贵阳、遵义、凯里、绵阳
夏热冬暖地区	福州、莆田、龙岩、梅州、兴宁、英德、河池、柳州、贺州、泉州、厦门、广州、深圳、湛江、汕头、海口、南宁、北海、梧州

3.2 纤维类绝热材料

常用的纤维类绝热材料按其成分可分为有机绝热材料和无机绝热材料两大类。无机绝热材料是用矿物质原料做成的呈松散状、纤维状或多孔状的材料，可加工成板、卷材或套管等形式的制品；有机绝热材料是用有机原料（如各种树脂、软木、木丝、刨花等）制成。有机绝热材料的密度一般小于无机绝热材料。

纤维类绝热材料是绝热材料家族中人丁兴旺、种类众多的一支。其中既有自然矿产，如石棉，又有人工制造的各类纤维，如岩矿、矿棉（又称矿渣棉）、玻璃棉等，其中用量最大者为岩棉、玻璃棉。

纤维类绝热材料占据世界绝热材料市场的61%，在绝热领域具有很大优势。在我国，纤维类绝热材料（岩矿棉、玻璃棉）也占有绝热材料市场的50%以上。据专家统计，我国每年通过绝热材料的使用，节约能源7%～10%，折合标准煤1亿t以上，其中通过使用纤维类绝热材料节能6 000万～7 000万t。可见纤维类绝热材料举足轻重，功不可没。在国家大力提倡节能建筑的今天，纤维类绝热材料更能充分发挥其功效。

3.2.1 无机质纤维类绝热材料

1. 玻璃棉及应用

1）玻璃棉及制品

玻璃棉及其制品是矿物棉的一种，玻璃棉是以硅砂、白云石、蜡石等矿物为主要原料，配以其他化工原料，如纯碱、硼酸等熔制成玻璃，熔化后经过特殊工艺将熔融玻璃液制成无机纤维，具有容重小（一般的表观密度为40～150 kg/m^3），热导率低，保温绝热和吸声性能好，不燃、耐热、抗冻、耐腐蚀、不怕虫蛀、良好的化学稳定性等特性。在玻璃棉成型的过程中，根据不同的使用要求可以制成毡、板或管壳等各种制品。玻璃棉制品具有良好的隔热、隔振、吸声效果，其缺点是吸水率大，须进行防水处理。它受潮后变形，隔振效果下降，即使风干后也不能恢复至原来的性能，因此，一般来说玻璃棉使用寿命较短。

玻璃棉按其化学成分可分为无碱、中碱和高碱等各类玻璃棉。按其生产方法可分为三种：第一种是将熔融玻璃制成玻璃球、棒或块状物，使其二次熔化，然后拉丝并经火焰喷吹成棉，即所谓火焰法玻璃棉；第二种是对粉状玻璃原料进行熔化，然后借助离心力及火焰喷吹的双重作用，使熔融玻璃直接制成玻璃棉，即所谓离心喷吹法玻璃棉；第三种生产方法是将熔融玻璃借助蒸汽或压缩空气对其进行喷吹而成玻璃棉，即所谓蒸汽（或压缩空气）立吹法玻璃棉。目前第三种生产方法已逐渐被淘汰，世界各国生产玻璃棉的厂家，绝大多数采用离心喷吹法。

玻璃棉制品被广泛应用于国防、石油化工、建筑、冶金、冷藏、交通运输等工业部门，是各种管道、贮罐、锅炉、热交换器、风机和车船等工业设备、交通运输和各种建筑物的优良保温、绝热、隔冷、吸声材料。

2）玻璃棉制品在建筑中的应用

各国在建筑中采用了大量的新型建材和玻璃棉，实心砖已普遍被空心砌块和多孔砖所替代，在空心砌块的墙体中，为了提高墙体的保温性能，隔断在砌块之间形成空心通道的气流，还要在各空隙中填加膨胀珍珠岩、散状玻璃棉或散状矿物棉等松散填充绝热玻璃棉。

民用建筑的墙体结构基本只有最外面一层为木质或塑料质的墙板，然后是一层硬质的泡沫塑料，里面就是墙的标准主体、木框结构等。另外一种典型墙的结构是在空心砌块或空心砌筑好的墙体空腔中填充密实，同样能起到很好的保温作用。

玻璃棉在屋顶上的应用。国外的民用建筑屋顶一般采用尖顶的较多，在尖顶的阁楼空间紧接屋顶的下面都装有供空气流通的通道，既能解决空气的流通问题，又可起到一定的保温隔热作用。同时在天花板的上面，一般都要铺设玻璃棉或矿物棉毡、垫，或在此空间直接吹入松散的保温棉，有的直接吊装由玻璃棉或岩棉等和装饰贴面复合而成的天花板。

玻璃棉在地面中的应用。国外大部分建筑都有地下室和地下空间，居住和活动空间的地板并不是直接暴露在外界环境中，这就为生活空间的保温创造了有利条件。但是当地下室和地下空间不是采暖空间时，尤其是在冬季，仍会有相当多的热量通过一楼的地板传出。因此，在建筑物的一楼地板下面，仍然需要填充高密度的玻璃棉，同时，在地下室的混凝土地坪和地基与土壤之间铺设一定厚度的刚性和半刚性玻璃棉。

在建筑物中使用的保温材料主要有下面几种形式：玻璃棉板、彩色玻璃棉、高温玻璃棉、玻璃棉毡、玻璃棉管等。玻璃棉制品的主要技术参数见表3－8。

表3－8　玻璃棉制品的主要技术参数

技术指标	管	板	毡	技术指导
纤维平均直径（μm）	4	4	4	GB/T 13350－92
不燃性	A	A	A	GB/T 13350－92
适用温度（℃）	－120～400	－120～400	－120～400	GB/T 13350－92
容重（kg/m^3）	≥60	10～96	10～96	GB/T 13350－92
憎水率（%）	＞98	＞98	＞98	JISA 9512－79
导热系数 λ(W/(m·K))	0.03～0.044	0.03～0.044	0.03～0.044	GB/T 13350－92

绝热性能好坏可通过材料导热系数的测定来评价，从表3－8中可以看到玻璃棉的导热系数较低，满足建筑节能的要求。玻璃棉的导热系数与纤维的粗细、排列状况、容重和平均温度有关。

不同容重的玻璃棉在平均温度为25 ℃条件下有不同的导热系数。导热系数的大小取决于玻璃棉纤维之间如何保持静止空气，因此其数值随着纤维直径和纤维容重的关系变化而变化。玻璃棉板容重与导热系数的关系如表3－9所示。在生产上严格控制棉纤维直径和容重，就能获得具有稳定、良好绝热性能的棉制品。

表 3－9　玻璃棉板不同容重时的导热系数

温度（℃）	容重（kg/m^3）						
	24	32	40	48	64	80	96
0	0.030 5	0.029 4	0.029 2	0.029 1	0.029 1	0.029 1	0.029 3
25	0.034 4	0.033 0	0.032 6	0.033 4	0.032 2	0.032 1	0.032 2
75	0.041 6	0.038 4	0.038 5	0.038 4	0.037 8	0.037 3	0.037 5

在具体选择玻璃棉制品时要参考生产厂家的技术参数，而且要注意测得材料参数的具体实验条件与实际材料的工作环境之间的差异。

2. 矿棉和矿棉制品

矿棉一般包括矿渣棉和岩石棉。矿渣棉所用原料有高炉硬矿渣、铜矿渣和其他矿渣等，另加一些调整原料（含氧化钙、氧化硅的原料）。岩石棉的主要原料是天然岩石，经熔融后吹制而成。

矿棉具有质轻、不燃、绝热和电绝缘等性能，且原料来源丰富，成本较低，可制成矿棉板、矿棉防水毡及管套等，可用作建筑物的墙壁、屋顶、顶棚等处的保温隔热和吸声材料。

从图 3－4 中可以看出岩棉、矿渣棉的表面结构与有机纤维不同，前者表面呈光滑圆柱状，截面往往是圆形，后者表面往往带不规则的皱纹图形。在显微镜下，矿棉、岩棉的外观同天然石棉也有差别，后者的表面多呈纤维状，前者则表面光滑。

矿渣棉和岩棉制品的特点是原料易得，可就地取材化害为利，再加上生产能耗少，成本低，可作为耐高温、廉价、长效保温、隔热、吸声材料，故在绝热材料的产销过程中，它们的产量最大，市场占有率最高，具有综合优势。它们虽属同一类型产品，但在性能上仍略有差异。矿渣棉纤维较短、较脆。岩棉的最高使用温度高于矿渣棉，纤维长，化学耐久性和耐水性能也较矿渣棉为好。

图 3－5 为矿棉板，其应用领域广阔，前景看好。一种容重轻、强度高、导热系数小、耐高温、耐腐蚀、能切、能锯的多功能轻质板材正在进入越来越多的消费者的视野，从越来越多的标志性建筑上体现出新的功能和价值。在国家体育场鸟巢、奥运综合训练馆、北京奥运村的楼宇、国家体育馆……人们都可以从这些建筑的地面、墙面或顶面见到这种质朴而轻便的材料。2009 年，北京地铁 5 号线开通，人们在不少地铁站的台阶两侧又看到了这种光洁而柔和的墙顶材料，它那舒展的线条和哑光的表面令许多人过目不忘。

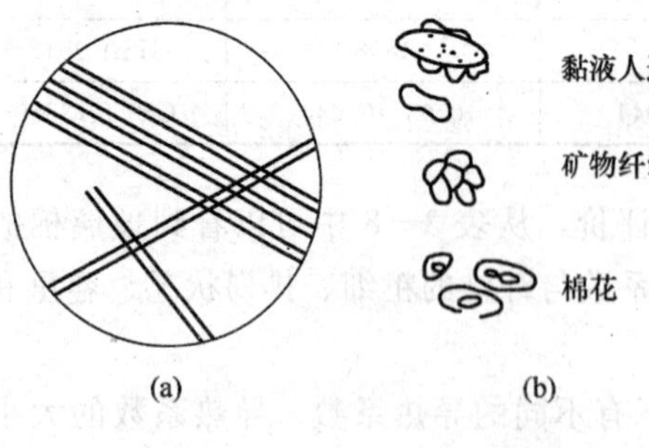

图 3－4　矿渣棉、岩棉和有机纤维在显微镜下的外观
(a) 纤维侧面；(b) 纤维断面

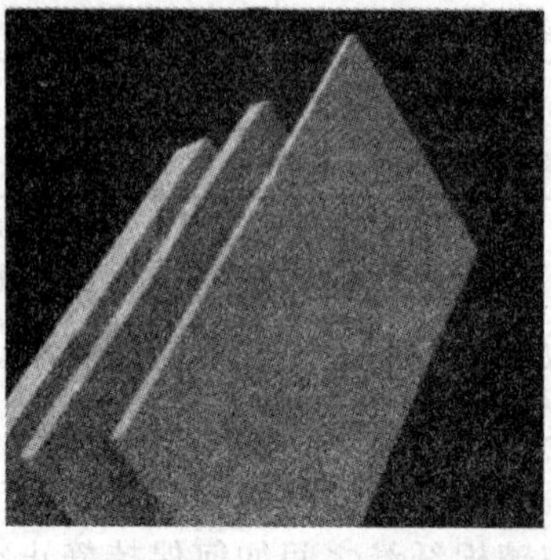

图 3－5　矿棉板

矿棉及其制品具有质轻、耐久、不燃、不腐、不霉、不受虫蛀等特点，是优良的保温隔热、吸声材料。矿棉的纤维直径应不大于 9 μm，渣球含量不超过 10%。原棉的容重为 50～100 kg/m³。矿棉制品的容重则因品种而异，毡为 40～200 kg/m³；板为 70～500 kg/m³。矿棉及其制品在常温下的热导率一般为 0.041～0.07 W/（m·K）。干法矿棉板和毡，可制作建筑物内、外墙的复合板以及作为屋顶、楼板、地面结构的保温、隔声材料。湿法、半干法刚性板可作公共与民用建筑物的天花板及墙壁等内装修吸声材料。矿棉毡、管、板可作为工业热工设备和冷藏工厂的保温隔热材料。具体的材料技术性能参见表 3—10、表 3—11。

表 3—10　矿渣棉的技术性能

容重（在 0.02 MPa 压力下）（kg/m³）	热导率（在 20～30 ℃中测定）（W/（m·K））	渣球含量（ϕ>0.5 mm 渣球）（%）	相对恢复系数（%）	温度（℃）	纤维直径（μm）
≤70	0.035～0.044	<5		600	<7
77	0.038	<8	70～79	650	<6
≤100	≤0.044	<6	—	—	<6
114	0.032～0.041	2.63～7.5	—		3.63～4.20
112～140	0.037～0.046	10～12		—	12～10
≤130	0.0407	—	—	—	3.62～4.20
<80	0.037	<5	—	≤600	<7
<80	0.037		—	≤600	<7
<120	0.052	<5		≤600	<7
70～90	0.032 3	<7		≤600	4～6
<80	<0.046 5	<6		<600	
<70	0.064	<5		<600	
125～200	0.046～0.052 3	<7		<600	

表 3—11　岩棉的技术性能

容重（kg/m³）	热导率（W/（m·K））	不燃性	纤维直径（μm）	渣球含量（ϕ>0.25mm）（%）	吸湿率（%）	酸度系数	憎水率（%）
80～200（±10%）	0.024～0.03	A1 级	4～7		<5	≥1.5	>98
100～150（±15%）	≤0.041	A1 级	≤7	≤12	≤5.0	≥1.5	≥98
	≤0.03	A1 级	4～7		≤5.0	≥1.5	≥98
	0.03	A1 级	4～7		≤5.0	≥1.5	≥98
	0.03	A1 级				≤5.0	≥1.5
27～200	<0.035	A1 级	4～7	最大 4	最大 1	≥1.5	
80～200（±10%）	0.025～0.035	A1 级	4～7		0.1～0.38	2.2～2.5	≥98

在建筑节能中，矿棉的施工方法主要是两大类，一类是干挂，一类是粘贴。干挂主要是配合建筑外墙外挂玻璃幕墙、石材幕墙等，然后在龙骨中填充保温材料。粘贴是效仿聚苯乙烯板材的施工，由于矿棉板自重比聚苯乙烯板重，并且内部强度稍差，在施工中有几点需要注意，首先是必须使用镀锌网做保护，并且要使用保温钉固定，对于自重较大的矿棉产品，还要考虑施工工序，避免自重过大导致的形变。在建筑中选取绝缘岩棉材料时要参照具体的规范，如《建筑外墙外保温用岩（矿）棉板》。

随着国家对节能环保要求的重视，矿棉这一保温元老又在新的行业发挥重大的作用。在目前建筑保温中，矿棉的应用十分广泛。尤其是近几年来，以聚苯乙烯发泡板为保温模式的建筑火灾时有发生，故建筑保温行业对于保温材料的选择一直很重视。矿棉由于保温效果良好又具有很好的不可燃性，在建筑保温行业中的使用越来越多，不可燃保温材料的应用技术是建筑节能行业必须要研发的重点。

3. 膨胀蛭石及制品

蛭石是一种非金属矿物，其成因非常复杂，一般认为是由金云母和黑云母等矿物变化而形成的变质矿物。蛭石经晾干、破碎、筛选、焙烧膨胀后，形成松散的颗粒状材料。膨胀蛭石制品主要有水泥膨胀蛭石制品、水玻璃膨胀蛭石制品。

蛭石之所以有工业上的使用价值，主要是因为当它被加热煅烧时，具有垂直解理层方向产生急剧膨胀的特性。膨胀程度大小，是衡量蛭石质量优劣的主要依据。

蛭石在 850～1 000 ℃的温度下煅烧，其颗粒单片体积能膨胀 20 倍以上，许多颗粒的总体积膨胀 5～7 倍。膨胀后的蛭石，细薄的叠片构成许多间隔层，层间充满空气，因而具有很小的容重和导热系数，使之成为一种良好的热、冷和声的绝缘材料。膨胀蛭石容重一般为 80～200 kg/m^3，导热系数为 0.047～0.07 W/（m・K）。其熔点为 1 370～1 400 ℃，有足够耐火性，可以在 1 000～1 100 ℃下应用。膨胀蛭石和其他材料制成的耐火混凝土，能够在 1 450～1 500 ℃下使用，而且化学性能比较稳定，不易变质腐蚀，不会被虫蛀，也具有一定的机械强度。

蛭石一般以蛭石板（如图 3－6 所示）的形式应用于建筑绝热保温，有时候还会和沥青、水泥、膨胀珍珠岩、石棉等掺混制成各种不同成分的绝热保温材料。由蛭石板砌筑的保温墙体如图 3－7 所示。

图 3－6　蛭石板

图 3－7　蛭石墙体

无机质纤维类绝热材料种类有很多种，这里简单地介绍了几种常见的运用到建筑节能中的绝热材料，这些材料在建筑物中的应用技术已经相对比较成熟，并且很好地解决了建筑能源浪费问题。

3.2.2 有机质纤维类绝热材料

有机质纤维类绝热材料种类有稻草、稻壳、甘蔗纤维、软木木棉、木屑、刨花、木纤维及其制品等。此类材料容重小，来源广，多数价格低廉，但吸湿性大，受潮后易腐烂，高温下易分解或燃烧。

有机质纤维绝热材料在20世纪80年代初市场上占有较大的份额，但由于其吸湿性大，受潮后易腐烂，高温下易分解或燃烧，所以生产厂家不多，限制了它的推广使用，因而现阶段市场占有率较低。由于有机质纤维绝热材料具有柔软、易于成型等特点，在一些低温场所这类绝热材料也有应用。

1. 纸纤维素

早在1893年，英国就出现了有关把纸纤维素作为保温绝热材料的专利，第一次世界大战后，纸纤维素保温绝热材料引入美国。现在美国纸纤维素保温材料生产厂家有60余家，还有纤维素保温材料生产企业协会（CIMA）。目前在美国，纸纤维素应用有着最复杂、最严格的国家标准和行业标准。

1）纸纤维素的优点

与其他类型的保温绝热材料相比，纸纤维素主要优点有如下几方面。

（1）热学性能稳定。纸纤维素的热学性能非常稳定，它的导热系数和热阻受密度和温度的影响很小，密度为24 kg/m^3 时的导热系数为0.035 W/（m·K），密度为55 kg/m^3 时的导热系数为0.036 W/（m·K），而玻璃棉的导热系数随着密度的变化相差2倍以上。纸纤维素的导热系数在−20～70 ℃之间基本保持不变，玻璃棉的导热系数在寒冷的冬天最多可降低50%。

（2）低能耗。回收的新闻用报纸经过破碎、阻燃、防水等处理即可使用，纸纤维素在整个制造中所消耗的能源很少，并且不排放 CO_2 气体，而生产一吨聚苯乙烯需要耗电500 kW·h、燃料 2.7×10^6 kJ（0.64×10^6 kcal）、8 t冷却水和2 t原油。

（3）可回收利用。制造纸纤维素的新闻用纸可连续回收利用达7次，而其他保温材料一般只能利用一次。

（4）优良的防火性能。按照英国的标准，正常的防火墙可分为15分钟、30分钟和60分钟三个等级。防火实验证明，经过阻燃处理的纸纤维素防火墙的等级为60分钟。而玻璃棉防火墙的等级为15分钟，矿棉防火墙的等级为30～60分钟，一些泡沫材料不够级别。

（5）生态环保。利用回收纸作为原材料有利于减少环境污染，并且在使用过程中对人类的健康无任何不利影响，使用后没有难以回收或产生垃圾等问题。

2）纸纤维素在国外的推广使用

在国外，纸纤维素作为保温绝热材料主要用于阁楼和木框架结构建筑中，其安装和使用技术主要有以下几种。

（1）阁楼安装（Loft Installation）。此法也称为疏松填充，首先把纸纤维素半压缩打包，半压缩包的密度为150～200 kg/m^3，安装时把半压缩包放进特殊的鼓风设备内，用鼓风设备把纸纤维素吹到阁楼底部，纸纤维素为干态的，不加水和黏结剂，鼓风设备的作用是打碎半压缩的纸纤维素，然后把它以松散纤维的形式吹到阁楼底部，吹出来的松散纸纤维素密度为24 kg/m^3（±15%），导热系数为0.035 W/（m·K）。

(2) 墙空穴安装（Wall Cavity Installation)。EXCEL 公司开发了一种“Turfill”系统用于墙空穴安装，这种方法是把纤维在压力下吹入墙上面的空穴内，纤维的密度大约为 55 kg/m^3。对于用预制件装配的建筑系统，可采用湿法喷涂技术安装，此技术是把纸纤维素弄湿后吹到壁骨材料之间的外木质面板的内侧，施工时需要水和黏结剂把纸纤维素与基础结合在一起，然后在固定内墙板之前用特殊工具把纸纤维素刮平。最近，德国市场上出现了另一种适用于用预制件装配的建筑体系的技术，此技术是用热固性交联树脂把纸纤维素粘在一起，纤维的密度为 50～100 kg/m^3。

(3) 热屋顶安装（Hot Roof Installation)。对于木结构热屋顶空穴保温系统，或者把纸纤维素吹入空穴内，或者使用湿喷的方法，吹入屋顶空穴的纸纤维素密度为 45～55 kg/m^3，导热系数为 0.036 W/（m·K)。

(4) 预制板填充（Factory Panel Filling)。EXCEL 公司开发了适用于工厂预制木结构单元的“自动填充”系统，此系统与用于装配建筑系统的湿喷技术类似，然后用薄膜密封住这些预先填充的框架单元，以防止在运输和现场安装时湿气的进入。

3) 纸纤维素在国内的推广使用

纸纤维素作为保温绝热材料在欧美已经应用了 40 多年，虽然目前纸纤维素在欧美建筑节能市场上占有的份额比较小，但是，随着人们对健康、环保和防火安全等方面的日益重视，纸纤维素保温绝热材料将会飞速发展。

然而，目前中国的建筑节能市场上还没有出现纸纤维素保温材料，原因是多方面，主要有以下几点。

(1) 中外的建筑特点不同。欧美的住宅大多为低层住宅，建筑结构多为木质结构，几乎所有的住宅为坡屋顶，而我国城镇建筑多为中高层建筑，建筑结构多为钢筋混凝土框架结构。中外建筑特点的不同就决定了纸纤维素应用方式的不同，国外成熟的应用方式在中国可能就不适用了，我国的企业还需要一定的时间来吸收改进。

(2) 我国的建筑节能起步较晚，建筑保温技术在一些领域还比较落后，而且许多的建筑节能企业缺乏自主创新意识。

(3) 中国的建筑节能市场还处于起步和发展阶段，对建筑节能材料的生产要求和使用规范还需不断完善。

2. 植物纤维

我国作为一个农业大国，每年有大量的农作物秸秆没有很好地被利用。而植物纤维保温材料的出现，可以很好地解决农村农作物秸秆的利用问题，同时它也适应了国家建设节约型社会发展的需求。目前，植物纤维保温材料作为一种新型的建筑材料在市场中的应用刚刚开始，由于其具有突出的利废、环保、再生和节能等特性，已显现出极强的生命力和广泛的应用前景。

1) 植物纤维的特点

植物纤维保温墙体材料的特点体现在如下几个方面。

(1) 成熟的技术和高性能的产品。植物纤维保温墙体材料是国家禁用黏土砖替代产品中性能较好、实用性较强的产品之一。该产品的性能与黏土砖接近，有较强的实用性，并且舒适性能高于黏土砖建筑。

(2) 改变建筑模式的基础构件。①解决寒冷地区跨年度施工的材料保障。工期长、跨年度施工是寒冷地区建筑业延续多年的传统模式。这种模式建筑成本高、建筑质量低、能源消耗大。植物纤维墙体材料系列产品的应用从根本上改变了这种落后的建筑模式。植物纤维保温墙板按图制作、按号拼装、一次完成砌体和保温的全部工作，它与建筑框架同时施工、按序跟进、同时完工。②植物纤维为实现建筑轻体化、高能化、省地化提供了可靠的物质基础。

(3) 实现建材生产的低耗高产。在生产成本中，植物纤维外墙保温板每平方米耗电 0.142 kW·h，耗水 1.5 L，不用 1 g 燃料，每平方米中电和水的成本为 1 元。与其他墙体保温材料比较，其产出量与能耗比是极低的。植物纤维在使用中的节能效益很高。以植物纤维外墙保温板为例，规格为 200 mm 厚的墙板，保温系数高于 370 mm 厚的黏土砖墙 4 倍，取暖热耗降低至 1/4，取暖成本减少至 1/4，每年可节省大量的能源消耗，减少取暖支出。

2) 植物纤维在国内的推广使用

植物纤维保温墙体材料在我国市场中应用的广泛性分为如下两方面。

(1) 地域的广泛性。一是由于植物纤维保温材料的秸秆原料来源广泛，在全国各地均可大量生产使用。植物纤维的种类范围广，如南方的稻草、甘蔗渣、稻糠等，北方的玉米秆、高粱秆、大豆秸等，中原地区的麦秸、谷糠等，林业地区的锯末和干柴等。二是植物纤维保温材料产品已经系列化，使用的地域性极大。就生产而言，南方气候条件好，可以全年生产；北方气温低，但是空气干燥，5—9 月每天的产量是南方地区的 3 倍，产量不会受影响。就气候适应性而言，植物纤维有突出的保温、防水、高强度的特点，能适合热带、亚热带多雨潮湿的气候；同时亦适应北方地区保温抗寒的要求。

(2) 使用的广泛性。由于该产品工厂化生产、按图制作、便于安装、产品系列化等特点，广泛应用于各种框架式建筑，如体育场馆、厂房仓库、救灾房屋、宾馆饭店以及商场、写字楼等；现投产的产品有多种规格、用途和功能。例如：轻体内墙隔板、卫生间隔板，高保温外墙板、强保温外墙板、保温隔音屋面板、强防水屋面板等。

3.2.3 绝热涂料

涂料是指由有机或无机黏结剂和各种填料组成的具有一定黏度的釉浆状或泥团状物料，可直接用于喷涂、刷喷或涂抹于被保护的金属或其他材料的底材上，经室温或低温（<600 ℃）烘烤固化而形成保护涂层。

绝热涂料是一种稠状膏状浆体多孔绝热材料，近十年发展很快，大多以硅酸盐材料复合而成，无统一配方，以天然矿物纤维或人造矿物纤维为主要成分，虽然肉眼难以觉察，但还是将其归于纤维类绝热材料。现大多选用海泡石或其他含铝镁硅酸盐辅以填充料、渗透活性剂、黏稠剂和增强剂组成，部分选用空心微珠为基料，再辅以部分掺加膨胀珍珠岩、岩矿棉或玻璃棉等轻质材料、发泡剂、黏结剂、固化剂组成，经充分分散干燥后，呈纤维交织网、孔状结构。选用的纤维品种有硅酸铝纤维保温涂料，其可塑性强，整体化施工随意性好，附着力强，不开裂、不粉化、不脱落，无接缝，呈微孔网状结构，具有较好的绝热工程性能。因组分多元，可根据工程与建筑的需要进行调制，具备绝热、防水、装饰、吸声等功能。硅酸盐绝热涂料使用范围一般为高于－25 ℃的低温环境，或低于 6 000 ℃。对于更高温度，可选用防火涂料。

1. 节能功能涂料的现状

随着科学技术的进步，各种节能材料的出现，促进了节能功能涂料的发展。其中，隔热保温涂料作为节能功能涂料的典型，受到业内人士的普遍关注并取得明显的发展。隔热保温涂料的主要作用是阻止自身热量的散失和阻止外界太阳能量的侵入。由于中国的地域宽广，对隔热保温涂料的需求有所不同。北方寒冷地区要求保温效果明显的材料，减少室内自身热量的散失，因此，外墙保温材料在北方地区作用明显。南方地区光照强、气温高，需要隔热效果好的涂料，以阻止外界太阳能量的侵入。

目前市场上的保温隔热涂料主要分两大类：一类以厚质的外保温系统为代表，利用降低热传递的阻隔原理，效果明显，另外还有传统的硅酸盐类复合涂料也是利用这一原理；另一类是薄层涂料，利用减少太阳光吸收的原理减少外界太阳能量的侵入。外保温系统使用厚质材料发展比薄层隔热涂料早些，目前已有一些成功的生产企业和工程案例，薄层隔热涂料起步相对较晚，市场上同类产品效果参差不齐，但南方市场发展应用前景广阔。

由于厚质保温材料发展已比较成熟，与厚质保温体系相比薄质隔热涂料有施工简单、开裂风险小、安全性高等优点，以下着重分析薄层隔热节能涂料技术。

2. 薄层隔热节能涂料技术

1）反射隔热涂料

由太阳光谱能量分布曲线可知，太阳能量绝大部分处于 400～1 750 nm 范围内的可见光和红外光区。在该波长范围内，涂膜的反射率越高隔热效果就越好。通过选择在该波长范围内反射率高的原料，可制得高反射率的涂膜，反射可见及红外光，以达到隔热的目的。

早期的反射隔热涂料，通过选择高反射率的金属或金属氧化物填料，制得高反射率的涂层，反射太阳热以达到隔热的目的。由于金属薄片在溶剂型涂料中能够较长时间稳定存在，而在水性体系中则不能，因此大多数反射隔热涂料为溶剂体系。但水性化是涂料的发展趋势和必然归宿。目前，利用“空心微珠”等组合形成高太阳热反射漆膜，具有很好的降温隔热作用。空心微珠填料对近红外光的反射率远远高于普通填料。主要使用的是玻璃微珠和陶瓷微珠。玻璃微珠与陶瓷微珠的反射比相近，但陶瓷微珠的贮存稳定性差，空心玻璃微珠保温涂料较稳定。

2）辐射隔热涂料

辐射隔热涂料是通过辐射的形式把建筑物吸收的日照光线和热量以一定的波长发射到空气中，从而达到良好隔热降温效果的涂料。其中的关键技术是制备具有高热发射率的涂料组分。研究表明，多种金属氧化物，如 Fe_2O_3、MnO_2、CuO 等具有反型尖晶石结构的掺杂型物质具有热发射率高的特点，因而广泛用作隔热节能涂料的填料。

辐射隔热涂料不同于玻璃棉、泡沫塑料等多孔性低阻隔性隔热材料，阻隔性隔热材料只能减慢但不能阻挡热能的传递。白天太阳能经过屋顶和墙壁不断传入室内空间及结构，一旦热能传入，当室外温度减退时，热能还是停留室内。而辐射隔热涂料却能够以热发射的形式将吸收的热量辐射掉，从而促使室内与室外以同样的速率降温。

3）真空隔热涂料

真空状态能使分子振动热传导和热对流两种方式完全消失，因此，可采用真空状填料制备性能优良的保温涂料。

美国豪斯实验室对民用建筑使用真空陶瓷微珠效果的测试结果表明，上百万真空陶瓷微珠在波长500～2 500 nm范围内对阳光的反射率平均达到86%，夏天空调能耗至少节省64%。这种涂料过去仅限于在航天产品上使用，近年来，发达国家先后将其应用到了民用建筑和工业设施中。

4）透明隔热涂料

透明隔热涂料是一种在可见光区具有透明性的隔热涂料，主要是利用纳米氧化锡锑系列（氧化锡锑、氧化铟锡、氧化铝锌等）半导体粉体对可见光良好的透过率及对红外光区极高的反射率来达到透明隔热的目的。

对于建筑物的大面积窗口及透明顶棚、汽车窗口等场合，太阳光的热辐射会增加空调的使用率，浪费能源，传统的解决方案是使用金属镀膜热反射玻璃和各种热反射贴膜等产品达到隔热降温的目的。但是这些产品也存在一些问题，其在可见光区的不透明性和高反射率限制了它的使用范围，例如高反射率会出现光污染问题。纳米材料的出现为透明隔热问题的解决提供了新的途径。

5）相变隔热涂料

众所周知，0 ℃的冰转化为0 ℃的水需要吸收能量，0 ℃的水转化为0 ℃的冰需要释放能量。在这个相变的过程中，虽然发生了能量的传递但温度保持不变。相变涂料就是把特定熔点（例如25 ℃）、比热容高的材料固定在墙面的涂膜中，起到隔热保温的效果。固定的方法可以先把这种材料以小药丸的形式包裹住，然后分散在涂料中。

这种涂料的隔热保温效果取决于这种材料的比热容、熔化热的大小和单位面积的使用量。比热容、熔化热越高，单位面积的使用量越大则保温隔热效果越好。

在众多的绝热涂料中以太空反射涂料绝热效果最为突出。太空反射绝热涂料以高品质的乳液为成膜物质，采用被誉为空间时代材料的极细中空陶瓷泡为填料，由中空陶粒多级组合排列制得的涂膜，首先对400～1800 nm范围的可见光和近红外区的太阳热进行高反射；同时在涂膜中引入导热系数极低的空气微孔层来阻隔热能传递。这样通过强化反射太阳热和对热传递的显著阻抗性，能有效降低辐射传热和对流传热，从而达到降低物体表面的热平衡温度，可使屋面温度最高降低20 ℃，室内温度降低5～10 ℃。由于涂料以水为稀释介质，不含挥发性有机溶剂，对人及环境达到"零"危害的程度。根据建筑屋面、外墙、粮库、冷库、贮罐、集装箱、管道、船舶、帐篷等不同的使用场所，相应研制推出水性硅丙绝热漆、水性氟碳绝热漆和织物专用绝热漆。

绝热涂料在近几年内有了快速的发展，并且被大量地应用于建筑物中。在应用于建筑中时应当遵守相应的设计和施工规范。图3－8中给出了不同类型的绝热涂料在节能建筑中的应用实例。

图 3－8　绝热涂料在节能建筑中的应用实例

3.3　硬质绝热材料

硬质类绝热材料主要包括硅酸钙、膨胀珍珠岩、泡沫玻璃、膨胀蛭石等，最近一段时期随着我国节能减排意识的增强，越来越多的硬质绝热材料也开始大量运用到建筑领域。

3.3.1　硅酸钙绝热材料

1. 硅酸钙绝热材料的组成与性能

硅酸钙绝热材料是以氧化硅（石英砂粉、硅藻土等）、氧化钙（也有用消石灰、电石渣等）和增强纤维（如石棉、玻璃纤维等）为主要原料，经过搅拌、加热、凝胶、成型、蒸压硬化、干燥等工序制成的一种新型保温材料。它的主体材料是活性高的硅藻土和石灰，在高温高压下，发生水热反应，再在其中加入作为增强剂的石棉或其他纤维类以及助凝材料。由于所用的原料及处理条件不同，所得的产品也不同。作为保温材料的硅酸钙，是由 $CaO-SiO_2-H_2O$ 三元系中的矿物所制成的。在 $CaO-SiO_2-H_2O$ 系中，目前已知的矿物达 22 种，但在工业上广泛用作绝热材料的仅有两类结晶，一种是雪硅钙石，称为托贝莫来型，其分子式是以 $5CaO \cdot 6SiO_2 \cdot 5H_2O$ 为主；另一种是硬硅酸钙石，其分子式是以 $6CaO \cdot 6SiO_2 \cdot H_2O$ 为主。由于原料及反应条件不同，耐热温度有较大的差距，后者的耐热性能标准中称硬硅酸石系的材料为 1 号，耐热 1 000 ℃；雪硅石系的材料为 2 号，耐热 650 ℃。

当硅酸钙密度为 0.1 g/cm³ 时，固体体积只占 3.7%，其余 96.3%都是空气。静止空气的热导率为 0.026 W/（m·K）。固体占的体积越小，绝热材料的热导率越低。但是，固体体积越小，孔隙内空气产生对流会加大，因而总的热导率就会增大，这就很可能失去减小固体体积应有的效果。如果孔隙尺寸小，由于气体的黏性效果和温差接近，实际上可以忽略对流。这时，孔隙的尺寸一般应在1～4 mm以下。硅酸钙绝热材料的孔隙尺寸很小，可以不考虑对流影响，各种硅酸钙绝热材料密度和热导率关系为随着密度的减轻热导率将降低。

2. 硅酸钙绝热板

对于硅酸钙绝热类材料主要有无石棉硅酸钙、超轻硅酸钙、高强度硅酸钙等，在建筑中主要的利用形式是硅酸钙板。

目前国内的硅酸钙板有两种，一种是保温用硅酸钙板，还有一种是装修用硅酸钙板。保温用硅酸钙板又叫微孔硅酸钙板，是一种白色、硬质的新型保温材料，具有容重轻、强度高、导热系数小、耐高温、耐腐蚀、能切、能锯等特点，被广泛应用于电力、冶金、石化、建筑、船舶、航天、潜艇等领域的设备、管道和墙体屋面的保温隔热与防火隔音，其厚度通常在20 mm以上，密度在110～400 kg/m^3，工作温度最高可达1000 ℃。装修用硅酸钙板也叫做纤维水泥板，是一种具有节能、环保、安全等多性能的轻质板材。

我国的硅酸钙板产业起步于20世纪80年代。近几年，我国硅酸钙板产业取得了突飞猛进的发展，年产量的增长率都在30%以上。据不完全统计，2008年硅酸钙板年产量达到约20 000万 m^2（以6 mm厚度板计），其中有30%的产品出口。从生产布局看，我国硅酸钙板生产企业主要集中在南方地区，50多条硅酸钙板生产线分布在广东、浙江、江苏、福建、山东、河北、四川和江西。其中广东的硅酸钙板产能约占全国的1/3。图3－10给出了我国生产的主要硅酸钙板类型。

图3－10　硅酸钙绝热制品

硅酸钙板可以从节能和安全两个方面满足建筑的部分需求。它主要用在以下6种部位。一是吊顶，分两种，一种是干燥场合的吊顶，如住宅的客厅、卧室，公共场合的办公室、走廊，酒店的大堂、房间，火车站的候车室、候船厅、候机厅，演出场所的休息厅等；另一种是潮湿场合的吊顶，如住宅卫生间、厨房、公共卫生间、浴室、食堂餐厅等。二是隔墙，分两种，一种是人流密度低的场合，如住宅的套内各种隔墙、办公室隔墙、酒店各房间隔墙等；另一种是高人流密度场合的隔墙，如商场、走廊过道、党校、影剧院、各种候车、机、船的厅室隔墙、医院等。三是外围墙壁，主要是城市多层建筑和高层建筑。四是平式和坡式屋面，可以利用大幅面板材作轻型保温隔热和防水的平式屋面系统，也可以利用各种平面形状的小幅面板材，以叠合的形式作轻型保温隔热和水密（非气密式）的坡式层面系统。五是隔声墙体、吸声墙体、声反射墙体、高速铁路的隔音屏障。六是被动防火部位，与灭火器、喷淋系统等这些主动防火设施所对应，具有不燃、耐高温、高热阻特性的都可以称为被动防火材料或者系统，它可以以隔墙、吊顶、风管、烟管、门、隔断墙的披覆物等形式出现。

经过市场的长期检验，卓越性价比的硅酸钙板已得到行业用户的普遍赞誉，目前硅酸钙板在我国的使用正在快速增长，国家主管部门已将硅酸钙板列为重点发展项目，硅酸钙板市场以每年20%的速度增长，到2010年全国使用量达到4亿m^2。这些绝热材料的应用很好地解决了建筑能源浪费的现象，为我国的节能环保事业做出了很大的贡献。

3.3.2 膨胀珍珠岩及制品

膨胀珍珠岩是由珍珠岩烧胀而成的一种散粒状绝热材料，外观呈白色，具微孔结构，散粒状构造，微孔尺寸为0.1～10 μm级，颗粒尺寸为0.15～2.50 mm，常温导热系数为0.042～0.076 W/（m·K），安全使用温度为－200～1 000 ℃，化学性质稳定，是一种优质绝热材料。

以膨胀珍珠岩为主要原材料，与水泥、石膏、石灰、水玻璃、沥青、合成高分子树脂等混合，经过破碎、分级、预热、高温焙烧瞬时急剧加热膨胀，将其胶结成整体而制成的具有规则形状的材料，称为膨胀珍珠岩绝热制品。由于这类产品资源丰富，生产简便，耐高温、耐酸碱，导热系数小，因此被广泛应用于各种绝热工程中。

膨胀珍珠岩的密度小（70～250 kg/m^3），热导率低（0.047～0.072 W/（m·K)），化学稳定性好（pH＝7），使用温度范围宽（－200～800 ℃），吸湿能力小（＜1%），无毒、无味、不腐不燃、吸声等。

近年来已研制开发了不少新产品，如超轻质膨胀珍珠岩制品、憎水性珍珠岩制品、耐高温耐火珍珠岩制品等，可在有特殊要求的场合下应用。除此以外，还研究开发了珍珠岩与纤维型绝热材料的复合保温材料，如与矿棉纤维制品复合，以达到最佳的保温效果。

在墙体外侧喷涂膨胀珍珠岩涂料层，在间歇采暖时可增加墙体的热稳定性，为用户提供良好的居室气候环境。外喷涂料层还可使装饰工序同步进行，涂上颜色的涂层便成为彩色装饰层，美化建筑和居住环境。在墙体外侧喷涂膨胀珍珠岩涂料层，是复合墙体构造方式中功能结构较合理的一种，与其他绝热材料相比，明显的优势是价廉、成本低，是一种竞争力强的绝热材料。

1. 超轻质膨胀珍珠岩制品

超轻质膨胀珍珠岩制品是以优质膨胀珍珠岩为骨料，配合适量的黏结剂，经过搅拌、成型干燥或熔烧而制成的具有一定形状和力学性能的产品。所用膨胀珍珠岩的容重为50～80 kg/m^3，所用黏结剂可以是液体水玻璃、复合磷酸盐及改性水溶性有机黏结剂等，成型时的抗压比一般在2～2.5为宜。

（1）水玻璃膨胀珍珠岩制品。一般选用膨胀珍珠岩的容重在60～80 kg/m^3，黏结剂水玻璃的模数为2.4～3.0，相对密度为1.38～1.42，其质量配合比为：水玻璃占珍珠岩料重量的56%～84%，促凝剂Na_2SiF_6占水玻璃重量的10%～12%，外加的拌和用水占珍珠岩重量的40%～80%。水玻璃膨胀珍珠岩制品的物理力学性能如下：

① 容重为160～200 kg/m^3；

② 抗压强度为0.40～0.80 MPa；

③ 热导率为0.056～0.065 W/（m·K)；

④ 耐火温度为850～900 ℃；

⑤ 最高使用温度为600～650 ℃，超过650 ℃会发生收缩变形，温度越高，变形越大。

(2) 磷酸盐膨胀珍珠岩制品。磷酸盐制品又称高温超轻质珍珠岩制品。它是以优质膨胀珍珠岩为骨料，以磷酸铝和少量的硫酸铝、纸浆废液作黏结剂，按一定的配比混合，经搅拌、成型、干燥和焙烧等工序而制成的制品。

2. 憎水性水玻璃膨胀珍珠岩绝热制品

憎水性珍珠岩制品有表面憎水珍珠岩制品及整体憎水珍珠岩制品两种，前者可采用制品表面浸渍或喷涂憎水剂来生产，内部不憎水；后者采用内掺法，即在配料中加进一定量的憎水剂，一起搅拌均匀后再成型，能做到整体憎水，防水性良好。

憎水性水玻璃珍珠岩制品是在水玻璃珍珠岩制品的基础上，掺加合适的憎水剂，并辅以合理的配比及工艺所制成的憎水度高、吸水率低、其他性能优良的新型制品。不仅可用于地面架空的热力管道及设备的保温工程，而且也可用于地下直埋管道及湿度大的保温工程，在保冷工程中也有应用前景。

选用容重在 50～80 kg/m^3 的优质膨胀珍珠岩作骨料，普通液体水玻璃作黏结剂，选用 Na_2SiF_6 作促凝剂，外加改进有机硅类憎水剂及微量表面活性剂，即可制成憎水性水玻璃膨胀珍珠岩制品。该产品的性能如下：

①密度为 160～200 kg/m^3；

②热导率（常温）为 0.056～0.065 W/（m·K）；

③抗压强度大于 0.5 MPa；

④抗折强度为 0.25～0.35 MPa；

⑤憎水率大于 98%；

⑥耐温性 600～650 ℃（憎水性在高于 650 ℃的条件下将受到破坏）；

⑦线收缩（指在 650 ℃条件下恒温 24 h 左右）小于 1.5%。

图 3－11 所示为近年来新型的膨胀珍珠岩制品结构。

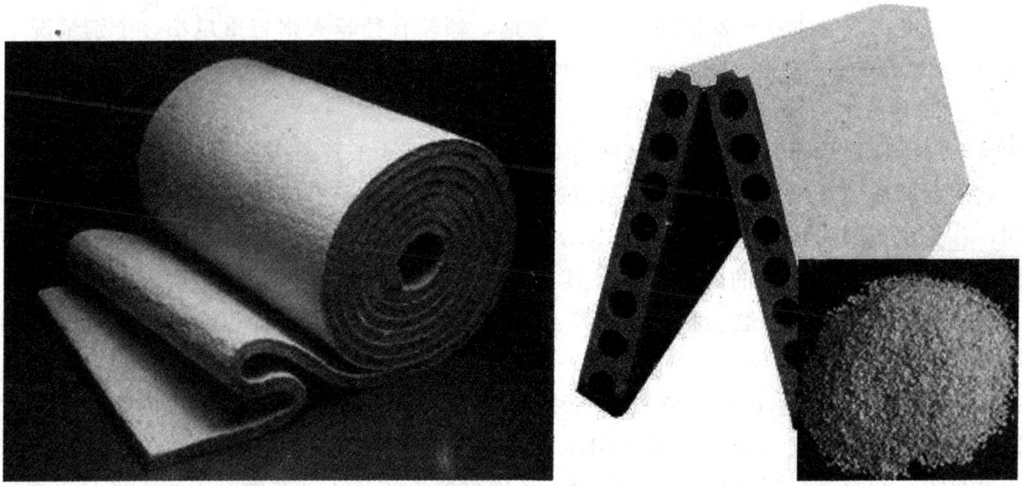

图 3－11　新型的膨胀珍珠岩绝热制品

珍珠岩制品与纤维型保温材料复合，可以获得较好的保温效果。复合保温一般可选用径向复合，即内层为矿棉制品，外层为珍珠岩制品的复合。也可采用纵向复合，即用珍珠岩制品与矿棉分段交错敷设，使珍珠岩制品尽可能挤紧矿棉，再纵向复合保温。这种复合保温既可满足设计标准，又可节约保温材料的投资。

近年来已研制成高强度、低热导率的珍珠岩制品，其热导率（25±5 ℃）为 0.05 W/(m·K)，可逐步取代和淘汰水泥珍珠岩制品。新型的膨胀珍珠岩材料在建筑节能中的应用越来越广泛，并朝着绿色节能的方向发展。

3.3.3 其他硬质绝热材料

1. 泡沫玻璃

泡沫玻璃是用玻璃细粉和发泡剂（石灰石、碳化钙和焦炭）经粉磨、混合、装模、煅烧（800 ℃左右）而得到的多孔材料。泡沫玻璃导热系数小、抗压强度高、抗冻性好、耐久性好，并且对水分、水蒸气和其他气体具有不渗透性，还容易进行机械加工，可锯、钻、车及打钉等。表观密度为 150～200 kg/m³ 的泡沫玻璃，导热系数为 0.042～0.048 W/(m·K)，抗压强度为 0.16～0.55 MPa。泡沫玻璃作为绝热材料在建筑上主要用于保温墙体、地板、天花板及屋顶保温，可用于寒冷地区的多层建筑物。

绝热泡沫玻璃可分为建筑用绝热泡沫玻璃和安装用绝热泡沫玻璃。建筑用绝热泡沫玻璃主要用于建筑物的墙体、屋面和其他建筑构件的绝热，一般制成长 200～1 000 mm，宽 200～500 mm，厚 100 mm、120 mm 和 140 mm 的板材或砌块，制品密度一般为 150～250 kg/m³。高密度（250～350 kg/m³）的建筑用绝热泡沫玻璃具有较高的强度指标，可用于建筑物的非承重围护结构。安装用绝热泡沫玻璃适用于热工设备、管道、容器和冷库的绝热，产品可制成板、块或拱块等。这种材料可在－180～400 ℃的温度范围内使用，在不同的温度区间，绝热用泡沫玻璃的使用方法有所不同。

粒状泡沫玻璃是将泡沫玻璃制成颗粒状，以便作为绝热填料填充于各种材料制成的多孔墙板的墙体空隙中。这种粒状泡沫玻璃还可以用黏结剂将其黏合在一起，形成各种形状的泡沫玻璃构件。粒状泡沫玻璃可制成 3～7 mm、7～15 mm、15～25 mm 等各种不同的粒度等级，其堆密度一般为 100 ～200 kg/m³。一般地，颗粒直径越大则容重越小，个别情况下容重会低于 80 kg/m³。图 3－12 为泡沫玻璃在节能建筑中的应用示例。

2. 玻璃纤维增强水泥制品（GRC）

玻璃纤维增强水泥制品，英文名称为 Glass Fiber Reinforced Cement，简称 GRC。

利用耐碱玻璃纤维和低碱度水泥制造的 GRC 制品的生产与应用，始于 20 世纪 70 年代初期，首先由英国的建筑研究机构（BRE）与皮尔金顿（Pilkigton）玻璃公司进行抗碱玻璃纤维增强波特兰水泥制品的联合开发，其后又逐渐扩展到日本、美国、德国、荷兰、西班牙、意大利、中国、新加坡、罗马尼亚等 40 多个国家，目前，已有 500 多家公司取得制造 GRC 制品的许可证。

GRC 制品是世界近 40 年来开发的一种新型复合材料，是人类社会运用高新技术对材料进行复合利用取得的又一重要成果。GRC 具有轻质、高强度、隔热保温、防水、防火、可加工性良好、价格适中等诸多优点，获得了各国材料界的公认，在建筑工程、市政工程、农业工程、水利工程和园林工程等许多领域的应用中取得了明显的技术经济效果，显示出广阔的发展前景。

GRC 生产技术经过近 40 年来的不断发展，已达到较高的水平。GRC 板规模化生产技术装备已在众多国家得到了广泛应用。已有高速喷吸成型法、流浆法、挤出法等多种成熟的生产工艺技术。

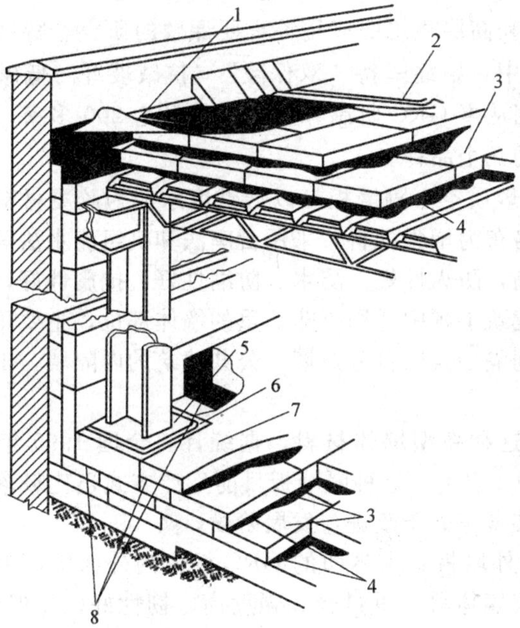

泡沫玻璃建筑保温结构

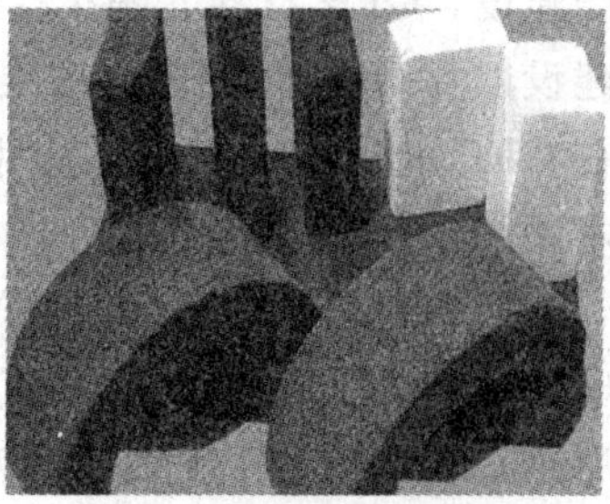

泡沫玻璃制品

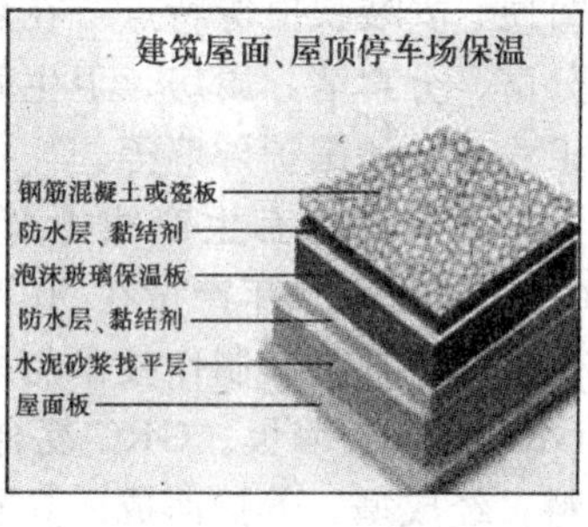

建筑屋面中泡沫玻璃的应用

图 3－12　泡沫玻璃制品在节能建筑中的应用示例

1—阻气层；2—屋面防水层；3 泡沫玻璃；4—沥青；

5—垫板；6—混凝土垫层；7—混凝土地板；8—防水层

日本是世界上 GRC 发展较快的国家。目前正以 15％的速度在递增。日本的 GRC 生产技术和装备水平近几年发展较快，其中最大的制造厂为旭硝子公司，该公司 20 世纪 80 年代初发明的连续喷射抽吸快速一体成型工艺线，机械化水平高，可生产一种轻质、高强、耐火、外表十分美观的新型外墙板（叫红邦板，HONBAN）。目前这种板作为民用建筑的外墙使用，颇受欢迎。

德国是欧洲 GRC 发展较快的国家，其产量占全欧洲的 50％以上，年产量约为 6 万 t。海德堡水泥公司与奥地利托尼工业公司在 20 世纪 80 年代初联合开发 Wellcrete（韦尔克莱脱）成型法，已于 1987 年在德国建成生产线投入生产，此生产线是采用流浆法工艺。

英国是 GRC 制品发展的鼻祖。目前英国发展的 GRC 成型方法有喷吸法、预拌法和抄取法。英国皮尔金顿公司年产抗碱玻璃纤维约 3 000 t。

荷兰也在积极发展推广应用 GRC，荷兰 Torton 公司建有多条 GRC 半自动成型工艺生产线，一条生产线每年可生产各种 GRC 制品 10.3 万 t，生产各种规格的平板和异型板，构件最大规格可达长 8 m、宽 2 m，用于工程的外挂墙板。

西班牙、阿尔及利亚也积极发展 GRC 制品，主要用作挂板、复合板、墙面修理及永久模板等。

新加坡惠康公司于 1983 年引进英国制造 GRC 的生产技术；近年来，已在一些高级建筑物中大量使用 GRC 外墙板。

我国 GRC 工业的形成稍后于美、欧、日等国。我国在 1977－1978 年相继研制成功抗碱玻璃纤维和低碱度水泥，并经“六五”、“七五”科技攻关，先后完成了 GRC 用抗碱玻璃纤维的生产线建设，GRC 材性、耐久性的研究，喷射成型工艺和成型机组的研制，GRC 外墙板中试线建设以及 GRC 外墙板在多层和高层建筑的应用等重要课题的研究。特别是我国科技工作者在 GRC 的研制、生产和应用中，始终坚持“双保险”（抗碱玻纤与低碱水泥相复合）的技术路线。据不完全统计，全国从事 GRC 研制和生产单位已达 200 多家，已开发的品种很多，下面仅介绍其中有代表性的几个品种。

(1) GRC 轻质空心隔墙板。GRC 轻质空心隔墙板是以低碱度水泥为胶凝材料，膨胀珍珠岩为集料，抗碱玻璃纤维织造的网格布为增强材料，采用台座法和机组流水法等工艺成型方法制成。这种板具有重量轻，强度高，防火性好，防水、防潮性好，抗震性好，干缩变形小，制作简便、安装快捷等特点。在建筑工程中适用于非承重的墙体部位，主要用于多层居住建筑的分室、分户墙，厨房、卫生间隔墙及阳台分户墙，公共建筑的内隔墙，工业厂房的内隔墙，工业建筑的围护外墙等。

全国不少地区都建有生产线生产这种新型墙体材料，据统计，全国 1999 年年产量为 1 500 万 t 左右，仅北京年产量在 50 万 t 以上。这种隔墙板目前生产方式还比较落后，自动化、机械化水平较低，其制作技术与装备正处于改进与发展阶段。

(2) GRC 复合外墙板。GRC 复合外墙板是由带肋的 GRC 板为内外面层，中间填充保温隔热材料，经成型、养护而成。具有墙体薄、重量轻、强度高、韧性好以及保温、防水、耐久、抗裂、加工简易、造型丰富、施工方便等特点。目前，我国开发的 GRC 复合外墙板品种较多，按墙体大小分，有单开间墙板和双开间墙板；按保温层材料分，有水泥珍珠岩芯层和岩棉芯层，也可用其他保温材料制成的各种墙材，这种复合外墙板适用于多层和高层建筑的非承重建筑外墙。

(3) GRC 网架面板。GRC 网架屋面板系用 GRC 为面板与预应力混凝土肋复合而成。该板具有自重轻、强度高、耐高冲击、防水、防火、施工安装方便等优点。采用这种屋面板有明显节约钢材、缩短吊装周期的效果。如与同规格的钢筋混凝土网架屋面板相比，可缩短吊装周期，节省工时 1/3。如北新建材（集团）公司生产的 GRC 大跨度屋面板（长 5.5 m，宽 1.2 m）应用于海南凤凰国际机场楼，获得了良好的技术经济效果。

(4) S－GRC 轻质平板。轻质玻璃纤维增强水泥板（简称 S－GRC 板），这种板材的物理性能与日本的轻质 GRC 板（HONBAN 板）相当。它与普通 GRC 板材相比，除保持了强度较高、耐水、不燃等特点外，还兼有密度低、易加工、可锯、可刨、可钉、便于施工等优点。这种板材特别适用于作建筑的内隔墙和吊顶材料，如卫生间、地下室的内隔墙和吊顶，也适用于电梯井、通道、管道等部位，该产品已获得国家发明专利，产品在北京各大宾馆、饭店均有使用，已达 100 万 m 以上，其中天坛饭店卫生间就使用了 1.2 万 m。

目前我国开发的 GRC 产品尚有 GRC 保温屋面板、GRC 永久性模板、GRC 隔声屏障、波瓦，等等。如广深淮高速铁路石龙特大桥隔声屏采用 GRC 隔声板作隔声屏障，共采用 GRC 板 12 850 m^2，河北石家庄电厂采用 GRC 作永久性模板等都获得良好的效果。

3.4 有机高分子绝热材料

3.4.1 有机质绝热材料的特性和性能

有机高分子绝热材料是以各种树脂等高分子材料为基础，气体为填料，加入助剂，经加热发泡而成；其中泡沫材料占有很大比例，因此高分子绝热材料有时也称为泡沫塑料，即内部具有很多微小气孔的塑料，用机械法（在进行机械搅拌的同时通入空气或二氧化碳使其发泡）或化学法（加入发泡剂）制得。泡沫塑料可用聚苯乙烯、聚氯乙烯、聚氨基甲酸酯等树脂制成，可作绝热和隔音材料，用途很广。

泡沫塑料是由大量气体微孔分散于固体塑料中而形成的一类高分子材料，它以塑料为基本组分，内部充满气泡。因此，泡沫塑料是以气体为填料的复合材料。与塑料相比，它具有质轻、隔热、吸音、减震等特性，广泛用作绝热、隔音、包装材料及制造车船壳体等。近30年来泡沫塑料发展很快，在一些工业发达的国家，泡沫塑料已成为一个单独的化学工业部门。泡沫塑料的性能和用途可以通过改变配方及成型工艺来改变，以适应各种不同场合的需要。在我国泡沫塑料已成为一种极有发展前途的塑料品种。

泡沫塑料的品种繁多，分类方法多种多样。根据泡孔结构的不同，泡孔间互相连通的称为开孔型泡沫塑料，如图3－13（a）；泡孔间互相封闭的称为闭孔型泡沫塑料，如图3－13（b）；在实际的泡体中，泡体不是全开孔或全闭孔，而是开孔中带一些闭孔，或闭孔中带一些开孔，但是闭孔在泡体中所占的体积比对泡沫塑料的力学性能影响很大，是泡沫塑料的重要结构参数。

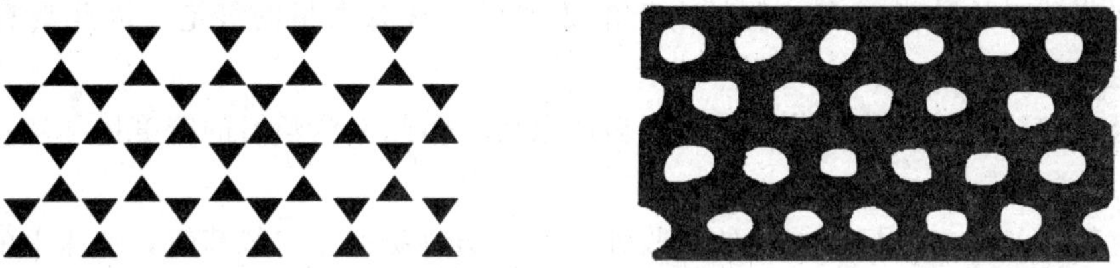

(a)　　(b)

图3－13　泡沫塑料

（a）开孔型；（b）闭孔型

根据泡体质地的软硬程度，可以分为硬质泡沫塑料、半硬质泡沫塑料和软质泡沫塑料。硬质泡沫塑料在常温下质地较硬，其聚合物属于结晶态或无定形类，其玻璃化温度高于常温，如聚碳酸酯泡沫塑料、聚苯乙烯泡沫塑料、酚醛泡沫塑料、硬聚氯乙烯、部分聚氨酯泡沫塑料等。软质泡沫塑料，其晶体聚合物的熔点低于常温或无定形聚合物的玻璃化温度，在常温下质地软，如弹性聚氨酯、软聚氯乙烯和聚乙烯泡沫纸等。柔韧性介于硬质和软质泡沫塑料之间的泡沫塑料称为半硬质泡沫塑料，其性能参数见表3－12。

泡沫塑料还可分为低发泡和高发泡两类，通常将发泡倍率（发泡后比发泡前体积增大的倍数）小于5的称为低发泡泡沫塑料，一般的泡沫塑料就属于低发泡泡沫塑料；大于5的称为高发泡泡沫塑料，如聚氨酯泡沫塑料床垫和座垫、聚苯乙烯泡沫塑料垫块和托架等。

表3－12　有机绝热材料的特性与性能

种类	聚苯乙烯泡沫塑料（型内发泡）	聚苯乙烯泡沫塑料（挤压发泡）	聚苯乙烯	聚氯乙烯硬质泡沫塑料	聚氨酯硬质泡沫塑料	脲醛泡沫塑料	酚醛泡沫塑料
特性	硬质，闭孔气泡率较高，吸水吸湿性小，使用方便	热导率小，结构强度高，吸水吸湿性小	具有可挠性，闭孔气泡率较高，交联型一般，耐热性较高	热导率小，具有优良低湿特性，使用方便	热导率较小，可在现场发泡	发泡率高，可在现场发泡	耐热性较好，具有防火性

续表

种类		聚苯乙烯泡沫塑料（型内发泡）	聚苯乙烯泡沫塑料（挤压发泡）	聚苯乙烯	聚氯乙烯硬质泡沫塑料	聚氨酯硬质泡沫塑料	脲醛泡沫塑料	酚醛泡沫塑料
性能	密度（kg/m^3）	16～35	24～42	30～60	25～96	24～48	13～19	50～16
	热导率（W/(m·K)）	0.034～0.038	0.026～0.035 (4 ℃)	0.033～0.047	0.026～0.034 (21 ℃)	0.016～0.03	0.026～0.03 (0 ℃)	0.03～0.04
	水蒸气渗透率（$g/(m^2 \cdot h)$）	0.015～0.056	0.008～0.038	0.017	0.018～0.021	0.023～0.076		
	耐热温度（℃）	约75	约75	70～80	90	100	60	130

虽然泡沫塑料的种类繁多，但是由于泡沫塑料中含有大量的气泡，因此具有以下共同特性。

①质轻。泡沫塑料中的部分塑料为气体所取代，因此泡沫塑料的密度比纯塑料的密度小很多。

②具有优良的冲击、振动能量的吸收性。泡沫塑料受到冲击载荷时，泡沫中的气体通过滞留和压缩，使外部作用的能量被吸收、散逸，泡体以较小的负加速度，逐步终止冲击负荷。

③隔热性能好。由于泡沫塑料中含有大量的气体，气体的热导率比塑料的热导率低近一个数量级，所以泡沫塑料的热导率比纯塑料要低得多。

④具有隔音的能力。泡沫塑料中的隔音效果主要通过两个途径来实现：一个是吸收声波的能量，减少反射或传递；另一个是消除共振，较少噪声。当声波到达泡体壁时，泡体将受到的冲击能量通过对泡体中气体的压缩和滞留，使能量消散和散逸，以达到吸收声波能量的目的；另一方面可通过增加泡体本身的刚性，以消除或减少泡体由于受到声波冲击而引起的共振及产生的噪声。因此，泡沫塑料具有良好的隔音能力。

泡沫塑料除了具有以上所述的共同特性外，还具有优良的电绝缘性能、耐腐蚀和耐霉菌性能，软质泡沫塑料具有弹性优良等性能。不同的塑料、不同的泡孔和泡体结构，都会使泡沫塑料具有不同的特殊性能。

我国泡沫塑料工业生产起步较晚，但是随着我国“节能减排”政策的普遍开展，对绝热工程提出了新的要求，近几年来我国在保温材料、保温工程的优化设计，保温效果测试和评价，施工验收等方面都做了不少的工作，不少有机保温材料与无机保温材料复合已成功用于石油、电力、冶金、化肥、农药、造船、造纸等行业，大多用于热力管道和设备保温。

3.4.2 聚苯乙烯和聚氨酯泡沫塑料

1. 聚苯乙烯泡沫塑料

聚苯乙烯（PS）泡沫塑料是以聚苯乙烯树脂为主体，加入发泡剂等添加剂制成，是目前使用最多的一种缓冲材料。它具有闭孔结构，吸水性小，有优良的抗水性；密度小，一般为0.015～0.03 g/cm^3；机械强度好，缓冲性能优异；加工性好，易于模塑成型；着色性好，温度适应性强，抗放射性优异。聚苯乙烯泡沫塑料是较理想的隔热、保温、防震材料。聚苯乙烯泡沫塑料热导率为0.04 W/（m·K）左右，可以将其加工成各种板材或夹芯板，是极好的建筑材料。但燃烧时会放出污染环境的苯乙烯气体。聚苯乙烯泡沫塑料的分类、特点及用途见表3－13。

表3－13 聚苯乙烯泡沫塑料的分类、特点及用途

分类	普通型可发性聚苯乙烯泡沫塑料（PT）	自熄型可发性聚苯乙烯泡沫塑料（ZX）	乳液（硬质PB型）聚苯乙烯泡沫塑料
定义或说明	利用低沸点液体的可发性聚苯乙烯树脂为基料，经加工进行预发泡后，再放入模具中加热成型而制成	采用含有阻燃剂的可发性聚苯乙烯珠粒，经预发泡，加入多孔模内加热熔结成型而制得	凡用乳液聚合，粉状聚苯乙烯树脂为原料，以固体的有机和无机化学发泡剂，模压成坯，再发泡而成的硬质泡沫材料
特点	质轻、保温、隔热、吸声、防震性能好，吸水性小，耐低温性好，耐酸碱性好，有一定的弹性，易于加工	质轻、保温、隔热、吸声、防震性能好，吸水性小，耐低温性好，耐酸碱性好，有一定的弹性，制品可切割。泡沫体放在火焰上燃着，移开火源后1～2 s即自行熄灭	同比可发性聚苯乙烯泡沫塑料硬度大、耐热度高、力学强度大、泡沫尺寸稳定性好
制品种类	板材、管材	板材、管材	板材
用途	建筑上广泛用于吸声、保温、隔热、防震材料以及制冷设备、冷藏装备的隔热材料	建筑上广泛用于吸声、保温、隔热、防震材料以及制冷设备、冷藏装备的隔热材料，适用于防火要求较高的环境	同可发性聚苯乙烯泡沫塑料，特别适用于要求硬度大，耐热度高，力学强度大的保温、隔热、吸声、防震等工程的材料

1）聚苯乙烯泡沫塑料夹芯板

聚苯乙烯泡沫塑料夹芯板是由金属板作表面，闭孔自熄型聚苯乙烯塑料做芯材，通过自动化连续成型机将金属板压型后用高强度黏合剂黏合而成的一种高效新型复合建筑材料。金属板可选用普通钢板、不锈钢板和镀锌铁板，还可做成复合夹芯板，外面为装饰板，里面是金属板，或外面是低碳钢板里面用塑料复合板。聚苯乙烯泡沫塑料夹芯板的制作关键是金属板的整理，整理时不能变形，黏结剂一般采用双组分聚氨酯胶。

聚苯乙烯泡沫塑料夹芯板主要适用于公共建筑、工业厂房的屋面、墙壁和洁净厂房以及组合冷库、楼房接层、商亭等。

（1）聚苯乙烯泡沫塑料夹芯板作为活动房屋的结构材料，野外作业装卸方便，轻便，房屋的隔热保温性能好。

（2）聚苯乙烯泡沫塑料夹芯板可作为房屋内的隔墙板；新式结构的房屋，经常调整隔间，用聚苯乙烯泡沫塑料夹芯板做成的隔板，使用方便，隔音绝热性能好且美观。

（3）聚苯乙烯泡沫塑料夹芯板也可作为冷冻冷藏库的库板；渔产地附近需要大量的中小型冷库，根据库容大小装拼成冷库，使用方便，保温性能好，按所需温度可选用不同厚度的夹芯板。

聚苯乙烯泡沫塑料夹芯板的长度随工业需要而定，宽度一般为1 200 mm。根据使用条件不同，聚苯乙烯泡沫塑料夹芯板的厚度分别为：用于普通房屋时，厚度为70 mm；用于−10～0 ℃时，厚度为150 mm；用于0 ℃以上时，厚度为100 mm；低于−10 ℃时，厚度为200 mm。

2）聚苯乙烯泡沫塑料的其他用途

聚苯乙烯泡沫塑料制品原先的主要用途几乎限于包装和绝热保温材料，目前聚苯乙烯泡沫塑料制品的应用领域大大扩展，其中民用工程有如下情形。

①快艇（游艇）码头等水面漂浮物，聚苯乙烯泡沫塑料外表面被PP纤维增强的水泥包裹的漂浮物效果更佳；

②聚苯乙烯泡沫塑料块料加在增强混凝土横梁中从而降低结构物的重量；

③聚苯乙烯泡沫塑料板材可以降低土壤对建筑物（或路面）横向或垂直方向压力而达到防止地面的下沉的目的；

④制成混凝土制件内的空腔或铸件模型中的空腔；

⑤制造空心砖，将黏土和预发体按一定比例混合，在高温下焙烧，聚苯乙烯泡沫塑料预发泡体被烧灼，从而制成有空心结构的砖，这种砖具有较高的强度并有良好的绝热性能。

2. 聚氨酯泡沫塑料

聚氨酯泡沫塑料是异氰酸酯和羟基化合物经聚合发泡制成，按其硬度可分为软质、半硬质和硬质三类，其中软质为主要品种。一般来说，它具有极佳的弹性、柔软性；化学稳定性好，耐许多溶剂和油类；耐磨性优良，较天然海绵大20倍；还有优良的加工性、绝热性、黏合性等性能，是一种性能优良的缓冲材料，但比普通的泡沫塑料价格高。聚氨酯泡沫塑料板可按照建筑师提供的图纸，通过计算及切割机切割出各种不同的造型、线条，配套使用装配玻纤网及专用胶浆可增强其耐候性，与传统的混凝土现浇制品和一般的GRC制品相比，它具有成本低、自重轻、施工灵活、寿命长等优点，尤其适用于欧式建筑。

近几十年来，聚氨酯泡沫塑料以其优良的物理力学性能、声学性能、绝缘性能和耐化学性能在国内外获得迅速发展。其制造配方的多变性及制品性能的适应性，也使得这种新型材料具有广泛的应用范围。目前已广泛应用于家具、冷藏设备、冷藏卡车和槽车、管道和贮罐绝热保温、建筑、航空、造船、包装、电器、空间技术、军事等方面。

聚氨酯泡沫塑料的物理力学性能见表3−14。

表3−14 聚氨酯泡沫塑料的物理力学性能

项目	类型			
	I		Ⅱ	
	A	B	A	B
体积密度（kg/m^3）≥	30	30	30	30
压缩性能（kPa）≥	100	100	100	100
热导率（W/（m·K））≥	0.022	0.027	0.022	0.027
尺寸稳定性（70 ℃，48h）（%）≤	5	8	5	5
水蒸气透湿系数（ng/（Pa·m·s））≤	6.5		6.5	
吸水率（体积分数）（%）≤	4		3	

续表

项目				类型			
				Ⅰ		Ⅱ	
				A	B	A	B
燃烧性	1级	垂直燃烧性	平均燃烧时间（s）≤	30		30	
			平均燃烧高度（mm）≤	250		250	
	2级	水平燃烧性	平均燃烧时间（s）≤	90		90	
			平均燃烧高度（mm）≤	50		50	
	3级	非阻燃性		无要求		无要求	

除表3－14中所列性能外，聚氨酯硬质泡沫塑料还具有强度高、耐化学性、耐热性、热导率小、尺寸稳定性好、气体渗透性差、吸声性好，对多种材料有很强的黏结性等性能，还具有很高的结构强度和绝缘性。

聚氨酯泡沫塑料是由二元或多元有机异氰酸酯与多元醇化合物，加其他助剂经聚合发泡制成的高分子聚合物，按其硬度可分为软质、半硬质和硬质等几种，而用于保温保冷材料的主要是硬质聚氨酯泡沫塑料，这种泡沫塑料具有质量轻、强度较高、热导率低、隔音、防腐蚀等主要优点。

硬质聚氨酯泡沫塑料（PU），简称聚氨酯硬泡，多为闭孔结构，具有绝热效果好、热导率低、重量轻、比强度大、耐老化、施工方便、容易与其他基材黏接、燃烧不产生熔滴等优良特性，同时还具有隔音、防震、电绝缘、耐热、耐寒、耐溶剂等特点，广泛用于冰箱、冰柜的箱体绝热层，冷库、冷藏车等绝热材料，建筑物、储罐及管道保温材料，对多种材料具有很强的黏接性等性能。

聚氨酯硬泡一般为室温发泡，成型工艺比较简单。按施工机械化程度可分为手工发泡及机械发泡，按发泡时的压力可分为高压发泡及低压发泡，按成型方式可分为浇注发泡及喷涂发泡。

聚氨酯硬泡主要用途有以下方面。

①食品等行业冷冻冷藏设备：如冰箱、冰柜、冷库、冷藏车等，聚氨酯硬泡是冷冻冷藏设备最理想的绝热材料。

②工业设备保温：如储罐、管道等。

③建筑材料：在欧美发达国家，建筑用聚氨酯硬泡占硬泡总消耗量的一半左右，是冰箱、冰柜等硬泡用量的一倍以上；在中国，硬泡在建筑业的应用还不像西方发达国家那样普遍，所以发展的潜力非常大。

④交通运输业：如汽车顶篷、内饰件等。

⑤仿木材：高密度（密度300～700 kg/m^3）聚氨酯硬泡或玻璃纤维增强硬泡是结构泡沫塑料，又称仿木材，具有强度高、韧性好、结皮致密坚韧、成型工艺简单、生产效率高等特点，强度可比天然木材高，密度可比天然木材低，可替代木材用作各类高档制品。

⑥灌封材料，等等。

硬质聚氨酯夹芯隔热板为三层夹芯式结构，芯材采用硬质聚氨酯泡沫塑料（PU），面材可根据实际需要使用彩色钢板、不锈钢板、镀锌钢板或其他人造板材，板与板之间采用具有二次锁紧功能的锁紧钩连接，板缘均采用凸凹设计，密封可靠。板长从 0.5 m 至 8 m，宽度从 0.2 m 至 0.95 m，各种尺寸均可制造；厚度系列为 50、75、100、120、150、180、200 mm 共六种厚度，可满足不同效果的保温需要；板型有 40 余种，包括墙板、顶板、角板、隔墙板等，可方便地拼装各种尺寸的厂房、冷库。

聚氨酯泡沫的隔热、隔音性能是目前所有合成材料中最优异的，并具有极佳的耐磨性、耐油性、防水性，是目前国际上公认的性能较理想的保温材料；其热导率低，仅为 0.018～0.023 W/（m·K)，相当于 EPS（发泡聚苯乙烯）的 1/2，是目前保温材料中热导率最低的材料；且该材料热工性能好，还具有耐老化、化学稳定性好、防潮防水性能优良、耐温不熔化、与建筑物基面黏结性能好等优点。

随着聚合物技术进步，目前世界上公认的最优异的墙体保温节能材料是聚氨酯硬质泡沫，其热导率低于聚苯乙烯，而且能形成连续的保温层，可保证保温材料与墙体的共同作用并有效阻断热桥，故保温效能好。

聚氨酯喷涂能与基层墙体牢固结合，即使在当地最不利的温度与湿度条件下，承受风力、自重以及正常碰撞等各种内外相结合的负载，保温层仍不与基层底分离、脱落，并在潮湿状态下保持稳定；在添加阻燃剂后，它是一种难燃自熄性材料，与胶粉聚苯颗粒浆料复合，组成一个防火体系，能有效防止火灾蔓延，有较好的防火性能；其材料不含水，吸水率又很低，能很好地阻断水和水蒸气的渗透，使墙体保持良好、稳定的绝热状态，具有优良的防水、隔汽性；无论是高温还是严寒，都不会使外保温体系产生不可逆损害或变形，能耐受最严酷的气候变化。

硬泡聚氨酯还是一种强度比较高的材料，抵抗外力的能力和主体结构变形适应能力强，柔性变形量较大，在外力和温度变形、干湿变形等作用下，不易发生裂缝，可有效地保证体系的稳定性、耐久性。

此外，它还具有耐久性、良好的施工性、易于维修、化学稳定性高、耐酸、耐碱、耐热、不产生有害气体、环保性好等优点。

在国外，硬质聚氨酯作为建筑保温材料得到了广泛的应用，特别在西方发达国家，硬质聚氨酯泡沫塑料在建筑保温领域已经占据主导地位，被广泛用于建筑物屋顶、墙体、天花板、地板、门窗等作为保温隔热材料，占建筑保温材料的 49%，而在中国这一比例目前尚不足 10%，以北京地区为例，在节能标准为 30%的时候，发泡聚乙烯、聚苯乙烯完全可以达到标准；在节能标准为 50%的时候，聚苯乙烯和聚氨酯可平分秋色；但当节能标准达到 65%的时候，用聚氨酯需 3.5 cm，厚用聚苯乙烯则需 8 cm 厚。因此，业界人士普遍认为，保温建材将成为未来几年中国聚氨酯消费增长最快的领域。

3.4.3 聚氯乙烯和聚乙烯泡沫塑料

1. 聚氯乙烯泡沫塑料

聚氯乙烯泡沫塑料是以聚氯乙烯树脂为主体，添加适量的高分子改性剂、热稳定剂、发泡剂和增塑剂，经过低速或高速混合机拌匀，经预塑造粒或压片，再采用模压发泡、挤出发泡或注射发泡而制成的一种泡沫塑料。它是目前使用最多的一种缓冲材料。它具有闭孔结构，吸水性小，有优良的抗水性；密度小，一般为 0.05～0.1 g/cm^3；机械强度高，缓冲击性能优异；加工性好，易于模塑成型；着色性好，温度适应性强，抗放射性优异等。但燃烧时会放出污染环境的氯化氢气体气体。

聚氯乙烯泡沫塑料，按硬度不同可分为软质泡沫和硬质泡沫，按泡孔结构可分为闭孔泡沫和开孔泡沫，按密度不同可分为低密度和高密度，按是否交联又可分交联泡沫和未交联泡沫。

聚氯乙烯泡沫塑料的配方甚多，不便赘述。现仅介绍典型的美国压制法生产密度为 64 kg/m^{3}的闭孔泡沫塑料和我国软质与硬质聚氯乙烯泡沫塑料的配方，如表 3－15 与表 3－16 所示。

表 3－15　密度为 64 kg/m^3 的闭孔型聚氯乙烯泡沫塑料配方

原　　料	配方（质量份）		
	软质	半硬质	硬质
聚氯乙烯树脂	100	100	100
邻苯二甲酸二辛酯	70	20	/
磷酸三甲酚酯	50	10	/
环氧酯	/	10	/
丙酮	/	/	100
异丙醇	/	15	/
偶氮二甲酰胺	20	/	/
4，4’－氧代双苯磺酰肼	/	20	/
N，N’－二甲基－N，N’－二亚硝基对苯二甲酰胺	/	/	20
钡与钙盐稳定剂	5	3	10

表 3－16　我国软质与硬质聚氯乙烯泡沫塑料配方

软　　质			硬　　质	
原料	配比（质量份）		原料	配比（质量份）
	面层	里层		
聚氯乙烯树脂	100	100	聚氯乙烯树脂	100
邻苯二甲酸二辛酯	25	20	碳酸氢钠（发泡剂）	1.2～1.3
邻苯二甲酸二丁酯	30	25	碳酸氢铵（发泡剂）	12～13
石油酯		20	亚硝酸丁酯（发泡剂）	11～13
偶氮二甲酰胺	5.5	5.8	硬脂酸钡	2～3
三盐基硫酸铅	3	3	磷酸三苯酯（增塑剂）	6～7
硬脂酸	0.8	0.8	尿素	0.9～0.92
染料	适量	适量	三氧化二锑（阻燃剂）	0.8～0.82
			二氯乙烷（溶剂）	50～60

聚氯乙烯泡沫塑料的化学性质与普通聚氯乙烯塑料相同，耐酸、碱、盐类腐蚀，耐油，耐溶剂，耐气候老化，阻燃性好。聚氯乙烯树脂的理论氯含量为 56.7％，氧指数可达 52。按美国材料实验学会标准，它的燃烧速度为零，属于自熄型树脂。

聚氯乙烯泡沫塑料的物理力学性质与泡沫的密度、有无实皮层紧密相关。机械强度一般随密度的提高而增大，硬质聚氯乙烯泡沫塑料的基本性质如下。

①燃烧性。离开火源后立即熄灭。硬质聚氯乙烯泡沫的闪点为 391 ℃，比木材的闪点 260 ℃高得多。软质聚氯乙烯泡沫中由于加入邻苯二甲酸酯类增塑剂，致使氧指数下降而不

能自熄。如要求软质聚氯乙烯泡沫塑料达到自熄，可以用氯化石蜡、磷酸酯类增塑剂替代部分邻苯二甲酸酯类或者再添加阻燃剂。

②耐温性。80 ℃，2 h 不变形。

③耐寒性。−35 ℃，15 min 不龟裂。

④耐油性。在一级汽油中浸 24 h 无变化。

⑤耐酸性。在 20%的盐酸中浸泡 24 h 无变化。

⑥耐碱性。在 45%的氢氧化钠溶液中浸泡 24 h 无变化。

聚氯乙烯泡沫塑料的物理力学性质见表 3−17 和表 3−18。

表 3−17　一般聚氯乙烯泡沫的性质

项　　目	技术性能		测试方法
	硬质	软质	
密度（kg/m^3）	32	56	ASTM
压缩强度（10%变形）（MPa）	0.35		D1621
弯曲强度（MPa）	0.59		D790
拉伸强度（MPa）	0.55	0.01	D1623
断裂伸长率（%）	6	210	
剪切强度（MPa）	0.24		C273
弹性模量（MPa）	13.1		D1621
热导率（W/（m·K））	0.023	0.035	C177

表 3−18　Celuka 法生产的聚氯乙烯结构泡沫性质

项　　目	技术性能	测试方法
密度（kg/m^3）	0.5～0.6	DIN 53420
冲击强度（kJ/m^2）	12～18	DIN 53453
弯曲模量（MPa）	1000～1200	DIN 53457
线膨胀系数（30～50 ℃）（$℃^{-1}$）	0.7×10^{-4}	Leits 膨胀计
热导率（1 mm 厚度）（W/(m·K)）	2.03	

高倍率、独立气泡型聚氯乙烯泡沫塑料是近年来国际上趋于广泛应用的一种新型发泡材料，应用领域非常广泛。由于它具有密度小、柔性好、耐老化、富有弹性且化学稳定性好等特点，在建筑、航海、包装、民用等各大领域得到广泛应用，特别因它具有极低的吸水性、较小的热导率、蒸气透气率低、耐低温、加阻燃剂后耐燃烧性好、烟密度低和无毒等特点，作为良好的绝热材料，已在火车车厢、汽车顶棚、舰船船舱、冷库、暖通空调、冷藏车船、建筑涵洞、野外考察房等应用方面取得了极佳效果。

发泡聚氯乙烯泡沫塑料在使用中有各种形式，用途也有所不同。

①中到高密度的开孔软质聚氯乙烯泡沫塑料，与乳胶橡胶有相似特性，主要用作人造革。

②低密度闭孔软质聚氯乙烯泡沫塑料，用于垫圈、装饰贴面、背衬、浮子、衣服保温以及在尺寸稳定性不重要的工业上。

③密度在 0.032 g/cm^3 以上的闭孔硬质聚氯乙烯泡沫塑料，用于结构、夹芯隔热、浮子及一般工业上。

④开孔硬质聚氯乙烯泡沫塑料，主要用作蓄积器中的分离器，也用作过滤器。

⑤聚氯乙烯泡沫塑料发泡管主要用于下水管、废水管、通气管及电线管在市场上销售，农业上用于作物灌溉。

2. 聚乙烯泡沫塑料

聚乙烯泡沫塑料是以聚乙烯树脂为主体，加发泡剂、交联剂和其他添加剂制成，是一种十分重要的缓冲材料。它具有的优点有：密度小，最小可达 0.01 g/cm³；具有缓冲性、耐热性，吸水性小；化学性能稳定，不易受腐蚀；机械性能好，坚韧、有挠性、耐摩擦；加工性能好，易于成型；价格较便宜等。1953 年美国化学公司把物理发泡剂二氯四氟乙烷直接注入挤出机料筒，挤出无交联发泡聚乙烯。而模压的交联聚乙烯泡沫塑料则是 20 世纪 60 年代初由英国的发泡橡塑公司最早实现工业化生产的。我国 20 世纪 70 年代开始生产聚乙烯泡沫塑料，且大多采用化学发泡模压成型工艺。目前我国已在聚乙烯泡沫塑料的生产、工艺、配方等方面获得一定成果。

聚乙烯泡沫塑料根据其发泡倍率的不同，表观密度及抗压强度的不同，可分为 45 倍、30 倍、20 倍泡沫塑料，不同倍率泡沫塑料物性也有所不同。一般物理性能见表 3－19，耐化学药品性能见表 3－20。

表 3－19　45 倍、30 倍、20 倍聚乙烯泡沫塑料一般物性对比表

试验项目	试验方法	45 倍	30 倍	20 倍
密度（kg/m³）	JISK 6767	0.022	0.03	0.045
拉伸强度（MPa）	GB 1040	196	262.6	558.6
伸长率（%）	GB 1040	170	190	230
撕裂强度（N/m²）	JISK 6767	600	900	1500
压缩强度（25%）（kPa）	JISK 6767	33.32	54.88	78.4
压缩永久变形（25%）（%）	JISK 6767	7	3.1	1.8
加热尺寸变化（70 ℃）（%）	JISK 6767	－2.5	－1.9	－0.8
热导率（W/（m·K））	GB 3394	0.034	0.036	0.038
吸水率（g/cm³）	JISK 6767	≤0.002	≤0.002	≤0.002

表 3－20　聚乙烯泡沫塑料的耐化学药品性能

化学药品名称	作用情况	化学药品名称	作用情况
30%硫酸	无作用	丙酮	无作用
10%盐酸	无作用	醋酸乙酯	无作用
10%硝酸	无作用	氯化氢	稍胀
10%氢氧化钾	无作用	庚烷	轻微溶胀
3%过氧化氢	无作用	甲苯	轻微溶胀
95%乙醇	无作用	汽油	轻微溶胀

因聚乙烯泡沫塑料的热导率随其发泡倍率的变化而变化，一般来说发泡倍率高的聚乙烯泡沫塑料其热导率低，反之就高。因此，用作绝热材料应选用 45 倍聚乙烯泡沫塑料。对于抗压强度要求高的绝热材料应选用发泡倍率低的聚乙烯泡沫塑料。

聚乙烯泡沫塑料片材的优点：无公害，属环保型高分子稳定产品；施工工艺简单，适合在复杂的环境中作业，可提高工效，缩短工期；整体性好，抗折及抗张拉性能好，不易破碎，能适应复杂的地下曲面结构，形成真正完整的防水保护面层；吸水率低、压缩幅度大，具备一定的抗击锐角缓冲能力；具有一定的保温效果，利于形成冬季施工条件；耐腐蚀性、抗老化性较好，且适用于各类型的胶黏剂。

与其他高分子绝热材料的性能相比较。材料保温性能的好坏主要取决于材料的热导率及其吸水率的大小，聚乙烯泡沫塑料、聚苯乙烯泡沫塑料、聚氨酯（硬质）泡沫塑料主要性能对比见表3－21。

表3－21　几种泡沫塑料主要性能对比

试验项目	试验方法	聚乙烯（45倍）发泡体	聚苯乙烯发泡体	聚氨酯（硬质）发泡体
密度（g/cm^3）	JISK 6767	0.022	0.03	0.025
拉伸强度（kPa）	GB 1040	196	686	137.2
伸长率（%）	GB 1040	170	10	4
压缩强度（25%变形）（kPa）	JISK 6767	33.32	107.8	127.4
压缩永久变形（25%）（%）	JISK 6767	7	16	19
热导率（W/（m·K））	GB 3394	$0.034+0.00013\theta$	$0.038+0.00012\theta$	$0.02+0.00017\theta$

3.4.4　酚醛泡沫塑料

酚醛泡沫塑料是以酚醛树脂和阻燃剂、抑烟剂、固化剂、发泡剂及其他助剂等多种物质，经科学配方制成的闭孔型硬质泡沫塑料，其中酚醛树脂的用量占总重的50%～90%。酚醛树脂分为热固性树脂和线型酚醛树脂两类。线型酚醛树脂泡沫的生产工艺较成熟，泡沫质量易于控制。但生产周期长，设备庞大，效率低，能耗大。目前主要采用在热固性液态酚醛树脂中加入发泡剂、表面活性剂以及其他添加剂（填充材料、着色剂等），在酸性固化剂作用下产生反应热，使发泡剂蒸发形成气泡，进行固化。

酚醛树脂是一个古老的品种。从1905年其创始人美国科学家Dr. Leo Backeland将酚醛树脂第一次投入商业化生产，至今已有100多年的历史。酚醛泡沫塑料早在1940年就已工业化生产，到20世纪70年代，西欧和北美一些国家对其进行了进一步的研究，发现酚醛泡沫塑料具备难燃性和低发烟等优点，作为民用保温隔热材料，能有效地减少房屋热损失、节约空调能耗，从而使酚醛泡沫广泛应用于建筑业。目前，欧洲（以德国和法国为主）的酚醛泡沫年生产量达4万吨。法国GDF Chimie Vendin板材厂一年能完成5万立方米的生产，Capa隔热材料有限公司原来生产聚氨酯泡沫，因其在燃烧时产生有毒气体，现已转向生产酚醛泡沫。日本已将酚醛泡沫作为建筑必需的材料。

酚醛泡沫塑料经过不断改进，不仅克服了脆性等物理性能上的许多缺点，而且仍保持其出色的防火性能和热稳定性。因此，近年来在国外销售量迅速增长。由于聚氨酯泡沫塑料制造工艺和技术的发展，对酚醛泡沫塑料的研究和发展起了很大的作用，因为其生产工艺与聚氨酯泡沫塑料的生产工艺基本相同。

1. 物理化学性能

1）力学性能

酚醛泡沫的机械强度随密度的增加而增大，如表3－22所示。

表 3—22　酚醛泡沫的力学性能与密度的关系

性　能	体积密度（kg/m³）			
	32	64	160	320
压缩强度（kPa）	172	276～414	1 380～2 070	7 584
弯曲强度（kPa）	172	418		
剪切强度（kPa）	96	207		
拉伸强度（kPa）	139	290	6 343	
冲击强度（kN/cm²）			0.067	
剪切模量（kPa）	2 758	5 171		
密度（kg/m³）	40～80			
热导率（W/（m·K））	0.025～0.035			
尺寸稳定性（%）	<1.5（GB 8811，70 ℃，48 h）			
氧指数	51（GB/T 2406）			
烟密度等级	2（GB/T 8627）			
吸水率（%）	3.2（GB 8810）			
使用温度（℃）	−180～150			

2）防火性能

防火性能主要由临界氧指数及燃烧结果来表证。酚醛泡沫与其他有机泡沫相比，临界氧指数高，产烟量低且无有害气体。作为建筑材料，抗火焰穿透是一项重要指标，酚醛泡沫体在火焰直接作用下具有结炭、无滴落物、无卷曲、无熔化现象，表面经过火焰燃烧，泡沫体基本保留，只是表面形成一层“石墨泡沫”层，有效地保护了层内的泡沫结构，其抗火焰穿透时间可达 1 h 以上，如表 3—23 所示。

表 3—23　几种有机泡沫防火性能比较

项目	材　料				
	聚苯乙烯泡沫	阻燃 PU 泡沫	酚醛泡沫	阻燃酚醛泡沫	聚氯乙烯泡沫
临界氧指数	18～21	25	50	70	——
最大烟密度	203.3	74	5	5	384

3）耐热性和尺寸稳定性

酚醛泡沫塑料是目前市场上常用的几种泡沫塑料中使用温度最高的一种泡沫塑料，使用温度可达 150 ℃。在 100 ℃下放置两天，仅在开始几小时收缩 0.3%，以后便保持稳定。酚醛泡沫线膨胀系数小，近似于铝合金，因此，使用中不会出现因膨胀系数不同而产生脱层破裂现象。它在高温下形成炭化骨架，其变化过程如下：

①在 250～440 ℃下酚醛泡沫进一步缩合放出水和甲醛；

②在 400～600 ℃逐步氧化放出 CO 和 CO_2；

③在 600～750 ℃逐步炭化，形成的炭黑又起到隔热作用，阻止泡沫进一步燃烧。

几种泡沫塑料使用温度比较见表 3—24，酚醛泡沫塑料耐热性和尺寸稳定性见表3—25。

表 3—24 几种泡沫塑料使用温度比较

泡沫塑料	最高使用温度（℃）	极限情况	泡沫塑料	最高使用温度（℃）	极限情况
酚醛	150	220 ℃变色	聚氨酯	90～120	140 ℃变软
脲醛	100	130 ℃变色	聚乙烯	60	80 ℃收缩
聚苯乙烯	70	70 ℃收缩			

表 3—25 酚醛泡沫塑料的耐热性和尺寸稳定性

名 称	性 能	
热导率（W/（m·K））	0.02	
使用温度（℃）	−180～150	
比热容（kJ/（kg·K））	1.88	
尺寸稳定性		
线膨胀系数（−100～20 ℃）（$℃^{-1}$）	平行发泡方向	垂直发泡方向
尺寸稳定性（%）	40×10^{-6}	90×10^{-6}
−20 ℃	24 h	>24 h
20 ℃	无	无
70 ℃（90%RH）	无	无
130 ℃	1	1.5

4）黏结性能

当酚醛泡沫塑料用于现场发泡时，它对金属、木材、水泥等基体表面有很高的黏结力，且大于其本身拉伸强度。

5）低毒低烟

酚醛分子中只有氢、碳和氧原子，在高温分解时，只能产生氢、碳和氧构成的产物，除少量CO外，没有任何其他有毒气体。酚醛泡沫的最大烟密度 5.0%，高密度酚醛泡沫只有 2.3%，与聚氨酯泡沫的最大烟密度 74%相比是相当低的。

6）防水防湿

酚醛泡沫具有良好的闭孔结构，吸水率低（7%），防水蒸气渗透能力强，在保冷时不会出现结露。当酚醛泡沫塑料制品表面粘贴复合材料或采用模塑时，防水防湿能力则更好。

7）耐腐抗老化

除能被强碱侵蚀外，酚醛泡沫几乎能耐所有的无机酸、有机酸、有机溶剂及盐类的侵蚀。长期暴露在阳光下，无明显老化现象，与其他绝热材料相比，其使用寿命较长。

2. 酚醛泡沫塑料的应用

绝热保温是酚醛泡沫应用的主要领域。在石油化工业中，由于酚醛泡沫导热系数低，防火性能及耐化学性能好，可应用于石油化工的容器、设备和管道保温，还可用于蒸汽管道保温。在建筑业中，酚醛泡沫防火性能优异、价廉、安全、轻质，应用前景十分诱人，如用于屋顶保温层、天花板、办公室隔板及隔音屏风。经玻璃纤维增强的酚醛泡沫可用做地板材料。隔热用酚醛泡沫塑料与钢、铝复合做成夹芯板材，不但具有优异的隔热性能，而且保留了金属材料所特有的强度，广泛应用于厂房、冷库、易燃品仓库内外墙及吊顶。用玻璃纤维与丙烯酸乳胶做面，以酚醛泡沫做芯的夹层板材表面光滑柔软，可防潮、防水、隔热。在船舶建造业中，用作渔船冷藏舱和液化天然气运输船的酚醛泡沫隔热材料在－196 ℃到室温约200 ℃的温差下保持效果良好。同时可以减轻船体自重，增加承载能力。此外，由于海上火灾救助能力差，阻燃性好及机械强度高的酚醛泡沫已被应用于英国防御体系中舰船及潜水艇的建造。酚醛泡沫材料的类型及应用见表 3－26。

表 3－26　酚醛泡沫材料类型及应用

材料类型	应用场合
酚醛泡沫轻便板	固定的办公室隔板
	可拆的办公室隔板
	非标准办公室隔音屏风
酚醛泡沫覆铝板	厂房墙体隔热衬里
	厂房房顶隔热天花板
酚醛隔热板	水泥预制体和毛石墙衬里，办公室、商店、体育馆、炼钢厂隔热吊顶
酚醛泡沫－金属覆面复合板	冷房、冷冻房、硫化室、喷漆间、杂品库、易燃品仓库、活动房屋、仪表墙等外墙、内墙、吊顶
酚醛泡沫管材、板材	中央空调系统风管、冷冻水管保温，热水管保温，海上石油平台管道保温，电站电缆沟阻火隔墙
酚醛泡沫消声板	厂房、设备的吸声、隔音
酚醛泡沫插花泥	鲜切花造型、保鲜

酚醛泡沫复合外墙材料与其他复合外墙材料的传热系数见表 3－27。酚醛泡沫护面板与普通砖护面墙热阻比较见表 3－28。酚醛泡沫隔墙与其他隔热阻比较见表 3－29。

表 3－27　酚醛泡沫复合外墙材料与其他复合外墙材料传热系数

外墙材料	传热系数（W/（m^2·K））
100（6 mm 水泥板/84 mm 酚醛泡沫/10 mm 石膏板）	0.368
75（6 mm 水泥板/59 mm 酚醛泡沫/10 mm 石膏板）	0.506
100（80 mm 刨花板/20 mm 石膏板）	0.783
120（100 mm 轻质水泥板/20 mm 石膏板）	1.45
190（100 mm 水泥板/80 mm 空腔/10 mm 石膏板）	2.52
110（90 mm 普通砖/20 mm 石膏板）	3.6
120（100 mm 水泥板/20 mm 石膏板）	3.8

表 3－28　酚醛泡沫护面板与普通砖护面墙热阻比较

酚醛泡沫护墙板	热阻（K/W）	普通砖护面墙	热阻（K/W）
室外空气膜	0.04	室内空气膜	0.12
砌砖	0.076	室外空气膜	0.04
30 mm 空气反射空间	0.61	砌砖	0.076
20 mm 覆铝酚醛泡沫	0.589	150 mm 空气反射空间	0.16
100 mm 空气反射空间	0.61	10 mm 覆铝酚醛泡沫	0.06
10 mm 石膏板	0.059	室内空气膜	0.12
总热阻	2.11	总热阻	0.457
热导率（W/（m·K））	0.4739	热导率（W/（m·K））	2.1882

表 3—29　酚醛泡沫隔墙热阻与其他隔墙热阻比较

酚醛泡沫隔墙板	热阻（K/W）	空墙隔墙板	热阻（K/W）
室内空气膜	0.12	室内空气膜	0.12
10 mm 石膏板	0.06	10 mm 石膏板	0.06
25 mm 酚醛泡沫	0.74	25 mm 酚醛泡沫	0.16
室内空气膜	0.12	室内空气膜	0.12
总热阻	1.1	总热阻	0.52
热导率（W/（m·K））	0.9091	热导率（W/（m·K））	1.923 1

3.4.5　脲醛泡沫塑料

脲醛泡沫塑料又称泡沫脲醛塑料。它是将甘油醚化脲醛树脂水溶液和发泡液（包括乳化剂、泡沫稳定剂和熟化剂）进行机械鼓泡沫体，在模型中固化和干燥而制得产品。其特点有：质轻，不到软木的 1/10；导热系数小，只有软木的 1/2，具有耐腐蚀性；其微孔有毛细管结构，有良好的吸音效果；但强度较差，对蒸汽也不很稳定。主要用在建筑上作绝热隔音材料。这种泡沫塑料制备简便，可进行现场施工。

脲醛树脂为尿素与甲醛反应得到的聚合物，又称脲甲醛树脂，英文缩写为 UF，加工成型时发生交联，制品为不熔的热固性树脂。固化后的脲醛树脂颜色比酚醛树脂浅，呈半透明状，耐弱酸、弱碱，绝缘性能好，耐磨性极佳，价格便宜，但遇强酸、强碱易分解，耐候性较差。

用于发泡的脲醛树脂采用 60 质量份尿素和 200 质量份含水 30%的甲醛混合，然后加入 pH 值为 7 或稍高浓度的氢氧化钠使之中和，将这种混合剂加热约 10 min 后，再加入 0.26 份醋酸，再加热 2～3 h 制得，这是一种黏滞状的液体。

脲醛泡沫塑料具有质轻、绝热性能好等优良特性。其密度为 0.01～0.02 g/cm^3，孔隙尺寸很小，孔隙率高达 99.3%；导热系数小，为 0.024 9～0.032 3 W/（m·K），随着材料的容重及温度的升高，其热导率有所增大。水汽渗透率为 460 g/（m^3·Pa）；压缩强度较低，为 0.025～0.050 MPa。

脲醛泡沫塑料具有良好的耐热耐冷性能，不易燃烧。在 100 ℃下长期使用时性能几乎不发生变化；当温度超过 120 ℃时会发生显著收缩；在－200 ℃的低温下使用时性能无显著变化，可在－200～－50 ℃的超低温下长期使用，是一种优良的保冷材料。当加入磷酸二氢胺后，脲醛泡沫塑料在 200 ℃下不会燃烧。

脲醛泡沫塑料耐腐蚀，对水与蒸汽的作用不太稳定，因此需用不渗水的外皮加以保护。它又是一种脆性很大的材料，受压时其厚度只能缩小 20%，超过此限度便会破碎。它的主要优点就是质轻，导热系数小。脲醛泡沫塑料稳定后不会受稀酸、碱、油和溶剂的作用，也不会腐烂、下塌或被昆虫侵蚀，具有防霉防锈性能。

脲醛泡沫塑料作为隔热材料广泛用于冷冻装置、液氧贮罐、密封容器、客车厢、汽车以及船舶等方面；作为隔音材料广泛用于剧院、影院、文化宫、电台与电视台播音室以及其他隔音建筑。若对其进行性能改进研究，使得在发泡成型后不含有或仅含有微量水分，简化制备工艺，将具有更加广阔的应用前景。

3.4.6　海绵橡胶和软木

海绵橡胶通常是指具有多孔状的橡胶，也称为微孔橡胶、泡沫橡胶或多孔橡胶。海绵橡胶大多以天然橡胶（NR）和合成橡胶为主要原料，加入发泡剂、硫化剂、促进剂、填充剂等辅料，经特定工艺加工而成。对于胶孔（天然胶孔、合成胶乳）由机械发泡法（又称之为机械起泡法）、化学发泡法、吹入空气发泡法等方法制备而得到的海绵，也称为海绵橡胶，但更常称为胶乳海绵。为了便于区别上述两类不同原料制得的海绵，可将由干胶为原料制得的海绵橡胶称为干胶海绵，由胶乳为原料制得的海绵橡胶称为胶乳海绵，两者统称为海绵橡胶。

海绵橡胶按胶种可分为天然橡胶海绵和合成橡胶海绵，按橡胶原料形态可分为干胶海绵和胶乳海绵，按泡沫孔眼结构可分为开孔海绵橡胶、闭孔海绵橡胶和混合孔海绵橡胶，按硬度可分为普通海绵橡胶和特种海绵橡胶，按发泡倍率可分为低发泡倍率海绵橡胶、中发泡倍率海绵橡胶和高发泡倍率海绵橡胶，按性能可分为软质海绵、硬质海绵、微气泡海绵、导电性海绵、磁性海绵、水膨胀海绵、复合海绵等。

1. 海绵橡胶

海绵橡胶的性能与所用胶种、橡胶形态、泡孔结构、发泡倍率等因素有关。海绵橡胶具有质轻、柔软、有弹性、不易传热、防震、缓和冲击、绝热、隔音等作用。用合成橡胶制成的海绵橡胶还具有耐油、耐老化、耐化学药品等特点。常用胶乳海绵的物理力学性能指标见表 3－30。

表 3－30　胶乳海绵的物理力学性能

项　目	单　位	条件及参数	执行标准
外观		黑色，表面平整	GB/T 17794－1999
发泡结构		完全闭泡	
表面密度	kg/m^3	64～95	GB/T 6343－95 (neqISO 845 :1998)
热导率	W/（m·K）	（平均温度－20 ℃）0.031 （平均温度 0 ℃）0.034 （平均温度 40 ℃）0.036	GB/T 10294－88
透湿系数	kg/（m·s·Pa）	$\leqslant 4.0\times10^{-14}$	GB/T 17146－1997
湿阻因子		≥4500	GB/T 17794－1999
真空吸水率	%	≤8	GB/T 17794－1999
燃烧性能		难燃 B1 级	GB 86244－1997
氧指数	%	≥37	GB/T 2406－93
燃烧形态外观		炭化、不收缩、无高温熔滴	
燃烧产烟毒性		准安全 ZA3 级合格	GA 132－1996
尺寸稳定性	%	（105 ℃±3 ℃，7d 时）≤8	GB 88 11－88 (nqvISO 2796：1980)
撕裂强度	N/cm	≥8	GA/T 10808－89
压缩回弹率	%	（压缩率 50%，压缩时间 72 h 时）≥70	GB/T 6669－86 (idtISO 1856：80)
耐臭氧性		臭氧分压 202 mPa，200 h 不龟裂	GB/T 7762－87GB/T 9571－88
抗老化性		150 h 轻微起皱，无裂纹， 无针孔，不变形	GB/T 16259－1996
使用温度范围	℃	－50～110	GB/T 17794－1999

海绵橡胶的应用与其缓冲性能有密切关系，在动态条件下能大大提高其工作能力，首先是减少磨耗和抗冲击破坏。聚氨酯海绵鞋底可承受很高的冲击负荷，集成聚氨酯海绵鞋底透气性能优异，从而确保热量和湿气的交换；填充发泡聚合物的轮胎被刺穿后仍可继续使用；金属辊轮上也可包覆橡胶海绵。由于橡胶海绵的缓冲性能好，因而可广泛用于家具和汽车工业（枕垫和座垫等）。表面光滑的微孔海绵热塑性弹性体可用于建筑、电气工业和汽车的装饰。

由于开孔橡胶海绵吸水能力强，可用于建筑结构的接缝，以吸收水分。部分海绵橡胶由于耐气候老化、耐水性、绝热、隔音、弹性均较好，并对水泥和其他建筑材料具有良好的黏合力，使得接缝尺寸或形状有较好的稳定性。

海绵橡胶的硬度低，可用于飞机舱门、热工设备、真空设备和电气仪表的密封。

双层海绵橡胶用于制作压花模，模上的花纹采用激光刻制。第一层上的气孔是由橡胶内含有水溶性粉末的水的作用而形成的，第二层上的气孔是由该层内对酸不稳定的水溶性粉末上的酸的作用形成的。

开孔的乳胶海绵球可用于水泥输送管道的清理（球径应大于管径）。为了提高海绵球的刚性，球中含纤维素，泡沫聚乙烯可用作包装材料，用空心的玻璃、陶瓷、炭黑填充的耐热橡胶海绵，可用作磨削外覆层。用膨胀石墨和液体玻璃填充的海绵硅橡胶，可作为塑料管的阻燃防护层。

由于橡胶海绵具有良好的隔音和隔热性能，所以，在潜水艇上可用作隔音材料，耳机上用作消音垫。隔震隔热的丁腈橡胶闭孔海绵的透水性能好，可制造轮胎的胎面和各种类型的防护服。天然胶乳和丁苯胶乳海绵可作为特种服装的防寒材料，当天然胶乳与丁苯胶乳的并用比例为 80∶20、密度为 120～130 kg/m^3、厚度为 9～10 mm 时，它的透气性、吸湿性，耐热性能最佳。用由磁感和导电材料制造的空心球填充的海绵橡胶层可用于吸收电磁波。

海绵橡胶为闭孔式结构，外界空气中的水汽很难渗透到材料之中，具有优异的抗水汽渗透能力，保温层外面不必再添加隔汽层。海绵橡胶的湿阻因子≥4500（GB/T 17794－1999)，构成“内置”的防水层，使海绵橡胶整体既是保温层又是防潮层。

海绵橡胶具有安装简易、快捷的优点，它的材质柔软，施工安装简易。对于管道的安装，可随管道安装的进度一起套上；也可将海绵橡胶管材剖开后，再用专用胶粘合而成。对于阀门、弯头、三通等复杂形状的结构件，将海绵橡胶板材切割裁剪后，再依不同造型包上粘合即可，确保整个系统的气密性，而且外形美观、平整。在设备或管道检修时，剥离下来的海绵橡胶绝热材料可重复使用，性能不变。

2. 软木绝热材料

软木是栓皮栎树的木栓质部分（树皮），因其质地轻软富有弹性，又称为软木。栓皮栎一般要生长 20～25 年才能进行首次剥皮，剥皮后树不会死，还可促进其更快生长。剥去头道皮后，还能不断生长出新的外皮（俗称二道皮），以后每隔 15 年可再剥一次。因此，软木是一种既可综合利用，又能再生的绿色资源。

软木皮具有非常好的弹性、密封性、隔热性、隔音性、电绝缘性和耐摩擦性，加上无毒、无味、密度小、手感柔软、不易着火等优点，至今仍没有人造产品堪与其媲美。在化学性质方面，由几种羟基脂肪酸与酚酸形成的酯类混合物是软木的特性组分，统称软木脂。这类物质耐腐朽、耐化学侵蚀，除浓硝酸、浓硫酸、氯、碘等对其有腐蚀作用以外，水、油脂、汽油、有机酸、盐类、酯类等都不与其起化学作用。在刚刚闭幕的上海世博会上，各个国家馆的建筑可谓各具特色，其中葡萄牙馆便采用了优质软木作为主要构建材料，以配合这届世博会的“城市，让生活更美好”的主题。

软木制品有：天然软木制品，系将天然软木经蒸煮、软化、干燥后，直接切、冲压、旋削等方法制成成品，如塞、垫、工艺品等；烘焙软木制品，天然软木制品的剩料经粉碎再压缩成型，在 260～316 ℃ 的烘炉里烤 1～1.5 h，放冷后为低温隔热用软木砖，也可用过热蒸汽加热方法制造；胶结软木制品，系将软木细粒和粉末、胶黏剂（如树脂、橡胶）混合后压成胶结软木制品，如地板贴面、隔音板、隔热板等，广泛用于航天、船舶、机械、建筑等方面；软木橡胶制品，系以软木粉为原料，橡胶用量约 70%制成，具有软木的可压缩性和橡胶的弹性，主要用作发动机等优质低、中压静密封材料，也可用作抗震、隔音、摩擦材料等。

软木绝热材料是将栓皮栎树皮干燥加以粉碎后压模，经适当温度烘焙而成。软木理化性能稳定，无毒、无味、无污染、无老化现象，能耐油和稀酸腐蚀，性能受温度、湿度、压力变化以及阳光、空气、霜冻的影响很小，可作保温隔热材料，并有隔音、吸音性能。软木砖绝热材料的物理化学性能见表 3－31。

表 3－31　软木砖的物理化学性能

项目	特级	一级	二级
热导率（W/（m·K））	0.042	0.049	0.059
抗弯强度（MPa）	14.7	14.7	11.8
密度（kg/m^3）	＞140	180	200
含湿率（%）	4	4	4
比热容（kJ/（kg·K））		1.88～2.09	
热扩散系数（$\times 10^{-3} m^2/h$）		0.42	
传热系数（W/（m^2·K））		1.63～1.69	
抗压强度（MPa）		20～40	

软木密度对材料的热导率和强度有直接影响。一般情况是制品密度小则热导率低，有利于保温隔热，但随着密度降低，软木的机械强度（抗弯强度和抗压强度）也随之降低。软木密度与原料配比及制模加压程度有密切关系，一般在 130～220 kg/m^3 之间。软木热导率一般在 0.04～0.07 W/（m·K）之间，随密度的增加而增大；当材料的含水率增大时也会导致热导率的显著增加。

软木制品的比热容在 1.88～2.09 kJ/（kg·K）之间，热扩散率为 0.000 42～0.000 74 m^2/h。在各类绝热材料中，软木的热扩散率比较小，传热系数为 1.63～1.69 W/（m^2·K）。软木绝热材料按照制品形状分为软木板、软木砖和软木管壳等，由于制品热导率小、不易变质、使用年限较长等优良性能，长期以来一直是一种良好绝热材料。软木板和软木砖具有一定的抗压强度，不仅用于墙体保温和地板楼板保温，也是冷库隔热的理想材料。

3.5　金属反射型绝热材料和纳米孔硅质绝热材料

3.5.1　金属反射型绝热材料

金属绝热材料又称层状绝热材料，是利用金属对辐射的反射而使外来热（辐射热）传回空间或返回热力设备和建筑，从而取得绝热效果的材料。

金属绝热材料是将铝、不锈钢、铜、锡、锌等金属加工成 0.2 mm 以下薄板（金属箔）所制成的一种绝热材料，主要是铝箔和不锈钢箔两种，近年各国均以铝箔为主。

美国制造的金属绝热制品由多层金属箔组合而成，材质坚韧，可抗撞击，耐高压，防水性强，耐候性佳，防火性能达到美国国家标准最高等级；主要用在屋顶或东西晒墙以及设备；施工简单，隔热效果历久不衰。其主要物理特性可达到以下指标：

反射率（双面）0.95%	抗压承受 8.0 MPa
放射率（双面）0.05%	抗拉强度 0.726 7 MPa
撞击强度 17.3 MPa	伸长率 150 %

金属绝热材料在我国的研究和应用始于 20 世纪 80 年代，随着我国综合国力提高，金属绝热材料的应用正从核电领域向工业和建筑领域迅速发展。

要获得反射型绝热结构较好的有效传热性能，必须满足三个基本条件：高反射、低辐射率的组合材料，对流传热极小的空腔层距，传导传热极小的组合结构。

反射型绝热结构一般有两种基本结构形式：一种是压纹箔式，它是在金属板之间重叠多层已成波纹的金属箔而组成的，如图 3－14（a）所示；另一种是平行板式，它是在金属板之间把平板形的金属箔按等距离的方式排列，层与层之间用热导率小的多块衬垫把金属箔分离开而组成的，如图 3－14（b）所示。近年又发展一种突起式，是在金属板之间重叠多层压制成突起样式的金属箔组成的，如图 3－14（c）所示。

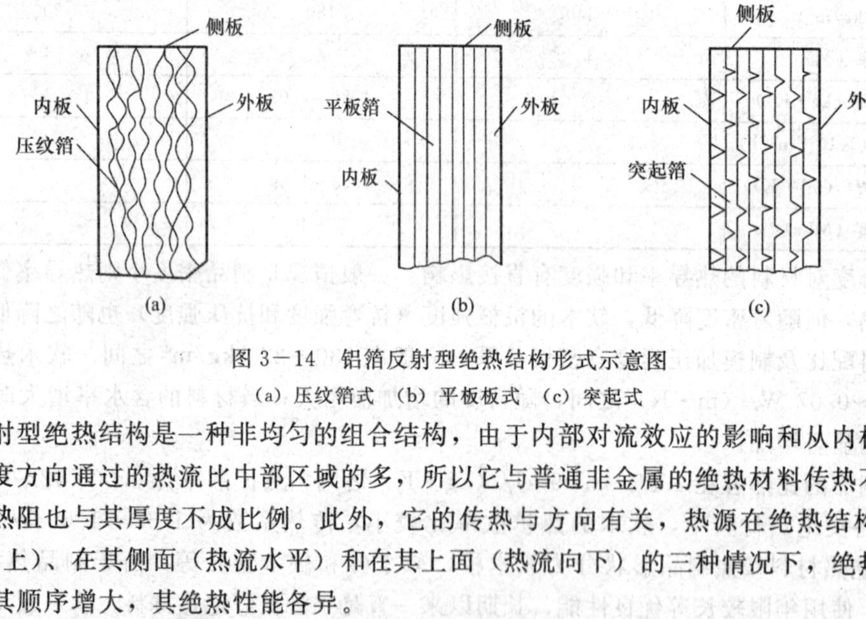

图 3－14　铝箔反射型绝热结构形式示意图

（a）压纹箔式（b）平板板式（c）突起式

反射型绝热结构是一种非均匀的组合结构，由于内部对流效应的影响和从内板传给侧板而沿厚度方向通过的热流比中部区域的多，所以它与普通非金属的绝热材料传热不一样，其结构的热阻也与其厚度不成比例。此外，它的传热与方向有关，热源在绝热结构块的下面（热流向上）、在其侧面（热流水平）和在其上面（热流向下）的三种情况下，绝热结构块的热阻按其顺序增大，其绝热性能各异。

铝箔波形纸板由波形纸板和贴在其两表面上的铝箔组成，这样的复合材料，既能绝热，又能吸声、隔音，并用作室内装饰，因而在国内外的建筑中得到应用。

铝箔波形纸板具有许多明显的优点，比如具有较高的反热辐射性能，又有很高的蒸汽渗透阻，可使绝热与隔汽统一；具有良好的吸声隔音特性，可以做到一材多用；具有厚度薄、重量轻、效能高的特点。一张铝箔波形纸板夹带一道 3 cm 厚的空气间层，有相当于 50 cm 厚砖墙的热阻，而重量仅为砖墙的 1%，结构厚度也只有砖墙的 1/15～1/10；具有成本低的优势，它的成本约相当于常用绝热材料费的 20%～60%；构造简单，施工方便，在建筑技术和设备较差的地区和部门，都可普遍采用。图 3－15 中给出了反射型绝热材料制品及其在节能建筑中的应用。

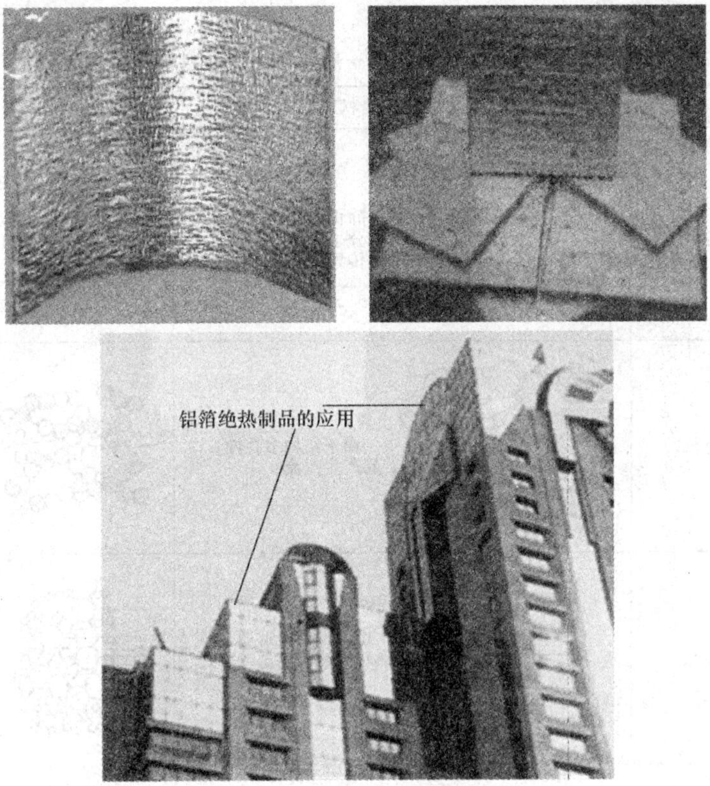

图 3－15　反射型绝热材料制品及其在建筑中应用实例

3.5.2　纳米孔硅质绝热材料

目前，超效绝热材料主要有两种：一种是真空绝热材料，另一种就是纳米孔绝热材料。近几年，国外超效绝热材料发展明显加快，已成为有关绝热技术国际研讨会上关注的重点之一。在此将纳米孔硅质绝热材料作一介绍。

处于静止状态的空气及大部分气体如二氧化碳、氮气等的导热系数都很低，但是由于它们的对流性能以及对红外辐射的透明性，决定了它们无法单独用作绝热材料。为此，需要设计出一种结构来最大限度地限制它们的对流性能及透红外性能，这种结构一般需采用一些固体材料来帮助实现。但是，几乎所有的固体材料都具有比静止气体大得多的导热系数，因此，在实现这种结构时应尽量少使用固体材料。设想将这些空隙的大小限定到纳米数量级，则气体的传导及对流将基本上得到控制，这类绝热材料的导热系数将低于静止的空气。

为了能够使得材料围成了无数不大于空气分子自由程的纳米空间，现阶段的研究是通过保留二氧化硅颗粒在其凝胶状态下的排列结构，制造了纳米孔型的绝热材料，气体分子只能在其中与二氧化硅的链壁作碰撞，而不能向其他气体分子传递热量，因此，其导热系数已低于静止空气。表 3－32 给出了纳米孔绝热材料与一般多孔绝热材料传热机理的不同之处。

初期的纳米孔硅质绝热产品一直是以粉状材料提供的，直到后来才出现块状材料，应用于航天及核能等领域。近几年来，绝热材料行业界对纳米孔绝热产品愈来愈关注，产品成本也有了明显的下降，应用范围也有了很大的发展。尽管如此，目前价格因素仍然是限制其在工业领域中大规模应用的主要障碍。因此，降低生产成本，是今后研发工作的主要方向之一。

表 3—32　纳米孔绝热材料与一般多孔绝热材料传热机理比较

种类		一般多孔绝热材料	纳米孔绝热材料
传热方式	气体分子的运动	 静止空气中的气体分子碰撞可导致热传导	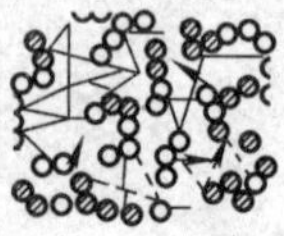 气体分子碰撞的自由程大于孔隙的尺寸，不能发生热传递
	空气对流	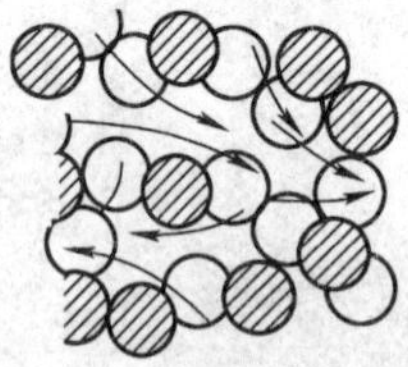 由于结构多孔性，易产生对流	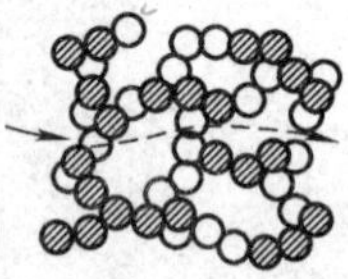 由于结构致密，孔隙内空气极难流动
	辐射传热	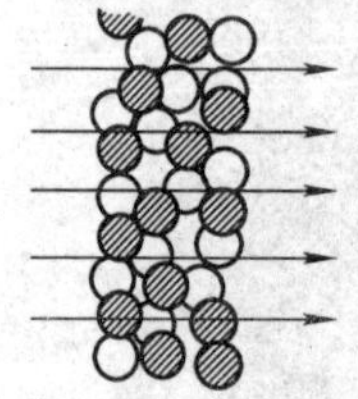 由于红外线透明，热辐射容易穿透	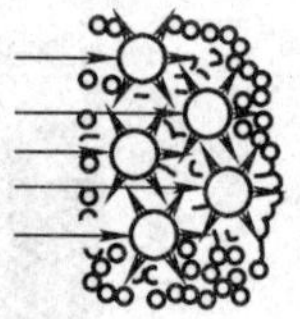 由于加有使红外线不透明的添加剂，可隔断热幅射
	固体中的传热	 由于颗粒的断面积和接触面积大，热导率大	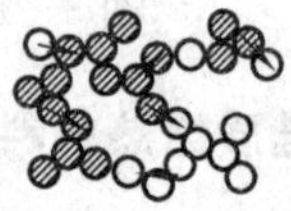 由于颗粒的断面积和接触面积小，热导率小

纳米孔硅质绝热材料有较低的热导率。一般当温度 $t=0$ ℃时，热导率为 0.020 W/(m·K)；当温度 $t=200$ ℃时，热导率为 0.024 W/（m·K）；当温度 $t=400$ ℃时，热导率为 0.029 W/（m·K）。并且通过实验研究还得出，随着使用温度的提高，纳米孔硅质绝热材料的绝热优势将更加明显。

纳米孔超级绝热材料概念于 20 世纪 90 年代被提出，目前已成为国际保温材料领域的研究热点，纳米孔超级绝热材料的气孔尺寸小于空气平均分子自由程（≤70 nm)，且具有很低的体积密度，材料在常温和设定的温度下有比空气更低的绝热系数。随着绝热材料研究的不断深入，在保持材料原有的热学性能的前提下，纳米孔绝热材料的研究也不断向实用型与工程化方向发展。目前根据热学原理及材料原理生产的超级绝热材料，可广泛应用于各种高温设备上，其性能价格均比国外产品占据优势，实属高科技产品。该产品是利用纳米孔材料解决对流传热的问题，使对流传热降到最低。依最小的材料粒径将热传导系数控制到极限再增加结合剂，从而使该产品成为导热系数比空气还小的纳米超级绝热材料。

第 4 章　建筑围护结构节能技术

建筑围护结构节能是建筑节能的重要组成部分。围护结构是指建筑物及房间各面的围护物，分为不透明和透明两种类型：不透明围护结构有墙、屋面、地板、顶棚等；透明围护结构有窗户、天窗、阳台门、玻璃隔断等。按是否与室外空气直接接触，又可以分为外围护结构和内围护结构。围护结构节能技术就是通过改善建筑物围护结构的热工性能，达到夏季隔绝室外热量进入室内（即隔热），冬季防止室内热量流到室外（即保温），使建筑物室内温度尽可能接近舒适温度，以减少通过辅助设备如采暖、制冷设备来达到合理舒适室温的负荷，最终达到节能的目的。本章将讨论外墙体、屋顶、外窗、地面等围护结构的具体节能措施。

4.1　外墙的节能措施

外墙是建筑围护结构的重要组成部分，据统计，外墙占建筑物传热耗热量的 25%左右，其保温隔热性能对控制建筑物围护结构的能耗尤为重要。长期以来，我国的建筑墙体大多采用单一的混凝土或普通的砌块材料，保温隔热性能差，因此，节能墙体的使用已成为建筑节能中重要的节能措施之一。外墙保温形式及优缺点如表 4－1 所示。

表 4－1　外墙保温的主要形式及优缺点

外墙保温形式	保温层位置	优缺点
外保温外墙	保温材料设在墙体外侧	保温效果好，没有冷热桥，不影响室内面积，可以保护主体结构，延长建筑物寿命，但施工不方便
内保温外墙	保温材料设在墙体内侧	保温效果不如外保温，有冷热桥，内保温材料占用室内面积，施工方便
夹芯保温外墙	保温材料设在墙体中间	有冷热桥，施工方便

外墙节能主要是提高墙体的保温隔热性能，减少其传热损失及在夏季内表面的温度波动。外墙节能措施主要包括采用不同的保温材料与基层墙体复合，构成复合保温墙体，或采用具有较高热阻的墙体材料实现墙体自保温。而复合保温根据保温材料在墙体中的位置，可分为外保温、中保温、内保温和组合保温（中保温与内保温的组合）。

4.1.1　外墙的外保温

外保温是目前大力推广的一种建筑保温节能技术，与内保温相比，其保温的效果好，技术合理，有明显的优越性。该技术适用范围广，不仅适用于新建的结构工程，也适用于旧楼改造，但其技术含量高。

1. 外保温的优越性

外保温、内保温以及夹芯保温都能够改变外墙内表面温度，改善室内气候环境。与内保温、夹芯保温方式相比，外保温有着更加明显的保温效果。其原因如下。

（1）外保温可以避免产生热桥。过去，外墙既要承重又要起保温作用，外墙必然较厚。采用高效保温材料后，墙厚得以减薄。但如果采用内保温，主墙体越薄，保温层越厚，热桥的问题就越趋于严重。在寒冷的冬天，热桥不仅会造成额外的热损失，还可能使外墙内表面潮湿、结露，甚至发霉和淌水，而外保温则不存在这种问题。由于外保温避免了热桥，在采用同样厚度的保温材料条件下（例如在北京用50 mm膨胀聚苯乙烯板保温），外保温要比内保温的热损失减少约1/5，从而节约了热能。

（2）在进行外保温后，由于内部的实体墙热容量大，室内能蓄存更多的热量，使太阳辐射或间歇采暖造成的室内温度变化减缓，室温较为稳定，生活较为舒适；也使太阳辐射热量、人体散热、家用电器及炊事散热等因素产生的“自由热”得到较好的利用，有利于节能。而在夏季，外保温层能减少太阳辐射热量的进入和室外气温的综合影响，使外墙内表面温度和室内空气温度得以降低。可见，外墙外保温有利于使建筑冬暖夏凉。

（3）室内居民实际感受到的温度，包括室内空气温度与围护结构内表面温度，通过外保温提高外墙内表面温度，即使室内的空气温度有所降低，也能得到舒适的热环境，如图4－1所示。由此可见，在加强外保温、保持室内热环境质量的前提下，适当降低室温，可以减少采暖负荷，节约能源。

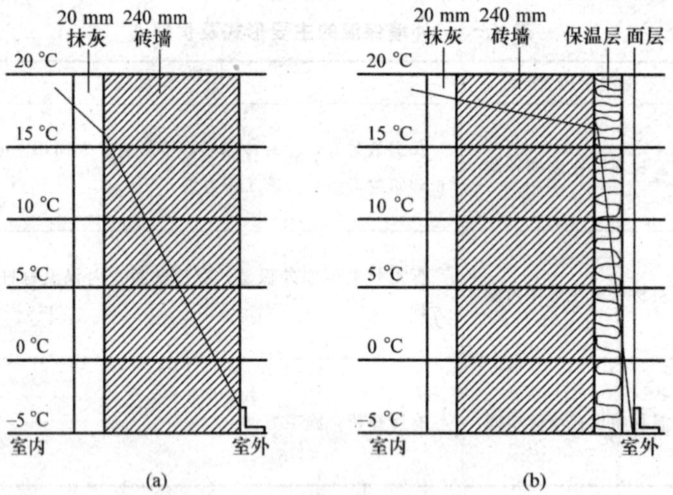

图4－1　外墙内部温度变化情况

（a）无保温墙体；（b）有保温墙体

（4）采用外保温后，墙体内部的砖墙或混凝土墙受到保护。由于室外气候不断变化引起墙体内部的温度变化发生在外保温层内，使内部的主体墙冬季温度提高，湿度降低，温度变化较为平缓，热应力减少，因而主体墙产生裂缝、变形、破损的危险大为减轻，寿命得以大大延长。

（5）采用内保温的墙面上难以吊挂物件，甚至安设窗帘盒、散热器都相当困难。在旧房改造时，从内侧保温存在使住户增加搬动家具、施工扰民、甚至临时搬迁等诸多麻烦，产生不必要的纠纷，还会因此减少使用面积。外保温则可以避免这些问题发生。当外墙必须进行装修或抗震加固时，加做外保温是最经济、最有利的时机。

(6) 我国目前许多住户在住进新房时，大多先进行装修，在装修时，房屋内保温层往往遭到破坏，采用外保温则不存在这个问题。外保温有利于加快施工进度。如果采用内保温，房屋内部装修、安装暖气等作业，必须等待内保温做好后才能进行。但采用外保温，则可以与室内工程平行作业。

(7) 外保温可以使建筑更为美观，只要做好建筑立面设计，建筑外貌会十分出色。特别是在旧房改造时，外保温能使房屋面貌大为改观。

(8) 外保温适用范围十分广泛：既适用于采暖建筑，又适用于空调建筑；既适用于民用建筑，又适用于工业建筑；既可用于新建建筑，又可用于既有建筑；既能在低层、多层建筑中应用，又能在中高层和高层建筑中应用。

(9) 外保温的综合经济效益很高。虽然外保温工程每平方米造价比内保温相对要高一些，但只要技术选择适当，单位面积造价并不会太高。由于外保温比内保温增加了近 2%的使用面积，实际上使单位使用面积造价得到降低，同时还具有节约能源、改善热环境等一系列优点。

近年来，在北京、沈阳、哈尔滨、兰州等地，许多建筑相继采用外保温墙体，取得了许多经验。北京裕京花园的外保温墙体，自 1993 年建成后，经过多年实际监测，保温效果良好，墙面无裂缝出现，还利用外保温做成许多装饰线脚，受到业内人士的瞩目。

2. 外墙外保温的措施

常用的外墙外保温系统有如下几种。

(1) EPS 板薄抹灰外墙外保温系统。EPS 板是一种由可发性聚苯乙烯珠粒经加热预发泡后在模具中成型而得到的具有闭孔结构的聚苯乙烯泡沫塑料板材，也称膨胀聚苯板。EPS 板薄抹灰系统由黏接层、EPS 板保温层、薄抹面层和饰面涂层构成，EPS 板由胶黏剂固定在基层上，薄抹面层中满铺玻纤网。该系统的构造如图 4－2 所示。

EPS 板薄抹灰外墙外保温系统的特点是：导热系数小，保温效果好，重量轻，施工较为方便。该系统的适用范围是：多层建筑和高层建筑的混凝土和砌体结构外墙，也适用于旧房节能改造，外饰面宜采用涂料。

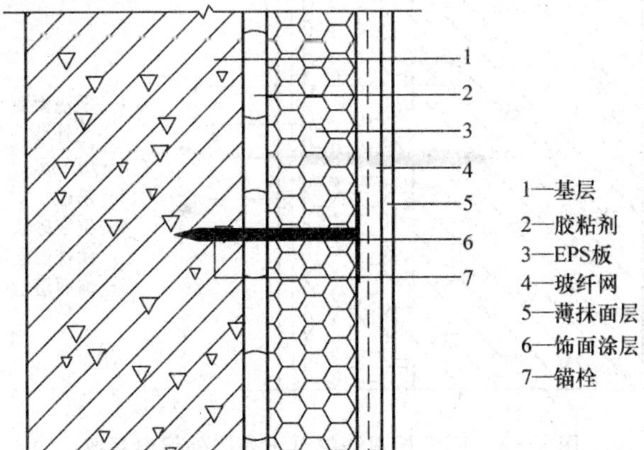

图 4－2　EPS 板薄抹灰外墙外保温系统

(2) 胶粉 EPS 颗粒保温浆料外墙外保温系统。胶粉 EPS 颗粒保温浆料外墙外保温系统由界面层、胶粉EPS颗粒保温浆料保温层、抗裂砂浆薄抹面层和饰面层组成，如图4－3所示。胶粉EPS颗粒保温浆料经现场拌合后喷涂或抹在基层上形成保温层。

该系统的特点是：施工方便，价格适中；导热系数较大，寒冷地区使用受限制；施工时对浆料厚度和密度的控制对保温效果的影响大。该系统的适用范围是：多层建筑和高层建筑的混凝土或砌体结构外墙。饰面层可以用涂料或面砖。

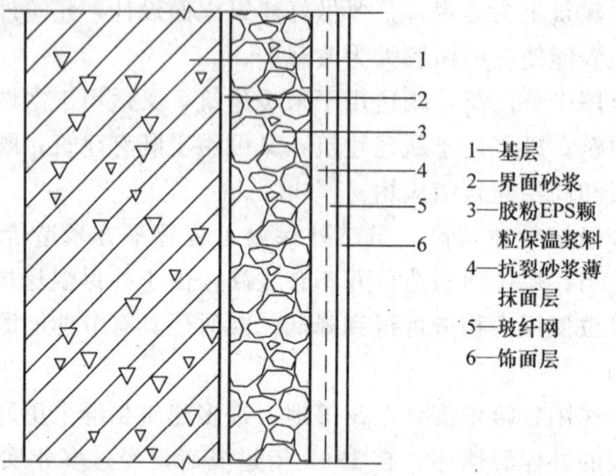

图4－3　胶粉EPS颗粒保温浆料外墙外保温系统

（3）EPS板现浇混凝土外墙外保温系统。EPS板现浇混凝土外墙外保温系统以现浇混凝土外墙作为基层，EPS板为保温层，如图4－4所示。EPS板内表面沿水平方向开有矩形齿槽，内外表面均满涂界面砂浆。在施工时将EPS板置于外模板内侧，并安装锚栓作为辅助固定件。该系统的优点在于混凝土墙体与保温层结合紧密，比不带矩形槽的聚苯板的结合力要大；能够一次浇注成型，有利于缩短工期，降低造价。

该系统的适用范围是：现浇混凝土结构的新建建筑、多层和高层建筑。外饰面宜用涂料。

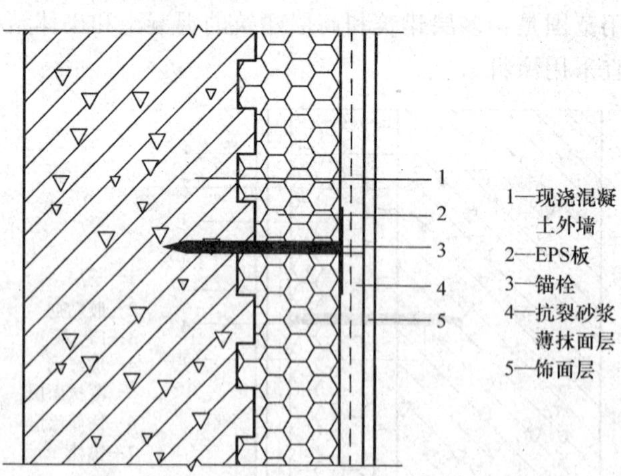

图4－4　EPS板现浇混凝土外墙外保温系统

（4）机械固定EPS钢丝网架板外墙外保温系统。机械固定EPS钢丝网架板外墙外保温系统由机械固定装置、腹丝非穿透型EPS钢丝网架板、掺外加剂的水泥砂浆厚抹面层和饰面层构成，如图4－5所示。较适合采用面砖饰面，如以涂料做饰面层时，应加抹玻璃纤网抗裂砂浆薄抹面层。适用于多层和高层现浇混凝土结构的新建建筑，适用于面砖饰面；也可用涂料饰面；不适用于加气混凝土和轻集料混凝土基层。

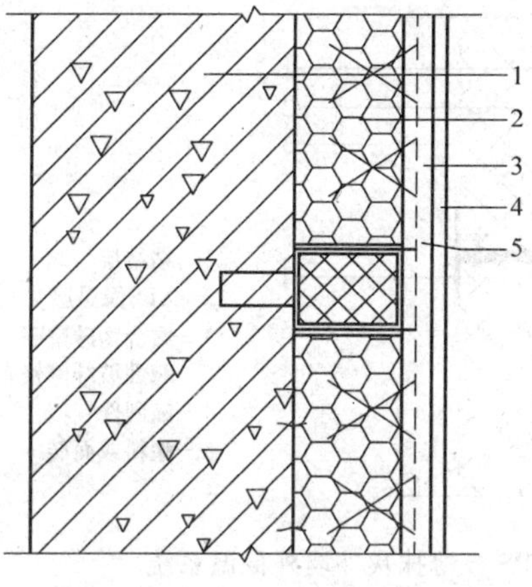

图 4－5 机械固定 EPS 钢丝网架板外墙外保温系统

（5）EPS 钢丝网架板现浇混凝土外墙外保温系统。EPS 钢丝网架板现浇混凝土外墙外保温系统以现浇混凝土为基层，EPS 单面钢丝网架板置于外墙外模板内侧，并安装中 ϕ6 钢筋作为辅助固定件，浇灌混凝土后，EPS 单面钢丝网架板挑头钢丝和中 ϕ6 钢筋与混凝土结合为一体，如图 4－6 所示。EPS 单面钢丝网架板表面抹外加剂的水泥砂浆形成厚抹面层，外表面做饰面层。

有网现浇系统的优点是：与钢筋混凝土外墙同步施工，可缩短工期；与主体结构结合牢固，整体性、可靠性好，尤其适合面砖粘贴；外模板不接触混凝土，重复使用率高等。

EPS 钢丝网架板现浇混凝土外墙外保温系统主要适用于现浇混凝上墙体的外保温做法。

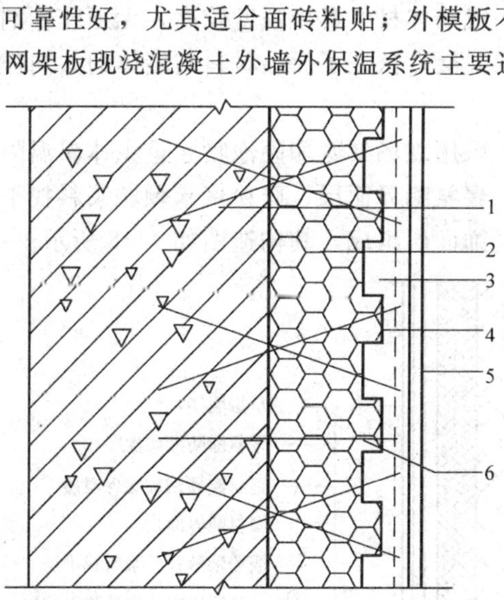

图 4－6 EPS 钢丝网架板现浇混凝土外墙外保温系统

（6）XPS 板薄抹灰外墙外保温系统。XPS 是指挤塑聚苯乙烯泡沫，XPS 挤塑板是以聚苯乙烯树脂为主要原料，通过加热混合同时注入催化剂，挤塑压制成型而制造的高密度硬板。XPS 板薄抹灰外墙外保温系统是以 XPS 板为保温材料，采用粘、钉结合的方式将挤塑板固定在墙体的外表面上，聚合物砂浆作为保护层，以耐碱玻纤网格布为增强层，外表面做饰面层的外墙外保温系统，其结构如图 4—7 所示。适用于多层建筑和高层建筑的混凝土或砌体结构外墙，也可用于旧房改造。

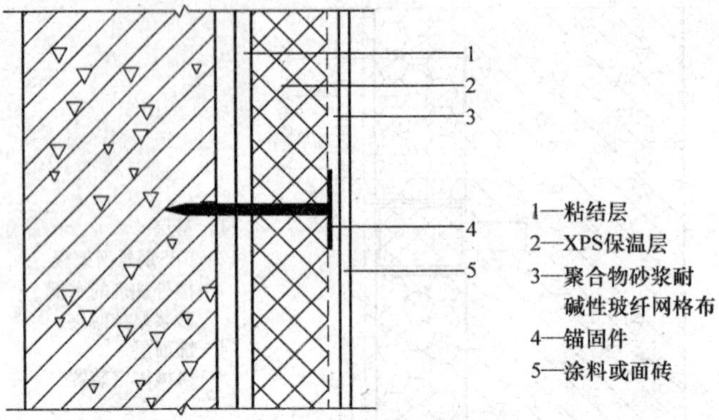

图 4—7　XPS 板薄抹灰外墙外保温系统

（7）矿（岩）棉板外墙外保温系统。矿（岩）棉板外墙外保温系统由黏接砂浆、矿（岩）棉板保温材料、锚栓、耐碱玻纤网格布、聚合物抗裂砂浆、饰面层组成。构造做法与 EPS 板薄抹灰外墙外保温系统相似。

该系统的优缺点是：矿（岩）棉耐久性好，其寿命能够与结构寿命同步，是一种良好的保温材料，有优良的耐火性能，隔声、吸音效果好；但系统中选用矿（岩）棉密度低的产品，则其抗压强度不高，抗潮湿性比较差，因此应选用憎水型的产品。

（8）硬泡聚氨酯喷涂外墙外保温系统。硬泡聚氨酯是一种高分子热固性聚合物，是优良的保温材料。由于硬泡喷涂聚氨酯与一般墙体材料黏接强度较高，无须胶黏剂和锚固件，是一种天然的胶黏材料，能形成连续的保温层，保证了保温材料与墙体的共同作用并有效隔断热桥。

硬泡聚氨酯喷涂外墙外保温系统，采用现场聚氨酯硬泡喷涂进主体保温隔热，由聚氨酯防潮底漆层、聚氨酯硬泡喷涂保温层、聚氨酯界面层、胶粉聚苯颗粒浆料找平层、玻纤网格布抗裂砂浆保护层、柔性腻子以及涂料饰面层组成，其构造图如 4—8 所示。

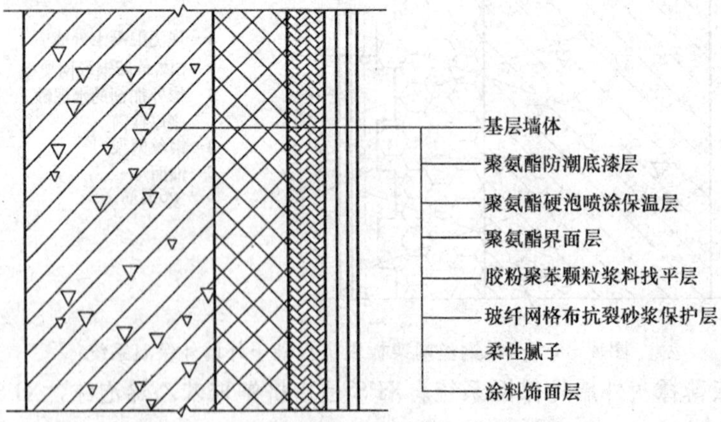

图 4—8　硬泡聚氨酯喷涂外墙外保温系统

（9）泡沫玻璃外墙外保温系统。泡沫玻璃是一种硬质绝热材料，是复合墙体优选的材料之一，它的导热系数很小，是一种以磨细玻璃粉为主要原料，通过添加发泡剂，经特殊工艺处理后，制得的具有均匀独立密闭气隙的新型无机绝热材料，具有防潮、防火、防腐的作用，而且具有长期使用性能不劣化的优点。

泡沫玻璃外墙外保温系统的基本构造由内到外为墙体基层、黏结层、泡沫玻璃保温层、护面层（包括玻纤网加强层）、饰面层。其构造图与EPS或XPS外墙外保温系统相似。

泡沫玻璃保温板用于建筑物外墙保温的优点为：一，泡沫玻璃保温板是A级不燃材料，耐火性能优异，不仅适用于一般的外墙保温工程，而且还可以作为高层建筑防火隔离带；二，在具有相同导热系数的各类保温材料中，泡沫玻璃具有适用温度范围宽、抗压强度高、吸水率低、水蒸气渗透系数小、尺寸稳定性好等特点，该系统适用于多层或高层的砌体、混凝土外墙的新建建筑或旧房改造。

以上几种外墙外保温技术，由于采用的材料与施工工艺有所不同，因此各自的适用范围也不尽相同，使用中应根据所设计建筑的造价、地理位置等各方面因素进行选择。

3. 外墙外保温设计与施工

（1）外墙外保温设计。外墙外保温工程设计应选用适宜的外保温系统，不得更改系统构造和组成材料。外墙外保温工程的热工和节能设计应符合现行国家标准《民用建筑热工设计规范》（GB 50176）和国家现行相关建筑节能设计标准的规定，此外尚应符合下列规定：

①保温层内表面温度应高于0 ℃；

②外保温系统应包覆门窗框外侧洞口、女儿墙、封闭阳台以及出挑构件等热桥部位；

③外保温系统应考虑金属固定件、承托件的热桥影响。

外墙外保温工程应做好密封和防水构造设计，确保水不会渗入保温层及基层，重要部位应有详图。水平或倾斜的出挑部位以及延伸至地面以下的部位应做防水处理。在外保温系统上安装的设备或管道应固定于基层上，并应做密封和防水设计。饰面层宜优先采用涂料、饰面砂浆等轻质材料。

外保温系统宜采用不燃保温材料或不具有火焰传播性的难燃保温材料；对于采用可燃材料作保温层的薄抹灰外保温系统和保温装饰板系统，应采用下列防火构造措施：

①建筑物首层抹面层的厚度应不小于8 mm；

②抹面层增强网应加设金属锚栓与基层墙体固定，且每平方米应不少于2个；

③抹面层厚度小于5 mm时，宜使用不燃材料在窗口上沿设置挡火梁（防火构造）；

④建筑物高度在24 m以上时，首层与二层或二层与三层之间应设置防火隔离带；24 m以上宜使用不燃材料在窗口上沿设置挡火梁（防火构造），并每隔2层设置防火隔离带。

（2）外墙外保温施工。除EPS板现浇混凝土外保温系统和EPS钢丝网架板现浇混凝土外保温系统外，外保温工程的施工应在基层施工质量验收合格后进行。外保温工程施工前，应进行基层处理，外门窗洞口应通过验收，洞口尺寸、位置应符合设计要求和质量要求，门窗框或辅框应安装完毕。伸出墙面的消防梯、水落管、各种进户管线和空调器等的预埋件、联结件应安装完毕，并按外保温系统厚度留出间隙。

外保温工程的施工应具备施工技术标准或施工方案，施工人员应经过培训并经考核合格。外保温工程施工现场应按有关规定，采取可靠的防火安全措施，施工期间以及完工后24 h内，基层及环境空气温度应不低于5 ℃，夏季应避免阳光曝晒，在5级以上大风天气和雨天不得施工。

外保温工程应做好系统在檐口、勒脚处的包边处理。装饰缝、门窗四角和阴阳角等处应做好局部加强网施工，基层墙体变形缝处应做好防水和保温构造处理。对于采用粘贴固定的系统，施工前应按《外墙外保温工程技术规程》(JGJ 144—2008）的规定做基层与胶黏剂的拉伸黏结强度检验，粘黏强度应不低于0.3 MPa，且黏结界面脱开面积应不大于50%。

泡沫塑料保温板表面不得长期裸露，安装上墙后应及时做抹面层。现场取样胶粉EPS颗粒保温浆料干密度不应大于250 kg/m^3，并且不应小于180 kg/m^3。现场检验保温层厚度应符合设计要求，不得有负偏差。

当外保温系统的饰面层采用粘贴饰面砖做法时，系统供应商应提供包括饰面砖拉伸黏结强度内容的耐候性检验报告，并应符合下列规定：

①对于粘贴饰面砖的建筑物高度，严寒、寒冷地区不宜超过20 m，夏热冬冷、夏热冬暖地区不宜超过40 m；

②粘贴饰面砖工程应进行专项设计，编制施工方案，并应符合现行行业标准《外墙饰面砖工程施工及验收规程》(JGJ 126）的规定；

③工程施工前应做样板墙，经建设、设计和监理等单位确认后方可施工。

外墙外保温工程完工后应做好成品保护。

4.1.2 外墙体的内保温

内保温墙体是由两种或两种以上建筑材料构成、主要保温隔热作用的材料放在室内一侧的复合墙体。

1. 内保温墙体的适用性

目前我国北方地区不提倡采用该种墙体保温做法，主要是因为它不能够解决大量建筑物的热桥问题和墙体内部的结露问题。但对于间歇采暖且采暖使用频率不高的建筑物可以采用此类墙体。内保温墙体在南方地区使用比较合适，主要原因有以下几点：

①在炎热气候地区的空调季节（空调期）里，室内外的温差相对较小，墙体传热引起的空调能耗所占比例远比门窗、内部热源（湿源）形成的能耗比例小，热桥的影响也不占主流；

②在空调期里，室外气温最低值并不是始终高于室内热舒适温度，在室外气温的波动范围内高频繁地出现热舒适温度，这就决定了南方地区空调期与北方地区的采暖期存在本质差别，也因此决定了在南方地区的空调方式在本质上还是间歇方式，对于普遍为间歇空调的南方建筑适应性较好的墙体保温形式也就是内保温方式；

③内保温墙体可有效避免外保温墙体所不能抵御的南方大风多雨气候的破坏作用，对传统的建筑立面设计、设备、管线的外装等无影响；

④内保温墙体造价相对低廉。由于南方地区建筑节能工作开展得相对较晚，目前正在开展内保温复合墙体类型、构造方面的相关研究。

2. 内保温墙体的优缺点

内保温墙体的优点在于以下几点：

①它对饰面和保温材料的防水、耐候性等技术指标的要求不是很高，纸面石膏板、石膏抹面砂浆等均可满足使用要求，取材方便；

②内保温材料被楼板所分隔，仅在一个层高范围内施工，不需搭设脚手架。

在多年的实践中，外墙内保温也显露出以下一些缺陷：

①许多种类的内保温做法，由于材料、构造、施工等原因，饰面层出现开裂；

②不便于用户二次装修和吊挂饰物；

③占用室内使用空间；

④由于圈梁、楼板、构造柱等会引起热桥，热损失较大；

⑤对既有建筑进行节能改造时，对居民的日常生活干扰较大。

3. 外墙内保温的基本要求

外墙内保温层直接面向室内环境，为了提高其使用质量，在材料选用和构造层设置方面应符合下列基本要求。

(1) 保温材料应选用导热系数较小的不燃或者难燃材料，这是对内保温层在厚度和防火方面提出的要求。为了少占室内使用面积，保温层应在满足节能设计规定性指标的前提下尽可能减小厚度，所以需要选用导热系数较小的材料。但有些泡沫塑料类的高效保温材料，如膨胀聚苯板、挤塑聚苯板等，如果燃烧性能为BⅡ级，则其使用应受到限制。

(2) 采用不对室内环境产生污染的材料，这是为了不影响室内环境质量、不损害人体健康的需要，包括不存在有不利于人体健康的放射性物质以及应控制的室内环境污染物等。所使用的材料应符合国家标准《室内装饰装修材料胶粘剂中有害物质限量》(GB 18583－2001)、国家标准《建筑材料放射性核素限量》(GB 6566－2001) 以及国家标准《民用建筑工程室内环境污染控制规范》(GB 50325－2001) 的要求。

(3) 除保温材料本身可允许不设护面层外，保温层应有护面层。目前，轻质多孔或纤维类保温材料的压缩强度和表面硬度一般较低，抗冲击性能也差，所以一般情况下应在保温层内侧设置强度较高并具有抗裂性能的护面层。护面层材料应采用与保温材料相配套的材料；或纸面石膏板、硅酸钙板、水泥纤维加压板等硬质板材（用于保温层挂装做法)。在没有构造措施的情况下，不能直接采用硬质砂浆（水泥砂浆或水泥混合砂浆等）作保温层的面层粉刷。

(4) 在有保温层的墙面上需要悬挂重物时，其挂钩的埋件必须固定于基层墙体内。因为保温层的密度较小，强度和硬度较低，直接在保温层上悬挂重物是不安全的。

4. 外墙内保温应用技术

外墙内保温可以采用保温砂浆抹灰、硬质建筑保温制品内贴以及保温层挂装（干挂）等做法。

(1) 保温砂浆抹灰。保温砂浆抹灰是最简便的外墙内保温做法，其构造层次一般为界面层、保温砂浆抹灰层以及护面层。因为一般墙面都要做20 mm厚的内粉刷，采用保温砂浆抹灰在多数情况下可省去这层粉刷，既节省面积，又省工省料。

保温砂浆抹灰之前先在基层墙面（或找平层）上做界面层，旨在提高保温砂浆与墙面（或找平层）的黏结力。

目前，用于节能住宅的保温砂浆主要是ZL胶粉聚苯颗粒保温浆料及JX保温粉刷材料。

(2) 硬质建筑保温制品。从品种上讲，其可应用的材料有硬质矿棉板、水泥聚苯板、砂加气块、泡沫玻璃保温板以及有硬质面板复合面的水泥聚苯板等，但目前硬质矿棉板和水泥聚苯板已无生产。

(3) 保温层挂装。外墙内侧保温层挂装由龙骨、保温层和硬质面板组成。采用矿（岩）

棉制品作保温层挂装是欧洲国家常用的一种内保温做法（法国以采用玻璃制品为多）过去在中国北方集中采暖地区也有较多应用，上海以前在一些高级公寓也曾有所应用，这种做法也可结合室内装修进行施工。轻质材料的保温层因有硬质面板保护面，比较可靠，并且是一种干法作业。

4.1.3 外墙夹芯保温

外墙夹芯保温是将保温材料置于同一外墙的内、外侧墙片之间，内、外侧墙片均可采用传统的黏土砖、混凝土空心砌块等。因此，这些传统材料的防水、耐热等性能均良好，对内侧墙片和保温材料形成有效的保护，对保温材料的选材要求不高，聚苯乙烯、玻璃棉、岩棉等各种材料均可使用；对施工季节和施工条件的要求不十分高，不影响冬期施工。近年来，在黑龙江、内蒙古、甘肃北部等严寒地区得到一定的应用。由于在非严寒地区，此类墙体与传统墙体相比尚偏厚，且内、外侧墙片之间需有连接件连接，构造较传统墙体复杂以及地震区建筑中圈梁和构造柱的设置，尚有热桥存在，保温材料的效率仍然得不到充分的发挥。

中间保温外墙是由两层保温能力差的墙体夹一层绝热能力好的保温材料构成的复合墙体。填充在中间层的绝热材料种类很多，工业类常见的是岩棉、矿棉、玻璃棉、聚苯乙烯泡沫板材等，地方材料也常见刨花、稻壳、草（炭）灰、炉渣等。中间保温的外墙在严寒和寒冷地区有一定的使用，但外层墙体长期处于负温环境，主要起防护作用，绝热能力很低，从而容易造成通过墙体由室内传向室外的湿气不易散出，导致中间填充的保温材料容易受潮。因此，在使用这类墙体时需要根据具体地区冬季的气候条件进行内部结露验算，设计过程比较烦琐，但和外保温系统比较，它的外部结构防护能力好，造价相对低廉。

4.2 屋顶的节能措施

屋顶是建筑物最上层的覆盖围护构件，用以抵抗风、雨、雪的侵袭和太阳辐射的影响，又承受着屋顶的自重、风雪荷载以及施工和检修屋面的各种荷载，同时屋顶的不同形状在很大程度上影响着建筑的造型，因此屋顶的主要功能是承重、围护与美观。

屋顶主要由四部分组成，即屋面层、承重结构、保温或隔热层、顶棚。屋面是屋顶的面层，暴露在大气之中，直接受自然界的侵蚀、人为的冲击与摩擦，因此要求其所用材料应有较好的防水性，具有一定的强度、耐久性。承重结构用以承受屋顶自重以及雨、雪、风等外部荷载，为保证建筑物的坚固耐久性，应选择合理的结构形式。保温或隔热层是为了保证建筑物室内具有良好的环境而设置的构造层，其材料应选用导热系数小、质轻的材料，并且根据不同的情况选择不同的构造做法。顶棚为屋顶的底面部分，可根据屋顶开式以及使用功能采用直接式或吊顶式顶棚。

4.2.1 屋顶的设计要求

（1）防水要求。屋顶防水是屋顶构造设计的核心，常采用的做法是用不透水材料以及合理的构造做法来达到防水的目的。设计时应综合考虑结构形式、防水材料、屋面坡度、建筑物防水等级等方面的影响因素。

（2）保温隔热要求。作为外围护结构，屋顶应具有良好的保温隔热性能，避免出现结露、内部受潮等一系列问题，减少能源消耗，符合国家节能标准规范要求。

（3）结构要求。屋顶既是围护结构又是承重结构，应具有足够的强度和刚度，保证屋面的结构安全，并防止因围护结构变形过大而引起防水层开裂漏水。

（4）建筑美观要求。屋顶是主体建筑的重要组成部分，屋顶的形式对建筑的特征、风格等有极大的影响，变化多样的屋顶形式、装修精美细致的屋顶细部，都是中国传统建筑的重要特征。现代建筑如何处理好屋顶与主体的关系，是当前建筑设计不可忽视的问题。

4.2.2 屋面的节能措施

屋面位于建筑物的最上部，在夏季和炎热地区，要能够阻挡太阳的热量侵入，在冬季和寒冷地区，能够阻止室内热量向外散失，因为屋面传热是造成室内冬冷夏热的主要原因，因此，屋面和外墙一样，要有足够的隔热能力，而且屋面的隔热能力比外墙要求高。屋面隔热主要采用绝热材料进行保温处理，也称为屋面保温，和外墙外保温或内保温一样，绝热材料可以放置于屋面板的外侧或内侧，并且也可获得不同的效果。

在建筑围护结构中，墙体传热占围护结构传热的25%～30%，门窗约占25%，屋面占6%～10%，地面占3%～5%。

搞好建筑屋面保温与隔热不仅是建筑节能的需要，也是改善顶层建筑室内热环境的需要。

屋顶保温体系按照屋顶中结构层、保温层、防水层所处的地位不同，可归纳为三种体系。

1. 防水层直接设置在保温层上面的屋面

该体系从上到下的构造层次分别为防水层、保温层、结构层。在采暖房屋中，它直接受到室内升温的影响，因此有的国家把这种做法叫“热屋顶保温体系”，多数用于平屋顶的保温，保温材料必须是孔隙多、密度小、热导率低的材料，一般有散料、现场浇注的混合料、板块料三大类。

（1）散料保温层。如炉渣、矿渣之类工业废料，如果上面做卷材防水层，就必须在散状材料上先抹水泥砂浆找平层，再铺卷材，为了有一个过渡层，可用石灰或水泥胶结成轻料混凝土层，其上再抹找平层，铺油毡防水层。

（2）现浇轻质混凝土保温层。一般为轻骨料，如炉渣、矿渣、陶粒、蛭石、珍珠岩与石灰或水泥胶结的轻质混凝土或现浇泡沫混凝土，上面抹水泥砂浆找平层，再铺卷材防水层。以上两种保温层可与找坡层结合处理。

（3）板块保温层。常见的有水泥、沥青、水玻璃等胶结的预制膨胀珍珠岩、膨胀蛭石板、加气混凝土块、泡沫塑料等块材或板材。上面做找平层，再铺卷材防水层，屋面排水可用结构搁置坡度，也可用轻质混凝土在保温层的下面先做找坡层。

2. 防水层与保温层之间设置空气间层的保温屋面

由于室内采暖的热量不能直接影响屋面防水层，故把它称作“冷屋顶保温体系”。这种体系的保温屋顶，无论平屋顶或坡屋顶均可采用。坡屋顶的保温层一般做在顶棚层上面，有些用散料，较为经济但不方便。近来多采用松质纤维板或纤维毯成品铺在顶棚的上面。为了使用上部空间，也有把保温层设置在斜屋面的底层，如果内部不通风极易产生内部凝结水，因此需要在屋面板和保温层之间设通风层，并在檐口及屋脊设通风口。

平屋顶的冷屋面保温体系常用垫块架立预制板，再在上面做找平层和防水层。不论平屋顶还是坡屋顶的冷屋顶保温体系，它的空气层应通风流畅，它将具有以下三个方面的作用：一是带走穿过顶棚和保温层的蒸汽以及保温层散发出来的水蒸气；二是防止屋顶深部水的凝结；三是带走太阳辐射热通过屋面防水层传下来的部分热量。

3. 保温层在防水层上面的保温屋面

此种保温屋面其构造层次为保温层、防水层、结构层。由于它与传统的铺设层次相反，故名“倒铺保温屋面体系”。其优点是防水层不受太阳辐射和剧烈气候变化的直接影响，全年热温差小，不易受外来的损伤。缺点是需选用吸湿性低、耐候性强的保温材料，一般须进行耐日晒、雨雪、风力、温度变化和冻融循环的试验。经实践，聚氨酯和聚苯乙烯发泡材料可作为倒铺屋面的保温层，但需做较重覆盖层压住。下面介绍几种具有节能性能的屋面。

(1) 传统的保温隔垫式屋面。传统的保温隔热式屋面就是在屋顶的结构层上，先铺保温隔热层，如加气混凝土、膨胀珍珠岩、矿棉等保温隔热材料，再铺防水层及保护层构造的屋面，目前被广泛应用于南北地区中。为了保证屋面的防水性能，其结构层可做成现浇的，但由于其中的保温材料大多数为非憎水性的材料，这类保温材料如果吸湿后，其导热系数将陡增，所以在保温层下还要做隔气层，又由于防水材料暴露于最上层，加速其老化，缩短了防水层的使用寿命，故一般在防水层上还要加作保护层，这样增加了屋面的造价，且屋面的构造也比较复杂。为了提高屋面的保温隔热性能，这种屋面在设计上应遵循以下原则。

①为了提高材料层的热绝缘性，最好选用导热性小、蓄热性大的材料，同时要考虑不宜选用容重过大的材料，防止屋面荷载过大。

②应根据建筑物的使用要求、屋面的结构形式、环境气候条件、防水处理方法和施工条件等因素，经技术经济比较后确定。

③屋面的保温隔热材料的确定，应根据节能建筑的热工要求确定保温隔热层厚度，同时还要注意材料层的排列，排列次序不同也影响屋面热工性能，应根据建筑的功能、地区气候条件进行热工设计。

④屋面保温隔热材料不宜选用吸水率较大的材料，以防止屋面湿作业时，保温隔热层大量吸水，降低热工性能。如果选用了吸水率较高的热绝缘材料，屋面上应设置排气孔以排除保温隔热材料层内不易排出的水分。

(2) 倒置式屋面。倒置式屋面又称外保温屋面，就是将传统屋面构造中的保温层与防水层颠倒，把保温层放在防水层的上面。倒置式屋面的定义中，特别强调了“憎水性”保温材料。新的研究表明，泡沫塑料保温板具有质轻、高强、隔热、吸声、隔音、防震、电绝缘、耐热、耐寒、耐溶剂等物理性能，且成本低，施工方便，有很好的应用前景。泡沫塑料保温板屋面是以树脂为基料，加入一定剂量的发泡剂、催化剂、稳定剂等辅助材料，经加热发泡而成的泡沫塑料。在一定负荷作用下，不发生明显变形。其产品主要有聚苯乙烯、聚氨酯、聚氯乙烯、聚乙烯、酚醛、环氧树脂泡沫塑料等，其构造做法是在防水层上铺设泡沫塑料保温板。这样屋面的防水及保温工作环境得到了改善，造价低，且防水效果明显。这也是该构造在国外广泛采用的主要原因。倒置式屋面主要特点如下。

①可以有效延长防水层使用年限。“倒置式屋面”将保温层设在防水层之上，大大减弱了防水层受大气、温差及太阳光紫外线照射的影响，使防水层不易老化，因而能长期保持其柔软性、延伸性等性能，有效延长使用年限。据国外有关资料介绍，可延长防水层使用寿命2～4倍。

②保护防水层免受外界损伤。由于保温材料组成不同厚度的缓冲层，使卷材防水层不易

在施工中受外界机械损伤，同时又能衰减各种外界对屋面冲击产生的噪声。

③如果将保温材料做成放坡（一般不小于2%），雨水可以自然排走，因此进入屋面体系的水和水蒸气不会在防水层上冻结，也不会长久凝聚在屋面内部，而能通过多孔材料蒸发掉，同时也避免了传统屋面防水层下面水汽凝结、蒸发、造成防水层鼓泡而被破坏的质量通病。

④施工简便，利于维修。倒置式屋面省去了传统屋面中的隔汽层及保温层上的找平层，施工简化，更加经济。即使出现个别地方渗漏，只要揭开几块保温板，就可以进行处理，所以易于维修。

倒置式屋面的构造要求保温隔热层应采用吸水率低的材料，如聚苯乙烯泡沫板、沥青膨胀珍珠岩等，而且在保温隔热层上应用混凝土、水泥砂浆或干铺卵石作保护层，以免保温隔热材料受到破坏。保护层为混凝土板或地砖等材料时，可用水泥砂浆铺砌；卵石作保护层时，在卵石与保温隔热材料层间应铺一层耐穿刺且耐久性和防腐性能好的纤维织物。倒置式屋面的施工应注意以下几个问题。

① 要求防水层表面应平整，平屋顶排水坡度增大到3%，以防积水。

② 沥青膨胀珍珠岩配合比为：每立方米珍珠岩中加入100 kg沥青，搅拌均匀，入模成型时严格控制压缩比，一般为1.8～1.85。

③ 铺设板状保温材料时，拼缝应严密，铺设应平稳。

④ 铺设保护层时，应避免损坏保温层和防水层。

⑤ 铺设卵石保护层时，卵石应分布均匀，防止超厚，以免增大屋面荷载。

⑥ 当用聚苯乙烯泡沫塑料等轻质材料作保温层时，上面应用混凝土预制块或水泥砂浆作保护层。

（3）传统的架空隔热式屋面。架空隔热屋面一般在炎热地区采用，其构造如图4－9所示。架空通风屋面是在屋顶中设置通风的空气间层，利用空气间层的空气流动带走一部分热量，使屋顶变成二次传热，从而降低了传至屋里内表面的温度。一般情况下是在屋顶放置一些导热性能较低的支撑物，并在上面盖一层隔热板，这样在屋顶和隔热板之间就形成了一个空气间层。这个空气间层就起到了隔热作用，不但可以通过隔热板使屋顶太阳辐射热降低，还可以通过空气间层的隔热作用使得隔热板到屋顶的传热减少，从而减少室内得热。

通过实验测试表明，架空屋面和实砌屋面相比，虽然两者的热阻相等，但它们的热工性能有很大的不同。在自然通风条件下，在夏季连续空调情况下，架空屋顶内表面温度比实砌屋面平均低2.2 ℃，而且，架空屋面内表面温度波的最高值比实砌屋面要延后3～4 h，显然架空屋顶具有隔热好、散热快的特点。但由于架空隔热的高度有限，因此隔热效果一般。

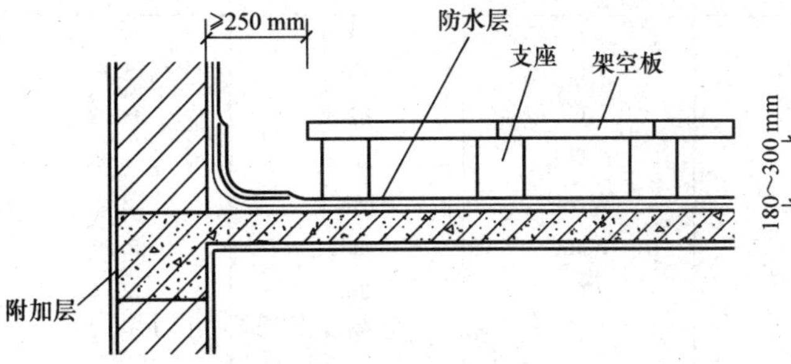

图4－9　架空屋面

在架空屋面的设计施工中应考虑以下几个问题：

① 架空屋面的架空层设计应根据基层的承载能力，架空板便于生产施工，构造形式要简单；

② 架空屋面和风道长度不宜大于 15 m，空气间层以 200 mm 左右为宜；

③ 架空屋面基层上面应有保证节能标准的保温隔热基层，一般按冬季达到节能要求为宜；

④ 架空隔热板与山墙间应留出 250 mm 的距离；

⑤ 支座的布置应整齐，条形支座应沿纵向平直排列，点式支座应沿纵横向排列整齐，保证通风顺畅无阻；

⑥ 架空隔热层施工过程中，要做好已完工防水层的保护工作。

（4）浅色坡屋面。目前，大多数住宅仍采用平屋顶，在太阳辐射最强的中午时间，太阳光线对于坡屋面是斜射的，而对于平屋面是正射的，深暗色的平屋面仅反射不到30％的日照，而非金属浅暗色的坡屋面至少反射65％的日照，反射率高的屋面可以节省 20％～30％的能源消耗。因此，平屋面隔热效果不如坡屋面，而且平屋面的防水较为困难，且耗能较多。若将平屋面改为坡屋面，并内置保温隔热材料，不仅可提高屋面的热工性能，还有可能提供新的使用空间（顶层面积可增加约 60％），也有利于防水，并有检修维护费用低、耐久之优点。特别是随着建筑材料技术的发展，用于坡屋面的瓦材料形式多，色彩选择广，对改变建筑千篇一律的平屋面单调风格、丰富建筑艺术造型、点缀建筑空间有很好的装饰作用。在中小型建筑如居住、别墅及城市大量平屋面改坡屋面中被广泛应用。

（5）绿化式屋面。随着我国城市化进程的高速发展和建筑面积的急剧增加，建筑能耗将更加巨大，“城市热岛”现象将更为严重。城市建筑实行屋面绿化，可以大幅度降低建筑能耗、减少温室气体的排放，同时可增加城市绿地面积、美化城市、改善城市气候环境。利用屋顶植草栽花，甚至种植灌木或蔬菜，使屋顶上形成植被，成为屋顶花园，起到了良好的隔热保温作用。

种植屋面不仅是一种极佳的隔热保温措施，它不仅绿化了环境，还能吸收遮挡太阳辐射进入室内，同时还吸收太阳热量用于植物的光合作用、蒸腾作用和呼吸作用，改善了建筑热环境和空气质量，辐射热能转化成植物的生物能和空气的有益成分，实现太阳辐射资源性的转化。通常种植屋面钢筋混凝土屋面板温度控制在月平均温度左右，具有良好的夏季隔热、冬季保温特性和良好的热稳定性。表 4－2 为对某种植屋面进行热工测试数据。

表 4－2　有、无种植层的屋面的热工实测值表

项　目	单　位	无种植层	有蛭石种植层	差 值
外表面最高温度	℃	61.6	29.0	32.6
外表面温度波幅	℃	24.0	1.6	22.4
内表面最高温度	℃	32.2	30.2	2.0
内表面温度波幅	℃	1.3	1.2	0.1
内表面最大热流	W/m²	153.6	2.2	13.1
内表面平均热流	W/m²	9.1	5.27	14.34
室外最高温度	℃	36.4	36.4	36.4
室外平均温度	℃	29.1	29.1	29.1
最大太阳辐射强度	W/m²	862	862	862
平均太阳辐射强度	W/m²	215.2	215.2	215.2

植被屋顶分覆土种植和无土种植两种：覆土种植是在钢筋混凝土屋顶上覆盖100～150 mm厚的种植土壤，种植植被隔热性能比架空其通风间层的屋顶还好，内表面温度大大降低；无土种植，具有自重轻、屋面温差小，有利于防水防渗的特点，它是采用水渣、蛭石或者是木屑代替土壤，重量减轻而隔热性能反而有所提高，且对屋面构造没有特殊的要求，只是在檐口和走道板处须防止蛭石或木屑在雨水外溢时被冲走。

另有一种形式为屋顶绿化排水蓄水隔根板（又称屋顶绿化隔板），它解决了传统的屋顶绿化中，因为建筑屋顶结构层超厚超重，排水不畅，不能使用原有建筑物屋顶走坡走水功能，又不能蓄水湿润植根的问题（如采用碎石、陶粒等作为排水材料）。它同时具备蓄存水分湿润植根、（架空）二层排水道（排除雨季积水）、架空透气、保温隔热和隔断植根等主要功能，是建筑技术与绿化技术相衔接的环保节能创新产品，是很有发展前景的一种节能屋面。

在进行种植屋面设计时应注意以下几个主要问题。

① 种植屋面一般由结构层、找平层、防水层、蓄水层、滤水层、种植层等构造层组成。

② 种植屋面应采用整体浇注或预制装配的钢筋混凝土屋面板作结构层，其质量应符合国家现行各相关规范的要求、结构层的外加荷载设计值（除结构层自重以外），应根据其上部具体构造层及荷载计算确定。

③ 防水层应采用设置涂膜防水层和配筋细石混凝土刚性防水层两道防线的复合防水设防的做法，以确保其防水质量。

④ 在结构层上做找平层，找平层宜采用1∶3（质量比）水泥砂浆，其厚度根据屋面基层种类（按照屋面工程技术规范）规定为15～30 mm，找平层应坚实平整，宜留设分格缝，缝宽为20 mm，并嵌填密封材料，分格缝最大间距为6 m。

⑤ 栽培植物宜选择长日照的浅根植物，如各种花卉、草等，一般不宜种植根深的植物。

⑥ 种植屋面坡度不宜大于3%，以免种植介质流失。

⑦ 四周挡墙下的泄水孔不得堵塞，应能保证排水。

(6) 蓄水式屋面。蓄水屋面就是在刚性防水屋面上蓄一层水，其目的是利用水蒸发时，带走大量水层中的热量，大量消耗晒到屋面的太阳辐射热，从而有效减弱屋面的传热量和降低屋面温度，是一种较好的隔热措施，是改善屋面热工性能的有效途径。对于蓄水屋面，由于一般是在混凝土刚性防水层上蓄水，既可利用水层隔热降温，又改善了混凝土的使用条件，避免了直接暴晒和冰雪雨水引起的急剧伸缩；混凝土长期浸泡在水中有利于混凝土后期强度的增长；又由于混凝土有的成分在水中，继续水化产生湿涨，因而水中的混凝土有更好的防渗性能，同时蓄水的蒸发和流动能及时地将热量带走，减缓了整个屋面的温度变化；因此蓄水屋面现在已经被大面积推广采用。蓄水屋面有普通的和深蓄水屋面之分。普通蓄水屋面需定期向屋顶供水，以维持一定的水面高度。深蓄水屋面则可利用降雨量来补偿水面的蒸发，基本上不需要人为供水。一般说来水深不超过400 mm，常见为150～200 mm（较适宜），否则将增加屋面静荷载，使结构设计的难度加大，这种节能屋面比较适合在夏热冬暖地区中应用。蓄水深度和隔热效果热工测试数据见表4－3。

表 4—3　不同深度蓄水层屋面热工测定数据

测试项目	蓄水层厚度（mm）			
	510	100	150	200
外表面最高温度（℃）	43.63	42.90	42.90	41.58
外表面温度波幅（℃）	8.63	7.92	7.60	5.68
内表面最高温度（℃）	41.51	10.65	39.12	38.91
内表面温度波幅（℃）	6.41	5.45	3.92	3.89
内表面最低温度（℃）	30.72	31.19	31.51	32.42
内外表面最大温差（℃）	3.59	4.48	1.96	4.86
室外最高温度（℃）	38.00	38.00	38.00	38.00
室外温度波幅（℃）	4.40	4.40	4.40	4.40
内表面热流最高值（W/m^2）	21.92	17.23	14.46	14.39
内表面热流最低值（W/m^2）	−15.56	−12.25	−11.77	−7.76
内表面热流平均值（W/m^2）	0.5	0.4	0.73	2.49

蓄水屋顶也存在一些缺点：在夜里屋顶蓄水后外表面温度始终高于无水屋面，这时很难利用屋顶散热；屋顶蓄水增加了屋顶静荷重；为防止渗水，还要加强屋面的防水措施。在设计和施工时应注意以下问题。

①屋盖的荷载。当水层深度 d=200 mm 时，结构基层荷载等级采用 3 级（即允许荷载 P=300 kg/m^2）；当水层 d=150 mm 时，结构基层荷载等级采用 2 级（即允许荷载 P=250 kg/m^2）。

②刚性防水层。工程实践证明，防水层的做法采用 40 mm 厚、C20 细石混凝土加水泥用量 0. 05%的二乙醇胺，或水泥用量 1%的氯化铁、1%的亚硝酸钠（浓度 98%），内设 $\phi4$、200 mm×200 mm 的钢筋网，防渗漏性最好。

③分格缝或分仓。分隔格的设置应符合屋盖结构的要求，间距按板的布置方式而定。对于纵向布置的板，分格缝内的无筋细石混凝土面积应小于 50 m^2；对于横向布置的板，应按开间尺寸以不大于 4 m 设置分格缝。

④泛水。泛水对渗漏水影响很大，应将防水层混凝土沿檐墙内壁上升，高度应超过水面 100 mm。由于混凝土转角处不易密实，宜在该处填设如油膏之类的嵌缝材料。

⑤预留孔洞。所有屋面上的预留孔洞、预埋件、给水管、排水管等，均应在浇注混凝土防水层前做好，不得事后在防水层上凿孔打洞。

⑥混凝土防水层。混凝土防水层应一次浇注完毕，不得留施工缝，立面与平面的防水层应一次做好，防水层施工气温宜为 5～35 ℃，应避免在负温或烈日暴晒下施工，刚性防水层完工后应及时养护，蓄水后不得断水。

（7）蓄水种植隔热式屋面。蓄水种植隔热屋面是将一般种植屋面与蓄水屋面结合起来，防水层采用设置涂膜防水层和配筋细石混凝土防水层的复合防水设施做法。一般应先做涂膜防水层，再做刚性防水层。种植床内的水层靠轻质多孔粗骨料蓄积，粗骨料的粒径不应小于 25 mm，蓄水层（包括水和粗骨料）的深度不低于 60 mm。考虑到保持蓄水层的畅通，不致被杂质堵塞，应在粗骨料的上面铺 60～80 mm 厚的细骨料滤水层，细骨料按 5～20 mm 粒径级配，下粗上细逐层铺填。床梃宜高于种植层 60 mm 左右，床梃底部每隔 1 200～1 500 mm 设一个溢水孔，溢水孔处应铺设粗骨料或安设滤网以防止细骨料流失。架空板设在蓄水层与种植床之间，通常可支撑在两边的床埂上，以方便人的行走。

（8）太阳能屋面。地球拦截的太阳辐射能相当于目前全球电力消费量的1500倍，而在现有技术、经济条件下可供开发利用的太阳能，只占理论资源量的很小一部分。据美国能源部评估，1990 年美国太阳能经济可开发资源量约为 22 Mtce/年，仅为技术可开发量的 0.6%。所以，太阳能的开发利用有巨大的潜力。太阳能作为一种可再生的洁净能源，是建筑上非常有利用潜力的新能源之一。欧洲许多国家现在已经广泛采用屋面敷设太阳能光电板，通过光电板吸收太阳能进行发电。但太阳能光电板价格较高，我国目前还不能广泛采用。还有就是太阳能光电瓦式屋面，这种屋面是将太阳能光电发电设备与房屋的屋面瓦结合在一起，开发出太阳能光电瓦，这种太阳能光电瓦可以满足很多私人房屋的业主愿望，不仅能够用太阳能发电，同时又不至于在屋顶上装一些又厚又笨重的太阳能电池板。这种太阳能系统由光电模块组成，不用在屋顶上安装支架，也不用在屋顶上凿洞安装太阳能电池板。这种太阳能光电瓦共有八种色调，能够与各种建筑风格相协调，既能产生清洁的能源，又保持了房屋的美观。与此同时德国还研制开发出了烧结的、用于收集和储存太阳能的屋面瓦，它具有空心结构，制作得非常精巧，每片太阳能收集瓦约 5 欧元，即每平方米约为 65 欧元，比常规的平板式太阳能收集板价格低一半多。因此，这种太阳能屋面瓦的市场前景非常好。

（9）冷屋面。根据与“冷”屋面有关的法规，可将冷屋面定义为反射率大于 0.65 和辐射系数大于 0.75 的屋面。冷屋面产品看起来与传统的产品没什么两样，但可反射更多的太阳光。金属屋面冷屋面涂料已经市场化。此外，美国屋面瓦涂料公司已开发出用于旧瓦翻新的冷涂料，冷涂料可以替代已褪色的旧瓦。更多的冷屋面油毡瓦和瓦产品正在研发中。太阳反射率是材料表面反射入射太阳光的能力，材料的反射率越高，屋面就越“冷”。ELK 屋面公司利用 3M 公司开发的深色粒料推出第一个商品冷屋面油毡瓦，蓝灰色，反射率可达 25%，而传统的油毡屋面仅为 4%～18%，浅色的平冷屋面具有 70%的反射率。用“冷”颜料制造的屋面材料费用大体与传统的材料相当或稍高，然而节能的效果可以抵消较高的材料费用，也是一种非常有前景的屋面节能技术。

（10）吸湿被动蒸发隔热屋面。利用吸湿剂作为蓄热材料，蓄热与蓄冷通过吸—放湿过程实现，其实质是利用水的液—气相变蓄热。在众多的吸湿材料中，氯化钙具有吸湿性能优越且价格便宜、来源广泛的优点，屋面的吸湿多孔材料就以氯化钙为掺合料、水泥为黏结剂、膨胀珍珠岩为骨料复合而成。使用中要保证吸湿多孔材料能始终与室外大气之间进行质交换。此系统施工操作方便，有利于屋面节能改造。

吸湿被动蒸发隔热屋面的施工过程基本上与传统的架空通风屋面相同。在对我国夏热冬冷地区大量使用的传统平屋顶进行节能改造时，仅需在现有的平屋顶上铺一层吸湿多孔材料层，其上再做架空保护层即可，节能改造方案简单易行，有利于我国建筑节能工作的推广和应用。

另外利用稻草原料制作的稻草板屋面，在有些地区也可以作为节能屋面。它是以洁净的天然稻草或麦草为主要原料，经加热挤压成型，外表粘贴面纸而成的，具有轻质高强、保温隔热的特点，用其建造的住房冬暖夏凉。稻草板屋面房屋重量轻，具有良好的抗震性能。从生态方面来说，还可以变废为宝，保护土地资源。稻草板原料丰富，价格便宜，可以降低建筑成本，还有利于生态节能，具有良好的社会和经济效益，目前主要应用于东北农村地区。

以上提及的几种屋面节能措施，是当前实现建筑节能目标的有效方法及未来建筑节能的发展方向。与发达国家相比，我国建筑节能还有很大的差距，随着建筑节能技术的发展，我国的建筑节能目标将会进一步提高。随着国家有关节约能源、环境保护的法规和政策贯彻力度的加强，以及国家居住建筑节能设计标准的强制执行，屋面建筑节能技术必将呈现出多样性、经济性、高效性的良好局面。

4.3 外窗的节能措施

外窗是外围护结构的重要构成部分，起着采光、通风、散热、丰富立面、外观造型和内外环境联系的重要作用。在实践中，由于外窗玻璃传热系数大，保温性能差，使得室内采光与建筑节能两个主要功能之间矛盾突出。虽然技术上可根据房间功能，控制窗墙面积比予以协调，但是，随着人们对窗户面积要求日益趋大的心理，控制窗墙比基本无法遏制这种势头。目前，窗墙比已达到30%～60%，一些高档建筑甚至远大于60%。

衡量外窗性能的指标主要包括四个方面：阳光得热性能、采光性能、空气渗漏的防护性能和保温隔热性能等。而建筑外窗的节能技术则是通过提高外窗的性能指标，主要是在冬季有效地利用阳光，增加建筑的得热和采光，同时提高保温隔热，降低通过窗户传热和空气渗透形成的建筑能耗；在夏季采用有效的遮阳和降低透过窗户而产生的辐射得热及空气渗透引起空调负荷增加而产生的建筑能耗。

1. 夏热冬暖地区建筑外窗的选择

建筑外窗是实现建筑外围护结构综合功能的重要构件，应按不同地区建筑气候，以窗的综合性能指标为准，考虑整窗的、长期的、技术与经济的综合效果。根据夏热冬暖地区的建筑气候特点，建筑外窗首先要满足抗风压强度和雨水密封性能，确保基本的安全性，还必须考虑防雷、防火安全性；其次是采光、隔热、节能和隔声性，抗日晒、耐腐蚀及色彩装饰效果的耐久性，清洗和维修更换的方便性与安全性（特别是高层建筑），产品的经济性。总之，从窗的立面分格、开启方式、玻璃与框格的质感色彩，到窗的物理性能，要符合适用、安全、美观、耐久、经济的综合要求。

鉴于夏热冬暖地区高风压、多暴雨、太阳辐射强烈的特点，抗风压强度和雨水密封性能较低、有日晒老化现象的PVC塑料窗，不适宜该地区建筑外窗使用，特别是高层建筑；因为含氯的PVC塑料在火灾作用下会放出有毒气体，不适用于公寓式住宅和公共建筑。而且，不导电的PVC塑料窗不能解决高层建筑防雷击的问题。这些就是为什么塑料窗在广东以至整个华南地区推广不开的根本原因，而其产品价格比铝窗贵的原因则在其次。

适合夏热冬暖地区气候特点的建筑外窗是铝合金窗。铝窗与塑料窗相比不足之处，是窗框隔热性差和耐化学腐蚀性差及与其他金属间的电化学腐蚀问题；采用隔热铝型材和进行电泳涂漆、聚酯粉末喷涂及喷氟碳漆等表面处理，就有效地克服了以上两个缺点，而其他方面的所有性能，铝合金窗都优于塑料窗。

2. 外窗的节能措施

1）使用节能型窗玻璃

外窗的保温隔热性是指减少外窗的传热，提高外窗的热阻，通常用传热系数 K 值来表示，其值越小，保温隔热性能越好。当在玻璃中间形成空气层，如中空玻璃、三层或三层以上玻璃，其传热系数比单层玻璃小了许多，保温隔热性大大提高。玻璃的光物理性能是指玻璃对光波的透过、吸收、反射等性能。在保证室内空间采光效果的前提下，即对可见光有良好的透过率，而对能显著影响室内气温的红外光等有一定反射率或吸收率。因此，要合理选用玻璃原片，改善因为玻璃而导致的室内热环境质量问题，以达到降低采暖或空调能耗的目的。

(1) 中空玻璃。由两层或多层玻璃间隔成空气间层，气层充入干燥气体或惰性气体，四边用胶接、焊接或熔结工艺加以密封而形成。目前，中空玻璃的空气间层厚度分别为 6、9、12、15 mm 等规格。

中空玻璃具有良好的保温、隔热、隔声等性能，如在玻璃之间充以各种温射光材料或电介质等，则可获得很好的声控、光控、隔热等效果，主要用于需要采暖、空调、防止噪声、结露及需要无直射阳光和特殊光的建筑物上，广泛用于住宅、饭店、宾馆、办公楼、学校、医院、商店等需要室内空调的场合，也可用于火车、汽车、轮船的门窗等处。

中空玻璃比平板玻璃的传热系数低得多，这是由于在中空玻璃中有一层静止空气或其他高热阻气体（如惰性气体）间层，空气的导热系数（0.04 W/（m·K））比玻璃的导热系数（0.08 W/（m·K））低得多，因而极大地提高了中空玻璃的热阻，即隔热保温性能。通常，这个空气间层的厚度在 4～20 mm 可产生明显的阻热效果。在此范围内，随空气间层厚度增加，热阻增大，当空气层厚度大于 20 mm 以后，热阻的增加趋缓。在现有产品中，大多取 6 mm 和 12 mm 两种间层厚度。另外，这种空气间层的数量越多，保温性越好。几种不同品种的中空玻璃与平板玻璃的性能比较参见表 4－4。

表 4－4　平板玻璃和中空玻璃的传热系数

材料名称	构造、厚度	传热系数（W/（m^2·K)）
平板玻璃	3 mm	7.1
平板玻璃	5 mm	6.0
双层中空玻璃	3＋6＋3 mm	3.4
双层中空玻璃	3＋12＋3 mm	3.1
双层中空玻璃	5＋12＋5 mm	3.0
三层中空玻璃	3＋6＋3＋6＋3 mm	2.3
三层中空玻璃	3＋12＋3＋12＋3 mm	2.1

(2) 镀膜玻璃。镀膜玻璃是在普通玻璃表面涂镀一层或多层金属、金属氧化物、其他薄膜或者金属的离子渗入玻璃表面或置换其表面层，使之成为无色或有色的薄膜，几种镀膜玻璃的技术指标见表 4－5。其中热反射膜玻璃有较好的光学控制能力，对波长在 0.3～0.5 μm 范围内的太阳光有良好的反射和吸收能力，能够明显减少太阳光的辐射热能向室内的传递，保持室内温度的稳定，从而达到节能的效果。如用德国肖特公司研制的硼硅酸盐浮法玻璃，再配置一片低辐射膜的节能玻璃，具有防火、隔音、降噪和节能的多种功效。上海房地

产科学研究院在试验房中对 16 m^2 玻璃窗贴膜后，节电 0.24 kW·h。

表 4-5　镀膜玻璃的技术指标

品种	可见光		太阳辐射热			遮阳率
	反射率	透射率	室内反射率	室外反射率	透射率	
银色	8～20	30～36	28～38	6～16	20～32	24～38
银灰色	8～20	32～40	20～36	7～18	20～30	26～38
浅蓝	14～20	40	18～22	12～18	14～19	28～38
茶色	8～12	25	9	6～10	8	31
金色	8～20	26～30	12～18	6～16	10～15	22～38
浅金色	24～40	34～46	24～34	22～36	22～30	40～48

镀膜玻璃因使用功能不同，分为热反射镀膜玻璃和低辐射镀膜玻璃。

热反射镀膜玻璃在玻璃表面镀金属或金属化合物膜，使玻璃呈现丰富色彩并具有新的光、热性能，其主要作用就是降低玻璃的遮阳系数 Sc，限制太阳辐射的直接透过。热反射膜层对远红外线没有明显的反射作用，故对改善 K 值（玻璃的传热系数）没有大的贡献。

在夏季光照强的地区，热反射玻璃的隔热作用十分明显，可有效衰减进入室内的太阳热辐射。但在无阳光的环境中，如夜晚或阴雨天气，其隔热作用与白玻璃无异。从节能的角度来看它不适用于寒冷地区，因为这些地区需要阳光进入室内采暖。北方寒冷地区采用这种玻璃的唯一目的就是追求装饰效果。

低辐射镀膜玻璃又称 Low－E 玻璃，在玻璃表面镀低辐射材料银及金属氧化物膜，使玻璃呈现出不同颜色，其主要作用是降低玻璃的 K 值，同时有选择地降低 Sc，全面改善玻璃的节能特性。

高透型 Low－E 玻璃，遮阳系数 $Sc \geqslant 0.5$，对透过的太阳能衰减较少，这对以采暖为主的北方地区极为适用，冬季太阳能波段的辐射可透过这种 Low－E 玻璃进入室内，经室内物体吸收后变为 Low－E 玻璃不能透过的远红外热辐射，并与室内暖气发出的热辐射共同被限制在室内，从而节省暖气的费用。

遮阳型 Low－E 玻璃，遮阳系数 $Sc < 0.5$，对透过的太阳能衰减较多，这对以空调制冷为主的南方地区极为适用，夏季可最大限度地限制太阳能进入室内，并阻挡来自室外的远红外热辐射，从而节省空调的使用费用。

不同的 Low－E 玻璃品种适用于不同的气候地区，就节能性而言，其功能已经覆盖了热反射镀膜玻璃。

（3）光致变色玻璃。玻璃受紫外线或日光照射后，在可见光谱（380 nm $< \lambda <$ 780 nm）区产生光吸收而自动变色，光照停止后可自动恢复到初始的透明状态，即夏日太阳直射时，颜色自动变深起到遮阳的作用；而阳光非直射时，又自动恢复到采光状态。具有这种性质的玻璃称为光致变色玻璃，光致变色玻璃是光敏玻璃的一种，也称可逆光敏玻璃。

（4）吸热玻璃。在平板玻璃成分中，加入微量镍、铁、钴、硒等元素，制成的着色透明玻璃称为吸热玻璃。吸热玻璃具有吸收可见光和红外线的特性，无论是哪一种色调的玻璃，当其厚度 $\delta = 6$ mm 时，均可吸收 40%左右的太阳辐射。所以，当太阳直射的情况下，进入室内的辐射热减少约 40%，从而可以减轻空调设备的负荷，达到节能的目的。

(5) 电热玻璃。电热玻璃又称防霜玻璃，按其加工工艺不同分为导电网电热玻璃和导电膜电热玻璃两种。导电网电热玻璃是两层厚薄不等的平面玻璃和锰白铜丝网组成的电加温装置，用聚乙烯醇缩丁醛中间膜经热压而成。导电膜电热玻璃是由喷有导电膜溶液的薄玻璃组成的电加温装置，与未喷导电膜溶液的厚玻璃中间夹聚乙烯醇缩丁醛中间膜经热压而成。电热玻璃具有自控温好、安全可靠、透光度好等特点。

2) 提高窗框隔热性能

铝合金窗框的冬季传热系数约为 PVC 塑料窗框的 1.5 倍，并不等同于铝合金型材与 PVC 塑料型材材料导热系数之比为 1.5。无隔热的铝型材传热系数 K 为 6.0 W/ (m^2 · K) 左右，而采用隔热条的铝型材传热系数 K 值可降到 1.8～3.5 W/ (m^2 · K)。铝合金型材对紫外线、可见光、红外线有很好的反射能力，其表面的反射能力与表面状态和颜色有关，对热辐射的反射能力最高可达 90%，这对于阻隔太阳辐射热是很有利的。

铝合金隐框玻璃窗是很好的隔热节能窗。采用这种铝合金隐框玻璃幕墙结构上用的隐框窗，太阳光不能直接照射在铝合金窗框架上，玻璃与铝型材之间起结构性黏接作用的固化后的有机硅酮橡胶，自然成为玻璃与铝合金之间的断热桥，其导热系数低于硬质 PVC 塑料型材。高强度、高弹性模量、抗臭氧和紫外线、耐热、非燃烧性的硅酮结构胶，是理想的建筑外窗绝热材料。采用单层热反射镀膜玻璃的铝合金隐框玻璃窗就具有较好的隔热性能，这已经得到证实。国内已有专门的隐框推拉铝合金窗产品推出。

3) 加强外窗的气密性

外窗存在装配缝隙，就会产生室内外空气交换，从建筑节能的角度讲，在满足室内空气质量的条件下，通过缝隙的空气渗透量过大，就会导致热耗、制冷能耗增加，因此必须控制外窗缝隙的空气渗透量。

加强外窗气密性的措施有：一，通过提高窗用型材的规格尺寸、准确度、尺寸稳定性和组装的精确度以增加开启缝隙部位的搭接量，减少开启缝的宽度，达到减少空气渗透的目的。二，采用气密条，提高外窗气密水平，各种气密条由于所用材料、断面形状、装置部位等情况不同，密封效果也略有差异。三，应注意各种密封材料和密封方法的互相配合。近年来的许多研究表明，在封闭效果上，密封料要优于密封件。这与密封料和玻璃、窗框等材料之间处于黏合状态有关。但是，玻璃等在干湿温变作用下所发生的变形，会影响到这种静力状态的保持，从而导致密封失效。密封件虽对变形的适应能力较强，且使用方便，但其密封作用却不完全可靠。

4) 适当考虑窗的通风换气和散热

夏热冬暖地区的建筑围护结构，要求白天隔热好，晚上散热快，以利于降低冷负荷。特别是许多白天使用的办公楼、学校、商业建筑等间歇使用空调的公共建筑，晚上人走之后又要关窗，所以窗户的隔热密封性要求太高也没必要。而且，在我国目前建筑物内尚未能普遍设置机械换气设备（如微量通风器等）的条件下，还要靠可调节换气、能开启的外窗等自然通风手段来改善室内空气质量。《旅馆空调节能标准》对占全国旅游旅馆总数 70%的四级旅游旅馆规定，其空调房间的空调设施，可不设新风供给系统，而采取设置开启的外窗等自然通风措施。所以，夏热冬暖地区建筑外窗的窗墙面积比（南向）和窗的可开扇比例大一些，有利于充分利用窗及其缝隙的自然通风和晚间散热作用，处理好隔热和散热的矛盾。

5）遮阳

遮阳有窗户内外的遮阳和树木遮阳两种。

窗户内外的遮阳是在满足建筑立面设计要求的前提下，增设外遮阳板、遮阳篷及适当增加南向阳台的挑出长度。在窗户内侧设置镀有金属膜的热反射织物窗帘，正面具有装饰效果，在玻璃和窗帘之间构成约 50 mm 厚的流动性较差的空气间层。这样可取得很好的热反射隔热效果，但直接采光差，应做成活动式的。另外，在窗户内侧安装具有一定热反射作用的百叶窗帘也可获得一定的隔热效果。

树木花草可以建立非常好的遮阳系统。树木遮阳用于低层建筑。落叶植物的遮阳效果随季节与气温发生变化，正好符合建筑遮阳的需求。当温度最高时植物的枝叶最茂密，在冬季，则变得叶落枝稀。藤蔓植物除了可以对窗户进行遮阳外，还可以有效降低墙面温度。生长有7～8 cm厚稀疏藤蔓的西墙温度比东墙温度在午前低 4.5 ℃左右，下午温度差别可达 7.5 ℃。

4.4 地面的节能措施

采暖建筑地面的保温性能及节能水平，体现了建筑地面设计的经济性和科学性，也影响着居民的健康与舒适。我国 GB 50176—2003 民用建筑热工设计规范规定：高级居住建筑、幼儿园、托儿所、疗养院等，宜采用Ⅰ类地面；对地面热工性能有一般要求的居住建筑和公共建筑（包括中、小学校教室），可采用不低于Ⅱ类的地面。

1. 地面的类型

地面按施工方法可分为三大类：整体浇注地面、板块地面、卷材地面。

1）整体浇注地面

用现场浇注法作成整片的地面，又可分为无机材料地面和有机材料地面两种。

无机材料地面包括水泥地面、水磨石地面和菱苦土地面等。水泥地面通常用水泥砂浆抹成，施工方便，但易起砂，多用于标准较低的建筑。如果用水泥、细石屑（不掺砂）或干硬性的富水泥砂浆作面层，用磨光机打磨，地面可不起砂。水磨石地面用水泥作胶凝材料，白云石子作骨料，待水泥凝结到一定硬度，用金刚砂打磨，再用草酸清洗，打蜡。如选用彩色水泥和彩色大理石子，用由粗到细的金刚砂进行多次打磨，即成为美术水磨石。水磨石地面具有天然石地面的光洁、坚硬、耐磨等优点，价格较低，应用广泛。菱苦土地面是用菱苦土、锯末、滑石粉和矿物颜料加氯化镁溶液，调成胶泥（有时还掺入砂或石屑）抹平压实，硬化后用磨光机磨光，打蜡。菱苦土地面易于清洁，略有弹性，但不耐水和高温。对于大面积整浇的地面，特别是水磨石和菱苦土地面，为便于施工和维修，并防止材料的热胀冷缩而变形开裂，可采用铜条、铝条或玻璃条进行镶嵌或划格。

有机材料地面包括环氧树脂沥青地面、聚酯酸乙烯地面等。环氧树脂沥青地面是用环氧树脂、沥青漆和二乙烯三胺作黏接剂，用石英粉、石英砂作填充料配成砂浆，分数次刮抹磨光而成，厚 3～4 mm。聚酯酸乙烯塑料地面是用聚酯酸乙烯乳液加入细砂、石英粉等调制的砂浆抹成。这类地面经磨光打蜡后，表面光滑，易于清洁，有一定弹性，行走舒适，并耐化学腐蚀。可根据要求掺入颜料，做成各种色彩和花纹，但有静电吸附作用，容易老化。

2）板块地面

板块地面厚度为 10～50 mm，包括天然石地面、水泥板块地面、陶瓷板地面、木板地面、金属板地面等。

（1）天然石地面。如花岗石、大理石地面。花岗石地面有灰白、红、青、黑等颜色。作为铺地用石常锯剖成 20～30 mm 厚的板材或 50 mm 以上的块材，表面可打磨得光滑如镜，也可以凿毛防滑，具有耐磨和耐久性能。大理石地面经打磨上蜡，纹理美丽，富有光泽，但耐磨度不及花岗石。天然石地面通常采用水泥浆粘贴在找平层上，较厚的也可直接铺放在砂垫层上。

（2）水泥板块地面。有水磨石板地面、水泥板地面和混凝土板块地面等，一般在工厂预制，比现场浇注工期短，能提高施工质量，减少工地劳动量，铺贴方法与天然石地面相同。

（3）陶瓷板地面。厚度 3～10 mm。这种地面耐磨、防滑、耐水、耐酸碱，自重比石料板地面小，广泛用于室内外地面。陶瓷板可烧制成各种色彩、质感和花纹，还可根据需要设计成正方、长方、六角等形状，组合拼花，通常用水泥浆粘贴在找平层上。

（4）木板地面。木板地面具有良好的弹性和蓄热性能，木板厚 15～25 mm，有普通木地板、硬木条形地板、硬木拼花地板。普通木地板是把条板或预先拼装成 200 或 300 mm 见方的木板，用黏贴剂（沥青或聚氨酯、过氯乙烯胶）粘贴在找平层上。如在找平层上加一层用 40 mm×40 mm、间距 400 mm 的木搁栅，再将木条板钉固在木搁栅上，可取得更好的弹性。搁栅间的空档可用来安设各种管线。荷载和冲击力大的体育馆、舞台、仓库等建筑，可做双层地板。底板和面板的拼缝应按 45°或 90°角铺设，并在两层板之间衬一层油纸，以减小摩擦。如要求更好的弹性，可在搁栅下加衬橡胶垫块，或改用钢或硬木托弓支撑搁栅，这样做成的地板称为弹性地板。在湿度较大地区，为防止木板受潮、变形或腐烂，房屋底层宜采用架空式木地板，可在地垄墙身上架木搁栅，再铺地板，并应组织好架空层的通风。

（5）金属板地面。金属板地面采用 6～40 mm 厚的铸铁或 1.5～3 mm 的钢板，制成长 300 mm、宽 300～600 mm 的板块。为了防滑，表面可打孔，或做成凹凸花纹。金属板块背面带肋或铁脚，以便嵌入砂垫层或固定在钢架上。如采用能调节高度的支架，上面放置 500～600 mm 见方的铝合金或钢板块，构成架空板块式地面，上面可铺地毡或地毯，架空部分可用来敷设各种管线，常用于管线较多需要经常检修，并对防静电要求高的电信类建筑。

3）卷材地面

厚度约 2～10 mm 的油地毡、塑料、橡胶、地毯成卷的铺材，有时也可裁成小块片状进行铺贴。这类面层可干铺在水泥砂浆找平层上，也可用胶粘贴。满铺地毯时应在房间四周设钢钉，将地毯平整地扣挂在钢钉上，或用尼龙搭扣衬条把地毯绷紧。地毯下可添设一层泡沫橡胶衬垫，以增加地面弹性和消声性能。卷材地面铺设方便，色彩鲜艳，图案多样，具有行走舒适和良好的保温特点。

2. 地面保温及节能计算

（1）地面保温。地面的保温有两个含义：一是使地面吸热量少，即 K 值（地面吸热指数）越小越好；二是使地表面的温度越高越好。吸热计算，实际上是保温设计的一个方面，保温设计的另一方面，是提高地面的表面温度。为什么地面的表面温度也是衡量地面热工性能的标志呢？应用“人造脚”进行实测时发现，温度低于 18 ℃的木地面（暖性地面）的吸热量大于温度 23 ℃普通水泥地面（凉性地面）的吸热量。因此，地面温度是其热工质量的又一项指标。

我国采暖居住建筑地面的表面温度较低，特别是靠近外墙部分的地表温度常常低于露点温度。由于地面表面温度低，结露较严重，致使室内潮湿、物品生霉较严重，从而恶化了室内环境。一般认为，地表面温度为15～16 ℃虽然并非热舒适标准，但目前可为大多数人所接受。

为提高采暖建筑地面的保温水平并有效地节能，严寒地区及寒冷地区应铺设保温层，如采用碎砖灌浆保温时厚度应为100～150 mm，对于周边无采暖管沟的采暖建筑地面，沿外墙内0.5～1.5 m范围内应加铺保温带，保温材料层的热阻不得低于外墙的热阻。

(2) 地面节能计算。对于具有围护作用的楼地面，如过街楼地面及不采暖地下室上部的地面等，应按下式计算保温层最小厚度：

$$\delta_{\min}=\left[\frac{t_i-t_e}{[\Delta t]}R_i-(R_i+\sum R+R_e)\right]\lambda \tag{4-1}$$

式中：$\delta_{\min}$为保温材料层最小厚度，m；t_i、t_e为冬季室内外计算温度，℃；R_i、R_e为围护结构内外表面热阻，$m^2\cdot K/W$；λ为保温材料的导热系数，$W/(m\cdot K)$；$\sum R$为除保温层外，围护结构中其他材料层的热阻之和，$m^2\cdot K/W$；$[\Delta t]$为允许温差，对过街楼地面取2.5 ℃，对地下室上部的地面无人长期停留时取5 ℃，有人长期停留时取2.5 ℃。

地面进行保温处理后，其节能效益（减少的传热耗热量）为

$$Q=0.024F(K_1-K_2)(D_{di}+\Delta t\cdot z) \tag{4-2}$$

式中：Q为节能效益，$kW\cdot h/a$；F为地面的面积，m^2；K_1、K_2为地面采取保温措施前后的传热系数，$W/(m^2\cdot K)$；Δt为采暖期全部房间的室内平均温度与室内计算温度的差值，取$\Delta t=-2$ ℃；D_{di}为采暖度日数，℃·d。

$$D_{di}=(t_i-t_e)z \tag{4-3}$$

式中：t_e为采暖期室外平均温度，℃；z为采暖期天数，d。

(3) 地面的节能措施。当底层地面和楼面层的基本构造不能满足节能要求时，可增设结合层、隔离层、填充层、找平层等其他构造层。保温地面主要是增设保温填充层，填充层的厚度根据选用的填充材料经热工计算后确定。常用的地面节能措施包括以下几种类型。

①地面下铺设碎砖、灰土保温层，此方法施工方便、造价底廉。

②对于水泥砂浆地面、混凝土地面等还可在地面装修时根据使用要求做浮石混凝土面层、珍珠岩砂浆面层或各种木地板，理论和实验均可证明地面对人体热舒适感及健康影响最大的是厚度为3～4 mm的面层材料，这种做法不但布置灵活，而且保温和舒适效果明显。

③当建筑物为不采暖地下室地面时，在地下室上部设计吊顶铺岩棉保温板，可满足节能要求且防火性能也较好。当为接触室外自然地面时，应做松散的保温材料、板状或整体保温材料，如页岩陶粒、焦渣、硬质聚氨酯泡沫塑料板及憎水珍珠岩板、聚苯板等微孔复合砌块，同时还应考虑边远地区、山区的就地取材情况。

第 5 章　照明节能技术

随着我国经济的快速增长，能源需求的大幅增加，能源供需矛盾突出。尤其是近几年，全国用电量及电负荷增长较快，2007 年以来已有 2/3 的省（区、市）出现了不同程度的缺电甚至拉闸限电现象，严重影响经济社会发展和人民生活水平提高。据统计，我国照明用电量已占总用量的 10%～12%。按照我国提出的"中国绿色照明工程"，照明节电已成为节能的重要方面。目前的照明节能潜力很大，一般节能方案均能达到节约 20%～35%，按保守的数量采取 20%的计算，全国节约的电能价值可观，可想而知在国民经济中该有多大的作用。提倡照明节能，不等于降低对视觉作业的要求和降低照明质量，因为这样会降低劳动生产率，非但不能达到照明节能的目的，反而影响工作人员的视觉要求，在保证照度标准和照明质量，在保证不降低工作场所的视觉要求的前提下，力求减少照明系统中的能量损失，最有效地利用电能。以单位照度及单位面积所需用电量（$W/(m^2 \cdot lx)$）作为照明节能指标，力求提高照度而降低用电量。

5.1　照明光源

光源是通过能量转换而发光的物体。灯是为产生光辐射而人为制作的照明光源。科学选择优质的照明光源是照明节电的首要工作。节能的光源发光效率要高，使得每瓦电发出更多光通量。白炽灯泡发光效率一般为 7～20 lx/W，其寿命一般为 1 000 h，特殊的为2 000 h；单端的紧凑型荧光灯（俗称节能灯）光通量一般为 50 lx/W，采用一只 9 W 寿命为 3 000～5 000 h的节能灯完全可以替代 40 W 的白炽灯泡；双端直管 T12 型荧光灯的光通量为 55 lx/W，寿命为 3 000～5 000 h。除以上光源外，还有高强气体放电灯，如高压钠灯、金属卤化物灯、微波硫灯、无极灯、发光二极管和半导体照明灯等。在选择发光效率较高的光源时要考虑应用场所，根据场所的特点和电光源的特性进行合理科学的配置。

5.1.1　热辐射光源

光源向外辐射能量，在辐射过程中不改变内能，只要有加热来维持其温度，辐射就可以持续不断地进行，这就是热辐射。

热辐射光源使被照物逼真，便于调光，寿命不受开关次数影响，灯泡造型美观，价格便宜，具有丰富的黄、红光成分，显色性优越；辐射光谱连续，暖色调能增加人的肌肤美，可用于梳妆照明、盥洗室照明；照射到食物上色泽新鲜，可增进食欲，适于餐厅照明；在低照度区域暖色光令人感觉舒适、环境宁静亲切、温馨，适于卧室照明；灯的体积小，易于控光，适于各类装饰照明；有良好的调光性能，常用于剧院、商店、宾（旅）馆及应急照明等；可改变环境照明照度和气氛，实现多功能照明，如看电视、欣赏音乐、娱乐活动；具有高度的集光性，便于光的再分配，适于照明频繁开关的场所，如厨房、厕所、浴室、走廊、门厅、楼梯间、储藏室等。缺点是光效较低。热辐射光源包括白炽灯、卤钨灯等。

（1）白炽灯其泡壳有明泡、磨砂或乳白等几种。灯的功率范围主要在 25～200 W。除传统梨形灯外，还有如蘑菇、蜡烛等形状。

（2）卤钨灯。充有卤族元素或卤化物的钨丝灯称为卤钨灯。在普通白炽灯中，灯丝的高温造成钨的蒸发而形成黑化，真空泡的黑化作用则均匀分布于整个灯泡。黑化作用通常在接近灯泡寿命期限前最为明显。卤钨灯泡中填充卤素气体（溴或碘），当钨蒸发游离时，卤原子可在钨附着于灯壁之前与其结合成气态卤化钨，该分子在灯丝附近受热分解，再度还原为钨并储存于灯丝上，而分解后的卤原子气体仍在灯泡内流动，并等待下一次的化合一分解过程，此种钨的再生循环（或称卤钨循环）大幅地降低该灯壁的黑化程度，使泡体在整个生命周期的照度维持98%。

为了使管壁处的卤化钨处于气态，卤钨灯的管壁温度要比普通白炽灯高许多。卤钨灯的泡壳尺寸较小，须使用耐高温的石英玻璃或硬玻璃。由于小尺寸、高强度、灯内允许的气压高，加之室内工作温度高，所以灯内的工作气压很高。在卤钨灯中钨的蒸发受到抑制，同时卤钨循环消除了泡壳的发黑，灯丝的工作温度和光效可大为提高，而灯寿命并不缩短。

5.1.2 气体放电光源

该光源种类较多，根据气体压强大小可分为低气压放电光源、高气压放电光源和超高气压放电光源，其中低气压放电光源较为常见。

低气压放电光源灯管内的气体压强小于几百帕，工作电流为1～2 A。它包括普通管形荧光灯、紧凑型荧光灯、低压钠灯等。荧光灯，又称低压汞灯，其光色分日光色、冷白色和暖白色，相应的色温为6 500 K、4 300 K和2 900 K。按启动形式分为一般启动、快速启动和瞬时启动，常用于家庭、机关、学校等处室内照明。低压钠灯，是利用低压钠蒸气放电产生可见光的光源。因其辐射单色黄光，显色性差，但透雾性强，用于照度要求高而对显色性无要求的照明场所，如高速公路、隧道、桥梁、港口、货场以及多雾区域的照明。管形荧光灯，是我国目前最常见的一种低气压汞蒸气放电灯，适合用50 Hz交流电和相应镇流器配合工作，能在90%额定电压和10～35 ℃温度下满意地启动，并可在90%～110%的额定电压和10～50 ℃的环境下正常工作。

5.1.3 固体发光光源

固体发光光源是采用固体半导体材料制成的发光器件，目前有两种，一种是发光二极管(LED)，另一种是场致发光（EL）光源。前者被广泛作为照明光源，后者将进一步开发完善待推广应用。

1. 发光二极管（LED）

发光二极管是一种将电能直接转换为光能的固体元件，可作为有效的辐射光源。与所有半导体二极管一样，LED具有体积小、寿命长、可靠性高等优点，能在低电压下工作，不仅如此，它还能与集成电路等外部电路配合使用，便于实现控制。随着新型半导体材料的不断涌现，加工工艺和封装技术水平的进一步提高，人们不仅可以得到高亮度的红、黄、绿发光二极管，而且还能制造出极为重要的高亮度蓝色发光二极管、白光二极管等。

LED照明光源与传统的照明光源相比较，具有如下特点：光色纯，光线质量高，单一颜色LED的光谱狭窄，谱线集中在可见光波段；能耗小，单体LED的功率一般在0.05～1 W；寿命长，单体LED在10 mA电流时，典型的正向偏压为2 V，通常需串联限流电阻或用电流源，它的寿命可超过 100 000 h；可靠、耐用，没有传统灯泡的钨丝、玻壳等易损部件，维护费用低廉；应用灵活，体积小，便于造型，可做成点、线、面等各种形式；安全，单体工作电压为 1. 5～5 V，工作电流为 20～70 mA；响应快，响应时间为纳秒级（白炽灯的响应时间为毫秒级）；无污染、全固态，其废物不含汞；控制灵活，通过控制电路很容易调控亮度，实现多样的动态变化效果；造价高，目前高亮度 LED 的价格昂贵，几只 LED 的价格就相当于一只白炽灯的价格，而且与普通光源相比，LED 光源涵盖的范围小，在相同的空间与相同的照度下，需要上百个 LED 组合才能达到相同的照明质量。

2. 场致发光（EL）光源

EL 是厚度小于 1.2 mm 的平面光源。一种是利用陶瓷制作，以透明保护膜为釉面，金属为保护层，有一定的刚性；另一种是用塑料制成，有一定的柔性。EL 灯的颜色取决于荧光粉，亮度与荧光粉材料、灯的结构、外加工作电压、频率和环境温度有关系。EL 灯的寿命很长，但是与工作电压、频率和所用的荧光粉有很大关系。采用长寿命荧光粉的某些 EL 灯以 115 V、400 Hz 供电时，能连续工作 10 年以上。

EL 灯能在−40 ～120 ℃很宽的温度范围内工作，主要用于装饰照明、应急照明和标志、仪表板照明以及液晶显示的背光照明等。

5.2 照明灯具及其启动设备

在各种气体放电光源中均需要有电器配件。例如镇流器，旧的 T12 荧光灯，其电感镇流器约要消耗其 20%的电能，40 W 灯，其镇流器耗电约 8 W；而节能的电感镇流器则耗电小于 10%，更节能的电子镇流器，则只耗电 2%～3%，选择节电的照明电器配件，也是一项有效的节电措施。

1. 照明灯具

灯具即人工照明器具，主要作用是固定灯泡（光源）使电流顺利流过而产生光能，保证照明安全有效和合理分配光通量，以满足使用需求；同时灯具还应辅有光源的分配控制功能、光源的环境、装饰作用和光源的数量质量保障。

（1）小太阳是照明系统中的新型产品，如高端落地灯是由一对 15 W 白炽灯和一套 68 W 金属卤化物灯组成，采用电子镇流器后的复合灯，能提供 6 000 lx 光照度和 3 000 K 色温的一束强光。灯的成本显然比卤钨灯高，非常适宜于那些长时间用灯的单位，如科研设计、金融机构等，由于灯的能量效率很高，因此有利于补偿高额的初始费用。如果每年照明时间以4 000 h计，该灯节约的电费在 3～4 年便能回收初投资所增加的部分，使用寿命较卤钨灯要长得多，可减少更换灯管和维修灯管的费用。

（2）太阳能灯利用太阳能转化为电能后，存储在蓄电池内，当光线暗到一定程度时，光控开关会自动释放能源，启动照明设备。这种先进的节能设施将被广泛应用。

（3）常规灯具。

①露明式荧光灯具属半直接型灯，下半球光通量多于上半球光通量，灯具效率大于 80%。由于灯具上半球光有一定的比例，室内空间亮度高，光环境亮度对比小，室内环境舒适而不易使人疲劳，宜用于室内各面反射率较高的场所，如办公室、商店、公共场所等。

②控照型荧光灯采用铁板制成反射罩，内涂白色烤漆，或采用高纯铝反射罩，包括蝙蝠翼配光灯具，白漆涂装灯具配光为中照型，如要求窄配光应使用铝反射灯罩。此类灯具适用

于工作面要求照度高，室内反射条件较差的场所。单管控照型灯效率为84.2%，双管仅有69.2%，因其两个灯管之间距离太近造成，所以双管灯需进一步改进。蝙蝠翼配光灯具主要用于教室照明。

③格栅式荧光灯具装饰与功能兼顾，由于格栅的保护角对灯具效率影响极大，因此要慎重选取。格栅的作用是减少眩光并形成类似天空光的模式，对建筑的装饰效果也十分重要。密格栅荧光灯由于效率极低，逐渐被淘汰。在选择时应注意：灯具效率小于50%者不宜采用，应优先选用大格栅（抛物线格片）、稀格栅灯具。这种灯具立体和豪华感突出，装饰性强，灯具效率高，节能效果明显；灯具内上反射罩尽量采用镜面反射，以提高灯具效率而节能。

④漫射式荧光灯灯具光线柔和，但是当选用有机塑料板材时，因其透过率较低，灰尘污染以后光效下降严重，应用在逐渐减少。开启式荧光灯效率为82%，透明棱镜灯效率为66%，乳白玻璃板灯效率为53%。

⑤框架式荧光灯是当前国际上流行的一种灯具，采用铝合金拉伸工艺制成，为单元组合形式，造型简洁明快，灵活性、适应性强，对建筑物装饰效果好。灯具的光分布有少量上射光，水平方向的光较多，因此空间亮度高，适于公共场所照明。目前国内有圆形和方形两种形式框架灯，灯具有标准连接件，可以组成光带或各种图案。

⑥高照度白炽灯不用灯罩，正下方照度比传统灯具提高50%。

⑦节电型荧光灯新装初期光通量与普通荧光灯相同，亮度下降少，保持率高，故所用灯数比一般要少；灯的完好率高；总光通量提高23%。

⑧高显色荧光灯比白色荧光灯的显色性好；色温在白色和日光色之间，光色清新明亮，因此亮度感提高。与一般白色灯相比，末期光通量相同。

⑨高照度环形荧光灯与环形灯具组合，正下方照度比传统型提高15%。

⑩球形荧光灯亮度大致与60 W白炽灯相同，但寿命提高4倍，节电50%，拧入白炽灯用灯座就能点燃。

⑪新型金属卤化物灯属于最高效率显色性光源。内装双金属开关，因为启动电压低，所以可用普通汞灯镇流器。

⑫高效高压钠灯，在目前光源中，它的效率是最高的。内装双金属开关，启动电压低，可用普通汞灯镇流器。

2. 灯具启动设备

1）CDZ系列电子镇流器

该电子镇流器是由电子元件组合而成的新型镇流器。它的损耗、体积、重量、功率因数、闪烁等参数均优于各种传统镇流器。电子镇流器实质上是一个电源变换器，使工作于电源频率50 Hz或60 Hz的灯管处于20～100 kHz工作状态。

2）节能型电感镇流器

节能型电感镇流器又称电抗器、扼流圈，属于滞后型镇流器，即灯电流相位滞后电源电压相位。主要应用在配用交流电源的气体放电灯电路中，根据电源电压、灯电压和灯电流进行设计，主要保证灯的电参数，并考虑损耗、温升等其他参数。该电感镇流器由铁芯、线圈和有关绝缘材料等组成。在实际应用中，电感镇流器性能稳定可靠，节能（自身功率损耗低、能效因数高）、安全、故障率低（低温升、低噪声）；长寿命、耐用，寿命大于10年；

无电磁干扰及谐波污染；相对于电子镇流器，优点是价格低廉，维护费用低，易替代传统电感镇流器。缺点是较笨重，且有噪声。

3）环型节能电感镇流器

环型节能电感镇流器是一种借鉴了环型变压器制造技术的新产品，但始终没有使用规模。与传统电感镇流器相比，两者之间的主要区别在于铁芯的形状，前者以硅钢带盘制成环形，后者以硅钢片冲压成E形叠制而成。此镇流器的线圈需专用绕线机缠绕，传统型则用普通绕线机缠绕。由于环形铁芯大大降低了磁路损耗，在同等功率下减少了铁芯截面积、线包圈数，降低了噪声，使得环型电感镇流器的总能耗大大降低。

4）PS分段调光镇流器

分段调光镇流器的设计，是把扼流圈和电容器最佳地组合起来，构成分段调光用阻抗，在分段调光镇流器内装设热保护装置，当镇流器的温度太高（低）则自动切断（接通）电源回路，以保护镇流器。

PS分段调光镇流器既具有快速镇流器的特点和性能，如具有可靠性高、温升低、适应于特殊电源等优点，又具有分段调光功能（50%的亮度），靠分段调光，使灯的耗电量约减少一半，可大幅度节电。由于灯的耗电量减少一半，灯发出的光也减半变暗，所以必须因时和因地分别使用。

5.3 照明控制系统

照明控制不仅可以满足使用要求，达到美学效果、延长照明系统寿命、布线和维护简单等目的，而且是照明节能的重要措施之一。

照明控制技术随着建筑和照明技术的发展而发展，在实施绿色照明工程的过程中，特别是随着大型建筑的不断涌现，照明节能、照明控制显得越来越重要，而照明也不仅仅需要满足人们视觉上明亮的要求，还要满足艺术性要求，要创造出丰富多彩的意境，给人们以视觉享受，这也要求在照明控制上做到安全、可靠、灵活、经济。

5.3.1 照明控制种类

1. 手动控制

环境调光是利用先进电子技术制作的高质量产品，用来对日常生活和工作照明环境的灯光亮度进行调控。它可调节各个回路灯的照明强度从0～100%连续变化，它还可将一个区域（空间）内的各回路照明组合在一起，形成一个总体要求的“场景”，该“场景”随着各路灯光亮度的强弱变化，再加上对灯具的色彩处理，其组合必然呈现丰富多彩的效果，就像人们通常在舞台上看到变幻多端的灯光一样。居民也可以在自己生活和工作的空间创造一个多姿多彩的光环境。使用调光系统，在一间起居室可以创造出不同的灯光场面：热闹的宴会、舒适的阅读、温馨的家庭以及浪漫梦幻的气氛。它将一般照明、重点照明、装饰照明集于一体。各“场景”可预先设置在控制器中，调节时，只需按下按钮就能方便选择。

2. 自动控制

(1) 传统灯具控制。在建筑电气设计中，控制对象最多的要属照明灯具，一般采用跷板或拉线开关，但在设计及应用过程中，这种方式有许多缺陷。

①开关位置。开关位置通常设在位于入口处的墙上，不在人们生活或工作的中心，如：

夜幕降临，天然光线变暗时，到门口开灯；入睡时要起身去关灯；晚上起夜在黑暗中找开关；老人可能更加感觉不便；儿童因够不着开关而在昏暗的光线下学习、生活；现代化办公大空间中受开关地点的限制，不得不到远离工作区的墙上，在一排开关中找到控制你所需灯具的那一个，最后还必须到那里关掉它，这似乎与现代化的办公环境不尽协调。同时，开关位置设置更不易满足二次分隔或装修的需要，装修时可能还须改造线路，在墙上重新布置开关控制管线，很不方便。

②房间分隔材料。遇到铝合金玻璃分隔等很难找到设置开关的合适位置，另外在这些分隔材料中敷设开关控制管、线、盒，也颇费工时。

③开关非为美化室内环境的装饰。尤其在装修质量要求较高的场所，对室内环境的影响更加明显。

由此可见，传统的灯具控制方法弊端多，因而遥控功能则值得效仿。

(2) 照明“遥控”。

①“遥控”开关特性。红外线遥控器由发射器和接收器两部分组成，发射器向接收器发出指令信号，接收器按指令对设备实施功能控制。只实现某一功能控制的遥控器为单通道遥控器，称之为红外线遥控开关。它具有良好的抗干扰性及指向性，其有效工作距离一般为8～10 m，增加聚光系统时可以达到 12 m。红外线遥控技术所控制的最大负载功率为400 W，接收频率为 38 kHz，所以发射器也可以用家电遥控器来代替，此接收器既可以遥控也可以手控，此手控开关视实际情况可单设跷板开关或设在灯具上。接收器视实际情况可以设在灯具上，也可以设在跷板开关上。

②“遥控”开关的应用。由红外遥控开关的功能可以看出，如果电气设计中引入红外线遥控开关来解决传统控制方式的缺陷，无疑会使我们的设计和电气功能提高一步，尤其是家用电器（如电视机、空调、音响、影碟机等）的控制大多采用了红外线遥控器，遥控器为人们带来使用上的方便。

将遥控接收器设在灯具上，可以省掉开关控制管线，使设计简化。由于控制管线的减少，既减少了管线交叉和导线保护管，又降低了对地面垫层厚度的土建要求。对于施工而言其优越性也很明显，如：在砖混结构中它可以减少在板缝中设置曲曲弯弯的控制管线，减少在墙上为敷设开关控制管线而必需的剔槽，只需在顶板敷线而不必再向后砌墙上预留管线盒，并减少由于穿线多而造成的接线麻烦，同时房间拉线盒及开关的减少也使墙面变得“干净”。另外，红外开关操作上的灵活，使面控变成点控，有利于节能。

3. 光电照明控制

①一个开关控制的灯具数量不宜太多，小办公室应每灯一开关，开关位置要合适，以便随手关灯。

②根据不同功能场所设置开关。如体育设施按不同运动项目分区设开关，并提供不同的照度水平。

③靠窗一侧的灯具单独控制。天然光充足时关灯，或采用断路器控制方式。

④采用调光、定时、光控开关。限制照明使用时间、调节照度等实现节电。定时开关（电子式、气囊式、时钟式等）的控制时间由 1 min 到数小时，用于标志灯、庭园灯、安防照明等。

⑤按时间顺序增减照明。如商店的照明在一天内可根据客流量的多少适当增减照明，实

现节能。

⑥无天然采光办公楼。走廊应推广使用节能灯，使用自动控光：上下班时100%开灯，工作时间减少为50%，夜间只保持25%或者更少，以实现节能。

4. 中央控制系统

中央控制系统是通过一个电源控制器控制整个照明线路，（分散控制系统只将控制器作为照明器具中的一部分）将成本费用降低。在许多情况下，中央控制会成为更为经济的首选。重要的是，系统要能处理标准的控制档次；由于一个单元控制着多只灯，产品必须符合规范要求。一个基本的中央灯光控制系统由电源控制器和光电感应器两部分组成。

电源控制器安装在线路的源头，通常是在配电盘或天棚范围中，光电感应器安装在线路中央的天棚中，在现场用于校准，以保持一个恒定的照度水平。它将信号发送给电源控制器，而控制器则调节输送至线路的电流，可将灯光控制在50%～100%的范围以内，在荧光灯的情况下相当于42%～100 %的功率范围。

在一个较大的具有均匀照明的房间里，所有的线路都可通过同一只光电感应器来控制，然而中央控制单元安放在光电感应器和电源控制器之间，因为一开始这个光电感应器设定值就不能轻易确定（房间的高度通常大于4 m），对光电感应器作任何校正就不实际了。由于中央控制单元是装在配电盘内，所以很容易变更照度设定值。采用这种特别技术，甚至连高强气体放电的光源均能控制。光源的控制挡必须是标准的类型，不含任何功率因数校正电容，功率因数的调整是在电源控制器集中进行的。根据不同灯的类型，调光范围可达20%～100%。

电力照明控制已成为重要问题，无论采用何种系统或技术，必须事先对照明控制系统的要求进行全面衡量。实际上，任何白炽灯、高强气体放电灯和荧光灯都可以通过标准的铁芯控制器的挡位来调光，对控制的光源无须作任何修改。

5. 智能照明控制

目前市场上出现的全数字、模块化、分布式照明控制系统，包括调光器、高频镇流控制器、光电单元、定时器及数字传感器等，集合成一个多功能装置。其适用的照明环境比较广泛，具有很高的可靠性，易于实现节能。对不必要的灯具需调暗或是自动关灭，有效利用天然光，优化运行费用，同时可以保护灯具，使其光源不受电压波动的影响而致损。对于建筑设备自动化系统可以监控照明、节约能源、延长照明灯的寿命，大厅、公共活动区及各楼层走道、停车场、立面广告的照明由电脑控制，按每天预先编排的时间程序来进行开关控制，并监视其状态，而工作状况可用文字及图形显示于彩色显示屏上，经打印出来后作为记录。

照明系统的能耗仅次于供热、通风与空调系统，并导致冷负荷的增加，照明控制显得更加重要，在现代办公大楼等照明系统采取智能化控制，通过合理的管理去实现有效节能。用程序设定灯的开关时间，在需要时才把灯点亮。利用动静传感器的测量，一旦人离开室内5 min以上时便自动关灯。智能照明控制系统能自动调节光照度。当室外天然光强（弱）时，室内灯光自动调暗（亮）。靠近窗户的办公室比在内廊的办公灯光照度相对降低，保持办公室有恒定的照度，用最少的能源创造最佳的工作环境，同时结合智能照明对“衰减因素”的自动补偿作用，按以上方式的照明智能化设计，可节约30%～50%的照明用电。

目前智能照明控制已经有比较成熟的系统，具有模块化结构和分布式控制的特点。“标准模块”可以实现灯光设计的照明构想；“功能模块”可以独立使用，也可以利用网络控制软件组成大型照明系统。

（1）荧光灯软启动。灯具的使用寿命是直接影响照明系统运行费用的重要因素。譬如大厦内用得较多的气体放电荧光灯，电网电压过高和电涌电压是损坏灯管灯丝的致命因素，现代智能照明的软启动（关断）技术，有效地抑制了电网的冲击电压和电涌电压，避免了灯丝的热冲击。同时可通过系统人为地限制电压等措施，延长灯具的使用时间。如果应用智能照明系统，尽管照度还是偏高设计，但在初始使用时就可以设定照度在标准值，而在灯具老化或墙面反射率降低时，系统可以智能调光，仍能保持恒定照度，对衰减因素起到自动补偿作用，从而避免了初始使用时的高照度能源浪费。

（2）白炽灯用小型调光器。由于可控半导体器件的发展，使得在一般家庭有可能采用调光器。自1958年研制成功半导体开关元件、晶闸管整流器（SCR）以来，又开发了体积小、重量轻、可由弱电信号控制大电力的SCR相位控制装置。此后，开始研制小型调光器，还相继研制成功对称交流开关（SSS）及双向晶闸管门控交流开关（TRIAC），并进一步加以改进。目前，后者适用于100～1 000 W小型调光器。

白炽灯调光工作原理是使用最新双向晶闸管交流开关以及双向二极管开关（DIAC，门触发二极管）的小型调光器控制灯光的电路，这种调光器由进行相位控制的双向晶闸管交流开关及控制导通角的控制电路和消除杂声的滤波电路构成。

向电容器充电的电荷，在某导通角经过双向二极管放电，流过双向晶闸管交流开关控制极的电流，导通主电路，从而点燃灯泡。用可变电阻调节电容器的充电时间，即用可变电阻的阻值来改变灯泡的电流，实现调光。

滤波电路是防止杂声的电路。因为相位控制的电流波形具有急速上升的特点，因此高频成分多，这种高频成分会对收音机或音响设备产生杂声，所以要用这种滤波电路消除高频成分。在小型调光灯光控制电路中，为在一定程度上防止调光特性的磁滞现象（电流开始流动值与停止不一致），在电路中增加了补偿电路和电压波动补偿电路。

（3）荧光灯用小型调光器。白炽灯调光广泛用于表现气氛，在获得功能多样化和降低成本方面有一定的效果。然而荧光调光尚未普及，一些人不大了解荧光灯调光方式，为普及荧光灯调光技术，其系统研制逐步走向商品化，节电效果较好的荧光灯调光正在受到重视。

①荧光灯调光工作原理。一般荧光灯调光电路原理和白炽灯相同。其小型调光器是由相位控制的主双向晶闸管交流开关和控制主双向晶闸管导通角的电路组成。镇流器基本上是快速启动型的触发电路，把荧光灯调光器控制相位的输出功率加到镇流器初级电压上进行调光。主线圈上装有专用预热线圈，无论调光状态如何，总是以一定电压预热灯丝。另外，还装有使低照度容易放电的脉冲电路，是一种调光专用的镇流器。注意这种调光方式的缺欠是不可能做到小型。由于20 W、40 W、110 W灯及白炽灯、荧光灯皆因其调光特性有异，不能通用同一电路。

②新型荧光灯调光系统。将相位控制用的主双向晶闸管开关装在各个镇流器内，调光器只对每个镇流器的主双向晶闸管开关发出控制信号。新型系统的辅助控制部分，使来自控制部分的信号与其负荷相平衡，即消除了对20 W、40 W、100 W等调光特性的差异，便实现了用一个调光器对不同功率的荧光灯进行调光。另外，由于可用小功率输入调光，所以调光器的尺寸有大幅度的缩小，15 A型可装在两台调光器用的开关盒上，如增大控制部分的双向晶闸管开关的容量，也可以使用同一电路对白炽灯进行混合调光。现在，已研制成对荧光

灯和白炽灯同时调光的调光器，这是内装 11 A 调光单元六条电路的配电盘型混合调光器。在这种情况下，无须按负荷种类选择调光单元，所以这是一种方便的调光装置。

(4) PS 分段调光器。

①走廊照明控制。按人流量考虑一般办公楼走廊照明，早晚上下班时和午休时拥挤，所以灯要全开（100%亮度），工作时间采用分段调光（50%亮度），加班时间通行量更小，所以 50%分段调光、50%闭灯（25%亮度），上班时间从 9：00～17：00，加班时间到 18：00，使用一只 36 W 荧光灯照明。若使用 PS 分段调光镇流器按上述时间表进行照明控制，与以往的连续开灯相比，则普通型灯可节电 38%，节能型灯节电 41%。

②商店照明控制。商店里顾客拥挤时，一般照明灯全开（100%亮度），便于顾客流动。顾客少时，对一般照明进行分段调光（50%亮度），顾客可在宁静气氛中愉快购物，同时又节电（不含对商品墙面等的重点照明）。在开店前和闭店后，对 50%灯进行分段调光，另 50%灯关闭以节电。10：00 开店，19：00 闭店，平日和双休日分开考虑。与以往的连续开灯相比，使用 PS 分段调光镇流器，按上述时间表进行控制，能节电 41%（普通型灯）或 45%（节能型灯）。

③节能反射罩。该罩“使光正确有效地向需要的方向反射”，并且反射镜的涂层是涂在高纯度石英玻璃上，维护清扫容易，是新型高天棚用反射罩。由于对负荷调光，改变电流以节电，荧光灯还包括镇流器的损耗；当荧光灯调光时光通量比和输入电量比大致成正比时，节电效果较好。特别是商业空间，今后将被更广泛开发采用。白炽灯调光时，光通量与输入电量不成正比，但光通量比为 25%时节电 47%，光通量比为 50%时节电 27%，节电效果仍较好，用调光器和不用调光器时的用电量相比，使用调光器时节电 17%，还能表现出丰富的色彩。

6. 可编程照明控制（PLC）

目前，大多数写字楼和高层办公大楼的室内照明采用天然日光和人工照明相结合的照明方式。为节省电能并使办公人员的视觉舒适，控制系统的输入采用日光传感器来检测光线强弱，以便按照其强度来自动控制照明灯具的开关状态和开关数目。当由门窗入射的日光使室内十分明亮的时候，就可完全去掉人工照明；若室内照明较弱时，则加上部分人工照明；达不到视觉舒适的最低照度（50 lx）时，就自动接上所有灯具。为保证工作人员需要，整个系统设有手动控制开关，每个房间设置有独立的手动开关，来配合临时的现场应急照明。

本控制系统的特点是结构简单，可实现单位照明的全自动控制，还可进行脱机手动控制，系统的可靠性高。采用本系统控制照明后不仅节省了电能，还能确保工作人员的视觉舒适性。

7. 光控电感镇流器

一般城市照明供电线路上的高压钠灯少则几百只，多则上万只。在供电电源首端，电压高出额定电压许多，灯的寿命将大为缩短；而在供电电源末端，电压又不足，灯光亮度将降低许多，甚至不能点燃。为克服上述缺陷，可在系统中安装光控电感镇流器，该镇流器集电光源的光控、镇流等功能为一体，可以将用于城市及工矿企业、港口、铁路照明的高压钠灯的亮度自动稳定在一定范围内，对提高电源质量、安全可靠运行及节约能源方面有着明显的效果。

(1) 工作原理。镇流器的电感量能自动平稳地随输入电压的变化而变化，当输入电压小于额定电压时，能使灯的亮度保持在额定状态下运行；输入电压大于额定电压许多时，仍能使灯的亮度保持在额定状态下运行。

交流电源经过控制后，到镇流器和触发器点燃灯管，同时由镇流器供给取样电路及其他能量（比如定时），然后送入光控电路进行比较、鉴别。通过计算，送出调整信号去调节交流电源值，再控制镇流器的电感量，从而达到控制灯管亮度的目的。交流电压如果上升或下降，电路就会作出相应反应，重新调整控制电路直至达到设计值为止。

（2）性能比较。在各个输入电压下，普通电感镇流器与光控电感镇流器的输入功率（平均半小时一次）、灯电压、镇流器电压、灯电流及其启动电流和照度，有着明显的区别，光控电感镇流器的各项性能（尤其是光照度）明显优于普通电感镇流器。普通电感镇流器的输入电压、光照度曲线基本上呈直线上升状况；而光控镇流器的光照度曲线在输入电压205～256 V时照度变化仅为±5%，输入电压接近260 V时，灯电压大于130 V，这对灯管的寿命是不利的，而光控电感镇流器的灯电压曲线相对较平滑、平稳，在输入电压为260 V时，灯电压一般不大于95 V。

（3）性能特点。输入电压在180～260 V时，灯能正常稳定地工作。在最高电压（260 V）开机时，灯的电涌电流小于正常工作时的1.5倍。

5.3.2 照明方式的选择

1. 照明方式

1）非均匀照明

非均匀照明可使灯光物尽其用，减少浪费，同时也打破了均匀照明那种呆板的气氛，如走道和非工作室的照度可为工作区照度的20%。

2）高强气体放电灯重点照明

该灯的光通量大、发光体积小，利用灯具将光线射向顶棚以作为二次发光光源。这种照明不易产生眩光和光幕反射，照明质量较高，节能效果与荧光灯直接照明相当，可应用于体育设施或办公室内。

3）灵活照明系统

如导轨照明灯、框架灯等，将光线投射到最需要的地方，既适合我国室内照明布局经常变化的潮流，又能获得节能效果。

4）混光照明

我国照度标准等级是按照视觉作业观察对象的尺寸大小制定的。在高照度等级内，同一等级可使用不同的照明方式，其照度标准也不同，例如Ⅱ甲级视觉作业的一般照明方式定在200/300/500 lx，混合照明方式照度标准定为750/1 000/1 500 lx。混合照明中的一般照明取照度值的5%～15%，即最高值为100/150/200 lx，因此采用混合照明节能显著，即在照度要求很高时，不宜使用一般照明方式，而应增加局部照明。

为了节能，使用单独一般照明方式时，照度不大于300 lx。重点照明在许多场所多有应用，其特点是工作面大或工件尺寸大，要求照度高。由于无法使用重点照明，从而采用一般照明低挂的方式，节能效果显著。

一般照明与重点照明相结合，对于高大空间，可在上部设一般照明，下面在柱子上或墙壁上设投光灯或壁灯照明，比单独设置一般照明方式要节能。

2. 合理选择照度标准

(1) 工作面要求。工作面要求不宜笼统地对待，以避免浪费。当某一小范围要求高照度时，可采用混合照明或重点照明方式，而不应将整个区域的照度提高。

(2) 执行现行标准。过去照度标准规定工作面上最低照明单一值。1983 年第 20 届 CIE 大会后，建议照度标准改为照度范围，它具有灵活确定照度水平的好处，规定的照度范围值较切合实际，对节能有利。由于具有相同用途的不同房间，随着环境不同会出现较大差别，例如办公室、会议室在高标准建筑物内和一般建筑物内照度差别很大，在 GBJ 133—90《民用建筑照明设计标准》中规定为 75/100/150 lx。照度范围的中值是推荐照度，高值和低值使用范围受条件限制，不宜随意提高或降低照度水平。照度范围使用条件如下。一是有下列情况采用高值：作业本身具有较低的反射系数或对比很小时，当光线不足，纠正差错需付出昂贵代价时，当精确度较高或至关重要时，人员年龄偏大，为长时间的持续视觉工作时。二是有下列情况采用低值：当作业本身反射系数或对比较高时，当识别速度和精确度无关紧要时，临时性的工作，能源紧张的地区，整个建筑水准较低时。

(3) 外界条件因素。

①房间尺寸、形状。一般情况下房间的面积越小（大），利用系数越低（高）。建筑物的尺寸、形状对节能影响较大。

②室内装修色调。室内采用白色或浅色装修，增加光的反射，可以提高光的利用率。当采用漫射型灯具时，工作面上照度约有 50%由墙、顶相互反射提供。若采用深色装修，光线大部分被吸收，照明效率大大降低。

③充分利用天然光。设计中尽量减少白天使用人工照明，而使用天然采光，要求建筑物开窗面积应合理。灯具布置和控制应与窗户平行，在阴天时也只需开启室内照度不足的部分灯。

3. 照明与空调结合

采用综合顶棚单元，将照明、空调、吸声结构有机地结合为一体，组成独立的顶棚单元，它的综合效益较高。由于照明的发热影响着环境温度，室内除了冬季可利用灯具产生的热量外，大部分时间必须排除热量才能获得人所需要的室内气候条件。而在照明、空调结合系统中，欲创造舒适条件就简单多了，需要排走的热量大部分未进入使用空间而直接排出，这是一条节约资金的有效途径。

(1) 减少热负荷。由于使用空调式灯具，可取消单独的回风元件。如果送风元件也和灯具结合，那么，只要在顶棚安装供照明和空调用的器件，对流散热不致进入使用空间，较多热量随着空气由灯具直接排走，有如等量的空气带走了较多的热负荷。也就是说，灯具散发出的热量在未进入房间前就被回风带走，可以减少空调送风量，空调设备、风机和制冷装置的负荷也相应减少。

(2) 提高荧光灯光效。在照明、空调分离的一般情况下，多数荧光灯在管壁温度为23～25 ℃时，具有最大的光输出。此后温度越高，效率越低。然而，两者结合的综合系统中，能够控制灯的气流量，使管壁温度接近最佳值。也就是说，只安装较少的灯，就能达到一定的照度，且所需要的制冷量也随之减少，做到以同样的费用，获得较高的照明水平。

(3) 降低热辐射温度。空气流经灯具还可降低其表面的温度。由于辐射温度的显著降低，在使用荧光灯、空调式灯具时，在获得高达 4 000 lx 的照度时，也不至于产生过量的热辐射。

(4) 利用灯具散热量。利用灯具散热量并加以重新分配，便可减少热量。由于照明和空调综合设计的建筑物，在冬季只需要补充较少的热量，夏季的制冷量也不大。若围护结构设计成对建筑物外墙具有较大的隔热能力，会显著地降低运行费用。热量回收系统的效率，将随回风温度的升高而成比例地增长。

4. 使用安全节电器

节电器采用先进的瞬变抑制技术，能够有效消除电网电路中的瞬变、电涌，提高电源质量，保护末端设备不受其损害，并且减少由瞬变、电涌引起的用电设备的能耗增加，提高系统的用电效率，具有节电和保护环境的双重功效。

1) 节电原理

通过抑制瞬流节电，还要突破两个尖端技术：①抑制器的反应速度要超过瞬流速度，系统安全节电的半导体元件，反应速度超过 10 ps，迅速截获瞬变，并且通过地线及时泄放；②节电器的电压要足够低，保证电压峰值不高的瞬流也被捕捉到，实现彻底消除瞬流的效果。

2) 节电可行性

(1) 电能浪费普遍存在。电能在不知不觉中浪费着，而且其数字触目惊心。据国家经贸委统计数字显示：中国企业万元产值的能耗较世界平均水平高 40%，但是企业的电费成本并不像其他成本那样采取非常明确和有效的控制措施，因此中国企业的节能工作已经刻不容缓。企业从节电入手是一种简单可行、周期最短、效益最大的途径。从节电中谋取利润，从节电中赚钱，是企业的上佳决策。

(2) 控制电费开支。在传统概念中，电费是难以控制和节省的，那是因为以前科技水平的局限，现在随着尖端技术的应用普及，企业的用电成本是完全可以控制的。例如，“系统安全节电器”，在国外经济发达国家已经得到普遍使用，采用目前先进的瞬变抑制技术，能够有效地消除电网电路中的瞬变、电涌，具有显著节电效果，通过对用户供电系统实施的整体节电方案，一般可以使企业的电费开支减少 10%～20%。

(3) 保证系统安全又降低电费开支。电能的浪费与企业内部电网的电源质量有着直接关系。这是因为电网供电普遍存在着“杂质”(术语为电源污染、瞬流、电涌、谐波等)，它们通过线路进入设备中，增加电耗并起破坏作用；设备运行中自身又会产生“杂质”并再次窜入其他设备；安全节电器节电效果显著，通过去除污染，提高电源质量，对系统中的设备有显著的保护作用，即降低大型设备的维护保养费，延长设备的使用寿命，并提高运行效率。

(4) 综合经济效益分析。提高经济效益建立在系统节电技术的基础之上，它是企业从局部和整体进行系统节电改造的工程。解决方案将保证企业在 1～2 年内可全部回收投资。根据以往经验，回收成本只用了 3 个月的时间，之后则一劳永逸享受了节电带来的好处。

在计算回收周期时，一般忽略节电设备对电机的保护作用所带来的节约效益，这主要是因为这些无形的节约效益较难以量化，同时需要相对较长的一段时间方可看出结果，根据几年内统计数据说明，节电设备安装以后可延长电机使用寿命 30% ～40%，而且电机故障率明显降低，维护保养费用骤减，如果把这些参数量化，回收周期可缩减 15%以上。

3) 电源污染危害

在现代建筑物中，几乎都是电子设备（电视机、电脑、复印机、传真机、UPS 系统、电子控制照明装置、电子控制设备、空调变频装置等)，这些负载绝大多数都是非线性的，它们都是谐波发生源，这些谐波电流注入公用电网就会污染电网，引起电网电源的电压畸变、波形失真，此种现象称为电源污染。

电源污染后果是使供电系统电耗增加，降低设备使用率；造成电网电压的严重畸变与瞬变高电压、高电流；电缆电线过热，绝缘老化加速，易损坏并导致线间短路和接地故障，引起电气火灾和人身电击事故；变压器和电动机过热，寿命缩短甚至烧毁；补偿功率因数的电容器过热，易损坏、甚至烧毁；断路及漏电保护装置、接触器、继电器等电气保护元件过热、失灵、误动作，接地保护装置功能失常；中性线过负荷、发热，甚至烧损、着火；计算机误码、死机、锁住；通信与影像设备失灵；医疗设备误动作，带来医疗事故，甚至设备损坏；金融、证券交易中心电源误动作。

随着信息时代的到来，电源污染对电源质量和设备的影响越来越大，所造成的经济损失也越来越惊人。

4）节电新技术

(1) 节电技术综合比较见表5—1。

表5—1　节电技术综合比较

采用技术	20世纪推出时间（年代）	节电效果	电网危害程度	可靠性能	推广方式	综合评价
电容补偿	50	不明显	很小	很好	政府强制	有利于发电，减少输电线路损耗
晶闸管斩波	70	较明显	很大	一般	企业	在欧美已被明令禁用
变频调速	70	使用局限性大	很大	一般	企业	解决电机“大马拉小车”的问题。电源污染极大
实现动控	70	明显	很小	较好	政府支持企业	对用户要求较高
抑制电涌	80	明显	无	很好	政府支持企业	清洁电网作用，有效地保护设备，为当今的节电主流
电磁转换	90	明显	无	很好	政府支持企业	绿色照明的节电电源

(2) 消除电源污染。目前在经济发达国家节电行业的发展已达到了很高水平，出现了科技含量很高的节电产品。而我国还停留在无功补偿和变频器阶段。过去我们接触的节电设备都是针对单一负载，而对满载运行的电机只能起到软启动的作用，节电也就无从谈起了。而它在“交—直—交”的转换过程中，又会产生大量的瞬流、谐波，当启动变频器时，周围所有无线电设备都会受到严重干扰。

近10年，随着变频器等电子及整流设备的普及应用，电源中的污染也日益严重。而以抑制 瞬流基础的系统安全节电器是一种不受负载限制的通用型节电产品，可以并联安装在任何低压供电系统中，通过抑制、消除瞬流、浪涌、谐波等电源污染，实现节电和保护设备。

5.3.3　照明控制系统的构成

通常照明控制系统基本上由以下几部分构成：①信号发生、接收器，其主要功能为产生和接收信号，包含各种开关与调光面板、智能传感器（红外探头、人员动静探测和光控探测器等）、时钟管理器、显示触摸屏和遥控器等；②控制器，通过智能运算来产生控制信号，核心是一块智能化的CPU；③执行器，通常接收来自控制器的信号，按指令动作（大多数模块化的系统其控制器和执行器都合在一起，组成调光控制柜）；④通信网络系统，是各个组成模块间的联络者，大多数照明控制系统中都采用总线结构，并按照一定的协议方式进行通信。

1. 信号发生、接收器

它主要分为控制面板、液晶触摸显示屏和各种传感器等。它们可以单独使用，也可联合使用。

(1) 控制面板。它是供人直观操作控制灯光场景的部件，由微处理器进行控制，通过编程完成各种控制要求。不同规格的控制面板有不同数量的按键，按下一个键就将设定的信号送到控制面板内的微处理器，微处理器识别输入键符并进行处理后向控制线上发出控制信息，以控制相应的调光模块，对灯具进行调光或开关。

(2) 液晶触摸显示屏。当需要在控制面板上清晰地表达场景控制状况的图像时，可选择液晶触摸显示屏。液晶触摸显示屏一般可图文同时显示，形象直观，功能多。

(3) 传感器。传感器形式多种多样，照明控制系统主要采用的传感器有时钟控制器、人员动静探测器、光敏传感器、红外遥控传感器和声控传感器等。

①时钟控制器实质是一个时间开关，根据预设置的时间表来开启、关闭照明系统或灯光场景。

②人员动静探测器推测人的运动，有人进入房间，开启照明系统；房间内有人，保持照明系统；人都离开，关闭照明系统。

③光敏传感器根据环境灯光的变化，采用电子元器件将可见光转化成电信号，从而控制照明系统，保证作业的照度控制在一定范围内。

④红外遥控传感器利用红外遥控，也可以产生照明控制信号。由红外遥控器和红外信号的接收器——红外探头来组成。通过操作遥控器，产生红外信号，为红外探头接收后，就向照明控制系统传递信号。

⑤声控传感器一类是利用电子元件，将声音信号转为电信号，当音量超过一定值时，就会开启灯光回路，并随声信号的消失，延时后关闭，这种元件比较简单，一般只有开闭状态；另一类是输入音乐信号，根据音量的变化，激发不同程度的灯光场景，从而产生随音乐同步变化的灯光效果，多见于舞台与酒吧间照明。

2. 控制器

控制器接收来自于信号发生器产生的信号，经过分析处理，发出指令，由执行器来改变灯光场景，甚至通过控制采光格栅等控制天然光。当然，中央控制器也会集中产生控制信号，以调整整个区域的照明状况，在使用中央控制器产生总体的关闭信号时，应当注意有时需要保证个别区域灯光的开启，可以通过照明控制系统内部参数的设定来解决。

3. 执行器

执行器能根据控制器发出的指令开关不同的照明回路，开关照明回路可采用断路器或采用与接触器、继电器的结合进行设置。在调光回路中，对于不同类型的光源和不同的采光模式，调光的原理和元器件不同。在大多数模块化的照明控制系统中，会将控制器和执行器组合成调光控制柜。

4. 通信网络系统

该系统模式多采用超声波、红外、无线电波、总线系统、电力系统载波等技术，并采用以串行为主的通信方式，串行通信的物理介质简单，连接扩展方便，可实现远距离通信，缺点是通信速度低，现在技术发展正在逐步弥补这个缺点。

5.4 绿色照明与环保

绿色照明是美国国家环保局于20世纪90年代初提出的概念。完整的绿色照明内涵包含高效节能、环保、安全、舒适等4项指标，不可或缺。高效节能意味着以消耗较少的电能获得足够的照明，从而明显减少电厂大气污染物的排放，达到环保的目的。安全、舒适指的是光照清晰、柔和及不产生紫外线、眩光等有害光照，不产生光污染。

5.4.1 绿色照明

“绿色照明计划”是1991年由国际上有识之士提出的，并在世界范围内得到了广泛响应和积极推广的系统工程。同时也引起了我国政府和全社会的高度重视，自1996年制定出“中国绿色照明工程”实施方案以来，取得了许多可喜的成绩。

1. 绿色照明的含义

绿色照明是指通过科学的照明设计，采用效率高、寿命长、安全和性能稳定的照明电器产品（电光源、灯用电器附件、灯具、配线器材以及调光控制器和控光器件），改善提高人们工作、学习、生活的条件和质量，从而创造一个高效、舒适、安全、经济、有益的环境，充分体现现代文明的照明。

2. 绿色照明的内容

绿色照明主要包含两方面内容：一是照明节能，节约能源，合理控制照明用电，使用高效的光源和灯具，推广节能灯等；二是环境保护，推广新型的光源和照明器具，尽量降低汞等有毒物质对环境的影响和破坏，大力回收废、旧灯管。我国经济建设不断腾飞，照明领域获得了前所未有的发展，绿色照明工程的推进更具有重要的意义。

3. 绿色照明的质量

良好的照明质量是绿色照明的重要内容之一。照明质量主要包括良好的显色性能、相宜的色温、较小的眩光、比较好的照明均匀度、舒适的亮度比。

1）显色性

（1）显色性的分类详见最新制定和公布的CIE标准——《室内工作场所的照明》（CIE S008/E—2001)，很多场所的显色性要求都有提高，如办公室、控制室等都列入IB类。

（2）显色性的应用：显示指数值的高低，对于现代建筑场所建立良好的照明环境有很大意义，不仅是辨别识别对象颜色的需要，对视觉效果和视觉舒适性也有很大影响。光源的显色指数高，被视对象和人物的形象会显得更真实、生动；反之，就会变得不好看，失去其本来的豪华和光泽。

当前，在照明工程设计中，对光源显色指数注重不够，降低了视觉效果，希望给予更大注意。设计中，应对每个场所、房间，确定其显色指数要求，即显色类别，按此标准来选择符合显色要求的光源。

2）光源的色表

按场所的使用特点、照度水平和需要营造的气氛，选择适宜的光源色表类别，一般说，较低照度（150～200 lx 以下）场所，需要一种温馨和亲切的情调，宜用暖色表；高照度（750 lx 以上）场所或热带地区、热加工车间等宜用冷色表；而大多数场所应选用中间色温为宜。

当前的主要问题是：有些设计没有规定光源的色温，由承包商随意选购，达不到最佳效果；另外，应用冷色温荧光灯管过多，有的甚至认为色温越高越亮的误解，造成与场所不相配，也影响光效的提高。

一些高等级的公共建筑，常常运用光色来调节或营造各种情调，创造多种不同的气氛，如热烈或宁静，紧张或轻快等。

4. 绿色照明的技术

要让绿色照明到位，首先要有好的光源质量，再匹配优质的照明技术，两者缺一不可。照明技术的好坏体现在以下四个方面。

(1) 眩光小。凡是感到刺眼的光就是眩光，极易使眼睛发生调节痉挛，严重时可损伤视网膜，导致失明。优质的照明技术必须在灯具上装有消去直射和反射眩光的特殊技术措施，尽量将光源作漫射处理，同时使光能损失最小，成为人们常说的十分“柔和”的光进入人的视野。

(2) 照度高。所谓照度，即发光体发出的光能在台面上反映出的高度。无眩光条件下的适当高照度，可使眼睛在观察物体时感到轻松。

(3) 照度分布均匀。自然光的照度分布最好，在人的视觉观察范围内，从中心至边缘，均匀度为 100%，因而不仅视觉效果好，而且长时间观察不易疲劳。当人工光的照度分布均匀性达到 60%以上时，对人眼适应性及视觉效果影响不大；当其均匀性小于 50%时，人眼的视觉效果和视觉疲劳会明显变差和加重。

(4) 观察功能强。照明的目的在于观察，若给观察提供深层次的方便，如用特殊的技术，在台灯的合适位置上安装一个优良的光学放大镜，既可使眼睛看东西轻松，又能观察肉眼看不清的东西。

绿色灯具呼之欲出。在信息时代，视觉的健康太重要了。要保护好眼睛，不仅应重视视觉卫生，也不能忽视用灯科学。眼疾的发生率呈不断上升趋势，如视力下降、近视眼、白内障等，还有“老花”眼、“青光”眼提前发生，除极少数是由于遗传因素的作用外，大多是视觉卫生与视觉光学等因素综合影响的结果。绿色照明的实施及绿色灯具的研发将对社会发展起到至关重要的作用。

5.4.2 保护环境初见成效

1. 绿色照明

我国对节约能源十分重视，在照明领域的节能方面也进行了很多工作。在 20 世纪 90 年代，中国照明学会组织了照明节能的分析研究，提出了一些措施，1990 年撰写了《未来十年照明节能预测》的报告，对 20 世纪最后 10 年的照明节能潜力进行了研究分析，提出了技术措施和建议，报送国家计委、中国科协等领导单位，引起了重视，该报告被列入了《1991 年全国节能宣传周节能报告文集》进行了重点宣传。国家经贸委 1993 年开始把照明节能提到了能源、环境与经济协调发展的战略高度，放在资源节约工作的优先位置，并于1994年开始组织制订中国绿色照明工程计划，于1996年正式制订了《中国绿色照明工程实施方案》，正式组织试点和实施。

实施“绿色照明”旨在通过科学的照明设计，大力发展推广高效率、长寿命、安全和性能稳定的照明灯具，并逐步替代传统的低效照明产品，节约照明用电，建立优质、高效、经济舒适、安全可靠、有益环境、改善生活质量、提高工作效率和保护人们身心健康的照明环境，以满足国民经济各部门和人民群众日益增长的对照明质量、照明环境和减少环境污染的迫切要求。

2. 全面认识“绿色照明”

不论是美国的“绿色照明计划”，还是我国的《绿色照明工程实施方案》，都有其明确的宗旨和目标，具有丰富的内涵。要实施我国的绿色照明工程方案，达到预期的目标，必须要使照明工程的设计、科研、生产维护专业人员，各行业、各地区、各企业事业单位的管理者，对绿色照明工程有比较全面的认识和正确的理解。

绿色照明工程不仅只是节能，而要从更高层次去认识，提高到节约能源、保护环境的高度对待，其意义重大深远。绿色照明工程提出的宗旨不只是个经济效益问题，而最主要的着眼于资源的利用和环境保护的重大课题。通过照明节电，从而减少发电量，即降低燃煤量(目前我国70%以上的发电量还是依赖燃煤获得)，以减少SO_2、CO_2以及氮氧化合物等有害气体的排放，对于世界面临的环境与发展的课题，都有深远的意义。

绿色照明工程要求照明节能，已经不完全是传统意义的节能。我国《绿色照明工程实施方案》中提出对照明质量和视觉环境条件要求更高，因此不能靠降低照明标准来实现节能。实施绿色照明工程，不应简单地理解为提供高效节能照明器材，高效的器材是重要的物质基础，但是还应有正确合理的照明工程设计。设计是统管全局的，对能否实施绿色照明要求起着决定作用。

第 6 章　节能型建筑设备系统

6.1　热泵系统

6.1.1　热泵的工作原理

作为自然界的现象，正如水由高处流向低处那样，热量也总是从高温区流向低温区。但人们可以创造机器，如同把水从低处提升到高处而采用水泵那样，采用热泵可以把热量从低温区抽吸到高温区。所以热泵实质上是一种热量提升装置，热泵的作用是从周围环境中吸取热量，并把它传递给被加热的对象（温度较高的物体）。

热泵在工作时，它本身消耗一部分能量，把环境介质中贮存的能量加以挖掘，通过传热工质循环系统提高温度进行利用，而整个热泵装置所消耗的功仅为输出功中的一小部分，因此，采用热泵技术可以节约大量高品位能源。

地源热泵的工作原理如图 6－1 所示，它从周围环境中吸收热量而传递给被加热的对象。其工作原理与制冷机相同，按热机的逆循环工作，所不同的只是工作范围不同。对于热泵来说就是可逆的冷冻循环，正循环时由需要的制冷空间吸热而将其热排到土壤或水中，称为制冷工况；逆循环时则从土壤或水中吸热而传递到需要采暖的房间，称为采暖供热工况。

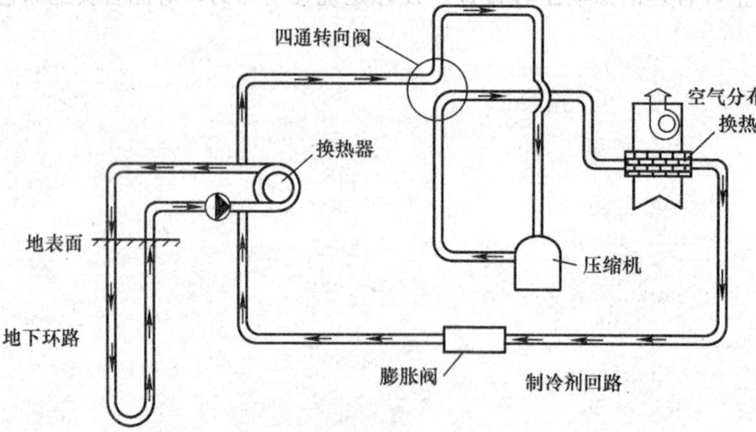

图 6－1　地源热泵工作原理示意图

1）制冷工况

制冷时恒温控制器启动压缩机，打开四通转向阀指示制冷方向，此时低温低压的气态冷媒进入压缩机压缩成高压气体，再经四通转向阀进入冷凝器（水的散热器）而冷凝成液体。冷媒通过毛细管（或膨胀阀）而进入蒸发器（空气的蒸发器），蒸发成为低温气体，该气体吸收从风机吹过盘管的空气之热而使空气温度降低，不断往复进行制冷循环。

2）采暖供热工况

采暖供热时，恒温控制器启动压缩机打开四通转向阀使其朝向采暖供热方向，此时低温低压冷媒进入压缩机压缩成高温高压气体，再经四通转向阀进入冷凝器（盘管的散热器）冷凝为液体，此冷媒液向风机吹过盘管的空气释放热能，使其温度升高，冷媒液再经过毛细管（或膨胀阀）而进入冷媒蒸发器，吸收循环水热能而蒸发为低温气体，低温低压的冷媒气体经过四通转向阀进入压缩机入口成为下一循环的开始，如此往复循环完成采暖供热。

6.1.2 热泵工业发展历史

热泵的理论起源于19世纪早期法国科学家萨迪·卡诺（Sadi Karnot），卡诺在1824年发表论文首次提出“卡诺循环”理论，30年后，英国科学家开尔文（L. Kelvin）于1850年初提出冷冻装置可以用于加热，之后许多科学家和工程师对热泵进行了大量研究，研究持续80年之久。

1912年瑞士的苏黎世成功地安装了一套以河水作为低位热源的热泵设备用于供暖，这是早期的水源热泵系统，也是世界上第一套热泵系统。热泵工业在20世纪40年代到50年代早期得到迅速发展，家用热泵和工业建筑用热泵开始进入市场，热泵进入了早期发展阶段。

20世纪70年代以来，热泵工业进入了黄金时期，世界各国对热泵的研究工作都十分重视，诸如国际能源机构和欧洲共同体，都制订了大型热泵发展计划，热泵新技术层出不穷，热泵的用途也在不断拓展，广泛应用于空调和工业领域，在能源的节约和环境保护方面起着重大的作用。

21世纪，随着“能源危机”的出现，燃油价格飙升，经过改进发展成熟的热泵以其高效回收低温环境热能、节能环保的特点，重新登上历史舞台，成为当前最有价值的新能源科技。

前国际热能署专门成立国际热泵中心，设立热泵推广工程（Heat Pump Programme），向世界各国推广协调热泵技术的应用和发展。美国、加拿大、瑞典、德国、日本、韩国等国政府均发出专门的官方指引，促进热泵技术的社会应用。

相对世界热泵的发展，中国热泵的研究工作起步晚20～30年。新中国成立后，随着工业建设新高潮的到来，热泵技术才开始引入中国。

从2001年热泵起步开始，经过5年的培育，中国热泵行业开始从导入期转入成长期。热泵行业快速发展，一方面得益于能源紧张使得热泵节能优势越来越明显，另一方面与多方力量的加入推动行业技术创新有很大关系。进入21世纪后，由于中国沿海地区的快速城市化、人均GDP的增长、2008年北京奥运会和2010年上海世博会等因素拉动了中国空调市场的发展，热泵在中国的应用越来越广泛，热泵的发展十分迅速，热泵技术的研究不断创新。

6.1.3 热泵在国内外的应用

热泵商业化应用已近30多年的历史，美国至1985年全国共有14 000台热泵，至1997年就安装了45 000台，到目前为止已安装逾400 000台，而且每年以10%的速度稳步增加。1998年美国商业建筑（国际型酒店、大型医院）中，热泵系统已占空调总容量的19%，其中新建筑中占30%。

美国热泵工业已经成立了由美国能源部、环保署及众多热泵厂家组成的美国热泵协会，该协会在近年中将投入1亿美元从事开发、研究和推广工作，于2001年达到每年安装40万台热泵的目标，降低温室气体排放100万吨，相当于减少50万辆汽车的污染物排放或种植树木100万英亩（约合4×10^9 m^2），年节约能源费用达4.2亿美元，此后，每年节约能源费用再增加1.7亿美元。

与美国的热泵发展有所不同，中国、瑞典、瑞士、奥地利、德国等国家主要利用浅层地热资源，地下土壤埋盘管（深度大于400 m）的热泵，用于室内地板辐射供暖及提供生活热水。据1999年的统计，民用供热装置中，热泵所占比例，瑞士为96%，奥地利为38%，丹麦为27%。

全球热泵的应用情形自1995年产生约59%增长，每年约以9.7%比率增长，大部分集中于美国以及欧洲，其他如日本及土耳其热泵机组装设容量约在6 875 MW，2000年初年消耗23 287 TJ/a（6 453 GW·h/a），实际安装的数目约500 000台，总容量约相当于12 kW的热泵机570 000台。12 kW为美国及部分欧洲国家使用之民用型热泵规格。

我国属大陆性气候，四季分明，冬季严寒，目前正值工商业高度发展时期，商办大楼与集中式住宅已于当地建筑法规中载明空调暖气之必要性，在此条款下每年冬季必定产生相当大的能源消耗，在原油等能源日益缺乏的今日，热泵已是采暖主流技术。

国内应用于热水、空调供暖、加热等用途者，多采用锅炉作为主要热源，使用燃料有数种，柴油、瓦斯（天然气）及电力为大宗，另低硫燃料油及液化石油气亦相当常见。在能源使用成本上以天然气较为经济实惠，但天然气管网分布有地域上的限制且管线设置费用高，而柴油、燃料油及液化石油气等燃料在运输上较为便利，通常为第二选择；电热在使用上成本最高，但电力取得便利，设备设置成本低，普遍用于家庭及集合式住宅。据相关统计126例中有59例（占46.83%）采用柴油，电热器35例（占27.78%），天然气25例（占19.84%），液化石油气7例（占5.56%），能源利用情况如图6－2所示。

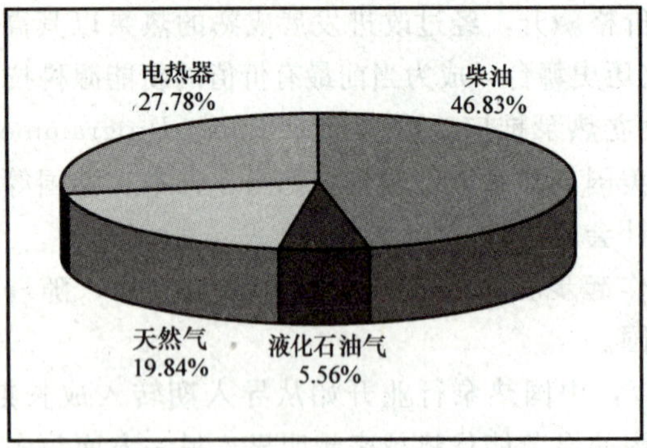

图6－2　热水系统使用能源类别比例

国内热泵系统多用于洗浴热水供应，在热水用量大的场所如饭店、医院及宿舍、体育馆等，规划热泵系统取代燃油或燃气式热水锅炉，可大幅降低因供应热水而支出的营运成本。因此，使用热泵机组直接或间接自空气或水源中汲取热能相当便利，可兼顾节能效益及避免投资回收年限过长。

以产生每单位热能所需支出的费用、能源使用成本比较，热泵热水器产生每单位热量的费用与同样利用电力的电热器相比，热泵热水器较电热器节约近75%支出费用，较燃用天然气的锅炉节约56%、液化石油气的锅炉节约70%、柴油锅炉节约50%的能源使用成本，这也是热泵系统在推广上最大利益诱因。

6.1.4　热泵的类型

所有形式的热泵都有蒸发和冷凝两个温度水平，采用膨胀阀或毛细管实现制冷剂的降压节流，只是压力增加的动力形式不同，主要有机械压缩式、热能压缩式和蒸气喷射式。其中，机械压缩式热泵又称作电动热泵，目前已经广泛应用于建筑采暖和空调，在热泵市场上占据了主导地位；热能压缩式热泵包括吸收式和吸附式两种形式，其中水－溴化锂吸收式和氨－水吸收式热水机组已经逐步走上商业化发展的道路，而吸附式热泵目前尚处于研究和开发阶段，还必须克服运转间歇性以及系统性能和冷重比偏低等问题，才能真正应用于实际。根据热源形式的不同，热泵可分为空气源热泵、水源热泵、土壤源热泵和太阳能热泵等。国外的文献通常将地下水热泵、地表水热泵与土壤源热泵统称为地源热泵。

1. 水源热泵系统

1）水源热泵的原理

水源热泵系统是应用地球表面浅层水源如江、河、湖、海水和地下水吸收的太阳能和地热能而形成的低位热能，通过少量的高位电能输入，经过逆向热力循环利用低品位热能的一种热力系统。地表土壤和水体不仅是一个巨大的太阳能集热器，而且是一个巨大的动态能量平衡系统，地表的土壤和水体自然地保持能量的接受和发散的相对均衡。水源热泵系统的基本工作方式是在夏季将建筑物中的热量转移到水源中，而冬季通过逆向热力循环，从水源中提取热量，其工作原理如图6－3所示。

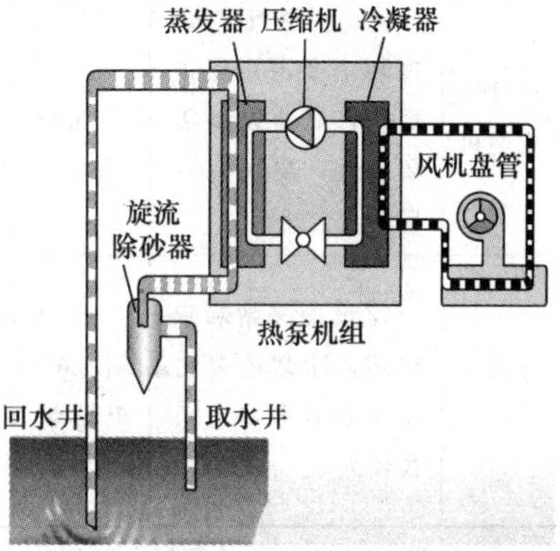

图 6－3　水源热泵工作原理示意图

水体的温度一年四季相对稳定，其波动的范围远远小于空气温度，特别是地下水温度保持常年恒定，是很好的空气冷源和热泵热源。因为水体温度的恒定，使得水源热泵系统运行稳定可靠、不受外界气候变化的影响，高效节能，且不存在空气源热泵冬季除霜的难点问题。因此，水源热泵系统是值得深入研究和积极推广应用的一项以节能和环保、可再生能源利用为特征的先进技术。这项起始于1912年的技术，最近10年在欧美工业发达国家取得了迅速的发展，已成为一项成熟的应用技术。在我国，水源热泵技术的研究于20世纪90年代末掀起一股“水源空调”的热潮。

2）水源热泵的可行性分析

（1）技术可行性分析。据地下水资源状况分析表明，我国很多地区地下水资源较为丰富。地下水资源根据埋藏深度不同而具有不同的温度变化规律。埋深3～5 m的地下水具有昼夜变化规律，埋深5～50 m的地下水具有年变化规律，埋深50 m以上的深井地下水水温很少受季节变化影响，常年基本保持不变。我国华北地区深井水的温度为14～18 ℃，长江中下游地区的为19～24 ℃。与环境温度相比，深井水冬温夏凉，对于热泵的高效稳定运行十分有利。我国成功地开发了深井水回灌技术，控制了地面沉降，同时通过采用“冬灌夏用”和“夏灌冬用”技术，进一步提高了深井水温的可利用水平。

水源热泵在夏季制冷时可使机组的冷凝温度降低，在冬季可使机组的蒸发温度提高，都能提高产能效率；此外，热泵所利用的低温热源通常可以来自环境（大气、地表水和大地）或各种废热，热泵从这些热源吸收的热量属于可再生的能源。

空调系统一般应满足冬季的供热和夏季制冷两种相反的要求，传统的空调系统通常需分别设置冷源（制冷机）和热源（锅炉）（见表6－1）。如果让传统的空调系统在冬季以热泵的模式运行，则可以省去锅炉和锅炉房，不但节省了初投资（见表6－2），而且全年仅采用电力这种清洁能源，还能大大减轻供暖造成的大气污染问题。

水源热泵机组系统运行稳定，能效比可达5～6，远大于其他同类型机组（见表6—1）。系统运行过程中，无燃烧，无任何固态、液态或气态污染物排放，是“绿色”供暖（制冷）的环境系统工程。水源热泵的污染物排放可以比电供暖减少70%以上。

表6—1 水源热泵中央空调与其他中央空调冷热源的技术特点对比

方式	占地面积	设备寿命	水耗量	驱动方式	环保	备注
水源热泵	机房占地面积小，可设在地下室	20年	只利用地下水源的热量，采用回灌技术，不消耗水资源	电能利用系数为3.8～6.0	无燃烧污染，水资源与制冷剂不接触，无水源污染，噪音低	需要一定量的水资源，维护简单
溴化锂吸收式直燃机	机房占地面积大，冷却塔要占用屋顶面积，储油设备需要占地，要求有一定的安全间距	10年	冷却水循环量的2%为冬季供热的排污补水	燃油或燃气能源利用系数为80%	有燃烧污染，有一定的噪音和水霉菌污染	机房需要设置安全报警装置
水冷机+电锅炉	需设冷冻站和锅炉房，冷却塔要占用屋顶面积，电负荷较大	冷水机组20年，电锅炉15年	冷却水循环量的2%为冬季锅炉的排污补水	电能利用系数：夏季为3.5～3.8 冬季为90%	无燃烧污染，夏季有一定的噪音和水霉菌污染	需要设置两套机组和人员，运行维护复杂

注：水冷冷水机组按水冷螺杆机组考虑，性能参数均摘自厂家样本资料；室内进风温度27 ℃（干球温度），19.5 ℃（湿球温度），冷却水进出口温度32 ℃/37 ℃，冷媒水进出口温度7 ℃/12 ℃；冷却水塔按两台考虑。

根据表6—1可以得出如下结论：

①从冷热源占地面积可以看出，水源热泵相对其他类型的中央空调系统，其占地面积小，不需要冷却水塔、锅炉等耗电设备；

②相对其他类型的中央空调机组15年左右的使用寿命来说，水源热泵空调机组使用寿命可长达20年；

③水源热泵技术所使用的是可再生水资源，不需要进行循环水的补水；

④水源热泵的制冷、制热系数可达3.8～6.0，与其他形式的中央空调系统相比有明显的节能优势；

⑤水源热泵系统相对其他系统而言，无燃烧和水污染；

⑥水源热泵系统结构简单，运行维护方便。

（2）政策的可行性。随着我国经济的快速发展，能源短缺及环境问题日趋严重。为实现可持续发展战略，我国制定了一系列能源与环境政策，鼓励开发利用节能环保新技术。而开发利用地下天然的冷热源能够为空调带来节能和环保双重效益，越来越受到人们的重视。据美国环境署的一份有关空调未来发展报告所得出的结论可知，水源热泵技术将成为降低国家能耗和环境污染的一支主要力量。1997年11月美国能源部和中国科技部签署了中美能源效率及可再生能源合作协议书，分别要在中国北部、中部和南部建立三个综合利用常温地热资源的热泵示范工程，待总结经验后，大规模推广，这就为这一节能环保技术提供了强有力的政策支持。

(3) 经济性分析。使用该技术后可以使冷热水蓄存的地下水温度应用品位远高于常规地下水温的系统，可大大提高热泵的供冷供热性能系数。不仅可降低机组能耗，节省运行费用，而且可减少机组尺寸、降低设备投资。由于大幅度提高了地下水可供经济利用的温差，单井供热供冷能力可提高一倍左右，大大减少了冷热水井的数量，节省造井投资。表6-2给出了与常规系统初投资概算和运行费的比较，从表中可以看出，水源热泵系统在节省运行费和初投资方面具有较为显著优势，具有经济上的可行性。

表6-2 水源热泵系统与常规空调冷热源系统费用比较

方式		水源热泵	溴化锂吸收直燃机组	水冷机组+燃气锅炉	水冷机组+电锅炉（平+谷）
初投资	制冷主机（万元）	100	140	90	90
	锅炉（万元）	—	—	30	24
	循环水泵（万元）	5	7	5	5
	冷却水塔（万元）	—	8	6	6
	水井	6	—	—	—
	室内末端（万元）	5	5	5	5
	其他（万元）	40	68	82	74
	总投资（万元）	156	228	218	204
	单位面积投资（元/m^2）	156	228	218	204
能耗费	冬季125天（元/（季·m^2））	17	37	36	28
	夏季115天（元/（季·m^2））	12	28	17	17
	全年（元/（年·m^2））	29	58	53	45

注：以华东地区空调建筑面积10 000 m^2为例，夏季冷负荷1 064 kW，冬季热负荷1 220 kW，比较水源热泵与其他不同系统的投资与运行费用。

(4) 节能性分析。常规地下水源热泵有效地利用了低品位地热能，节省了大量的高品位能源，加之地下深井水温冬暖夏凉，大大提高了热泵机组的运行效率，节能效果明显。与电锅炉供热系统相比，可以节省60%以上的电能，与燃煤锅炉供热系统相比可节省50%以上的能量，与空气源热泵系统相比可节省30%～40%能量，而该技术实现了热水井冬夏季交互作用，不仅充分利用了低品位的地热能，同时又有效地利用了热泵机组的排放热量，使机组效率进一步提高。

通过对水源热泵进行技术可行性、政策可行性、经济可行性、节能性分析等方面的研究可得出结论，水源热泵在我国是可以大量投入使用的。

3) 我国水源热泵在应用中存在的问题

我国地下水源热泵技术的研究和应用尚处于起步阶段，因此还面临着一系列亟待解决的问题。

(1) 深井水回灌难以保证。据调查，国内目前已投入使用的地下水源热泵系统的应用工程有相当一部分未能保证深井水100%回灌，其原因有三：一为地下水回灌是一项技术性很强的工作，并不是普通打井队就能承担的；二是为节省回灌井所需一次性投资，不设回灌井；三是如果采用压力回灌，势必增加一定的能耗及运行费，用户不愿设回灌井，也不采用压力回灌。

(2) 尚未形成技术成熟的地下水源热泵产品。地下水源热泵冷热水机组工况参数的确定以及性能的适用性，直接关系到地下水源热泵系统的全年正常运行和能量消耗。但是，由于我国目前还没有标准可循，市场所提供的产品大部分未进行正确、严格的设计计算，也未进行过权威部门的检测，不但额定制冷、供热工况五花八门，而且几乎均未给出全性能参数，特别是水量变化条件下，对制冷或供热量以及输入功率的影响。为此，建议利用以下方法来提高对水源热泵的利用：

①改进现有深井探测技术，提高成井质量、出水量、回灌量，保证长年运行，进一步完善回灌蓄能技术，保护地下水资源，提高蓄能利用率；

②建立良好的示范工程，及时总结经验，以便更好地推广应用；

③制造厂家应积极开发适合蓄能水源特点的大温差小流量机组，重视产品的性能与运行可靠性，特别是变工况运行的可靠性，以便适用于不同地区用户；

④积极开展机组的性能试验研究，尽快制定国家标准，以规范其技术；

⑤国家以及地方政府应尽快制定有关政策和措施，鼓励并支持该技术的发展。

2. 地源热泵系统

1) 地源热泵系统的原理

地源热泵是利用地球所储存的太阳能资源作为冷热源，进行能量转换的供暖制冷空调系统。它利用的是地下常温土壤或地下水温相对稳定的特性（地下 80～160 m 深处温度常年维持在 16 ℃左右)。冬季，当机组处在制热模式时，就从土壤或水中吸收热量，通过压缩机和热交换器把大地的热量集中，并以较高的温度释放到室内，同时将室内冷量取出来释放到土壤或地下水中，此时，地能为“热源”；夏季，当机组处在制冷模式时，就从土壤或地下水中提取冷量，通过压缩机和热交换器把大地的冷量集中，送入室内，同时把室内热量取出来释放到土壤或地下水中，此时地能为“冷源”。

地源热泵空调系统必须由三个环路组成，即：室外环路、制冷剂环路和室内环路。（有的地源热泵还有加热生活热水的环路）不同类型的热泵系统，其制冷剂环路和室内环路基本相同，但其室外环路各有不同。

2) 地源热泵的节能优势

(1) 地源热泵系统既可供热又可制冷，还可供生活热水，一机多用。一套系统可代替原来的锅炉加制冷机的两套装置或系统，系统紧凑，省去了锅炉房和冷却塔，节省了建筑空间，有利于建筑的美观。

(2) 设计时，还可以按冬季热负荷设计地埋管换热器，夏季增设一些冷却塔散热，减少夏季排入地层的热量，以求得取、排热量的平衡，以减少初投资与运行能耗。地源热泵系统大大提高了一次能源的利用率，因而有高效节能的优点。

(3) 地源热泵比传统的空调系统运行效率要高 30%～40%。另外，地源温度比较恒定的热泵机组运行更可靠、稳定，整个系统的维护费用也较锅炉－制冷机系统大大减少，保证了系统的高效性和经济性。

(4) 实验证明，系统间歇运行时，地下循环水温度得到明显的恢复，而机组和水泵输入功率减少（地下是自然恢复，水泵不运行)，节能且保证了机组的高效运行。同时，地下热量得到充分扩散，地能得到充分利用，做到了对系统的优化。

(5) 地源热泵是一种利用可再生能源、经济有效的节能技术，它通过换热介质和大地地表浅层换热。地表浅层是一个巨大的太阳能集热器，收集了47%的太阳能，相当于人类每年利用能量的500多倍，是清洁的可再生能源。

3. 空气源热泵系统

1）空气源热泵的工作原理

空气是可再生能源，随着我国经济的快速发展，能源资源已成为影响未来发展的严重制约因素，在这一新形势下，大力发展利用可再生能源，不仅是世界能源的必然趋势，更是中国能源战略的必然选择，它是继水源热泵、地源热泵系统之后又一新的能源技术。

空气源热泵是从低温空气中吸收热能，利用所消耗的能量驱使其吸收的热能输送给高温热源。它由多个单元组成，主要包括蒸发器、冷凝器、压缩机、膨胀阀、四通换向阀、贮液器、气油分离器、气液分离器等。整个热泵系统还包括循环水箱、生活用热水箱和风机盘管等末端设备。它利用全封闭式压缩机驱动环保工作介质，使其在独立密封的工作回路里循环，利用热平衡式膨胀阀，根据热负荷的不同，自动进行动态的流量调节；利用电磁四通换向阀进行获取冷能和热能的工作模式转换。

2）空气源热泵的优势

我国每年用于采暖、空调与生活热水系统的能源占全国能源消耗总量的15%，采用空气源热泵技术可以节能50%以上。

空气源热泵的应用可改善温室效应。空气源热泵大部分工作时段都是在吸收空气的热量，实际上也是在给大气进行物理降温。空气源热泵在正常工作时温室效应气体是零排放。

热泵除上述三类以外，还有喷射式热泵、吸收式热泵、工质变浓度容量调节式热泵及以CO_2为工质的热泵系统，等等。

6.2 蓄能系统

经济的发展、城市规模的扩大和用电结构的改变，使得城市以及地区电网昼夜电力负荷差值愈来愈大，这给电网完全合理和经济地运行带来很大麻烦。为了缓解电网负荷过重、负荷峰谷差大的矛盾，世界上不少发达国家实行了电价分时段计费制，即电负荷高峰段电价高，电负荷低谷段电价低。这一政策，鼓励用户多用低谷电，少用高峰电，一方面，用户少交了电费，另一方面，减小了电网峰谷差。

由于空调能耗对电网负荷有很大的影响，因此，低能耗、可用电网低谷电的空调设备及相应的蓄冷蓄热技术和系统的研发就成了近年来空调领域的热点，各种蓄冷装置也应运而生，对电网“移峰填谷”起着至关重要的作用。

所谓蓄能，就是将多余的电网负荷低谷段的电力用于制冷或制热，利用诸如水或优态盐等介质的显热和潜热，将冷量或热量储存起来，而在电网负荷高峰段再将冷、热量释放出来。

6.2.1 蓄冷系统

蓄冷，简单地说是在电力负荷低的夜间用电低谷期，用电动制冷机制冷并将冷量以水（或其他变相材料）的形式将冷量储存起来。在电力高峰期的白天充分利用夜间储存的冷量进行供冷。蓄冷技术的特点就是转移制冷设备的运行时间，利用夜间的廉价电，减少了白天的峰值电负荷，从而达到电力移峰填谷的目的。常用的蓄冷系统主要是水蓄冷系统和冰蓄冷系统。

目前已采用和正在研究的蓄能技术主要利用工作介质状态变化过程所具有的显热、潜热效应或热化学反应过程的反应热来进行能量储存，它们分别是显热蓄能技术、潜热蓄能技术和热化学蓄能技术。

由于潜热蓄冷有蓄冷密度高（即单位体积蓄冷量大），蓄、放冷过程近似等温的特点，因此潜热蓄冷更受青睐；冰价格便宜、性能稳定可靠且制备方便，因此在空调蓄冷系统中冰蓄冷系统成了主流。

我国近年来一些地区已经实行或将要实行电价分时计费制，这使得我国的冰蓄冷空调在很短的时间内有了长足的发展。

1. 水蓄冷系统

水蓄冷系统就是利用水的显热来储存冷量，水经冷水机组冷却后存储于蓄冷罐中，用于次日冷量供应。蓄冷量的大小取决于蓄冷罐容积和蓄冷温差，设计良好的蓄冷系统可以通过维持较高的蓄冷温差来储存较多的冷量。温差的维持可以通过降低储存冷水温度、调高回水温度以及防止回流温水与储存的冷水之间的混合等措施来实现。只要空间条件许可，水蓄冷系统是一种较为经济的存储大量冷量的方式。

当蓄冷量大于 7 000 kW·h，或蓄冷容积大于 760 m^3 时，水蓄冷是最经济的。所以，为了提高蓄冷槽的蓄冷效果，除了增大蓄冷槽的体积外，就是要提高蓄冷温差。防止负荷回来的热水与储存冷水之间的混合，是提高蓄冷温差的一个不可缺少的措施。为了防止负荷回来的热水与存储冷水之间混合，蓄冷槽的结构可以采用多种形式，如多蓄水罐方法、迷宫法、隔膜法、自然分层法。在这些方法中，自然分层水蓄冷技术应用较为普遍，其系统示意图如图 6－4 所示。

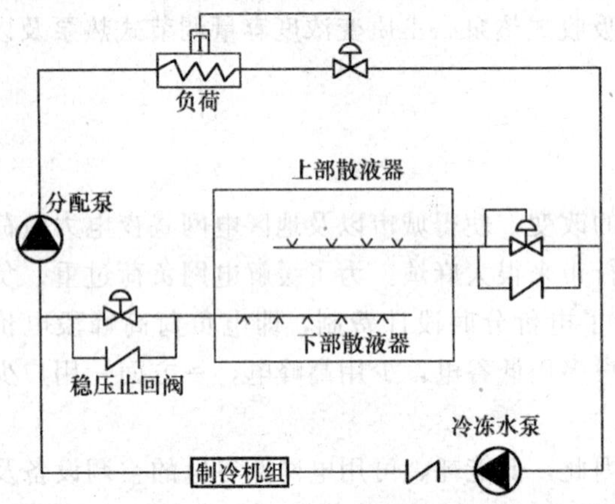

图 6－4　简单自然分层水蓄冷空调系统的基本构成

2. 冰蓄冷系统

冰蓄冷技术是指在用电低谷时用电制冰，并暂时储存在蓄冰装置中，在需要时（如用电高峰）把冷量取出来进行利用，由此实现对电网的“移峰填谷”。由于冰蓄冷除了可以利用一定温差的水显热蓄热外，主要是利用 335 kJ/kg 的相变潜热。因此，与水蓄冷相比，储存同样多冷量，冰蓄冷体积比水蓄冷的体积小得多；同时冰蓄冷系统蓄能密度大，且由于冰水温度低，在相同的空调负荷下可减少冰水供应量，同样可以减少供冰水管道和风管的尺寸。低温冰水另一显著特点就是除湿能力强，使空调区域内相对湿度降低，有更好的舒适性，从而提高空调的品质。

冰蓄冷系统中的制冰方式主要有两种。第一种为静态制冰方式，即在冷却管外或盛冰容器内结冰，冰本身始终处于相对静止状态；此种制冰方式随着冰层增厚热阻将增大，导致冷冻机的性能系数（COP）降低，同时冰块可能相互粘连而堵塞水路。第二种为动态制冰方式，该方式中有冰晶、冰浆生成，且冰晶、冰浆处于运动状态。

动态冰蓄冷系统虽然较静态系统有一些优点，但也存在一些问题需要解决。静态冰蓄冷系统技术上比较成熟，成为应用中的主流系统。下面对常用的冰蓄冷系统作一简单介绍。

1）静态冰蓄冷系统

（1）利用制冷剂直接蒸发制冰系统。图6－5为利用制冷剂直接蒸发制冰系统示意图。夜间电力负荷低时，开启制冷机，制冷剂在蓄冰池的制冰盘管内直接蒸发。盘管外表面形成50 mm左右厚的冰层，将冷量蓄存起来。白天空调系统运行时间内，空调系统所需冷量由蓄冰池内蓄存的冰水提供。此时，制冷系统的制冷剂不在蓄冰池内蒸发制冷，而在并联蒸发器内蒸发，冷却由空调系统来的回水，被冷却后的回水，经热交换器，由蓄冰池内的冰水再次冷却后供空调系统使用，蓄冰池的制冰率（IPF）可达40％左右。制冰率系指蓄冰池水量中冰所占的比例。最常见的制冷剂直接蒸发制冷系统有冰桶式储冰和盘管水槽系统两种。

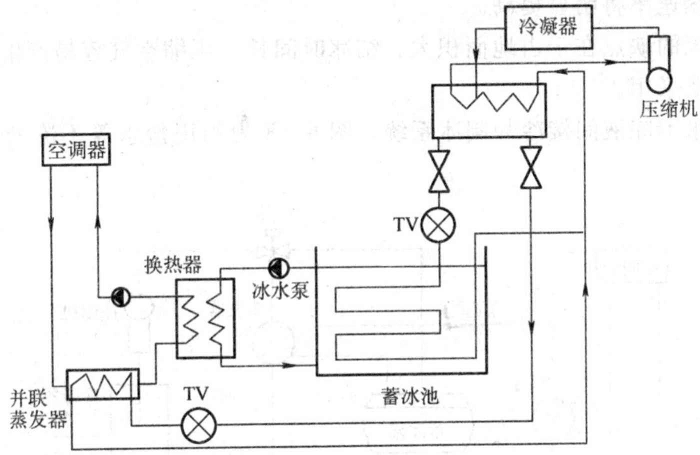

图6－5　直接蒸发制冰系统示意图

①冰桶式储冰。冰桶式储冰乃目前被广泛使用的储冷系统之一，使用的制冷设备为一般的压缩式冰水机组（但机组的运行参数较为特别），此系统专用的设备为特制的储冰桶，如图6－6所示，冰桶为满载清水的容器，桶内设有盘管。

储冰时，－4～5 ℃的低温溶液（一般为20％～25％乙二醇水溶液）通过盘管循环。由于整个盘管泡在水中，低温溶液便使清水在盘管外结冰，结冰所需时间视溶液及流量而定，一般在6～10 h之间。

供冷时，较高温度（3 ℃或以上）的溶液通过盘管循环，与盘管外的冰进行热交换，溶液便可降温。

小型空调系统可直接以溶液通过空气处理设备，较大型的空调系统或高层建筑宜设置热交换器，将循环的冷冻水与溶液分隔，可降低冰桶内盘管的压力。

②盘管水槽系统。盘管水槽系统如图6－7所示，其作用与冰桶相近，所用的冷冻设备亦为可在低温操作的压缩式冷水机组。该系统将一些特制的盘管置于水槽中，储冰时以－6～8 ℃

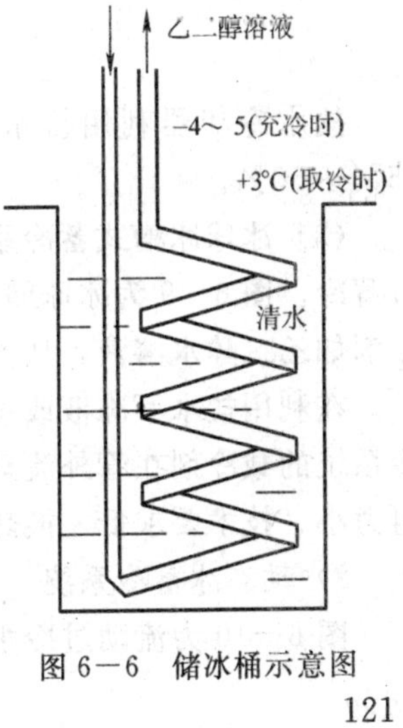

图6－6　储冰桶示意图

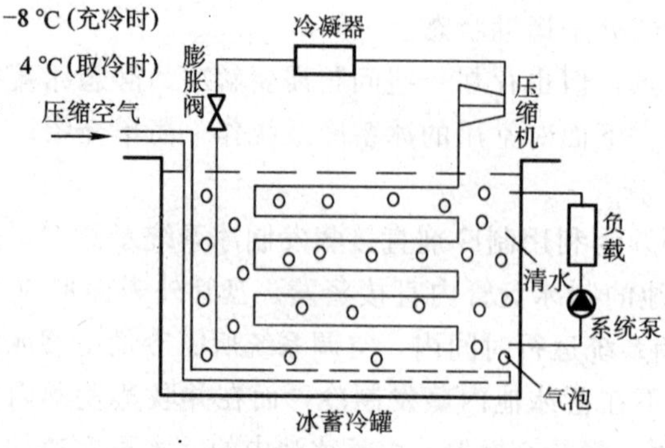

图 6-7　盘管水槽系统

的低温溶液（一般为25％乙二醇溶液）通过盘管使水槽内的水结冰；供冷时，较高温度的溶液通过盘管，与盘管上的冰进行热交换，溶液便可降温。

由于水槽容积大，溶液与水之间的热交换很慢，一般系统都需要在水槽内设搅拌装置以提高热交换效果，搅拌装置普遍采用压缩空气在槽底部鼓出气泡，利用气泡上浮产生搅拌作用，但即使设有搅拌装置，储冰的时间仍相当长，而且难以准确掌握。实际上，换热热阻主要是冰侧的导热热阻。因此若在冰侧采用加金属肋片、网格的方式强化换热，换热速率将明显提高。

盘管水槽系统的缺点在于占地面积大、结冰时间长、压缩空气容易产生腐蚀等等，因此在国际上未被广泛采用。

(2) 利用盐水不冻液间接冷却制冰系统。图 6－8 为利用盐水等不冻液间接冷却制冰系统的示意图。

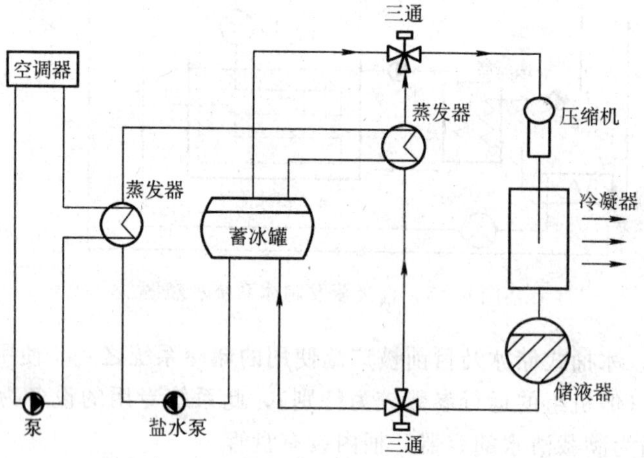

图 6－8　间接冷却制冰系统示意图

盐水冷却器利用盐水泵进行循环，以满足空调器的负荷要求，制冰率（IPF）可达45％～50％。

(3) 冰球冰槽式蓄冷系统。冰球冰槽式蓄冰空调系统是利用一个盛有冰球的蓄冷罐来进行蓄冷。图 6－9 为冰球储冰器示意图，冰球外壳由高密度聚乙烯制成，内装水，并使用载冷剂如乙二醇水溶液，从蓄冷罐中冰球间流过，与冰球进行冷量交换。

在利用盐水不冻液或蒸发盘管制冰时，盐水或制冷剂在管内，蓄冷在管外；而冰球式蓄冷系统的载冷剂在管外流动，蓄冷体在球内。冰球式蓄冷系统由于结构简单、可靠性高、水阻力小、技术要求低、换热性能好等优点，已逐渐成为蓄冷空调系统的发展方向。

2) 动态冰蓄冷系统

图 6－10 为流动过冷水制冰系统示意图。

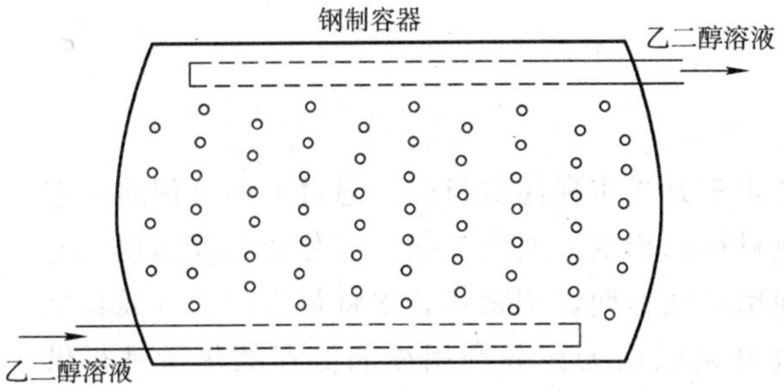

图 6－9　冰球储冰器示意图

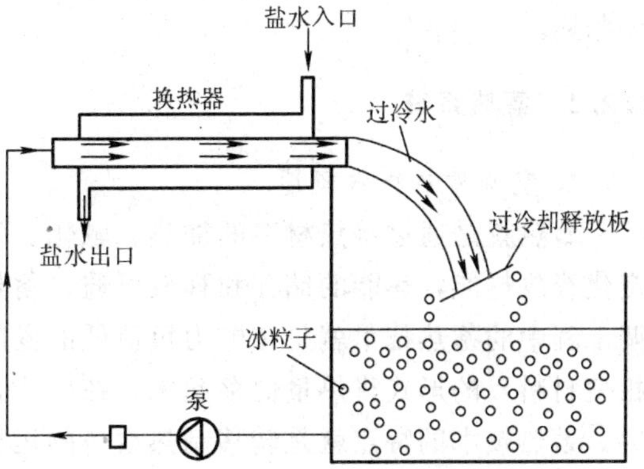

图 6－10　流动过冷水制冰系统示意图

低温盐水（温度一般为－8～－6 ℃）进入换热器，冷却换热器中通过的冷水，使之过冷到 0 ℃以下（一般情况下，水都有几度过冷度），当过冷水冲击到过冷却释放板时，产生冰晶。冰晶池中的水可泵过一个换热器，将冷量供给用户。

图 6－11 为冷媒（戊烷）蒸发制冰系统示意图。液态冷媒与空调系统回水混合，经过喷嘴，冷媒蒸发吸热，使一些水珠形成冰粒，冷媒蒸气返回，冷水则进入空调用换热器。

图 6－12 所示的低沸点冷媒蒸发制冰法与图 6－11 所示系统的工作原理相近。图 6－13 则为低温液态冷媒显热换热制冰系统示意图。

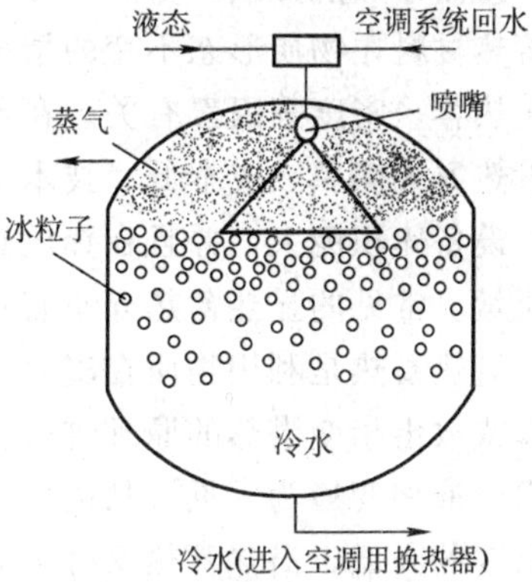

6－11　冷媒（戊烷）蒸发制冰系统示意图

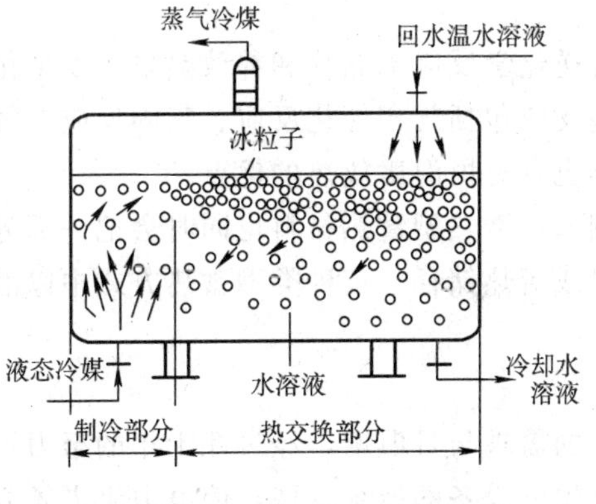

图 6－12　低沸点冷媒蒸发制冰

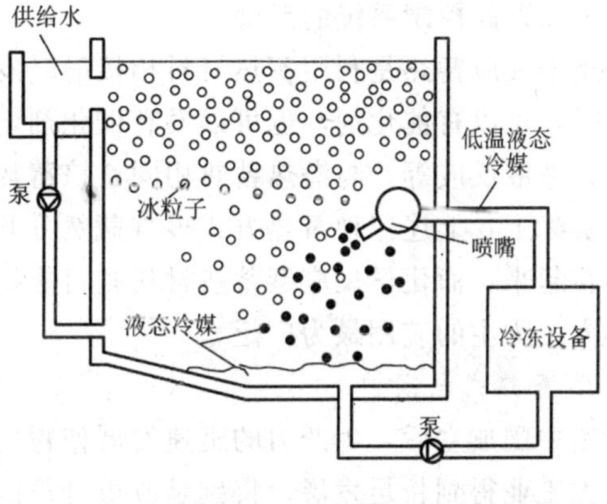

图 6－13　低温液态冷媒显热换热制冰系统示意图

冰蓄冷系统的缺点主要有：

①冰蓄冷的制冷机主要在冰水出口端的温度低至－5 ℃以下时，使制冷剂的蒸发压力、蒸发温度降低，压缩机的制冷量下降；

②制冷性能系数有所下降，与制冷主机相比，其耗电量增加约 19%。

③由于制冷槽及冰水管路温度场低至 0 ℃，须增加绝热层厚度，以免发生外部结露，减

少漏热。

6.2.2 蓄热系统

1. 空调蓄热技术概述

蓄热就是通过蓄热材料的加热、融化、气化等方式实现储能目的，通过上述过程的可逆变化释放热能，热能的储存和释放可通过蓄热材料的相变、温度变化、成分变化等实现。空调工程中的蓄热技术就是在电力负荷低的夜间用电低谷期，用蓄热装置将热量以水（或其他相变材料）的形式将热量储存起来，在电力高峰期的白天充分利用夜间储存的热量进行供热。蓄热技术的特点就是转移制热设备的运行时间，利用夜间的廉价电，减少了白天的峰值电负荷，从而达到电力移峰填谷的目的。目前常用的蓄热系统主要是电锅炉蓄热式系统。

按储存热能方式，蓄热可分为显热蓄热、潜热蓄热、化学反应蓄热等。显热蓄热就是利用蓄热材料在物质形态不变的情况下，通过改变温度来吸收和释放热量，其蓄热效果与材料的比热容、密度等因素有关。在蓄热技术发展的初期，显热蓄热首先被提出并得到应用，这种蓄热方式简单、成本低、技术上相对比较简单。但是，显热蓄热最大的缺点就是蓄热密度低、设备体积庞大，并且在释放热能时其温度发生持续变化，不能维持在一定温度下释放所储能量。常见的显热蓄热介质有水、蒸汽、砂石等。

潜热蓄热是利用物质在凝固/融化、凝结/气化、凝华/升华以及其他形式的相变过程中，吸收或放出相变潜热的原理进行蓄热。相变可以是固一液、液一气、气一固及固一固，其中以固一液相变最为常见。从能量密度的角度来讲，潜热储存的能量要比显热大得多。根据相变温度的高低，潜热蓄热又分为高温潜热蓄热和低温潜热蓄热。低温潜热蓄热主要用于废热回收、太阳能蓄热以及供暖和空调系统。高温潜热蓄热主要用于热机、太阳能电站、磁流体发电等方面。潜热蓄热介质不仅能量密度高，而且所需装置结构简单、体积小、设计灵活、使用方便且便于管理。另外，还有一个很大的优点就是蓄热材料在相变过程中，材料近似恒温，可以以此控制系统的温度。

化学反应蓄热是利用蓄热材料相接触时发生可逆化学反应来储存和释放热量。发生化学反应时，可以有催化剂，也可以没有催化剂，这些反应包括气相催化反应、气固反应、气液反应、液液反应等。与潜热蓄热相同，该蓄热同样也具有恒温蓄放热的优点。

实际上，上述三种蓄热方式很难截然分开，例如，潜热型蓄热材料也同时会把一部分显热储存起来，而化学反应型蓄热材料则可能把显热或潜热储存。三种类型蓄热方式中以潜热蓄热方式为主的应用最为广泛。

2. 蓄热式电锅炉

新中国成立后，生产力的迅速发展使得用电量的需求与日俱增，经过几十年的努力，我国电力工业得到长足发展，特别是改革开放以来，供电设备的持续发展，使电力供需矛盾逐步得到缓解。20 世纪 90 年代初期，在我国开始出现电热锅炉，但由于运行成本昂贵，这些产品只能用于特殊需要的场合，或水电资源丰富、电价相对便宜的地区。随着改革开放的深入，我国产业结构发生了很大变化，人民生活质量也不断提高，白天高峰用电量不断增加，夜间低谷时段用电量大幅降低，供电峰谷差逐年加大，给电网运行带来较大的困难和较高的经济损失，必须采取有效措施来“移峰填谷”。国家电力公司及有关管理部门推出了一系列采用低谷电的优惠政策，其中主要一点是采用分时计价政策，大幅度降低用电低谷电价。以上海为例，凡 100 kW 以上的用户均可申请安装分时计度电表，在低谷电时段用电以低谷电价收费，低谷电价约为白天峰时电价的 1/3。此外，还规定用户若采用电锅炉在低谷时段蓄热运行或在低谷时段进行冰蓄冷，其所需电力增容费全免或部分减免等。在这些优惠政策的刺激下，近几年来，蓄热运行的电锅炉迅速增加，电锅炉产品也得到了完善和发展。蓄热电锅炉即在夜间低谷时段自动开启电热锅炉，将产生的热量储存在保温水箱中，在白天高峰用电时段供热，这样既达到了“移峰填谷”的目的，又充分发挥电热锅炉保护环境、操作简便等诸多优点。电锅炉蓄热运行系统已开始从企业单位走进居民用户，预示着这一技术有着广阔的发展前景。

电锅炉供暖是电采暖的主要方式之一，它分为普通电锅炉供暖和蓄热电锅炉供暖两种。电热锅炉就是将电能转换为热能，水被加热为具有一定压力的热水或蒸汽的一种设备，由装在锅炉内的大功率电热元件通电后完成能量转换。电锅炉蓄热系统就是以电锅炉为热源，利用低谷廉价电力，对水加热，并将其储存在蓄热水箱中，在电网高峰时段关闭电锅炉，由储存在蓄热水箱中的热水供热。

与蓄热电锅炉相比，普通电锅炉在节能方面有很大的欠缺，不利于“移峰填谷”，而蓄热电锅炉则以电锅炉为热源，利用晚间廉价电力，对蓄热材料加热，将热量储存起来，在电网高峰时段停用电锅炉，释放储存热量，这样就达到了“移峰填谷”的目的。由于蓄热电锅炉不释放有害气体、无污染、无噪声，且比煤锅炉、油锅炉的热效率高，又能充分利用低谷电，运行费用低，现已被广泛应用。

1）蓄热电热锅炉的工作原理

蓄热电热锅炉，就是在电热锅炉的基础上加装蓄热水箱，组成一个热能交换与储存系统，其结构示意图如图 6－14 所示，通过强制循环，将电热锅炉内的热水循环到蓄热水箱中，使蓄热水箱中的冷水逐渐变为热水，完成热能储存，也就是说该装置由如下的两个环节组成。

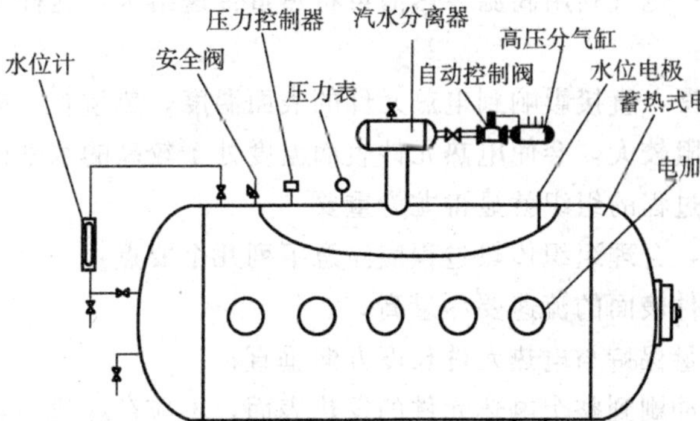

图 6－14　蓄热式电锅炉示意图

（1）将电能通过转换环节转换成热能。通常这种转换有如下三种方式。

①电阻式。电流通过电热器中电阻丝产生热量，其结构示意图如图 6－15 所示，电阻丝放置在紫铜或镍基合金套管中，套管中充满氧化镁绝缘层，冷态绝缘电阻要求≥100 MΩ，热态泄漏电流≤1 mA/kW，绝缘强度应能承受 50 Hz，1 500 V 交流电压，1 min 不被击穿。

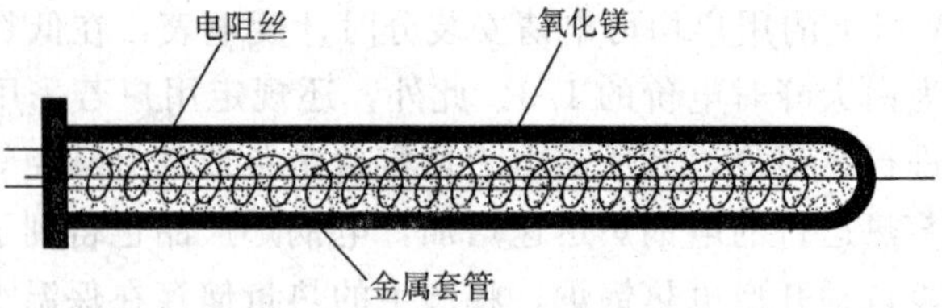

图 6－15　电热元件结构示意图

为保证金属套有足够的散热面积，单位表面积的功率一般控制在 3～8 W/m²。因此单头电热管的功率受到尺寸上的限制。一般较大容量电热管做成多头形式，即一根电热管上装有三根单头电热管，这样既扩大了容量，又有利于在电源为 380 V 情况下的接线。多头单根电热管的功率可以做到 30 kW。

这种电阻式电热转换元件的优点是结构简单，同时由于是纯电阻型的，在转换过程中没有损失。所以，这种形式的电热管被普遍用于电热锅炉中。

②电磁感应式。利用电流流过带有铁芯的线圈产生交变磁场，在不同的材料中产生涡流电磁感应而产生热量。这种转换方式由于存在感抗，转换中产生无功功率，功率因数小于 1，一般只用在较小容量的电热设备上。

③电极式。利用电极之间的介质导电电阻，在电极通电时直接加热介质本身。这种形式多用于冶炼金属行业，在电热锅炉中较少采用。

（2）将转换成的热能传递给所需要的介质。电热元件通电后，源源不断地产生出热量，必须被介质不断地吸收带走，才能保持热量平衡，否则电热元件的温度会无限制地升高，直至烧毁。在电热锅炉中，用户一般需用热水或蒸汽，所以绝大多数电热锅炉中的介质是水，电热元件直接浸没在水中，水被加热后直接取用，或水被加热后变成蒸汽，送到需要蒸汽的场合，也有采用导热油作为电热锅炉的介质。由于导热油的沸点高，可用于需要高温液体加热的场合；也可利用高温导热油再将热量传递给水，这样可以避免电热元件表面结水垢的问题。

介质传递热量的快慢，直接影响到电热元件的表面温度，热量若不能及时带走，或热量虽能带走但介质传热热阻较大，会使电热元件表面温度处于较高的水平而影响到电热元件的寿命，故锅炉内部传热过程的组织就显得尤为重要。

在设计电热锅炉时，合理组织传热过程应注意下列几个要点：

①介质冲刷电热元件表面的流速要尽量高；

②介质流动方向尽量保持与电热元件长度方向垂直；

③介质流动过程要冲刷到整个电热元件的发热表面，不应存在死角，否则会产生局部过热现象；

④当水介质硬度较高时，应采取有效措施防止在电热元件表面积结水垢。因为硬度高的水最容易在温度相对较高的热表面积垢，水垢的导热系数只有铁的 1/20 左右，一旦积垢，会使电热元件表面温度迅速升高，严重时会烧毁锅炉。

综上，蓄热式电热锅炉的工作原理图如图 6－16 所示，此装置一般在电网低谷时段工作，将热量储存在蓄热水箱中，在电网高峰时段应用储存于水中的热能。在用电低谷时蓄热锅炉满负荷运行，其所产生的热能除了维持低谷时的采暖热量外，还要在水箱中蓄热，用电高峰时电热锅炉基本不工作，只是在蓄热水箱蓄热不足时补偿热量，由控制器控制电锅炉按时段工作。

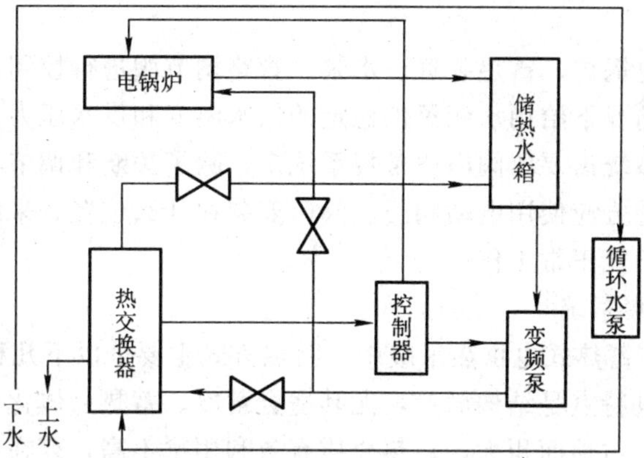

图 6－16　蓄热式电热锅炉工作原理图

2）蓄热式电锅炉供热系统的组成

常用的蓄热式电锅炉供热系统主要由以下几部分组成：电锅炉（常压或有压）、蓄热装置、热交换设备、循环水泵、自动控制系统和阀门、供配电部分。

电锅炉将电能转换成热能，其转换装置的核心部件是电热管，材质有陶瓷电热体、碳钢电热体、不锈钢电热体等，具有热效率高、可实现全自动运行、无须加料、噪声低、安全性高等优点。质量高的电热管用稀有合金材料当外套，并进行钝化处理，可以防腐蚀和防结垢，延长电热管的使用寿命。

蓄热装置一般采用水作为热媒，是储存热量的容器，又可称为蓄热水槽（或蓄热水池），也是蓄热式电锅炉供热系统的主体之一。其结构可以分为迷宫式、隔膜式、多槽式、温度分层式等。中小型的工程一般采用蓄热罐体或水槽，其特点是结构简单、安装方便、容易维护、保温效果好、造价较低。大型的蓄热工程将根据建筑物的情况，采用混凝土蓄热水池，蓄水量可达几百立方米，甚至数千立方米。

热交换器是蓄热电锅炉系统的重要设备，用于蓄热的热媒水要在系统不工作的时间进行蓄热，或者供热和蓄热同时进行，为了完成蓄热过程，并不受供热系统的影响，也为了降低软水处理的成本，将锅炉与供热系统分离，而采用换热器来进行热量的传递，这有利于保护锅炉和使一个热源可同时用于多种用途。蓄热系统效率的高低，取决于是否能将蓄热介质中的热量尽可能地放出，即在一次热媒的温度下降后仍能有效地放出热量。板式换热器的传热系数高，其值为 3 000～6 000 W/(m^2・K)，可以在较小温差下工作，能回收低温热媒中的热量，而且板式换热器结构紧凑，占地面积小，热损失小，因此，在蓄热供热系统中板式换热器是理想的换热设备。

循环水泵是蓄热系统机械循环的动力装置，目前使用较多的是单级单吸离心泵。蓄热电锅炉供热循环的循环水泵分一次热水泵和二次热水泵，在选用时要特别注意水泵的工作温度，应采用专门的热水泵。常压系统的一次热水泵布置在锅炉的出水口一侧，补水槽液面应高于水泵吸入口 2～3 m，保证水泵不会气蚀。

电锅炉将电转换为热，容易实现自动控制，一般均带有自动化程度很高的控制柜。电加热过程简单，执行机构少，控制裕度小，反应灵活，可以实现无人值守运行，其节电、节能效果较其他锅炉突出。电锅炉常用的自动控制方式有定时开机停机、锅炉运行参数设定、超温、超压、低水位、漏电、过载等故障的报警和保护、按设定的程序运行等，为用户使用提供可靠的安全保证。

控制系统通过对电锅炉、蓄热装置、水泵、管路调节阀进行控制，调整蓄热与放热的运行工况，在最经济的情况下给用水侧提供稳定的供水温度和供水压力。

蓄热电锅炉供热系统需要的阀门比常规系统多，除了关断和调节功能外，还起到系统功能转换的作用，有的地方应使用电动阀门。阀门安装在什么位置，采用什么类型的阀门都必须得当，否则系统将不能正常工作。

3）蓄热电锅炉供暖系统

（1）蓄热方式。在蓄热式电供热采暖中，蓄热方式主要分以下几种类型。

①常压水蓄热。其特点是结构简单，尤其适合蓄冷、蓄热一体化供热制冷系统。其缺点是单位容积蓄热量小，占地面积大，蓄热介质有效利用率不高，存在蓄热死区。这种方式较适用于华北、西北、华东、华中等地区。

②高温水蓄热。其特点是单位容积蓄热量较大，地域适应性广，成本低。其缺点是系统较为复杂。

③液态高温体蓄热。如采用导热油等进行蓄热，特点是温度高，单位容积蓄热量较大。缺点是易燃，必须配备庞大的消防系统，一次性投资高，最好有一道中间换热系统，但系统复杂，不经济。

④固态高温体蓄热。如采用比热容相对较大的固体，将其加热到 800 ℃左右进行蓄热。优点是单位体积蓄热量较大。缺点是需有中间热媒体、换热较困难、电加热设备寿命短、金属密封壳体易发生高温氧腐蚀等。

⑤相变介质蓄热。利用相变介质的固液相变潜热进行蓄热，优点是单位容积蓄热量较大；缺点是目前已知的相变材料潜热都小于水的固液相变潜热，单位容积潜热蓄热量受到限制，而且成本较高，还要克服相变介质过冷等现象。

由此可见，上述蓄热方式的单位容积蓄热量不是很大。因此对于一个供热小区来说，必须有足够大的空间用于蓄热，才能满足非低谷期间供热需求，而对于寸土寸金的城市来说，是很难接受的。因此，如何降低蓄热器占地面积，减小蓄热器内蓄热死区，确定最佳蓄热量，降低一次性投资，成为蓄热电供热发展的主要趋势。

（2）蓄热模式。工程中采用的蓄热模式有全量蓄热和分量蓄热两种。所谓全量蓄热就是在非供热时间或电力低谷期间利用电锅炉制热蓄存足够的热量，供应高峰时全部用热需求，可以最大限度地降低运行费用，节能效果非常显著，但电锅炉的容量和初期投资会有所增加。分量蓄热是利用非供热时间或低谷电蓄热，因其利用低谷电蓄热，可降低运行费用，具有投资费用低、经济效益好的优点。

蓄热电锅炉供热系统尽管有很多优点，但是在设计选用时仍然要进行充分的技术经济比较。例如：间断性的供热会因为供热时间的停止而损失一些热量，补充加热要加大锅炉容量，结果一次投资和运行费用都很高；大型项目采用电锅炉供热，其输配电工程浩大，造价高，过渡季节又闲置不用，经济性显著下降；有的情况蓄水槽深度不够，不能实现温度分层，致使有效蓄热容积过小，而保温代价又太高等等。上述一些情况下就不宜采用蓄热电锅炉供热方式。

（3）电热锅炉蓄热供热系统。电热锅炉蓄热供热系统常用的有以下三种形式：直供式蓄热供热系统、循环式蓄热供热系统以及加热式蓄热供热系统。

①直供式蓄热供热系统示意图如图 6－17 所示。该系统一般适用于功率较小的储水式电热水炉。该系统配备一个蓄热水箱，其容积需与电热水炉容量和用户白天热水需要量相匹配。冷水管直接接入热水炉进水口，待炉水达到一定温度后，将热水连续送入蓄热水箱，但需控制好进水流量，使出水温度控制在一定的范围内。蓄热水箱充满后，电热炉会自动停运。当用户取用热水时，蓄热水箱水位下降，浮球阀打开，补充注入热水，同时电热水炉会自动启动。该系统可采用低谷电蓄热方式运行，但需加定时装置和必要的电磁阀。该系统的优点是：系统管路简单，一般不需安装给水泵；用蓄热水箱供热水，其水温和水压稳定；瞬间供热水量不受电热炉功率的限制，可满足多点供水。

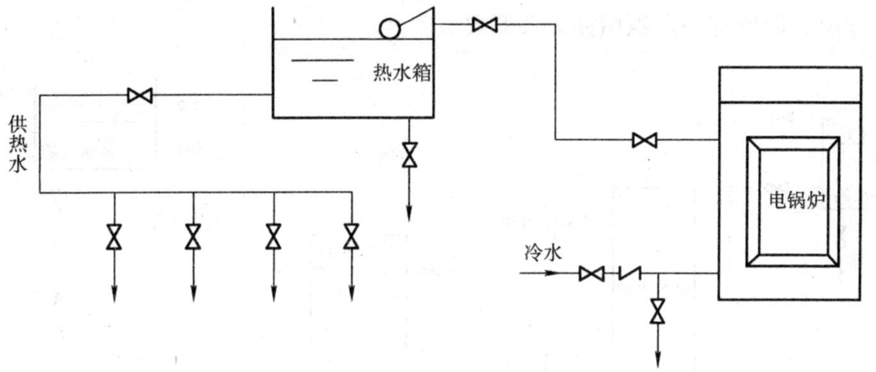

图 6－17　直供式蓄热供热系统示意图

②循环式蓄热供热系统示意图如图 6－18 所示。该系统一般适用于较大功率的快热式电热水炉。系统中同样配置一只与电热水炉功率相匹配的蓄热水箱，给水从蓄热水箱注入，并充满整个系统，蓄热水箱与电热水炉之间形成循环回路，通过热水泵循环将电热水炉放出的热量来加热蓄热水箱的水，直至设定温度。因为该系统适合于功率较大的热水炉，所以推荐采用低谷电蓄热运行方式。一般蓄热运行时间设计为 4～8 h 为宜，蓄热时间越短，要求电

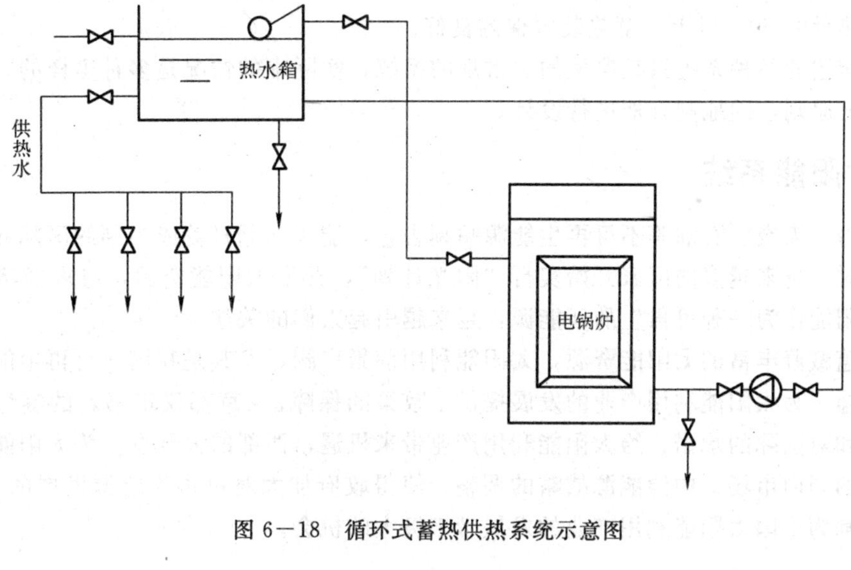

图 6－18　循环式蓄热供热系统示意图

热水炉功率越大，初投资就越高。以能充分利用夜间 8 h 低谷电为原则。该系统除如上所述带有蓄热水箱供热的各项优点外，采用大流量循环加热有利于电热元件散热和防止气泡停滞，系统更显安全可靠性。

③间接加热式蓄热供热系统示意图如图 6－19 所示。该系统为双循环加热系统，在蓄热水箱与电热水炉中间设置一台热交换器，将放热过程和吸热过程分隔成两个独立循环回路。电热水炉产生的热量通过热交换器间接传递给蓄热水箱中的水。该系统也推荐用于蓄热运行，而且更适合给水硬度较高的地方，因为在电热水炉放热侧形成闭式循环，其中热媒水除微量泄漏需补充外，基本上没有消耗；只要在初始启动前将该循环回路中充满软化水，则电热炉中电热元件表面就不会积垢；同时由于表面温度越高的地方越容易积垢，这样就避开了最易积垢的放热循环中的结垢问题；在吸热循环中，一方面由于设备表面温度低，不易积垢，另一方面，即使有一点积垢亦无关紧要。

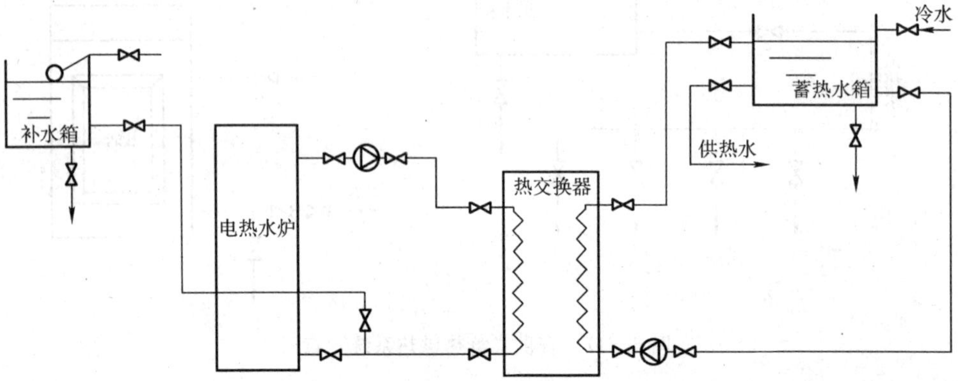

图 6－19　间接加热式蓄热供热系统示意图

电锅炉是一种现代化的供热设备，适用于环保要求高、有一定控制精度的供热项目，目前已经推广到民用生活领域，其使用的范围不断扩大。进行蓄热电锅炉供热系统的设计，要充分发挥电锅炉本身的优点，采取相应技术措施，配合国家的用电政策，尽量降低运行费用。使用电锅炉的前提条件应是：峰谷电差价达到 4∶1 以上，采用蓄热技术，并且蓄热量大于日耗热量的 50%以上，蓄热装置保温良好。

以上所述的各种系统只是典型的、常规的系统，实际中的情况是多种多样的，应根据上述系统中的原则，因地制宜地进行设计。

6.3　太阳能系统

当电力、煤炭、石油等不可再生能源频频告急，能源问题日益成为制约国际社会经济发展的瓶颈时，越来越多的国家开始实行“阳光计划”，开发太阳能资源，寻求经济发展的新动力。太阳能作为一种可再生的新能源，越来越引起人们的关注。

中国蕴藏着丰富的太阳能资源，太阳能利用前景广阔，尤其是我国《可再生能源法》的颁布和实施，为太阳能利用产业的发展提供了政策的保障；《京都议定书》的签订，环保政策的出台和对国际的承诺，给太阳能利用产业带来机遇；西部的大开发，为太阳能利用产业提供巨大的国内市场；中国能源战略的调整，使得政府加大对可再生能源发展的支持力度，所有这些都为中国太阳能利用产业的发展带来极大的机会。

目前，我国太阳能产业规模已位居世界第一，是全球太阳能热水器生产量和使用量最大的国家和重要的太阳能光伏电池生产国。我国比较成熟的太阳能产品有两项：太阳能光伏发电系统和太阳热水系统。太阳能利用系统包括太阳能光伏发电、太阳能热发电以及太阳能热水器和太阳房、太阳能热泵等利用方式。本节主要介绍太阳能发电、太阳能热水系统及太阳能热泵，太阳房将在第 9 章中详述。

6.3.1 光伏发电系统

太阳能发电主要利用太阳的热能或光能，后者就是太阳能光伏发电（简称为 PV)。光伏电池是 20 世纪 50 年代由美国贝尔研究所开发出来的，在 20 世纪 80 年代以前主要用作一些家用电器的电源和街道标志照明，直到 20 世纪 90 年代才被看作一种重要的可再生的清洁能源，引起一些发达国家政府和大公司的重视。1990 年全球 PV 设备产量为 30 MW，1998 年已达年产 150 MW，平均年增长率超过 20%。今后年增长率若按 25%计算，则 2023 年 PV 系统年销售量将达 40 GW，在新增发电容量中将占相当可观的比例。大规模推广 PV 有利于保护生态环境，促使经济、社会与资源、环境的协调发展。对于缺乏常规能源、交通不便的边远地区，PV 技术更具有显著的技术经济效益。迄今为止，光伏发电量居世界各国前列的是日本、德国和美国。

1. 光伏发电系统的工作原理

太阳能电池是通过光电效应或者光化学效应直接把光能转化成电能的装置，目前以光电效应工作的薄膜式太阳能电池为主流，而以光化学效应原理工作的太阳能电池则还处于萌芽阶段。太阳光照在半导体 P－N 结上，形成新的空穴－电子对。在 P－N 结电场的作用下，空穴由 N 区流向 P 区，电子由 P 区流向 N 区，接通电路后就形成电流。光伏发电系统工作原理如图 6－20 所示。

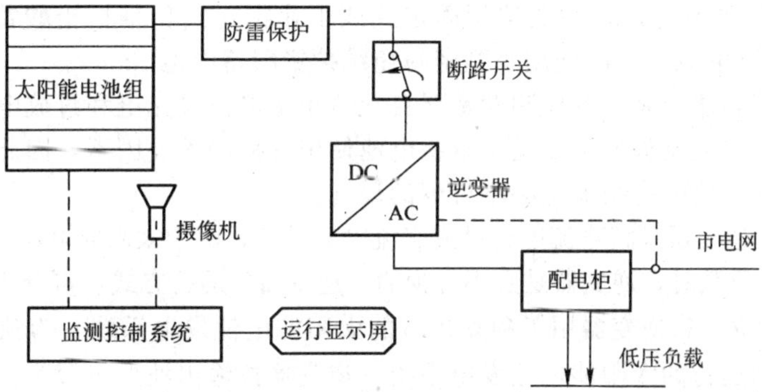

图 6－20　光伏发电原理图

白天，在光照条件下，太阳电池组件产生一定的电动势，通过组件的串并联形成太阳能电池方阵，使得方阵电压达到系统输入电压的要求，再通过充放电控制器对蓄电池进行充电，将由光能转换而来的电能贮存起来。晚上，蓄电池组为逆变器提供输入电，通过逆变器的作用，将直流电转换成交流电，输送到配电柜，由配电柜的切换作用进行供电。蓄电池组的放电情况由控制器进行控制，保证蓄电池的正常使用。光伏电站系统还应有限荷保护和防雷装置，以保护系统设备的过负载运行及免遭雷击，维护系统设备的安全使用。

2. 光伏系统的组成

光伏系统由太阳能电池方阵、蓄电池组、充放电控制器、逆变器、交流配电柜等设备组成。其各部分的作用如下。

(1) 太阳能电池方阵。在有光照（无论是太阳光还是其他发光体产生的光照）情况下，电池吸收光能，电池两端出现异号电荷的积累，即产生“光生电压”，这就是“光生伏打效应”。在光生伏打效应的作用下，太阳能电池的两端产生电动势，将光能转换成电能，太阳能电池方阵是能量转换的器件。

目前地面光伏系统大量使用的是以硅为基底的硅太阳能电池，可分为单晶硅、多晶硅、非晶硅太阳能电池。在能量转换效率和使用寿命等综合性能方面，单晶硅和多晶硅电池优于非晶硅电池，多晶硅比单晶硅转换效率低，但价格更便宜。

按照应用需求，太阳能电池经过一定的组合，达到一定的额定输出功率和输出电压的一组光伏电池，叫光伏组件。根据光伏电站的容量大小和规模，由光伏组件可组成各种大小不同的阵列。

(2) 蓄电池组。其作用是贮存太阳能电池方阵受光照时发出的电能，并可随时向负载供电。太阳能电池发电对所用蓄电池组的基本要求是：

①自放电率低；

②使用寿命长；

③深放电能力强；

④充电效率高；

⑤少维护或免维护；

⑥工作温度范围宽；

⑦价格低廉。

目前我国与太阳能发电系统配套使用的蓄电池主要是铅酸蓄电池和镉镍蓄电池。配套200 A·h以上的铅酸蓄电池，一般选用固定式或工业密封式免维护铅酸蓄电池；配套200 A·h以下的铅酸蓄电池，一般选用小型密封免维护铅酸蓄电池。

(3) 充放电控制器。充放电控制器是能自动防止蓄电池过充电和过放电的设备。由于蓄电池的循环充放电次数及放电深度是决定蓄电池使用寿命的重要因素，因此能控制蓄电池组过充电或过放电的充放电控制器是必不可少的设备。

(4) 逆变器。逆变器是将直流电转换成交流电的设备。由于太阳能电池和蓄电池是直流电源，而负载是交流负载时，逆变器是必不可少的。逆变器按运行方式，可分为独立运行逆变器和并网逆变器。独立运行逆变器用于独立运行的太阳能电池发电系统，为独立负载供电。并网逆变器用于并网运行的太阳能电池发电系统。逆变器按输出波形可分为方波逆变器和正弦波逆变器，方波逆变器电路简单，造价低，但谐波分量大，一般用于几百瓦以下和对谐波要求不高的系统。正弦波逆变器成本高，但可以适用于各种负载。逆变器的保护功能有：

①过载保护；

②短路保护；

③接反保护；

④欠压保护；

⑤过压保护；

⑥过热保护。

（5）交流配电柜。交流配电柜在电站系统的主要作用是对备用逆变器的切换功能，保证系统的正常供电，同时还有对线路电能的计量功能。

3. 中国光伏产业的发展

光伏产业涵盖了太阳光能转化为电能的一系列过程，而光伏装备是贯穿整个产业链的基础，光伏产业链的每一个环节都离不开相应的生产设备。目前，中国光伏装备产业已具有一定的规模和水平，可为产业的发展提供强有力的支撑。随着国家对新型可再生能源开发的重视，作为产业基础支撑和中国光伏产业竞争利器之一的光伏装备，将随着产业的发展而不断发展壮大。

依靠中国半导体设备行业数十年来的技术积累，通过和一流光伏电池企业的深度合作，经过连续多年的不懈努力，中国光伏设备企业已基本具备太阳能电池制造设备的整线装备能力。国产设备及进口设备混搭的主流建线方案中，国产设备在数量上已占多数。

目前，中国光伏设备企业从硅材料生产、硅片加工到太阳能电池芯片的生产以及相应的纯水制备、环保处理、净化工程的建设，已经初步具备成套供应能力，部分产品如扩散炉、等离子刻蚀机、单晶炉、多晶铸锭炉等开始少量出口，可提供 10 种太阳能电池大生产线设备中的 8 种，其中有 6 种（扩散炉、等离子刻蚀机、清洗/制绒机、石英管清洗机、低温烘干炉）已在国内生产线上占据主导地位，2 种（管式 PECVD、快速烧结炉）与进口设备并存，份额正逐步增大。此外，全自动丝网印刷机、自动分拣机、平板式 PECVD 则完全依赖进口。组件生产用的层压机、太阳能模拟器等在行业中获得广泛应用，硅材料加工设备中单晶炉以优良的性价比占据了国内市场的绝对统治地位并批量出口亚洲其他国家，多线切割机已取得突破，多晶硅铸锭炉已经开始大量在国内企业中使用。

6.3.2 太阳能热泵系统

将热泵技术与太阳能结合供应生活热水，国内外进行了许多这方面的研究，主要有两种方式，一种是直接以空气源热泵作为太阳能系统的辅助加热设备，另一种是利用太阳能热水作为低温热源或将太阳能集热器作为热泵蒸发器的太阳能热泵系统。前者以太阳能直接加热为主以空气源热泵为辅，解决太阳能供热的连续性问题，但仍旧无法摆脱环境温度对热泵制热性能的影响；后者完全以太阳能作为热泵热源，大大提高了太阳能的利用效率，但太阳能资源不足时仍需要增加其他辅助热源，并且热泵供热能力受太阳能集热量的限制，规模一般比较小。

1. 太阳能热泵中央热水系统组成和工作原理

按照太阳能和热泵系统的连接方式，太阳能热泵系统分为串联系统、并联系统和混合联结系统，其中串联系统又可分为传统串联式系统和直接膨胀式系统。传统串联式系统如图 6－21 所示。

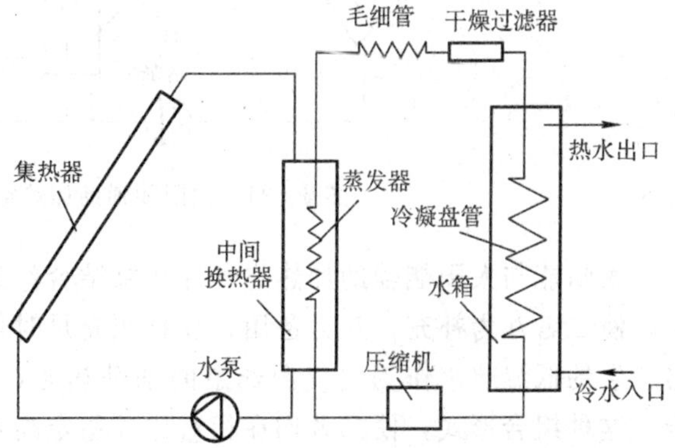

图 6－21　传统串联型太阳能热泵系统

在该系统中，太阳能集热器和热泵蒸发器是两个独立的部件，它们通过中间换热器实现换热，中间换热器用于存储被太阳能加热的工质（如水或空气），热泵系统的蒸发器与集热器换热使制冷剂蒸发，通过冷凝将热量传递给热用户。这是最基本的太阳能热泵的连接方式。

直接膨胀式系统如图 6－22 所示。该系统的太阳集热器内直接充入制冷剂，该集热器同时作为热泵的蒸发器使用。集热器多采用平板式。最初使用常规的平板式太阳集热器；后来又发展为没有玻璃盖板，但有背部保温层的平板集热器；甚至还有结构更为简单的，既无玻璃盖板也无保温层的裸板式平板集热器。有人提出采用浸没式冷凝器（即将热泵系统的冷凝器直接放入储水箱），这会使得该系统的结构进一步简化。目前直接膨胀式系统因其结构简单、性能良好，日益成为人们研究关注的对象，并已经得到实际应用。

并联式太阳能热泵系统如图 6－23 所示。该系统由传统的太阳集热器和热泵共同组成，它们各自独立工作，互为补充。热泵系统的热源一般是周围的空气。当太阳辐射足够强时，只运行太阳能系统，否则，运行热泵系统或两个系统同时工作。

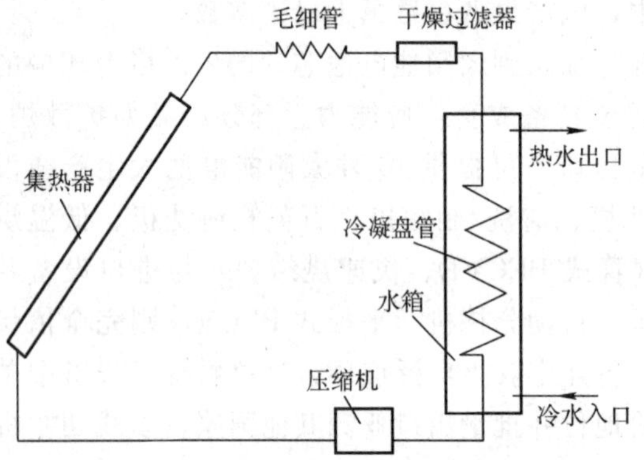

图 6－22　直接膨胀式太阳能热泵系统

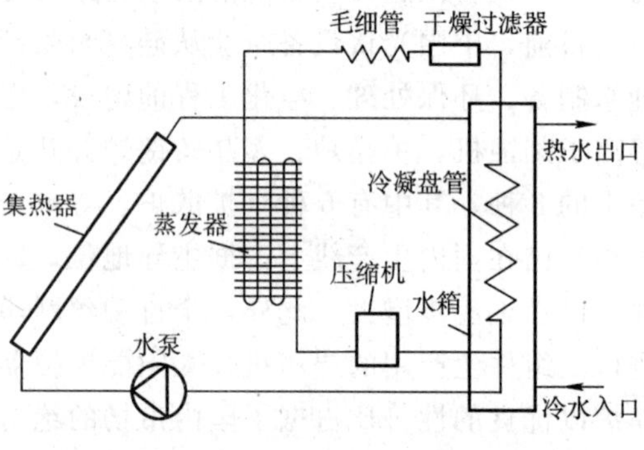

图 6－23　并联式太阳能热泵系统

太阳能辅助加热空气源热泵系统也叫双热源系统，实际上是串联和并联系统的组合，如图 6－24 所示。

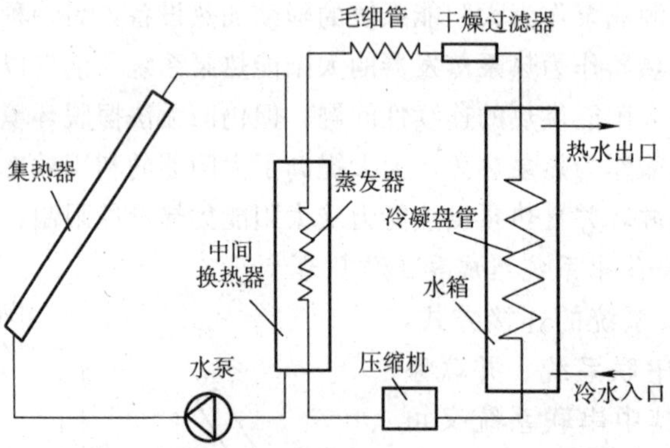

图 6－24　太阳能辅助加热空气源热泵机组示意图

太阳能与太阳能辅助加热空气源热泵结合作为中央热水系统的热源，其目的在于取长补短，使二者互为补充，互为备用，在日照充足时优先使用太阳能加热热水，利用太阳能集热器产生的低温热水作为空气源热泵的辅助热源，从而改善热泵的运行工况，提高其制热性能。这种组合形式，使二者均在相对比较稳定高效的条件下工作，保证系统全年全天候供应卫生热水。空气源热泵制热过程本质上是对空气中蕴藏的太阳热能的提升利用，根据热泵的工作特性，在整个热水系统的运行过程中，热泵机组作为辅助热源运行所供应的热量中，只有一小部分来自电能，大大提高了太阳能利用率，减少了对一次能源的消耗。

综上所述，太阳能热泵中央热水系统的运行主要有以下四种工况。

（1）太阳能加热生活热水。在大部分日照良好的晴天，系统按此工况工作，此时太阳能循环泵的工作由系统控制器根据太阳能集热器和储热水箱的温度进行控制，源源不断地将集热器采集的热量通过中间换热器输送到储热水箱。

（2）太阳能辅助热泵机组加热生活热水。当阴天或多云天气，太阳能集热温度低于热水箱水温，不足以直接加热生活热水时，热泵机组启动，利用空气作为热源加热热水箱内生活热水。在秋冬季节，当环境温度低于热泵的经济运行温度时，热泵机组的制热效率下降并且蒸发器表面结霜，此时，热泵辅助加热循环启动，高于环境温度的低温太阳能热水进入热泵机组辅助换热器内，预热通过的空气，使热泵效率提高，并且具有防止蒸发器结霜的作用，可以节约热泵机组的耗电量。

（3）太阳能和热泵机组同时加热生活热水。在晴天日照良好时，如果热水系统的耗热量大于太阳能集热系统的有效供热量或太阳能集热器的数量较少，不能满足热水系统的用热需求，则太阳能和热泵机组同时工作向系统供热。

（4）热泵机组直接加热生活热水。在连续的雨雪天气，热水系统所需热量完全由空气源热泵机组提供。此时，太阳能系统处于待机状态，热泵机组单独工作对热水箱加热。

2．太阳能辅助加热空气源热泵机组工作原理以及性能特点

为使空气源热泵在低温环境中高效、稳定、可靠地运行，国内外众多科研单位和生产企业进行了研发和改进，归纳起来主要有三种方式：一是依靠外界辅助热源来提高热泵低温制热性能，比如通过电加热提高热泵制热出水温度、采用燃烧器辅助加热室外换热器、在压缩机周围敷设相变蓄热材料以增加低温条件下制热运行出力等；二是通过改善制冷剂循环系统来提高热泵的低温制热性能，比如采用双级压缩的空气源热泵，设中间补气回路的空气源热泵等；三是采用变频系统，低温工况下让压缩机高速工作增加工质循环量，同时向压缩机工作腔喷液以防止其过热，从而使热泵机组能够正常运行。

太阳能辅助加热空气源热泵机组是基于上述第一种方式而产生的，如图6－24所示。在机组的蒸发器上增加了一辅助换热器。热泵在低温环境下制热运行时，高于环境温度的太阳能热水流经该辅助换热器，与进入蒸发器的室外空气进行热量交换提高其温度，从而使制冷剂在相对较高的环境里蒸发吸热，提高了蒸发温度，改善了压缩机工作状况。

与普通的空气源热泵相比较，太阳能辅助加热空气源热泵机组在低温工况下运行具有如下几个明显特点。

（1）COP（制冷性能系数）显著提高。在同样的环境温度下，太阳能辅助加热使制冷剂系统的蒸发温度得以提高，机组的制热性能系数较普通空气源热泵机组有了明显的提高。

（2）防止蒸发器结霜，减少除霜时间。由于辅助热源的加热作用，提高了进入蒸发器的空气温度，使其结霜的可能性降低，这样就可以防止蒸发器表面结霜，使其保持较高的换热效率，同时，机组的化霜次数和时间也大大减少，可以节省大量的电能，并保证热泵机组能连续运行。

（3）改善空调压缩机工作环境，延长机组使用寿命。在环境温度较低时，空调压缩机的压缩比急剧升高，压缩机的排气温度常常会超过压缩机允许的工作范围，从而导致压缩机频繁地启停，无法正常工作，长此以往，将会损伤压缩机的整体性能，减少空调设备的使用寿

命。以太阳能作为辅助热源提高系统蒸发温度，间接地改善了压缩机的工作环境，不但解决了压缩机在外界低温环境下不能正常工作的问题，并且可以使整个热泵机组的使用寿命有效延长。

6.3.3 太阳能集热器

目前在太阳能热水工程中通常采用的太阳能集热器主要有平板型太阳能集热器、全玻璃真空管集热器、U形管式真空管集热器、热管式真空管集热器和直流式真空管集热器五种。对于全年使用的比较大型的太阳能中央热水系统，要求太阳能集热器应具有一定的承压能力，比较高的集热效率，比较小的管道阻力，抗冻能力强，易于维护。在这几种太阳能集热器中，全玻璃真空管集热器虽然集热效率高，市场占有率大，但因其不能承压运行，容易冻裂，不适宜用在大面积的太阳能热水系统中，而被用作家用太阳能热水器的集热部件。其他四种均为金属吸热体的太阳能集热器，可以承压运行，适用于大型太阳能热水工程中。

1. 平板集热器

平板型太阳能集热器主要由吸热板、透明盖板、绝热层和外壳等几部分组成。典型的平板集热器基本结构如图 6－25 所示，它主要由下列元件构成。

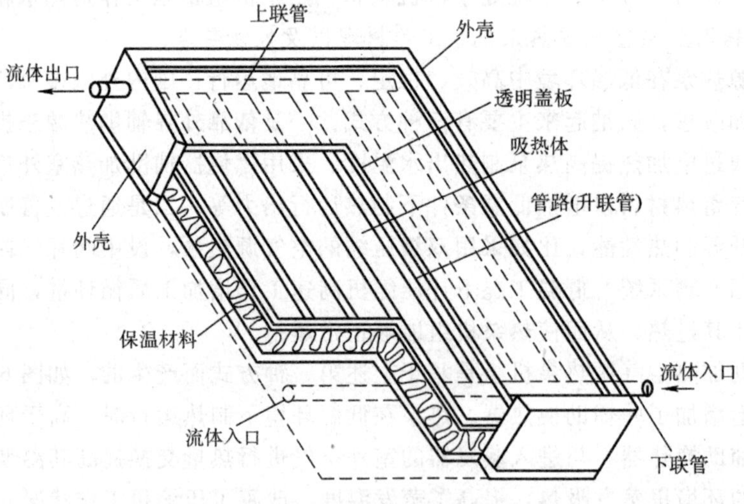

图 6－25 平板集热器结构图

(1) 透明盖板。透明盖板位于吸热体的上方，其作用和要求是要具有较高的太阳透射比，减少吸热体本身的红外辐射和对流造成的热损失，防止灰尘和雨水侵入集热器，以免吸热体涂层和保温材料的性能下降，从而延长其使用寿命，故安装时要确保盖板的密封性能。

盖板材料主要有白玻璃和 Solar—E 太阳能板，盖板一般为单层，在环境温度较低或工质需要较高温度时，采用双层或三层，透明盖板与吸热面板之间间距一般为 2.5 cm 左右。

(2) 吸热体。吸热体是集热器内吸收太阳辐射能并向传热工质传递热量的器件，其截面形状如图 6－26 所示。它包括吸热面板和与吸热面板有良好结合的液体管道或通道，吸热面板可为金属或非金属材料，其表面涂有选择性或非选择性涂层。

选择性涂层是指对太阳短波辐射具有很高的吸收比，而本身所在温度的长波发射比却很低的一种涂层。这种涂层既可使吸热面板吸收更多的太阳辐射能，又可减少吸热面板向环境

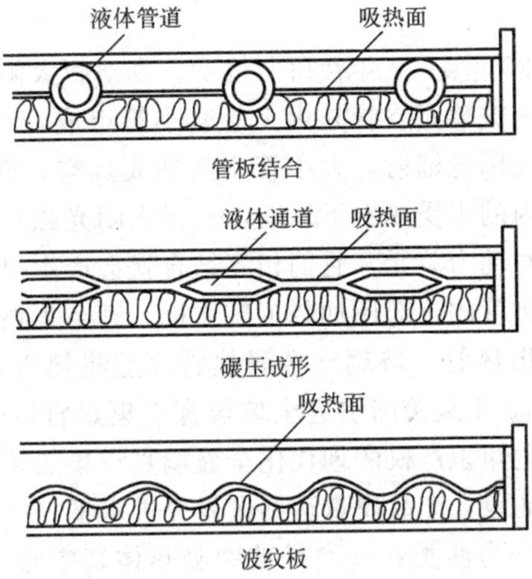

图 6—26　吸热面截面的几种形状

的辐射损失。非选择性涂层是指在一定温度下，物体的吸收比等于其发射比。一般平板型集热器采用非选择性涂层，只有当工质需要较高的温度或环境温度较低时，才采用选择性涂层。

(3) 保温材料。在吸热体的底面和侧面充填有保温材料，以减少吸热体对周围环境的热传导损失。从传热学角度考虑，设计时一般要求底面的散热是上盖板散热的 1/10，侧面绝热材料的厚度可取底面厚度的 1/2。

常用保温材料有岩棉、矿棉、聚苯乙烯、聚氨酯等。其中聚苯乙烯使用温度不得高于 70 ℃，温度高时它会收缩。使用时往往在它与吸热体之间先放一薄层岩棉或矿棉，使其在较低温度下工作。

(4) 壳体。为将吸热体、盖板及保温材料等组成一个整体并保持一定的刚度和强度便于安装，而需有一个外壳。壳体一般用钢材、塑料或玻璃等制成。

当平板型太阳能集热器工作时，太阳辐射穿过透明盖板后，投射在吸热板上，被吸热板吸收并转化成热能，传递给吸热板内的传热工质，使传热工质的温度升高，作为集热器的有用能量输出；与此同时，温度升高后的吸热板不可避免地要通过传导、对流和辐射等方式向四周散热，成为集热器的热量损失。

为提高平板集热器的性能和质量，工程上可采用酚醛泡沫作为集热器的保温材料，并研究开发适用于平板太阳能集热器的选择性涂层，要求涂层具有高吸收率、低红外发射率、优异的耐热耐湿候性能和适宜的加工成本，对集热器进行优化设计，改善制造工艺，保证结构的严密性，减小集热器的散热损失，采用低铁高透过率盖板玻璃等技术和措施，提高集热器部件质量和寿命，将吸热板等产生的热损失降至最低程度。

平板集热器是应用比较早的一种太阳能集热装置，一直以来也是世界太阳能市场的主导产品，广泛应用于各种低温热水加热领域，但随着真空管太阳能集热器的出现，受其自身结构的局限，在集热效率上已不具备优势，因防冻问题以及集热性能受季节和环境影响较大，目前主要在南方冬季气温较高的地区应用，在北方寒冷地区冬季运行效果欠佳，不推荐在大型热水工程中应用。

2. 真空管集热器

真空管太阳能集热器于20世纪70年代研制成功。真空管太阳能集热器是由若干支真空集热管组装构成。最常用的全玻璃真空管是由大管套小管组成，小管装水，通过化学处理，小管外面形成一层物质，吸收阳光辐射，大小管中间抽成真空，就像我们平常用的保温瓶，不易散热，避免热损耗，管内的水受热上下运动，夏天太阳光强烈时，真空管内的水就会冒热气。每根真空管都是独立的动力单元，它们相互结合就会产生很大的热量。为了增加太阳光的采集量，有的在真空集热管的背部还加装了反光板。真空集热管大体可分为全玻璃真空集热管、玻璃－U形管真空集热管、玻璃－金属热管真空集热管、直通式真空集热管和贮热式真空集热管。我国自1978年从美国引进全玻璃真空集热管以来，经过30多年的努力，目前我国已经建立了拥有自主知识产权的现代化全玻璃真空集热管的产业，建立了拥有全部知识产权的真空集热管生产基地，产品质量达到世界先进水平。

真空管按吸热体材料可分为两类：一类是玻璃吸热体真空管（或称为全玻璃真空管），一类是金属吸热体真空管（或称为玻璃－金属真空管）。

（1）全玻璃真空集热管。全玻璃真空太阳能集热管构造如图6－27所示，核心元件是玻璃真空集热管，采用高真空技术，并应用性能优越的选择性吸收涂层，极大地降低了玻璃真空集热管的热损失。它像一个拉长的暖水瓶瓶胆，由两根同心圆玻璃管组成，内、外圆管间抽成真空，太阳选择性吸收表面（涂层、膜系）沉积在内管的外表面构成吸热体，将太阳光能转换为热能，加热内玻璃管内的传热流体。全玻璃真空集热管采用单端开口设计，通过一端内、外管环形熔封起来，其内管另一端是密闭半球形圆头，带有吸气剂的弹簧卡子，将吸热体玻璃管圆头支撑在罩玻璃管的排气内端部，当吸热体吸收太阳辐射而温度升高时，吸热体玻璃管圆头形成热膨胀的自由端，缓冲了工作时引起真空集热管开口端部的热应力。

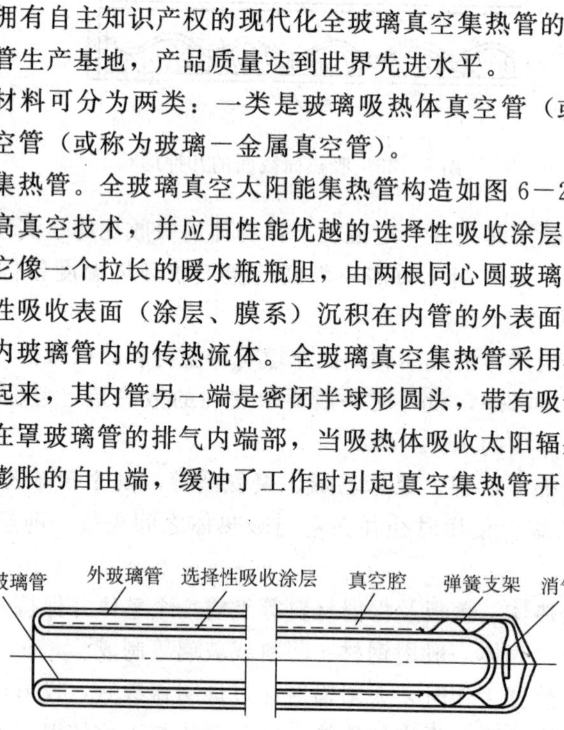

图6－27　全玻璃真空太阳能集热管构造示意图

真空管太阳集热器的热损低一般低于1 W/(m^2·K)，通常采用太阳选择性吸收表面的平板式太阳集热器的热损系数为4～5 W/(m^2·K)。这样，全玻璃真空管太阳集热器可以在中、高温下运行，也能在寒冷地区以及低日照与天气多变地区全年运行，在寒冷地带能四季提供生活用热水，还可以烧开水，高温消毒，工业用热，除湿、干燥、空调、制冷、暖房种植，养殖与海水淡化等，从而大大扩展了太阳能应用领域和地区范围。实用的真空管集热器通常由8～20根真空管并联组成。

U形集热管。U形集热管是在普通的玻璃真空集热管内插一根U形铜管，U形管的两端分别与联集箱中的两根母管相连，U形管与圆筒形铝翼紧闭相接，母管中的水经U形管流入另一根母管，水由铝翼接受玻璃管的热能加热。母管一根接冷水，另一根将太阳热水汇集于贮水箱中，在高寒地区也可用防冻液，然后再经热交换器加热水。

用U形管式太阳集热器组成的太阳热水系统的特点是，由于水在金属管内，所以系统中一根玻璃真空集热管破裂，不影响系统运行，系统压力可高达1.2 MPa。它可以组成任意大小采光面积的太阳热水系统，集热管可东西向放置，也可南北向放置。南北向放置，全日跟踪，东西向放置，四季跟踪。装置间可串联或并联，安装简单，维修方便。

(2) 金属吸热体真空管。热管式集热管是在全玻璃真空管的基础上开发出的玻璃一金属结构集热管，即采用热管直接插入真空管内和应用U形金属管吸热板插入真空管内的两类集热方式。这种类型的真空集热器，既未改变全玻璃真空管太阳能集热管的结构，又提高了产品运行的可靠性。

热管式真空集热管是金属吸热体真空管的一种，它由热管、吸热体、玻璃管和金属端盖等主要部件组成，它的基本结构如图6—28所示。

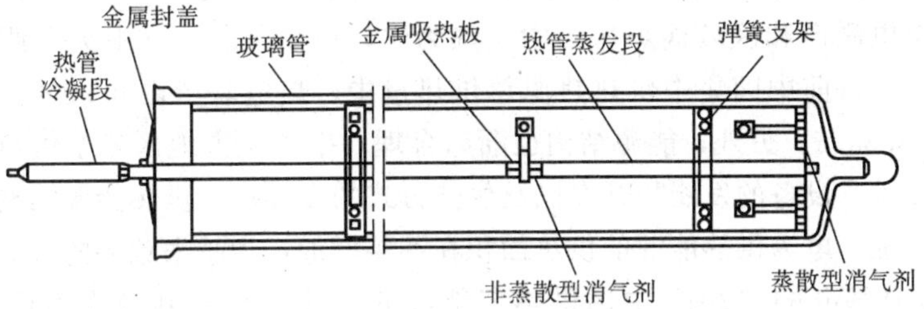

图6—28　热管式真空集热管基本结构示意图

热管式真空管集热器的工作原理是：太阳辐射穿过玻璃外管后投射在有涂层的金属吸热体真空管上，集热管将热量传给与其紧密结合的热管蒸发段，供蒸发段内的工质气化。工质蒸气流向热管冷凝段被凝结，凝结放出的热量加热集热器的工作介质。凝结后的液体工质在重力的作用下回流到热管蒸发段，如此循环工作。常用的热管用铜管制成，工质有水和有机溶剂。为确保热管的正常工作，热管真空管与地面倾角应大于10°。

热管真空管集热器启动快、保温性能好，且由于真空管内不充满水，所以热管式真空管集热器可耐冰冻，可在极低温度下工作。

热管式真空管集热器、U形管式真空管集热器都是在全玻璃真空管集热器基础上发展起来的产品，三者的共同特点是具有比较高的集热效率，以金属作为吸热体，可以承压运行；但从集热效率、防漏、防垢、耐久性、安全性、可靠性、安装维护难度等方面进行综合评价，热管式真空管是最适宜在中央热水供应系统中采用的太阳能集热器类型，U形管式真空管集热器次之。热管式真空管集热器利用热管传热，干性连接，管内不走水，具有热容小、传热快、耐冰冻、耐热冲击、承压强、保温好、无渗漏、易维护等优点；U形管式真空管集热器和直流式集热器利用真空管内同心套管直接对工质加热，除了具有运行温度高、承压能力强和耐热冲击性能好等特点外，其集热效率高于其他形式的集热器，并且可以水平安装，简化安装支架，减少安装场地面积，避免集热器影响建筑外观，在太阳能和建筑结合方面具有较强的适应性，但其安装程序比热管式真空管集热器复杂，接口较多，运行中有漏水隐患，系统维护成本相对较高。

第7章　建筑设备系统的运行节能

建筑节能是我国可持续发展的必由之路，建筑设备的运行节能在建筑节能中占有相当大的比重，设备运行效率的高低、运行策略的好坏都直接影响建筑节能的目标。

本章将以供热、空调、制冷等系统为主要研究对象，从控制、管理等角度探讨相关的节能技术及措施。

7.1　供热系统

目前我国供热发展状况良好，热电、区域锅炉的供热结构渐趋合理，中国北方城市建筑供热，目前大多以热电联产和区域锅炉房集中供热为主，以燃气、电、中央空调等其他方式为辅。据不完全统计，目前中国集中供热热源总供热量中，热电联产占62.9%，区域锅炉房占35.75%，其他占1.35%。另外，能源结构也渐趋合理，中国北方地区冬季供热以煤为主要燃料，但随着供热技术、设备的发展与开发以及供热方式的多样化，供热能源结构也出现了一些变化。目前以气、油、电为供热能源的供热面积在逐年增加，为越来越多的人群所接受。

从2010年8月举办的“2010中国供热节能经验交流论坛暨新技术推广高峰会”上获悉，目前我国北方城镇采暖总的建筑面积约为75亿m^2，每年总采暖能耗约1.42亿吨标煤，约占我国城镇建筑运行能耗总量的40%。其中，有26亿m^2建筑使用热电联产集中供热(扣除调峰锅炉热源对应面积)；26亿m^2使用各类燃煤或燃气锅炉为热源的集中供热；23亿m^2使用其他分散系统，如小煤炉、热泵、电热采暖等。

北方城镇采暖实现节能的关键，一要扩大CHP（热电联产）供热规模，提高热源效率；二要挖掘利用各类工业余热、废热，将其纳入到城市集中供热管网；三要优化配置热电联产、燃煤、燃气、热泵等多种热源方式，提高整体效率和供热安全性；四要通过热改降低过量供热率，实现分户的室温调节，在此基础上按用热量收费；五要改善保温不良的建筑外围护结构。

虽然我国的集中供热普及率在以很快的速度提高，但值得注意的是，目前绝大多数的供热系统都在以很低的效率运行，每年都有巨量的能源在供热系统的运行中被浪费掉。造成能源浪费的原因如下：

①建筑的保温性能太差；

②室外供热管网的水平失调；

③室外供热管网的保温不善和漏水；

④锅炉房设备运行方式老化。

因此，采取适宜的节能技术措施及设备等方法，以符合能源结构的要求。

7.1.1　集中供热系统自动控制调节原理

1. 集中供热系统自动控制调节的任务和方法

集中供热的热效率高，供热、环保效果好，现代化城市采暖基本上都采用集中供热系统。为保证集中供热系统高效、安全可靠地运行，系统必须配置监控调节系统，而大型集中供热系统的监控调节，只有计算机控制才能胜任。

集中供热系统自动调节的任务就是在热负荷发生变化时，及时控制调节系统的运行参数，改变房间内散热器的散热量，维持室温在要求的范围内。

通过散热器热平衡方程可以推导出室内温度的表达式为

$$t_{\mathrm{n}}=\frac{FK-2Gc}{2FK}t_{\mathrm{g}}+\frac{FK+2Gc}{2FK}t_{\mathrm{h}} \tag{7-1}$$

式中：G 为通过散热器的热水流量，kg/h；c 为水的比热，kJ/(kg·℃)；t_{g}、t_{h} 为热水的供、回水温度，℃；t_{n} 为室内温度，℃；K 为散热器传热系数，W/(m^2·℃)；F 为散热器散热面积，m^2。

从式（7－1）可以看出，控制调节室内温度的方法主要有：一是改变供水温度 t_{g} 的方法，叫做质调节控制法；二是控制热水流量 G 的方法，叫做量调节控制法；三控制供热时间的方法，叫做间歇供热控制法。具体实施的方法是以压差控制调节或温度控制调节为主，控制热源供水温度不变，调节流量来实现整个热网的监控。

压差控制调节的基本方法是控制热网最不利环路的供回水压差不小于规定值，当管网阻力特性不变时，压差控制调节的实质就是对流量的控制调节。热网供回水压差的控制是在实现了室内恒温控制、热力入口流量控制、热源燃烧控制的基础上进行的，只有这样，对热网的整体控制才有效。这种控制方案所用的仪表多，投资多，运行效果好，北欧国家多采用该方法。

温度控制调节是在热源燃烧控制、热力入口流量控制的基础上，以温度调节法实现流量的均匀调节，消除热网冷热不均的现象。此种控制方案所用的仪表、设备少，投资省，我国多采用该方法。

2. 集中供热自动控制调节系统的结构

自动控制调节系统是由被控对象、传感器（即变送器）、控制器和执行器等相互制约的各个部分，按一定要求组成的、能够完成自动控制调节目的的整体。图 7－1 是用框图表示的自动控制系统的控制过程。该自控调节系统是根据被控变量偏离给定值的程度，调节执行器，改变进入被控对象的物理量，从而克服干扰，使被控变量恢复（或接近）到给定值，是一种闭环控制系统，由负反馈构成闭环，利用误差信号进行控制，对于外界扰动和系统内参数的变化等引起的误差能够自动纠正，但系统元件参数配合不当时，容易产生振荡，使系统不能正常工作，因而存在稳定性问题。

图 7－2 为温度控制热网计算机监控系统的示意图。其结构是集散式系统，对于直接连接的供热系统，在热用户的入口（供热系统较小时）或热力站（供热系统较大时）安装供水、回水温度传感器 5 和调节阀 7、10。供、回水温度被现场控制单元 2 采集，传送至中央管理计算机 1，经计算后将指令传至现场控制单元 2，由现场控制单元控制调节阀 10 的开度，调节一次循环水量，以保证供水温度恒定，满足热用户的要求。热力站的现场控制单元 2 也可以不通过中央管理计算机，直接对电动调节阀进行控制。

对于小型供热系统，可只安装现场巡检仪 3。现场巡检仪将各热用户的回水温度检测出，送入中央管理计算机 1，根据各热用户水温度与设定值的偏差，计算机将调节阀 7 应有开度位置送到现场巡检仪上显示，操作者根据显示屏的提示，将调节阀 7 调整到相应位置

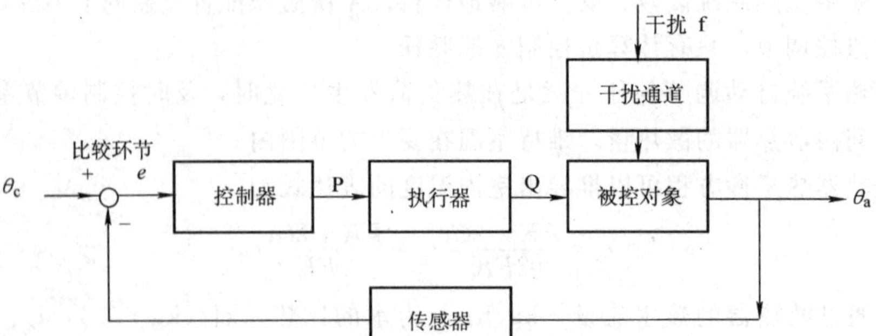

图 7—1　自动控制系统的控制过程

上，回水温度便会处于要求的范围内。在热源处安装有现场控制单元 2，根据总供水温度，控制一次循环水泵 11 的转速（或并联水泵的台数）来调节流量及控制采暖热水锅炉 4 的燃烧，使总供水温度在要求的范围内，以保证整个热网的供热质量。

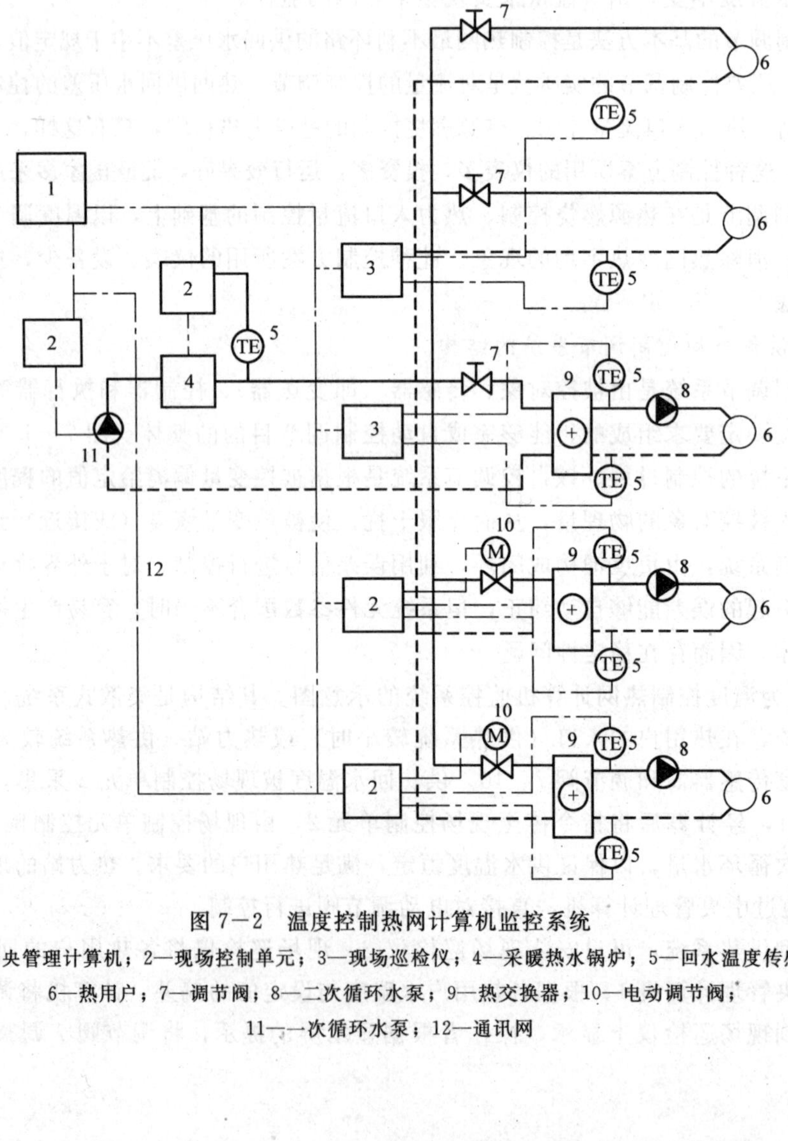

图 7—2　温度控制热网计算机监控系统

1—中央管理计算机；2—现场控制单元；3—现场巡检仪；4—采暖热水锅炉；5—回水温度传感器；6—热用户；7—调节阀；8—二次循环水泵；9—热交换器；10—电动调节阀；11—一次循环水泵；12—通讯网

由上述可知，图 7—2 所示的热网计算机控制系统，仅完成了各热用户最基本的供、回水温度的控制，达到的也只能是低水平的系统最优。如果经济条件许可，还可在各热用户处加装流量传感器、室外温度传感器、压力或压差传感器等，由现场控制单元完成各热用户的室温、热力入口流量及热源燃烧的最优控制，在此基础上，由中央管理计算机协调各现场控制单元的工作，使整个热网运行在最佳状态，从节能、供热质量、环境保护及热网管理等方面完成系统全面、高水平的优化控制，进而可实现热计量收费。

对于一个控制系统，首要的要求是系统的绝对稳定性，在系统稳定的前提下，要求系统的动态性能和稳态性能要好，简要概括为：动态过程要平稳，响应过程要快速，最终跟踪要准确。对于一个系统，这三条基本要求是相互制约的，过分提高响应动作的快速性，可能会导致系统强烈的振荡；而过分追求稳定性，有可能使系统反应迟钝，最终导致控制准确性变坏。

3. 集中供热自动控制调节系统的执行器

在自控调节系统中，执行器是控制系统中的末端控制单元，供热系统自动调节设备中的执行器是电动三通调节阀。调节阀将来自控制器的信号，变成控制量作用在被控对象上，它是控制系统的重要组成部分。

电动三通调节阀由电动执行机构和调节阀组成，如图 7—3 所示。当电动机 3 通电旋转，带动机械减速器使丝杠 6 转动，丝杠上的导板 7 将电动机的转动变成上下移动，由弹性联轴器 8 带动阀杆，进而使阀芯 11 上下移动。随着电动机转向的不同，阀芯朝着开启或关闭方向移动。当阀芯达到极限位置时，通过出轴上的凸轮，使相应的限位开关断开，自动停机，同时可发出灯光信号。

三通调节阀有三个出入口与管道相连，按作用方式可分为合流和分流阀两种。图 7—4 (a) 所示的是合流阀，两种流体 A 和 B 混合为 A+B 流体，它有两个进口，一个出口。阀芯关小一个入口的同时，自动开大另一个入口。图 7—4 (b) 所示的是分流阀，一种流体通过阀后变成两路，它有一个入口和两个出口，在关小一个出口的同时，自动开大另一个出口。

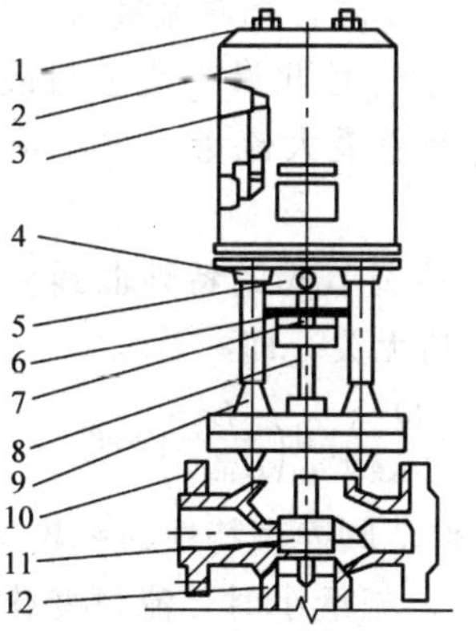

图 7—3　电动三通调节阀

1—螺母；2—外罩；3—两相可逆电动机；4—引线套筒；5—油罩；6—镗杠；7—导板；8—弹性联轴器；9—支架；10—阀体；11—阀芯；12—阀座

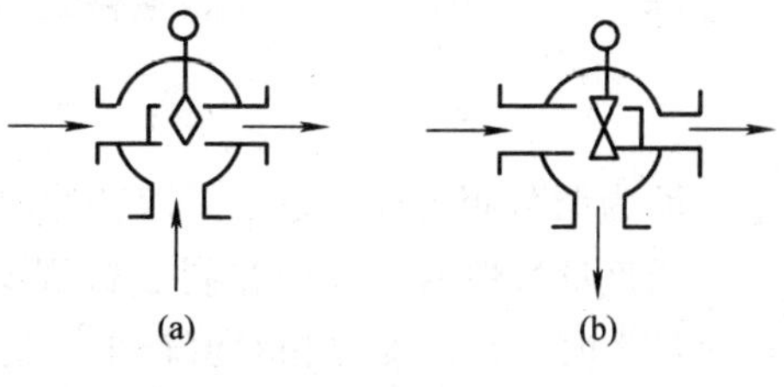

图 7—4　三通调节阀示意图

(a) 合流阀；(b) 分流阀

1）调节阀的流量特性

调节阀的流量特性是指流过调节阀介质的相对流量与调节阀的相对开度之间的关系，即

$$\frac{Q}{Q_{\max}}=f\left(\frac{L}{L_{\max}}\right) \tag{7-2}$$

式中：$\frac{Q}{Q_{\max}}$为相对流量，即调节阀某一开度下的流量与全开时流量之比；$\frac{L}{L_{\max}}$为相对开度，即调节阀某一开度下的行程与全开时行程之比。

调节阀的流量特性是由调节阀阀芯的形状决定的。阀芯形状有柱塞形和开口形两类，每一类又分为直线特性阀芯、等百分比特性阀芯和抛物线特性阀芯，此外还有平板形的快开特性阀芯。图7－5是调节阀阀芯形状示意图，图7－6是调节阀理想流量特性曲线图。

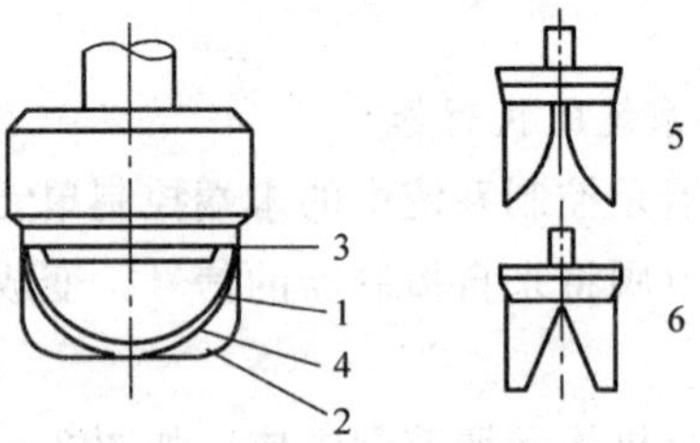

图7－5 调节阀阀芯形状示意图

1—直线特性阀芯（柱塞）；2—等百分比特性阀芯（柱塞）；3—快开特性阀芯（平板形）；4—抛物线特性阀芯（柱塞）；5—等百分比特性阀芯（开口形）；6—直线特性阀芯（开口形）

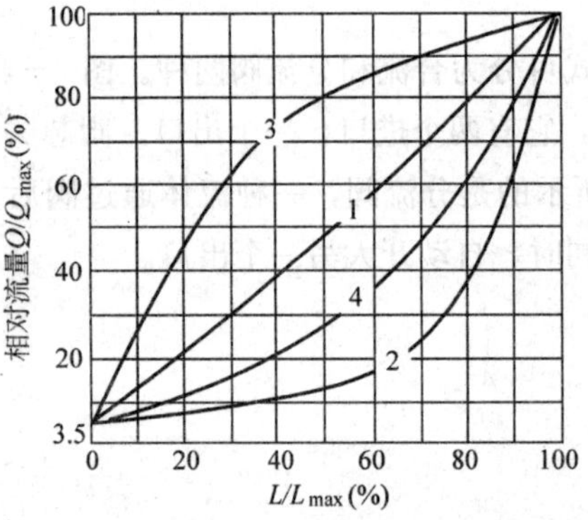

图7－6 调节阀理想流量特性曲线（R＝30）

1—直线；2—等百分比；3—快开；4—抛物线

2）调节阀的理想流量特性

所谓调节阀的理想（又称固有）流量特性是指在阀前后压差不变条件下的调节阀流量特性。阀前后恒定的压差只有在实验条件下才能形成。从图7－6所示调节阀的各流量特性曲线上可以看出，当相对开度为零时，相对流量为3.3％，此时的流量为最小流量，且此最小流量与最大流量之比为3.3％，或者说最大流量与最小流量之比为30。

直线流量特性调节阀的特性曲线斜率等于常数，与相对流量值无关，即

$$\mathrm{d}\left(\frac{Q}{Q_{\max}}\right)/\mathrm{d}\left(\frac{L}{L_{\max}}\right)=K \tag{7-3}$$

式中：K为调节阀的放大系数，即特性曲线斜率，是表示调节阀静态特性的参数。

直线流量特性的调节阀在阀芯行程变化相同的情况下，流量小时，流量变化相对值较大；流量大时，流量变化相对值较小。也就是说，在调节阀开度小时，调节作用过强，不易调节；在调节阀开度较大时，调节作用缓慢，不够灵敏。因此，直线流量特性的调节阀适用于流量变化较小的场合。

等百分比流量特性的调节阀特性曲线的放大系数与相对流量成正比，即

$$d\left(\frac{Q}{Q_{max}}\right)/d\left(\frac{L}{L_{max}}\right)=K\frac{Q}{Q_{max}} \tag{7-4}$$

随着相对流量的增加，曲线的放大系数是变大的。小流量时，流量变化小；大流量时，流量变化大。在相对行程变化相同的情况下，各点的流量变化相对值相等。这种调节阀在接近全关时工作缓和平稳，接近全开时工作灵敏有效，适于流量变化大的系统。等百分比流量特性的调节阀适于安装在热水换热器上。

抛物线特性调节阀的流量特性介于直线和等百分比特性之间。

三通调节阀的理想流量特性如图 7－7 所示。直线特性的三通调节阀在任何开度时，流过两个阀芯流量之和不变，即总流量不变。等百分比特性调节阀总流量是变化的，在 50% 开度处总流量最小。抛物线特性调节阀流量介于两者之间。

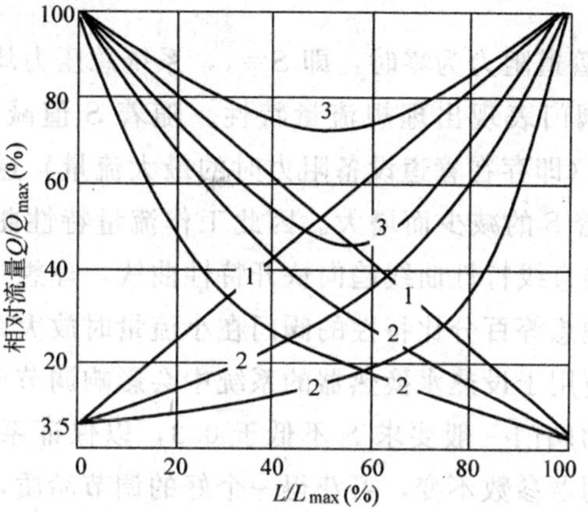

图 7－7　三通调节阀的理想流量特性（$R=30$，阀芯开口方向相反）

1—直线；2—等百分比；3—抛物线

3）调节阀的实际流量特性

在工程上，调节阀是装在具有阻力的管道系统上的，如图 7－8，调节阀前后的压差值不能保持不变。因此，在同一开度下，通过调节阀的流量与理想特性的流量不同。调节阀前后压差随流量变化时，调节阀的相对流量与相对开度之间的关系称为实际流量特性，也称工作流量特性。

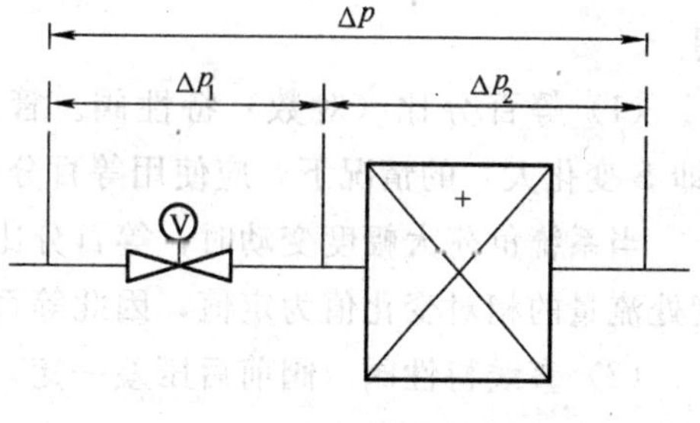

图 7－8　调节阀与管道及换热器串联

图 7－8 中 Δp_1 为调节阀前后压差，Δp_2 为串联管道及设备上的压差。令

$$S=\frac{\Delta p_{1m}}{\Delta p} \tag{7-5}$$

式中：Δp_{1m}为调节阀全开时阀上的压差；S 为阀权度（阀门能力），表示阀门实际流量特性偏离其理想流量特性的程度。

当阀门开度不变，而改变不同的管道阻力时，其 S 值是不同的。随着管道阻力的增大，S 值递减，如以 Q_{100} 表示管道有阻力时调节阀全开时的流量（$Q_{100} < Q_{max}$），则 Q/Q_{100} 称作以 Q_{100} 为参比的调节阀相对流量。串联管道中调节阀的工作流量特性如图 7－9 所示。

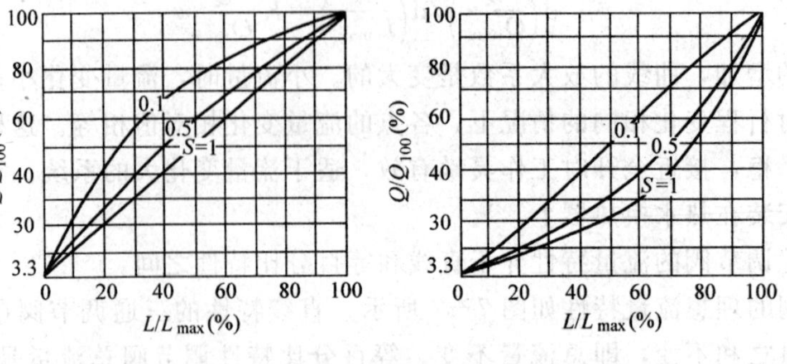

图 7－9　串联管道中调节阀的工作流量特性

(a) 直线流量特性；(b) 等百分比流量特性

由图 7－9 可知，当管道阻力为零时，即 $S=1$，系统总压力均作用在阀上，并保持不变（系统入口压差恒定），阀门表现出理想流量特性。随着 S 值减少（即管道及设备阻力增加），调节阀全开的流量（即存在管道设备阻力时的最大流量）递减，但在某一相对开度下的相对流量 Q/Q_{100} 却随着 S 的减少而增大。因此工作流量特性曲线发生畸变，成为一组向上拱起的曲线族。理想的直线特性曲线趋向快开特性曲线，理想等百分比特性曲线趋向于直线特性曲线。这样造成理想等百分比特性的阀门在小流量时放大系数增大，大流量时放大系数减小，如果将该阀门应用于设热水换热器的系统中会影响调节质量，应用于设热水换热器系统中的等百分比特性的阀门一般要求 S 不低于 0.3，以保证系统放大系数不随负荷而变化，使事先调整好的控制器参数不变，可获得一个好的调节品质，使系统有自适应能力。

4）调节阀流量特性的选择

工程所用的调节阀有等百分比特性、直线特性及介于两者之间的抛物线特性的阀门，此外还有快开特性的阀门。选择阀门特性时，更多的是指如何选择等百分比特性阀和直线特性阀。

(1) 等百分比（对数）特性阀。管道阻力大，即 S 较小或者阀前后压差变化比较大（即 S 变化大）的情况下，应使用等百分比特性阀。

当系统负荷大幅度变动时，等百分比特性阀的放大系数随开度的增大而增大，并且各开度处流量的相对变化值为定值，因此等百分比特性阀具有较强的适应性。

(2) 直线特性阀。阀前后压差一定。阀上压差大，即 S 值大，负荷变化小（直线特性阀，在小流量时不稳定）。

5）调节阀的流通能力及其口径的选择

调节阀的口径是根据工艺要求的流通能力来确定的。调节阀的流通能力直接反映调节阀的容量，是设计、选用调节阀的主要参数。在工程计算中，为了合理选取调节阀的口径，应正确计算调节阀的流通能力，否则将会使调节阀的口径选得过大或过小。如果调节阀选得过大，将使阀门工作在小开度位置，造成调节质量不好和经济效果差；如果选得过小，即使处于全开位置也不能适应最大负荷的需要，使系统失调。因此，必须掌握使用各种流体时调节阀流通能力的计算公式。

(1) 调节阀的流通能力。流通能力的定义为：当调节阀全开，阀两端压差为（p_1－

p_2)，流体密度为 ρ 时，每小时通过调节阀的流量。

液体流通能力 C 值的计算公式为

$$C=\frac{316Q}{\sqrt{\frac{p_1-p_2}{\rho}}};\ C=\frac{316G}{\sqrt{(p_1-p_2)\rho}} \tag{7-6}$$

式中：Q 为体积流量，m^3/h；G 为质量流量，kg/h；p_1、p_2 为阀前、后的绝对压力，Pa；ρ 为液体密度，kg/m^3。

(2) 调节阀口径的选择。在调节阀的标准系列中，选取调节阀的流通能力大于并接近 C 值，就可确定该调节阀的口径。

集中供热系统为了保证高效、安全可靠地运行，设置了自动控制调节系统，当热负荷发生变化时，该系统能自动控制调节运行参数，改变房间内散热器的散热量，保持室温在要求的范围内。

7.1.2 监控系统的组成及功能

监控中心是热网计算机监控系统的核心部分，它承担了对所有相关信息的综合分析处理和对全网提出运行建议并实施控制等多项任务。热网监控中心主要由服务器、管理工作站组成。服务器实时地从现场控制器采集数据以保证其数据库不断更新，服务器还向现场控制器发送控制和参数设置指令，操作员从控制中心通过该系统能够方便地得到热力站运行的数据并向热力站下达指令。监控中心可实现的主要功能有如下几方面。

(1) 数据采集、显示及存储。热网监控中心能实时采集各热力站的运行参数及运行状态重要参数进行实时及历史曲线记录，并依据不同运行参数的变化快慢和重要程度，建立实时和历史数据库，存储原始数据供系统分析使用，定期把历史数据进行备份。

(2) 水力、热力工况及经济运行分析。根据热网的运行参数进行各热力站及全网的能耗、失水量统计，得到一次管网水压图，并据此指导运行人员、巡检人员进行合理的调整和处理，也可通过主机直接修改各站的参数，达到经济运行的目的。

(3) 故障诊断和报警功能。系统能够对热网、热力站、通信系统故障进行分析诊断并发出报警。所有的报警信息均存入报警数据库，并对报警信息进行排序和检索。

(4) 自动控制。通过对热网的监视、分析和计算，根据具体情况对热力站可控设备进行远程操作（如泵的启停、阀门的开关等），还可对各热力站的控制参数及控制曲线等进行修改后下传到各热力站现场控制机，由现场控制机按修改后的参数自动运行。所有的控制命令均是通过良好的人机界面进行，并依据控制对象重要性由不同等级的密码保护，具有良好的安全性。

1. 热力站现场控制设备

热力站现场控制设备分布在各个热力站，它是以现场控制器为中心组成的一、二次网多参数实时采集和流量闭环控制系统。它既可以在热力站现场进行调控操作独立运行，也可执行监控中心的调控指令运行。其中主控制器主要包括核心 CPU 板以及各种 I/O 板卡，其主要功能如下。

(1) 对热网各运行参数进行实时监控及采集。热网运行参数主要包括：一次管网供水、回水压力和温度；二次管网供水、回水压力和温度；室外温度；一次管网供热量，二次管网补水流量，水箱液位；一次管网供水电动调节阀阀位，变频电机运行频率，泵的运行状态及电机等的故障状态等。

（2）根据气象环境和负荷的变化按预先设定的控制策略对热网中的泵和调节阀进行自动调节，以实现换热机组或热力站的完全自动控制。

①二次管网供水温度控制（质调节）。根据室外温度补偿所确定的二次管网供水温度来设定曲线进行一次管网供水电动调节阀的自动调节，从而满足二次管网供水温度的需求。一般设定两条曲线，以满足白天和夜间不同的供热需求。

②二次管网供回水压差调节（量调节）。根据二次管网供回水压差设定值，自动调节变频循环泵的转速，将压差值稳定在要求范围内，从而实现对二次管网流量的调节控制。

③其他功能。监视补水泵、循环泵的运行状态，二次管网回水压力低报警，二次管网供水温度高报警，同时通过 VPDN、PSTN、ADSL 等多种通信方式与监控中心进行通信，将信息上传至监控中心。

2. 监控系统的控制策略

环境温度具有近似"周期变化规律"和我国大型质调供热网的"延时特性"是集中供热的两个客观规律。环境气温周期变化规律为：气温是日复一日的昼升夜降的循环变化过程（除冷、暖气流）；整个采暖季是一天天缓慢变冷又逐渐转暖的平稳降温和升温过程，在120～180 多天的采暖季里，每天的平均温度变化基本小于 1 ℃，而每天气温的变化则高达 10 ℃左右（严寒地区大些）。热网的延时特性为：从热源到用户质调节的温度变化是由热水流动速度决定的，例如传送到 10 km 远的用户需要 1.5～3 h；在整个供热过程的传输和换热两个主要环节中，传送热量是缓慢的过程，而换热是快速的，表现为对远、近不同热用户具有不同延时的传热过程，这表明在热源节能运行条件下，各热力站的水温在任何时刻都是不可以比较的，这是用温度管理热网不可逾越的难题。

环境气温的"周期变化规律"决定了全网供热量要动态跟随环境温度变化，才能实现用最小的能源消耗达到科学供热的目的；而热网供热的"延时特性"说明只有启用面对动态运行的"周期热量分析管理"方法，才能实现热网的平衡调节，进而实现热源跟随环境气温变化的节能运行方式，由此也确立了节能供热监控管理系统的基本策略。以可靠的热量计量为基础，全面测控各热力站一次网热量和全部二次网各环路的热量；监控中心依据"周期供热量"的平衡情况调控各热力站一次网的平衡，并且兼顾调节二次网各环路的平衡，把不热户划定在尽可能小的区域里，实现供热大局的热力平衡和供热效果稳定；在此基础上，依据环境温度及部分热用户的实际供热效果对热源供热量进行预报规划和运行中的实时调节，达到节能运行的目标。

计算机监控系统的应用实现了供暖的智能化管理及人力和能源的节约，解决了过去集中供暖中的诸多问题。主要体现在如下两方面。

（1）能及时检测到庞大的供热系统中的各种故障并作出及时反应，提高了热网运行的安全性及稳定性。监控系统可以根据热网的水力、热力运行工况进行分析，解决水力、热力失调现象，同时如果系统中出现大量漏水、压力失常或者管道堵塞等现象时，可以及时向控制中心报警，作出迅速反应。

(2) 对用户及环境温度进行实时监测，能够及时根据温度数据和其他实际情况进行供暖调节，在提高了供暖的舒适度和满意度的同时最大程度上实现了节能。在实际运行中，由于供热监控系统同时进行室外温度和室内温度数据采集，因而能够在保证用户供热效果的前提下，依据室外温度具体变化趋势进行水温和流量调节，采用在调度中心对每个热力站统一发送分区段调整采暖供水温度设定值的方式，其节能效益非常可观。

7.2 制冷系统节能运行

空调制冷系统的主要设备组成为制冷机组、冷却水泵、冷冻水泵冷却塔等。

众所周知，制冷系统是典型的耗能大户，同时制冷系统存在着一定的节能潜力，也是一个不争的事实。由此可见，在能源日趋紧张的今天，有必要对制冷系统进行深入地挖潜增效研究。日本曾对制冷系统节能提出一个概念图，如图 7－10 所示，对我国制冷系统的节能工作应该有一定的启发。由图 7－10 可见，制冷系统能耗主要受四个方面因素影响。本节主要就制冷系统设备运行及控制节能进行分析。

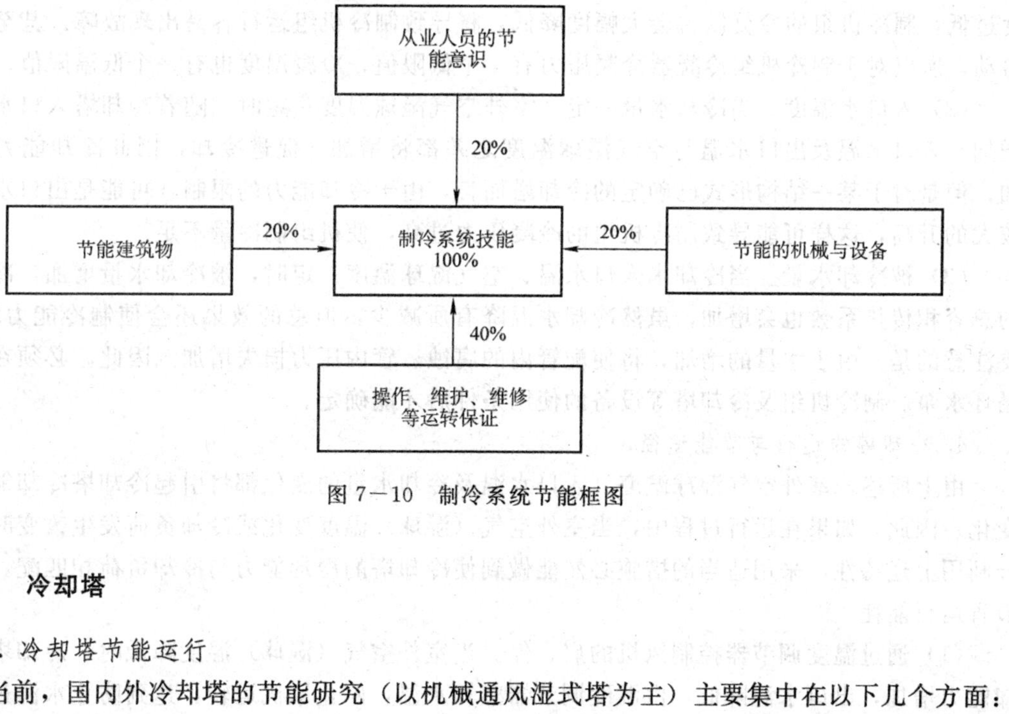

图 7－10 制冷系统节能框图

7.2.1 冷却塔

1. 冷却塔节能运行

当前，国内外冷却塔的节能研究（以机械通风湿式塔为主）主要集中在以下几个方面：

①改进冷却塔体的结构，优化冷却塔内部构件的布置，使气、水分布均匀化，减少阻力，提高效率；

②改进冷却塔运行方式，减少能耗；

③高温水在进入冷却塔之前，先进行一定的“预处理”，使水进入冷却塔后能增大与空气的接触面积和接触时间，以达到节水和节能的目的。

2. 冷却塔性能

在制冷空调系统中，冷却塔起着非常重要的作用。从热力学方面考虑有 3 种基本形式的的冷却塔：湿式（蒸发式）、干式、湿干混合式。目前应用较广泛的是湿式（蒸发式）冷却塔，冷却水通过冷却塔与外界空气同时进行着热量和质量的交换，热量分为显热和潜热两部分。假若换热量全部为水的潜热，则冷却水降低 6 ℃，蒸发的水量不及供水量的 1/100。冷却塔的性能与温度范围和接近度有关。冷却塔的选择与以下几个因素有关：需冷却的热负荷、冷却的温度范围、接近度、室外空气湿球温度。温度范围是指冷却塔出水与进水的温度差。

3. 冷却塔的冷却能力

冷却塔的冷却作用是通过水与空气进行直接或间接的热、质交换来实现的。为了达到节能的目的，首先应该清楚影响冷却塔冷却能力的各个因素，以便在运行过程中采取适当的措施，使冷却负荷与冷却能力相匹配，尽可能地节省能耗。对结构已经确定的冷却塔而言，影响冷却塔冷却能力的主要因素有：室外空气（湿球）温度、冷却水入口温度、被冷却水量及诱导风量等。

（1）室外空气（湿球）温度。冷却塔出口水温度的理论极限值为室外空气的湿球温度，因此，当水量一定，入口水温一定时，室外空气的湿球温度越低，冷却塔出口水温与入口水温之差越大，冷却塔冷却能力就越强。但是我们必须注意的是冷却水温度太低的话，冷凝温度过低，制冷机组的冷凝压力会大幅度降低，将导致制冷机组运行容易出现故障，甚至无法启动，所以对于制冷机组冷凝器冷凝压力有一个低限值，冷凝温度也有一个低温限值。

（2）入口水温度。当冷却水量一定，室外空气湿球温度一定时，随着冷却塔入口水温的增加，入口水温及出口水温与空气湿球温度之差都将增加，促进冷却，因此冷却能力会增加。但是对于某一结构形式已确定的冷却塔而言，由于冷却能力的限制，可能是出口水温有较大的升高，这样可能导致制冷机组的冷凝压力过高，使机组制冷量不足。

（3）被冷却水量。当冷却水入口水温、空气湿球温度一定时，被冷却水量增加，冷却塔的总容积传热系数也会增加，虽然冷却水温降有所减少，但总的效果还会使制冷能力增加。要注意的是，由于水量的增加，将使配管内的腐蚀、管内压力损失增加。因此，必须在检验循环水泵、制冷机组及冷却塔等设备的使用条件后才能确定。

4. 冷却塔的运行与节能途径

由上所述，室外空气湿球温度、入口水温及冷却水量的变化都将引起冷却塔冷却能力的变化。因此，如果在运行过程中，当室外空气（湿球）温度变化或冷却负荷发生改变时，充分利用上述特性，采用适当的措施必然能做到使冷却塔的冷却能力与冷却负荷相匹配，从而节省运行能耗。

（1）通过温度调节器控制风机的启、停。当室外空气（湿球）温度降低时，冷却塔的冷却能力增加，出口水温降低，由温度调节器感知水温，停止风机运转，达到防止水温过低及节能的目的。

（2）通过调速装置改变风机用电机的转速。由于室外空气湿球温度的变化是随机性的，采用调速装置可以改变风机用电机的转速，可以使电机实现无级调速，从而获得更好的节能效果，同时也可以减少风机的启、停次数，延长风机的使用寿命。根据生产的需要预先设定供水温度，由气象环境对水温的影响、系统换热条件的改变对水温的影响，用温感探头的实测值反映出来，最终通过调控降温设备的能耗来稳定供水温度，实现自控节能。

（3）风机台数控制。当空调系统有几台冷却塔或每台冷却塔有几台风机时，风量的调节可以通过风机台数控制来实现，根据需要来确定风机开启的台数，因此这种调节手段更强，调节范围更大，且水温比较稳定，尤其适合在制冷负荷变化不大而室外空气参数变化大的情况下使用，在工业用冷却塔上最为实用。表7—1为维持冷却塔出水温度32 ℃不变，室外空气湿球温度变化与风机开启台数变化对应表。风机的开与停，可以采用手动方式，也可通过温感来实现自动控制。根据测量供水温度的变化，自动调节风机的开、停机数量，达到控温节能的目的，从而节省冷却塔风机能耗。

表7—1　风机开启台数随室外湿球温度变化

湿球温度 T_s(℃)	27.7	24.5	20	16
风机开启台数/总台数	100%	80%	60%	50%

（4）封闭式冷却塔洒水泵的运行控制。当室外空气（湿球）温度降低或者冷却负荷减少时，可通过设置在冷却塔内的温控器关闭洒水泵，节约洒水泵的能耗。当洒水泵停止运行时，冷却水仅仅靠与空气的显热交换来冷却。

（5）冷却塔进水控制。以往的研究基本上局限于冷却塔本身，而对冷却塔的处理对象——待冷却高温水却很少涉及，如果让高温水在进入冷却塔之前，先进行一定的“预处理”，改变气、水之间的传热、传质性能，同样也能达到节水和节能的目的。例如同济大学做法：以现有的冷却塔为基础，在进水管装上溶气设备（溶气罐或射流溶气器），利用一定的压力将空气溶于进水中，然后再进行冷却。改进后的冷却塔的容积传质系数比原来提高15%～20%，冷却效率大大提高。

（6）冷却塔直接供冷系统。前面已经讲到，在空调水系统中，通常情况下，被冷却塔冷却的水流经制冷机组的冷凝器，形成冷却塔—冷凝器的冷却水循环环路，系统的另一循环环路为蒸发器—用户的冷冻水环路。如果当室外空气湿球温度下降到某一值时，制冷机组可以停止运行，由冷却塔冷却的冷却水可直接送入用户空调末端，形成冷却塔—用户的循环环路，即冷却塔直接供冷的模式。因而可通过两个途径节省能耗：一是停止制冷机组可以节省大量能耗，二是系统的循环水泵由冷却水泵与冷冻水泵同时运行变成只有冷却水泵运行。

对空调用户而言，所消耗的电量为制冷机组、冷却塔、水泵等系统各部分耗电量的总和。因此，节约各部分的耗电量对于用户同等重要，这样才有可能保证系统总体上节能。在空调系统中利用冷却塔节能，可以从改变其自身的运行工况着手，也可以从冷却塔系统的角度，充分利用冷却塔的冷却能力。所以，为了用户最大限度节能，冷却塔的生产厂家在设计与制造过程中应多考虑冷却塔的自控功能，并且提供冷却塔在冬夏两种工况的热工参数，以方便设计人员在制冷空调系统设计中采取节能措施。

7.2.2　冷却水泵节能运行

1. 冷却水泵的应用现状

水冷式冷水机组冷水系统设备选型普遍过大，特别是冷却水泵的选择过大，造成运行过程中能量的极大浪费。表7—2是某地区部分空调的冷却水系统冷却水泵的配置情况，从中可以看出，冷却水泵的配置确实存在较大问题，冷却水泵的流量一般都大于冷水机组额定流量的15%～25%，有的甚至更大。这主要是由下列因素造成的：首先在进行水泵选择计算时，往往在冷水机组所需冷却水额定流量的基础上加上一个10%的裕量来作为水泵的选择流量值，以期运行安全；其次在冷却水泵的选择过程中不能选择到正好符合流量要求的水泵，往往选择大一级流量的。因此，造成实际选择的水泵流量大大超过冷水机组运行所需要的冷却水流量，而冷却水泵的运行能耗与其流量有很大的关系。

表 7—2　冷却水量与冷却水泵功率的关系

冷却水量 W		冷却水泵功率 N	
大小	数值（L/s）	计算值（kW）	功率比较
0.7 W	35.7	4.53	0.511
0.8W	40.8	5.74	0.647
0.9W	45.9	7.18	0.809
1.0W	51.0	8.87	1
1.1W	56.1	13.4	1.222
1.2W	61.2	16.3	1.480
1.3W	66.3	19.5	1.776

2. 冷却水系统冷却水量对冷却水泵运行能耗的影响

冷却水泵理论耗电量的计算公式如下：

$$N_c = \gamma HW/\eta \quad (\mathrm{kW}) \tag{7-7}$$

式中：N_c 为水泵的耗电量，kW；γ 为水的比重，kN/m^3；H 为水泵的扬程，mH_2O 柱；W 为水泵的流量，m^3/s；η 为水泵的综合效率，%。

图 7—11 是冷却水系统图。图 7—12 是冷却水泵和冷却水系统的特性曲线图，曲线的交点即冷却水泵的工作点。

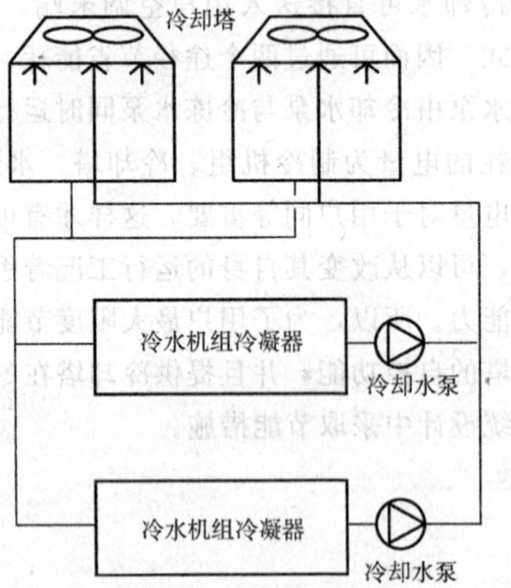

图 7—11　典型的冷却水系统图

由图 7—12 中水泵的工作曲线可知，水泵扬程的计算式为

$$H = H_y + H_j + H_m + H_s + H_o \quad (mH_2O) \tag{7-8}$$

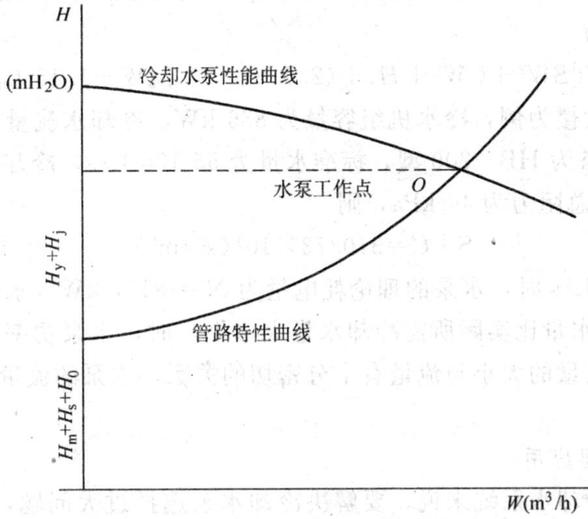

图 7－12　冷却水泵和管路特性曲线图

式中：H_y、H_j 为冷却水管路系统总的沿程阻力和局部阻力，mH_2O；H_m 为冷凝器阻力，mH_2O；H_s 为冷却塔中水的提升高度，mH_2O；H_o 为冷却塔喷嘴的喷雾压力，mH_2O；

(1) 冷却水管路系统总的沿程阻力和局部阻力 H_y、H_j。当管路系统确定以后，其阻力计算公式可表示为

$$H_y + H_j = SW^2 \tag{7-9}$$

式中：S 为冷却水管路的特性系数，s^2/m^5，当管路确定以后 S 为一常数。

(2) 冷凝器阻力 H_m。对冷水机组采用的卧式壳管式冷凝器来说，冷凝器阻力 H_m 由冷却水在冷凝器管内的摩擦阻力和冷却水在冷凝器封头盖内的局部阻力两个部分组成，可表示为

$$H_m = CW^2 \quad (mH_2O) \tag{7-10}$$

$$C = \left(\frac{Z\lambda l}{nd_n} + \xi\right)\frac{8}{\pi^2 g d_n^4}$$

式中：C 为阻力系数，系一常数；Z 为冷凝器中冷却水的流程数，一般为 2；λ 为冷凝器换热管的摩擦阻力系数；l 为冷凝器换热管的长度，m；d_n 为冷凝器换热管的内径，m；n 为冷凝器一个流程中换热管的根数；ξ 为冷凝器封头盖内的局部阻力系数。

(3) 冷却塔中水的提升高度 H_s。冷却塔中水的提升高度与冷却塔的大小有关，冷却塔确定以后，H_s 的取值范围一般为 3～5 m。

(4) 冷却塔喷嘴的喷雾压力 H_o。冷却塔喷嘴的喷雾压力与冷却塔所处理的冷水量有关，根据国内冷却塔生产厂家的产品样本，将有关数据进行整理，得到冷却塔的冷却水量与冷却塔喷嘴的喷雾压力的关系式如下：

$$H_o = 2.5 - 2.35\,L_q W + 1.15 L_q^2 W \tag{7-11}$$

式中：由式（7－8）～式（7－11）得

$$H = H_y + H_j + H_m + H_s + H_o$$

L_q 为冷却水量，m^3。

$$=SW^2+CW^2+H_s+(2.5-2.35L_q^2W+1.15L_q^2W)\quad (mH_2O)$$

则冷却水泵的耗电量为

$$N=\gamma HW/\eta=\gamma W[SW^2+CW^2+H_s+(2.5-2.35L_qW+1.15L_q^2W)]/\eta\quad (kW)$$

例如，以某综合大楼为例，冷水机组容量为886 kW，冷却水流量为51 L/s，冷凝器压力降为39 kPa，冷却塔为HB—200型，标准水量为55 156 L/s，冷却塔中水的提升高度为3 m，冷却水系统管路总阻力为40 kPa，则

$$S+C=310373\times 10^3(s^2/m^5)$$

当冷却水量为51 L/s时，水泵的理论耗电量为$N_c=8187$ kW（水泵的效率取0.75）。

表7—2是当冷却水量比实际所需冷却水量大（小）时，水泵功率的增（减）值。从表中可以看出，水泵耗电量的大小与流量有十分密切的关系，水泵的流量增减，会导致水泵功率的急剧变化。

3. 冷却水泵的合理应用

对于正在运行的冷却水系统来说，要解决冷却水泵选择过大问题，可以采用两种方法：一是在水泵维修时更换合适的水泵，二是给冷却水泵加装变频调速器，利用变频器降低水泵的转速，使水泵始终运行在高效区内，以节约运行能耗。另外，变频器控制柜可以实现冷却泵的软起动，消除泵的起动电流对电网的冲击。对于正在运行的冷却水系统来说，要解决冷却水泵选择过大问题，采用变频调速方法使投资回收期缩短，运行节能效果十分明显，这种方案是可行而且是值得推荐的。

对于新建建筑物的冷却水系统来说，要节约冷却水的能耗，必须正确选择冷却水泵。首先在选择冷却水泵时，水泵的流量要严格按冷水机组的冷却水额定流量确定，冷却水泵的流量计算不需附加10%的安全裕量。其次按冷水机组的额定流量选择冷却水泵时，如果没有刚好满足流量要求的泵可供选择，可在满足每千瓦冷水机组冷却水量在0.129～0.194 m^3/h范围的情况下，流量可按小一号选择，冷却水泵的流量直接影响其运行能耗。因此，在确定冷却水泵流量时，应按冷水机组冷却水额定流量来确定，不要随意加大流量；而适当低于冷水机组冷却水的额定流量，不仅对系统无害，反而有利于节约系统运行能耗，对降低冷却水系统的初投资也是一种可行的方法。

如果按照上述两点对计算结果进行修正，则冷却水泵变频的节能率可以达到12%以上，而冷冻水泵变频的节能率低于冷却水泵变频。

4. 冷却水系统节能控制方式

冷水机组运行时要求保证一定的冷却水流量。冷却水温应按设计要求进行控制，进入冷机的冷却水温过低也会影响冷机的正常运行。根据《采暖通风与空气调节设计规范》（GB 50019—2003），冷水机组的冷却水进口温度不宜高于33 ℃。冷却水进口最低温度应按冷水机组制冷的要求确定，电动压缩式冷水机组不宜低于15.5 ℃，溴化锂吸收式冷水机组不宜低于24 ℃。

目前冷却水系统的控制方式主要有压差控制、定温差控制和冷凝温度控法。由于控制冷却水出水温度和冷凝器进出口温差比较可靠、简单，本节只就这两种控制方法进行简单介绍。

(1) 冷却水出水温度控制法。冷却水出水温度控制法是指控制冷凝器的出水温度，间接控制进水温度，根据负荷的变化而变化，其控制图如图7—13。有些文献中提出的冷凝温度

控制法也是以冷却水出水温度为控制变量间接地控制冷凝温度。当冷凝器出水温度大于或小于设定值时，变频器降低或增大水泵的转速，从而减少水量或增大水量。冷凝温度的变化对冷水机组、除湿机的性能影响非常大，当冷却水量降低时冷凝温度升高，冷水机组、除湿机的性能下降。为保证冷水机组、除湿机的正常运行，冷却水量降到一定程度后不能再下降。

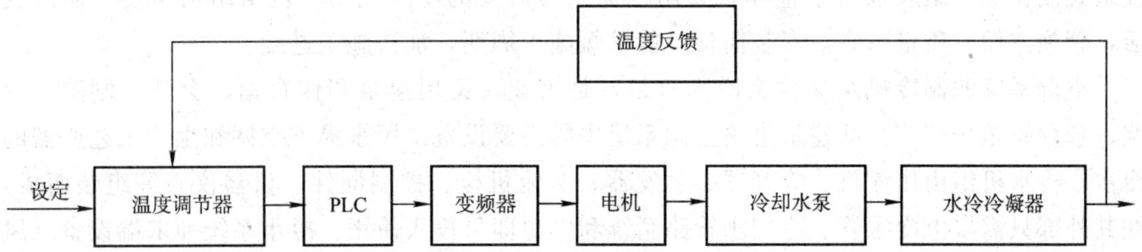

图 7－13　冷凝器出水温度控制法原理图

（2）冷却水温差控制法。冷却水变流量定温差控制法是指冷凝器内冷却水进出水温差不变，从而使流量随负荷成比例变化。控制图如图 7－14，温度传感器测得冷凝器两端的温度，反馈到PLC，并计算两者之差，将计算的温度差与设定的温度差比较，若比设定值大，则通过变频器调节水泵电机，增加水泵转速，增大冷却水流量；反之，降低水泵转速，减少冷却水流量。

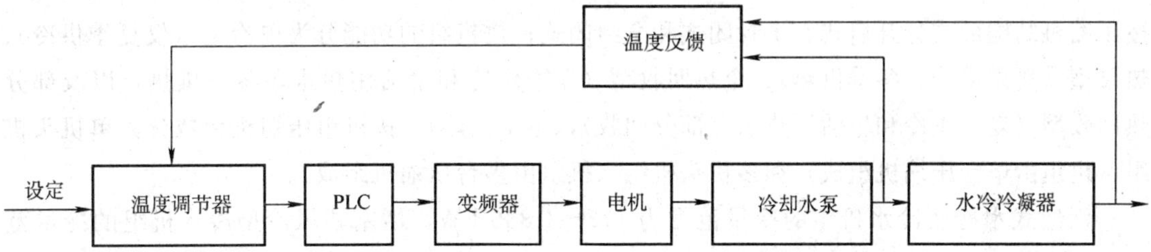

图 7－14　冷却水温差控制法原理图

水泵与主机的功率之比 N_p/N_{co} 对变流量节能有很大影响，当此值在10%以上时，变流量一般均能取得一定的节能效果。在定温差控制中，不同的 N_p/N_{co} 值对节能影响的差别并不太大；而在冷凝温度控制中，这一影响较大。当 N_p/N_{co} 为15%时，冷凝温度控制效果明显优于定温差控制，即使流量的变化限制在50%以上时，也是如此。采用冷凝温度控制，即使稍稍偏离满负荷，也能取得较好的节能效果，说明流量的减小对于水泵节能的正面影响要远大于对于主机的负面影响。当 N_p/N_{co} 为10%时，两种控制方法的节能效果相当。而当此比值小于10%时，水泵的作用较小，定温差控制的效果更好些。事实上，当 N_p/N_{co} 等于7%时，冷凝温度控制不仅不节能，反而多耗能。

7.2.3　制冷机组节能运行

在空调系统中，制冷系统的用电量占整个系统用电量的40%～50%，因此研究制冷系统的节能问题具有重要的现实意义。

制冷系统的节能是多方面的，如寻找能量转换效率高的制冷方式、制冷循环，寻找更为理想的制冷剂，设计合理的制冷系统，建立制冷系统的科学管理制度等。

1. 制冷机组的分类及能耗比较

制冷系统机组化是现代制冷装置的发展方向。制冷机组就是将制冷系统中的全部或部分设备直接在工厂组装成一个整体，为用户提供所需要的冷量。制冷机组结构紧凑，使用灵活，管理方便，质量可靠，安装简便，能缩短施工周期，加快施工进度。

空调系统的制冷机组又称为冷水机组，是工业、民用建筑和体育馆、会堂、剧院、影院、各种娱乐场所等公共建筑集中空调系统中的主要设备，用来提供空调和生产工艺所需的冷水。冷水机组由压缩机、冷凝器、蒸发器、节流机构、控制器件、仪器仪表等组装而成，在其外部只需接上冷水管、冷却水管路系统和电源即可投入使用。冷水系统和末端设备（风机盘管、组合式空调器、吊顶式空调机组、柜式空调器等）、冬季增设热源和换热设备综合在一起组成集中空调系统，给人们创造一个舒适的工作、生活环境。

1）冷水机组的分类

空调系统的冷水机组分为电动式（压缩式）和热力式（吸收式）两种。电动式冷水机组按照压缩机形式又分为活塞式、螺杆式、离心式；热力式冷水机组按照热源不同分为热水型、蒸汽型和直燃型三种类型。下面简单介绍电动式冷水机组的原理和特点。

（1）活塞式冷水机组。冷水机组中以活塞式压缩机为主机的称为活塞式冷水机组。活塞式冷水机组按冷凝器冷却介质的种类分为水冷型（冷却介质为水）和风冷型（冷却介质为空气）；按压缩机结构形式分开启式、半封闭式和全封闭式；按机组的功能分为单冷型（仅夏季供冷）、热泵型（夏季供冷、冬季供热）、全热回收型（夏季供冷和生活用热水，冬季供热）以及部分热回收型（夏季供冷和生活用热水（部分回收），冬季供热）；按机组压缩机台数分为单机头机组（机组由单台压缩机组成）和多机头机组（机组由多台压缩机组成）。

活塞式水冷型冷水机组的冷量范围为112～1 336 kW，活塞式风冷型冷水机组的冷量范围为172～1 706 kW。

活塞式制冷压缩机使用历史悠久，压缩过程的理论研究和压缩机的制造技术均较为成熟，目前活塞式冷水机组研究的主要目标是提高冷凝器和蒸发器的传热效率，以减少制冷剂与外界介质的传热温差，节省运行能耗和降低机组重量。

图7－15和图7－16是活塞式水冷型冷水机组的外形和典型流程。冷凝器为水冷卧式壳管式结构，冷却管多采用低肋滚压螺纹管，冷却水在管内流动，制冷剂蒸气在管外壁凝结。冷凝器筒体一端为冷却水进、出管接口，冷却水为下进上出。冷凝器筒体上装有高压安全阀，当冷凝压力超过设定值时，安全阀起跳，使冷凝压力降低，从而保证机组安全运行。蒸发器为干式壳管式结构，传热管采用内外带翅片的高效传热管，制冷剂在管内气化，冷媒水在管外被冷却。为保证压缩机的干压行程，机组中设有气液热交换器。低压制冷剂气体进入压缩机，经压缩后，进入冷凝器，蒸气冷凝成液体，进入气液热交换器中，被来自蒸发器的低压蒸气进一步过冷，过冷后的液体，经干燥过滤器、电磁阀，并在热力膨胀阀内节流到蒸发压力后进入蒸发器，制冷剂液体在干式蒸发器内气化，吸收冷媒水的热量后，经气液热交换器，被来自冷凝器的高温液体加热，重新进入压缩机，如此不断循环。

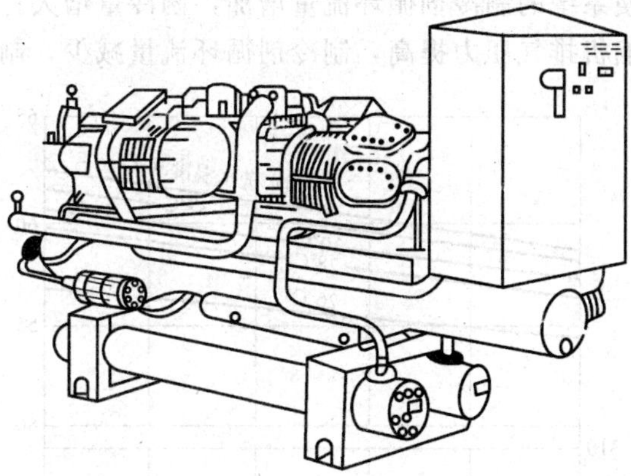

图 7－15　活塞式水冷型冷水机组的外形

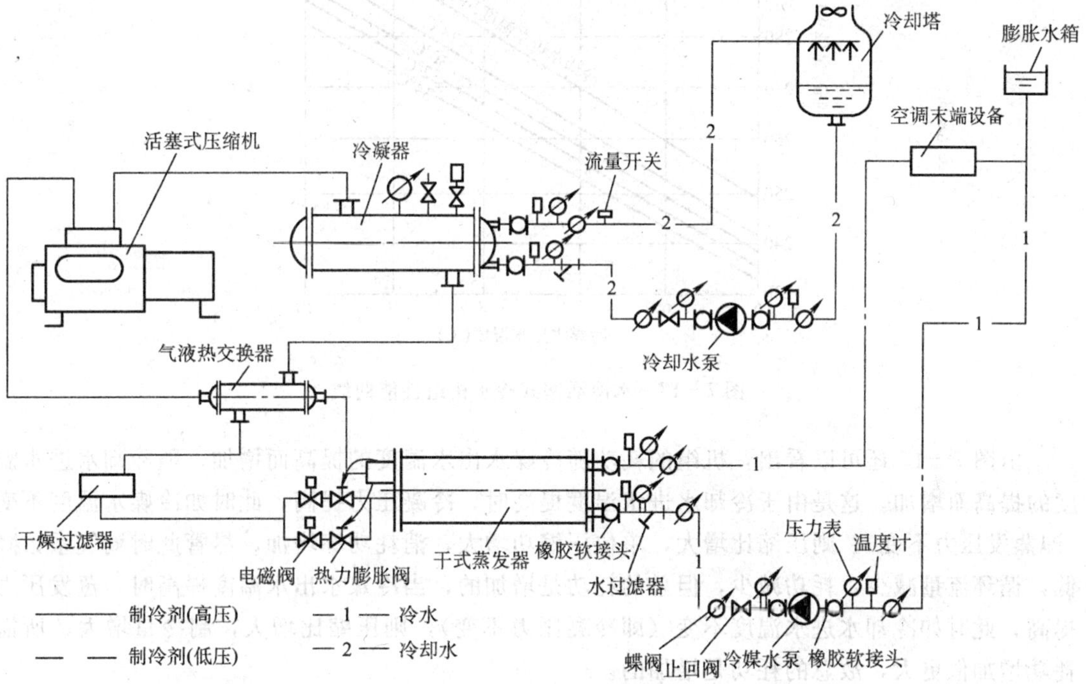

图 7－16　活塞式水冷型冷水机组的典型流程

活塞式冷水机组上一般装有电控柜和微型电脑，设有安全、自动保护和自动调节装置，对冷水水温可进行调控，机组故障可显示、可自动诊断，对多机头机组、压缩机可自动轮流启动，机组参数和运行时间可进行显示和自动储存。安全保护装置有高低压、冷水和冷却水断水、油压、冷水低温防冻、缺相、欠电压、过载、压缩机内温度保护等。

在实际运行时，由于冷媒水温度和冷却水出水温度不同，机组制冷量和压缩机功率消耗是变化的。图 7－17 给出了水冷活塞式冷水机组性能曲线。

由图 7－17 可以清楚地看出，机组的制冷量是随冷媒水出水温度的提高而增加，随冷却水进水温度的提高而减少。这是由于冷媒水出水温度提高时，相应制冷机的蒸发压力提高，压缩机吸气压力提高，使系统的制冷剂循环流量增加，制冷量增大；当冷却水进水温度提高时，冷凝压力提高，压缩机排气压力提高，制冷剂循环流量减少，制冷量减小。

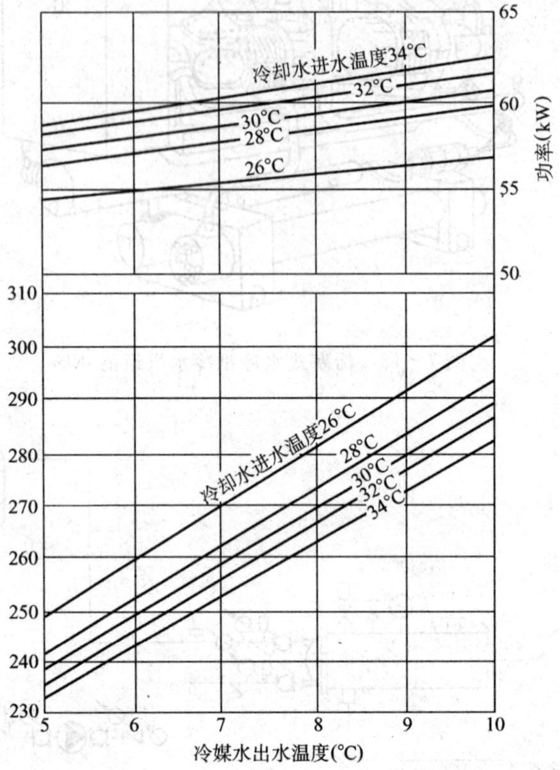

图 7－17　水冷活塞式冷水机组性能曲线

由图 7－17 还可以看出，机组的耗功随冷媒水出水温度的提高而增加，随冷却水进水温度的提高而增加。这是由于冷却水进水温度提高时，冷凝压力提高，此时如冷媒水温度不变（即蒸发压力不变），则压缩比增大，单位压缩功增大，消耗功率增加，尽管此时输气系数降低，循环流量减少，耗功减少，但总的耗功是增加的；当冷媒水出水温度提高时，蒸发压力提高，此时如冷却水进水温度不变（即冷凝压力不变），则压缩比增大，制冷量增大，所需耗功增加值更大，故总的耗功是增加的。

(2) 螺杆式冷水机组。螺杆式压缩机是一种回转容积式的气体压缩机，与活塞式压缩机相比，其特点是：运转部件少（仅有 2～7 个）；结构简单、紧凑、重量轻、可靠性高；维修周期长；由于采用滑阀装置，制冷量可在 10%～100%范围内实现无级调节，可在无负荷条件下启动；容积效率高；绝对无“喘振”，对湿冲程不敏感，当湿蒸气或少量液体进入机内，没有“液击”的危险；排气温度低（主要因油温控制＜100 ℃）；由于冷凝温度可高和蒸发温度可低，机组可设置双工况运行，适用于冰蓄冷系统。螺杆式水冷型冷水机组的冷量范围为 125～2 374 kW，螺杆式风冷型冷水机组的冷量范围约为 116～1 488 kW。

螺杆式压缩机的气缸呈“∞”字形，气缸中配置两个按一定传动比反向旋转的螺旋形转子，其中一个有凸齿，称阳转子，另一个具有齿槽，称阴转子。螺杆压缩机两端分别设有一定形状和大小的吸气口和排气口。气缸中的阴阳转子与气缸内壁之间的容积（称基元容积）

和位置随转子的旋转而变动。当基元容积与吸气口相通时，压缩机开始吸气。随着转子反向旋转，基元容积与吸气口阀断，又因齿槽的相互挤入使基元容积内气体进行压缩。当基元容积与排气口相通时，被压缩的气体开始排出。随着转子继续旋转，上述过程连续、重复地进行，完成制冷过程。

螺杆式冷水机组外形和典型流程分别如图 7－18、图 7－19 所示。

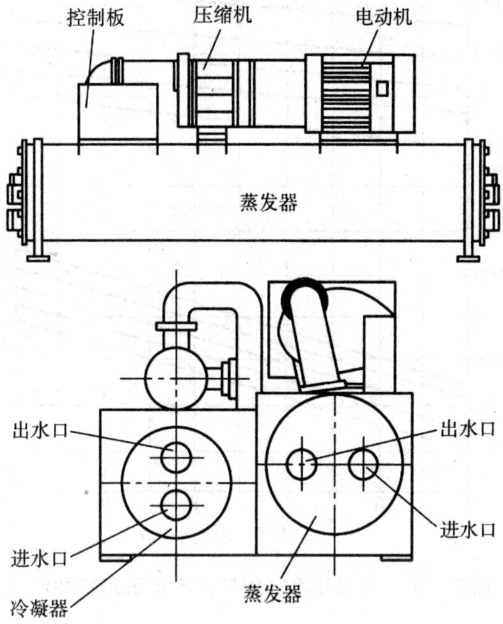

图 7－18　**螺杆式冷水机组外形**

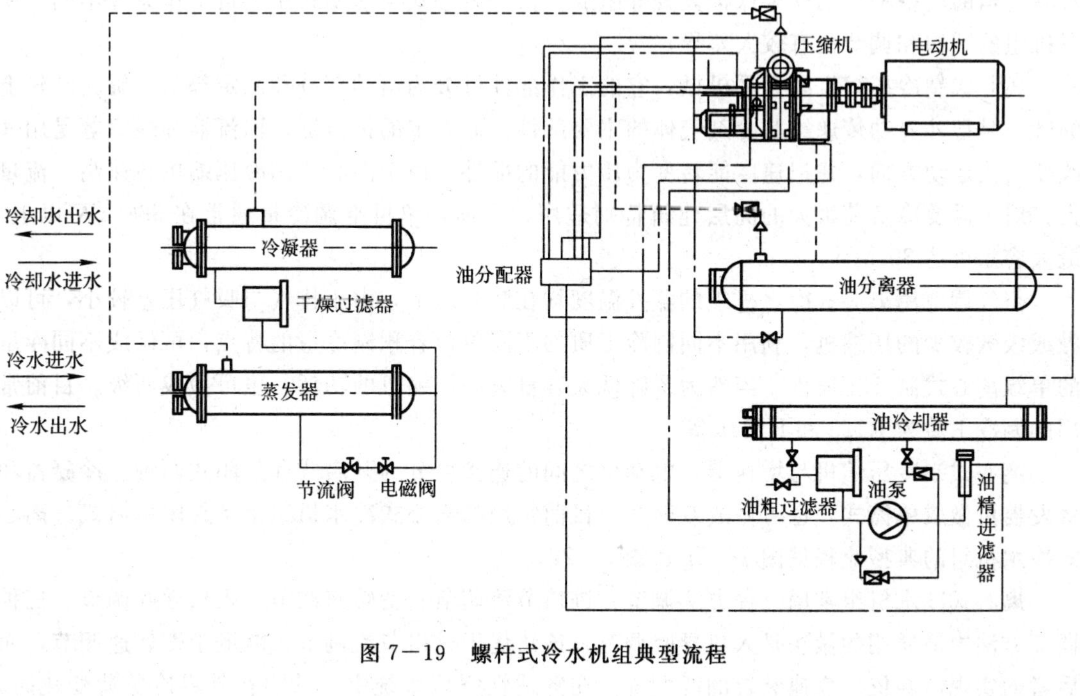

图 7－19　**螺杆式冷水机组典型流程**

图 7—20 为某型号水冷螺杆式冷水机组特性曲线。从图中可以看出，机组制冷量随冷媒水出水温度的提高而增加，随冷却水进水温度的降低而增加；机组的能耗随冷媒水出水温度的提高而增加，随冷却水温度的提高而增加，制冷量和能耗与冷却水和冷媒水温度有着密切的关系。

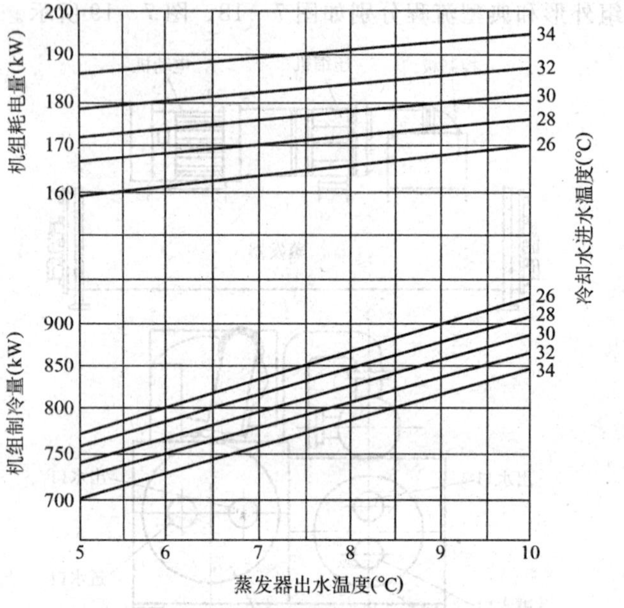

图 7—20　某型号水冷螺杆式冷水机组特性曲线

(3) 离心式冷水机组。离心式冷水机组由离心式制冷压缩机、壳管式冷凝器和蒸发器以及其他辅助设备和自动安全保护装置等组成。由于离心式与活塞式压缩机工作原理不同，所以机组的结构和调节也有较大差异。

离心式制冷压缩机属透平机械，它的工作部件可分为运动部分和固定部分。旋转叶轮上的叶片是把外界功传递给制冷剂气体的主要部件，而固定的扩压器、回流器和蜗室等是用来改变气流运动方向，并把速度能转变为压力能的部件。由于离心式制冷压缩机转速高、流量大，对于需要冷负荷很大的高层建筑特别适用，目前，单机空调冷量通常在 580 kW 以上，最大容量可达 35 MW。

空气调节用离心式冷水机组的蒸发温度均在 0 ℃以上，由于排气与吸气压差较小，可以做成级数较少的压缩机，利用不同制冷工质的不同单位容积制冷量的特点，可做成不同冷量的单级离心式制冷压缩机。当然为了降低大容量离心压缩机的功耗，也可做成两级。目前常用的制冷工质为 R123 和 R134a 等。

离心式制冷压缩机与增速器、电动机之间的连接可分为开启式和封闭式两种。冷凝器和蒸发器可做成单筒式，也可做成双筒式。目前常用的离心式冷水机组是半封闭单筒式。离心式冷水机组的典型流程见图 7—21 和图 7—22。

离心式冷水机组常用三种方法调节：进口节流调节、变转速调节、入口导叶调节。三种调节方法中最通用的做法是入口导叶调节。该法优于进口节流调节，略逊于变转速调节，而后者的实现需要依赖变速装置的匹配等。在舒适性空调系统中，希望在外界冷负荷变化时，机组仍提供恒定温度的冷媒水，此时采用入口可转导叶调节，方便、快捷。其运行操作原理是：要增加制冷量，开大入口导叶角度；要减少制冷量，关小进口导叶角度。

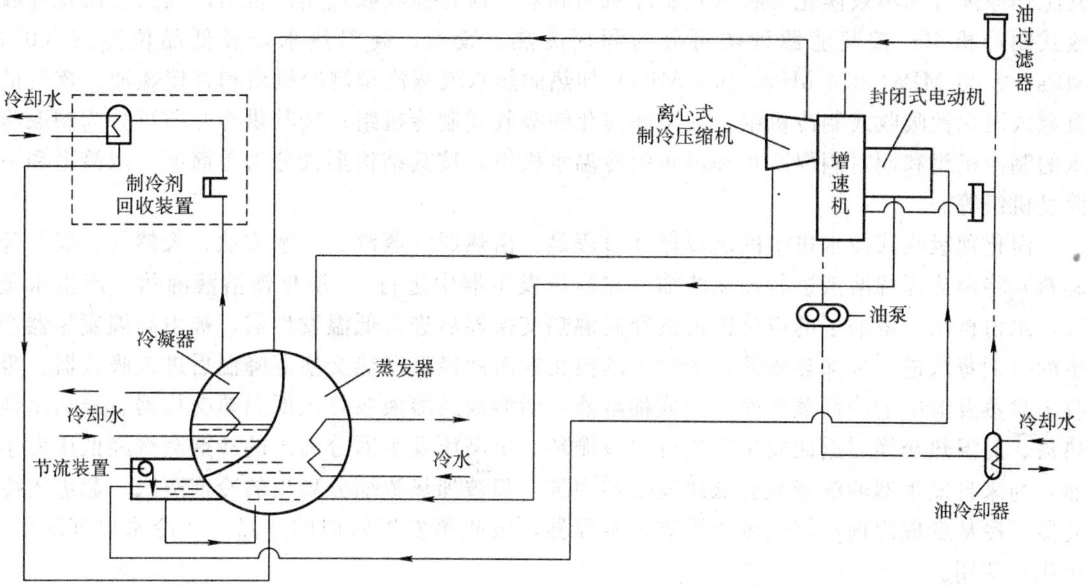

图 7－21　R123 离心式冷水机组流程

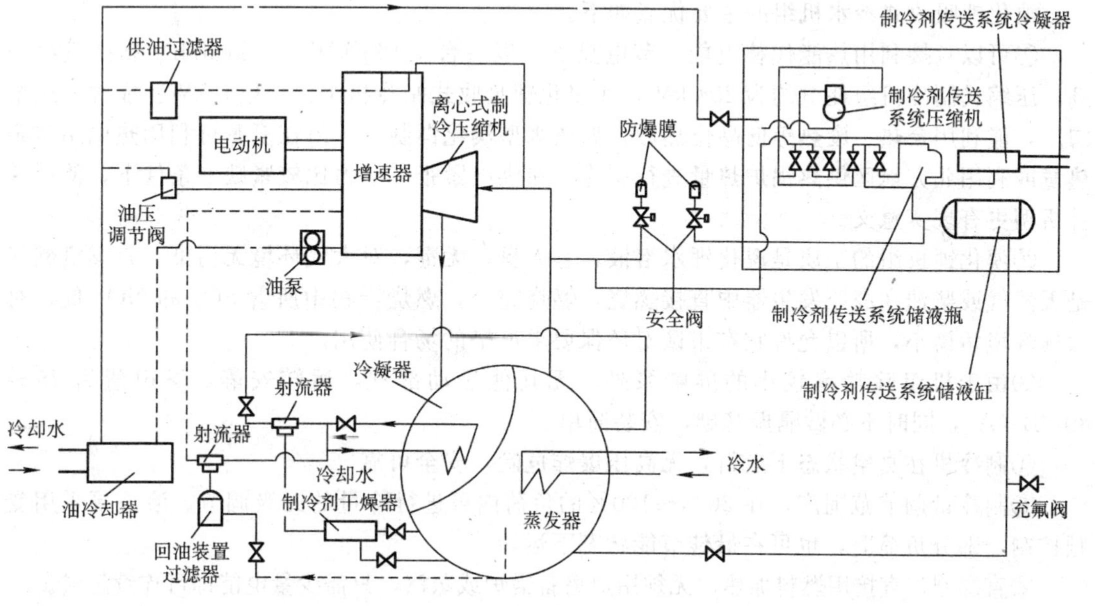

图 7－22　R134a 离心式冷水机组流程

（4）溴化锂吸收式冷水机组。溴化锂吸收式冷水机组是利用水在低压状态下（当绝对压力为 6.54 mmHg 时，水的蒸发温度为 5 ℃），低沸点气化吸取被冷却物质的热量，从而制取温度较低的冷水。该冷水机组是以水为制冷剂，溴化锂溶液为吸收剂，以热能为能源，一般制取 5 ℃以上冷水的制冷设备。

近几年来，溴化锂吸收式制冷机发展非常迅速，新机型、新结构不断出现，目前已有许多形式，既有用于普通空调的溴化锂冷水机组，又有用于各种工业过程的专用制冷机组。按其工作原理分为单效溴化锂吸收式制冷机组和双效溴化锂吸收式制冷机组以及三效溴化锂吸收式制冷机组；按其能源种类可分为利用废热、废汽、高温热水以及低品位蒸汽（0.1 MPa、0.25 MPa、0.4 MPa、0.6 MPa）加热的热水或蒸汽型制冷机组和直接燃油、燃气的直燃式溴化锂吸收式制冷机组、太阳能溴化锂吸收式制冷机组；按其供冷介质可分为制取冷水的制冷机组和同时制取冷水和温水的冷温水机组；按其结构形式分为单筒型、双筒型和三筒型机组等。

溴化锂吸收式冷水机组的制冷循环过程是：由热源（蒸汽、热水或油、天然气、煤气等燃料）将溴化锂稀溶液进行加热浓缩（在高压发生器中进行），溴化锂溶液沸腾，产生水蒸气，水份析出，浓缩了的溴化锂溶液经高温热交换器后进入低温发生器，被由高温发生器产生的冷剂蒸汽进一步加热浓缩，浓缩了的溴化锂溶液经低温热交换器降温后进入吸收器，吸收来自蒸发器中的冷剂蒸汽而又变成稀溶液，稀溶液经溶液泵打入低温热交换器、凝结水换热器、高温热交换器返回发生器进行溶液循环。由高压发生器分离出的冷剂蒸汽经低压发生器，与来自发生器的浓溶液在低压发生器中进一步被加热浓缩分离出的冷剂蒸汽一起进入冷凝器，冷却变成冷剂水，经减压后进入蒸发器，吸收蒸发器管内的热量，使冷水温度降低，供用户使用。

蒸汽吸收式冷水机组的冷量范围为 232～5 815 kW，热水吸收式冷水机组的冷量范围为 116～4 650 kW，直燃型吸收式冷水机组的冷量范围为 232～9 302 kW。

溴化锂吸收式冷水机组的主要优点如下。

①可以直接利用热能代替电能，节电显著。以一台 1 163 kW(10^6 kcal/h) 制冷机组为例，压缩式制冷机组耗电约为 254 kW，而溴化锂吸收式制冷机组仅耗电 9 kW。能源利用范围广，能利用余热、废热等低品位热源。如热水型溴化锂制冷机组在夏季可利用热电站富余热量或利用北方地区供热锅炉热量进行制冷。在供电紧张、电力比较紧缺的条件下，使用这种机型更有现实意义。

②溴化锂机组的工质是溴化锂水溶液，它无臭、无毒，对大气环境无污染。直燃机燃料是天然气或柴油在高压发生器中直接燃烧，燃烧完全，燃烧产物中所含 SO_x 和 NO_x 低，对大气环境污染小，所以允许它在市区对环保要求严格的场合使用。

③由于机组除功率较小的屏蔽泵外，无其他运动部件，运转安静，噪声值为 75～80 dB（A），同时不必做隔振基础，安装简单。

④制冷机在真空状态下运行，无高压爆炸危险，安全可靠。

⑤制冷量调节范围广，在 20%～100%的负荷内可进行冷量的无级调节。溶液泵采用变频控制，部分负荷时，也可在最佳节能状态下运转。

⑥直燃型，直接用燃料加热，无须用户另备锅炉或蒸汽，只需少量电能即可连续运转。

⑦目前机组基本都配有可靠先进的微机控制系统，可自动检测记录、故障自诊断、自动保护、能量和液位自动调节，操作、维护、管理都方便。

⑧可安装在室内、室外、屋顶、地下室，节省机房面积。

⑨只要做好机组的日常维护保养，机组的使用寿命可以达到 15～20 年。

溴化锂吸收式冷水机组的主要缺点如下。

①溴化锂机组单位能耗较高，热效率比较低，节电不节能。若以一次能耗来比较，吸收

式高于压缩式，热水型高于蒸汽型，这种机组在电力紧缺条件下采用才有意义。

②与离心式制冷机组相比，设备外形尺寸大，重量大，占地面积大，占有空间高。

③设备冷凝热量大，所以冷却塔和冷却水系统容量大，冷却塔要用中温型，这部分投资和耗电量要比电制冷大。

④溴化锂水溶液对钢板腐蚀性强，腐蚀不仅影响机组的性能，而且影响到机组寿命。所以必须随时检测溶液中缓蚀剂铬酸锂的含量，以便及时补充。

⑤设备在高真空状态运行，对气密性要求很高，因为即使漏入少量空气也会影响机器的性能，这就要求制造厂的制造工艺必须提高，有的制造厂采用机组全焊接封闭式连接方式，以确保机组真空度。

2）冷水机组的能耗比较

各类冷水机组的最低能效比如表 7—3 所示。

表 7—3 各类冷水机组的最低能效比

冷水机组类型	单机额定制冷量（kW）	能效比
活塞式	<116	3.60
	117～349	3.80
	350～581	3.90
螺杆式	117～349	3.90
	350～581	4.00
	582～1163	4.10
离心式	582～1163	4.40
	>1163	4.40
吸收式	单效	0.60
	双效	1.20

从上表可以看出，以电力驱动的压缩式冷水机组的能效比比吸收式冷水机组的热力系数 ε 高，单位制冷量能耗由低到高的顺序为：离心式、螺杆式、活塞式、吸收式（直燃型、蒸汽型、热水型）。吸收式冷水机组的特点是节电不节能，因此除了在有余热或废热利用以及缺电的场所采用吸收式冷水机组外，应尽可能采用电力驱动的冷水机组。各类电力驱动的冷水机组按照下列原则选择：

①单机制冷量 Q_0>1 163 kW 时，应采用离心式冷水机组；

②单机制冷量 Q_0＝582～1 163 kW 时，应采用螺杆式冷水机组或离心式冷水机组；

③单机制冷量 Q_0<582 kW 时，采用活塞式冷水机组。

冷水机组一般选用 2～4 台为宜，机房内可采用不同类型、不同容量机组搭配的组合式方案，以节约耗能。另外选择冷水机组时，还应考虑其对环境的污染：一是噪声与振动，要满足周围环境的要求；二是制冷剂对大气臭氧层的危害程度和产生温室效应的大小。

2. 空调用制冷系统的节能

由㶲分析可知，由于实际过程的不可逆性造成了压缩机、冷凝器、节流阀、蒸发器等部件存在㶲损失，这些损失会导致有效能转化成无效能，这些损失有的是设备本身所导致的，有的是其他原因所造成，因此，应对制冷系统的节能进行全面分析。

1）制冷系统设计中的节能

从节能角度来说，制冷系统的制冷系数愈大愈好，也就是说制冷系统的工作循环愈接近逆卡诺循环愈好。若以节能作为设计的优化目标，则会得到所设计系统的热交换设备愈大愈好的结论，这在实际中是极不经济的。在制冷系统设计时，不能只从节能的目标（最大的制冷系数）考虑，而应把制冷系统的总费用最低作为系统设计的优化目标函数。显然，采用较大的热交换设备和节能而较昂贵的压缩机，则运行费用低，但初投资昂贵。因此，在一些长期运转的制冷系统，运行费用大，对节能要求要高一些，应选取较大的热交换面积和更好的设备或机组。反之，对一年中运行时间短的制冷系统，在节能的要求上可降低。

（1）制冷剂与制冷循环的选择与节能。采用循环效率高的制冷剂对节能是有利的。螺杆式冷水机组常用的制冷剂工质为 R22 和 R717。实际运行的结果表明，采用 R22 的制冷系统，比采用 R717 的系统耗电量增加了约 18%。其主要原因是 R22 的流动阻力损失较大，密度较大，热交换性能较差。这些因素使采用 R22 时，不可逆损失增加，热力完善度降低。再如离心式制冷压缩机中，在单级空调工况下运行时，使用 R11 比使用 R12 为制冷剂所消耗的功率少。当冷凝温度为 35 ℃、蒸发温度为 5 ℃时，以 R11 为制冷剂的制冷系数 $\varepsilon=3.0$，而 R12 的制冷系数 $\varepsilon=2.34$。采用共沸和非共沸混合制冷剂时，也可提高循环的热力完善度。如共沸制冷剂 R502 在低温时可提高循环的热力完善度，而非共沸制冷剂 Rl14/R22，当 Rl14 的含量为 12%，蒸发温度为 −10 ℃时，可节省功耗 17%。

不同形式制冷循环的热力完善度不同，通常，压缩式制冷循环的制冷系数要比吸收式循环高得多。单级 R502、R12 制冷系统采用回热循环要比无回热循环的热力完善度高，而且随着冷凝温度、蒸发温度的升高和过冷度的增加，制冷系数增加率而增大。反之单级氨制冷系统采用回热循环的制冷系数要比无回热循环的低。用冷却水对制冷剂在节流前过冷却，对任何一种制冷剂都能提高循环制冷系数。但一方面过冷却温度受冷却水温度的限制，另一方面也存在经济问题（过冷却器的设备费用及安装费用，冷却水的费用）。为了节省能耗还可以提出新型的制冷循环。当压力比较高时，应采用双级或多级制冷循环。例如，采用两级螺杆式压缩机比单级节省功率 2.0～2.5 kJ/(s·kW)，多级离心式制冷机采用中间补气的制冷循环可提高热力完善度。为了节能起见，应采用有利的制冷循环形式。

（2）压缩机选择与节能。目前市场上可以买到的压缩机主要有活塞式、螺杆式和离心式。离心式压缩机适用于大容量系统，并有较高的效率。活塞式压缩机历史悠久，已日臻完善，相对于螺杆式压缩机来说效率高，能量损失少，在小型系统中无疑是首选的品种。但螺杆压缩机具有体型小、易损件少、运转平稳、单级可实现较大压缩比、对湿压缩不敏感的优点，在中型和大型系统中这种压缩机是活塞式压缩机的有力竞争对手。螺杆式压缩机通过滑阀调节制冷量，在部分负荷时效率比较低。因此，在负荷有较大变化和经常在部分负荷下工作的制冷系统，不宜选用螺杆式压缩机。因而根据不同的制冷系统合理选择压缩机以减少能耗和提高制冷系数，对其应给予足够的重视，在选择时应进行对比。

无论哪一种压缩机，即使带有能量调节装置，在部分负荷下的效率都比较低，尤其是螺杆式压缩机。因此，希望压缩机绝大部分时间在满负荷条件下工作，对于负荷有变化的制冷系统，应根据负荷变化的特点，宜选用两台或多台压缩机，以保证压缩机在效率高的满负荷或接近满负荷下工作。

压缩机的容量应当与负荷相匹配，切忌选用过大的压缩机，从而导致压缩机总在效率低的部分负荷下工作，或是在比设计蒸发温度低的工况下工作，这两种情况都会引起不必要的能量损耗。

压缩机频繁启动也会带来额外的能量损失，应尽量避免用开、停两位控制来调节压缩机的能量。因此，希望压缩机本身带有能量调节装置，以满足负荷变化的要求。

(3) 设计参数的选择与节能。一项制冷设计需要确定的参数一般有：被冷却物的温度、蒸发温度、冷凝温度、过冷温度等。被冷却物的温度通常由工艺所确定。提高被冷却物的温度可以节省能量，在确定该温度时，应在满足工艺要求下尽可能取得高一些，这样既减少了制冷负荷，又使蒸发温度提高，节省能量消耗。蒸发温度决定于被冷却物的温度，冷凝温度决定于冷却剂温度。提高蒸发温度或降低冷凝温度都可以提高制冷系数，但要减小蒸发器和冷凝器的传热温差，必须增大蒸发器和冷凝器的换热面积。合理的蒸发温度和冷凝温度应当按总费用最小来确定。在目前一些制冷手册中都推荐了传热温差的范围，对于运行时间长的制冷系统，宜取较小的传热温差；反之，在一年中运行时间较短的制冷系统，传热温差取得大一些为宜。

(4) 制冷装置控制方式与节能。一套制冷装置，如果其负荷是稳定不变的，而且与制冷装置的产冷量完全一致，该制冷装置在运转期间，就不需要任何手动或自动调节。在实际过程中，由于外界条件的变化，负荷总是在不断地波动变化中。在这种情况下，要使制冷装置的产冷量和制冷对象的负荷趋于或达到平衡，就必须对整个制冷装置进行及时准确的调节，才能保证制冷装置在安全、准确和经济合理的条件下运行。

显然，制冷装置的调节控制是否及时、合理，直接关系到制冷装置的运行特性和能耗。早期的调节控制采用人工手动进行，即通过直观的检测和显示仪表（如压力表、温度计、液位计等）进行人工调节。这就需要比较熟练的操作工和高度的责任心才能达到这一目的。随着科学技术的发展，人们开发了各种自动化装置，使装置在不同程度上自动运行和调节。在制冷装置的设计中，就存在控制方式的选择与节能问题。

根据自动化技术在制冷装置中应用的程度不同，制冷装置的控制方式大致可分为如下五级。

①手动控制与节能。制冷装置的手动控制，要求操作人员熟悉各种机器设备的性能、结构和操作方法、操作规程，还必须熟悉整个制冷系统的机器和设备的正确配合方法，各控制阀与管道、设备的连接状况，所冷却对象的负荷以及压缩机的运转变化特点等。

在手动调节控制中，操作人员要随时注意观察制冷系统中的各种仪表，根据仪表反映的参数，判断制冷装置的运行状况，及时进行必要的调节。由于运行参数是不断变化的，即使操作人员十分认真，也很难做到及时准确地调节控制。换言之，制冷装置采用手动调节控制方式时，很难维持在最经济合理的状态下运行。因此，这种控制方式对于节能显然是不利的。

由于手动调节控制减少了自动化控制装置的投资，这种控制方式至今仍在国内大量采用。从节能的角度，采用这种控制方式时，操作人员必须具有较高的素质，一方面要有较高的技术水平，另一方面要有认真严谨的良好工作态度。在生产实际中，有些制冷装置尽管采用手动调节控制，通过精心操作调节、精心管理，也能达到较高的节能效益。但手动控制方式具有很大的主观随意性，有时要求的低温已经达到但仍在继续降温，有时却不能及时降温，延长了不必要的运行时间，增加了电耗，尤其是操作人员素质较低时，能耗将明显增大。

现代制冷压缩机均实现了高速运转，制冷装置中出现的故障要求立即处理，不可延误。在这种情况下，手动调节控制的制冷装置均配备了各种自动安全保护装置。例如，制冷压缩机一般设有高压保护器、低压保护器、油压差保护器、断水保护器等。这些自动保护装置控制的任何一项出现故障，就能自动切断压缩机电源，立即停止制冷装置运行，并发出报警信号，因此能确保制冷装置的安全运行，避免事故。目前，制冷压缩机的安全保护装置通常为压缩机的一部分配备，设计制冷装置时不需选择考虑。对于制冷系统中（压缩机之外）的安全保护装置，手动控制的制冷装置也应尽量采用，减少了事故等不正常运行状况，也就减少了能量损失，实际上也是节能工作中的一环。

②局部自动控制与节能。局部自动控制，是指在实现安全保护的基础上，增加了液泵回路和蒸发器回路的自动控制。因为对制冷装置的运行调节而言，这部分工作量最大，对制冷效果的影响也最大。因此，在考虑局部自动控制时，总是优先考虑液泵回路和蒸发器回路的自动控制。采用液泵回路和蒸发器回路的自动控制，不仅可以减少操作调节的工作量，而且可以提高调节精度，稳定被冷却对象的温度，节省能耗。

液泵回路的自动控制，通常配备五种自控元件。由液位控制器控制电磁主阀，向低压循环桶供液。为了避免泵启动后不上液，损坏泵的部件，在泵进出口之间装设差压控制器。为了防止泵排出压力过高，设置自动旁通阀，让多余的液体可旁通回低压循环桶。为了防止泵停止运转时液体回流，防止多泵并联使用的串液，在泵出口设止回阀。

蒸发器回路的控制，实质上就是对被冷却对象温度的控制。一般通过温度控制器与电磁阀等组成的回路，控制蒸发器的供液和回气，实现对所要求温度的控制。这种控制是双位式的，即达到温度上限时对蒸发器供液制冷，下限时则停止，使温度在设定值允许的范围内波动。

③半自动控制与节能。半自动控制是指除实现局部自动控制外，还增加制冷压缩机的自动开机和停机以及能量自动调节内容。

在目前广泛采用的压缩式制冷中，压缩机是制冷装置的心脏，也是制冷装置中最主要的耗能设备。因此，压缩机实现自动控制，就能根据需要及时开机和停机，减少了能耗。另一方面，压缩机的能量自动调节，可以根据实际运行中负荷的变化，将压缩机部分卸载或加载，使压缩机的制冷量比较接近于负荷。这样既合理地使用了机器，又节约了用电。

如果压缩机没有能量调节装置，就会使压缩机运行不合理或开、停频繁，同时使蒸发压力和蒸发温度波动增大，制冷对象的温度与给定值偏差增大，降低调节质量。能量自动调节装置不仅可以根据热负荷自动增减压缩机运行的台数，也可以增减压缩机投入运行的气缸数，既避免了电动机产生过载，又可节约启动能耗。

与局部自动控制相比，半自动控制无疑有更大的节能效果。但同时半自动控制需要更多的自控元件，需要更多的投资。

④全自动控制与节能。制冷装置的全自动控制是指除了半自动控制的内容外，还增加了辅助设备的自动控制。例如，制冷装置自动加油、自动放油、自动放空气、自动调节冷凝器冷却水量等。

制冷装置中的辅助设备与压缩机相比，操作调节的工作量较少，一般不需要经常调节。因此，辅助设备的自动控制对减少操作调节工作量而言，意义不太大。另一方面，辅助设备操作调节的及时性、对制冷装置运行能耗的影响相对较小。因此，可以认为制冷装置采用全自动控制，与半自动控制方式相比，节能的效果并不明显。反而由于辅助设备数量不少，需要增加较多自控元件，使投资增加，维护的工作量增加。

⑤最佳工况调节与节能。所谓最佳工况调节控制方式是指所控制的参数不是一个确定的

数值，可以按某一事先确定好的规律变化。这种调节系统又称为程序调节系统，其程序还可以根据需要而修订变化。这种控制方式需要引入微型计算机，能按输入的程序，对各种条件做出判断，从预定的几种工况中，选出相对节能效率高的一种工况进行控制，使系统保持在最佳工况运行。采用最佳工况调节控制方式可以使制冷装置保持在最经济、最合理的工况下运行，使耗电量、耗水量等降低到最小限度。

制冷装置采用微机控制，具有控制系统精度高、可靠性高、体积小、重量轻、功耗小、功能强等特点。只有人们对制冷装置运行有更深的认识，开发出更好的数学模型和控制模式，才能使制冷装置的控制和节能达到更高的水平。

(5) 制冷系统的变频设计。由于季节、昼夜和用户负荷的变化，空调制冷系统常常会在部分负荷下运行，据统计，制冷系统在满负荷情况下的运行时间只占 20%～30%，在 70%～80%的时间是在部分负荷下运行，而空调系统中的冷却水泵机组和冷冻水泵机组都在固定的大流量下工作，一般冷冻水设计温差为 5～7 ℃，冷却水的设计温差为 4～6 ℃，在系统流量固定的情况下，全年绝大部分运行时间温差仅为 1～3 ℃，即在温差小、流量大的情况下工作，增加了管路系统的能量损失，浪费了水泵运行的输送能量。一般空调水泵的耗电量占空调系统耗电的 20%～30%。因此，节约水泵在低负载时系统供水输出能量具有很重要的意义，随负荷而改变水流量的空调水泵系统就显示出巨大的优越性，这就给我们提出了一个新问题，在部分负荷运行情况下如何设计才能使空调制冷系统符合“节能”的原则，这比在设计工况下提出“能耗”指标更为重要。由于负荷的变化，制冷系统应采用变频设计、中央空调进行变频节能系统，才能使建筑物的节能更上一个台阶。

在中央空调设计时为保证在天气温度最高的情况下能满足要求，所以按最大的负荷设计并有 15%左右的富裕量，而平时使用时并不能达到满负荷，所以存在较大的裕度，因此在选择主机时，应能够确保主机能够根据负载变化自动加载、卸载，当一台机组运行就能满足负荷要求时，应停止其他机组，真正实现变频控制，节约运行费用。

变频技术在现代制冷系统中的使用已成为必然趋势，这不仅能有效改良现代制冷系统的工艺不足，还能大幅降低能耗，节省运行成本。因此，在制冷系统中安装变频控制系统并设置自动调节，将使节能效果更好。

制冷系统节能是综合复杂的系统工程，其涉及的范围较宽，包括系统的原始设计、选配设备、合理规范的运行管理、必要的技术更新以及智能化控制等多个环节。只有在各个环节秉承节能降耗的基本原则，才能取得最佳的节能效果。

(6) 制冷装置设计的其他节能措施。系统管路设计中应注意选用适宜的管径。管径的选择既要考虑减小阻力，又要考虑节省投资。管路的布置应尽量减少局部阻力和缩短长度，尤其是吸气管路应优先考虑。

减少制冷负荷和冷损失。对于被冷却的空调房间，减少冷负荷的途径有：

①减少太阳辐射热的影响，如用白色的屋顶和墙，外墙或屋顶设置反射和遮阳措施；

②合理选择绝热层的厚度；

③防止绝热层受潮；

④防止室外热湿空气通过门窗等孔洞、缝隙进入，通常可以设置风幕或转门。

对于制冷系统中的低压部分设备（如蒸发器、液体分离器、低压循环储液器等）和相应的管路都应做保温措施，以防止冷量损失。

2）制冷系统运行中的节能

在实际操作调节中，人们认识到不仅应该把制冷系统调整在合理的运行范围，而且可以进一步将制冷系统调整在最佳状态运行，更进一步地提高节能水平。对此，国内外都进行了有益的探索和实践，提出了制冷装置运行调节中的各种节能技术。

（1）调节冷凝压力实现节能。冷凝压力升高导致压缩比增大，压缩机的压缩功增大，容积效率降低。在相同制冷量下，系统的耗电量增加。反之，冷凝压力降低，系统的耗电量减少。冷凝压力过高可能是系统设计安装中存在的弊病，如冷凝器面积选得过小，水冷冷凝器中水路流程数少等造成的。这时应更换设备或增添设备，或重新接管，增加水路流程。冷凝温度过高还可能是运行中出现的问题，如冷凝器中有空气，传热面上有污垢，冷凝器投入运行的台数少，冷却水流量少等。因此，运行过程中应及时排除系统中的空气，定期消除传热面上的污垢，经常检查运行台数是否与压缩机相匹配，冷却水的流量是否足够等。

值得注意的是，制冷装置的总能耗包括压缩机的能耗和水泵的能耗。冷凝压力与冷却水的水量直接相关，冷却水量减少，冷凝压力将升高；冷却水量增大，冷凝压力将降低。换言之，冷凝压力降低固然可使压缩耗功减少，但此时冷凝压力的降低是以冷却水量增加，即水泵耗功增加为代价的。有些情况下，冷却水量的增加对冷凝压力影响不大。因此，在一定的范围内，可以减少冷却水的水量，使冷凝压力适当升高。由于减少了水泵的能耗，这时制冷系统的总能耗还可降低，获得节能的效果。

（2）采用较高的蒸发温度实现节能。在一定的冷凝温度下，提高蒸发温度将使制冷系统的压缩比减小、功耗减小，这对节能是十分有利的。问题是蒸发温度取决于被冷却对象，调高蒸发温度往往影响到需冷却对象的制冷工艺要求。因此，调整蒸发温度必须以不影响被冷却对象的工艺要求为前提。蒸发温度过低可能是设计安装中存在的固有弊病，这可能是蒸发器选得过小、压缩机选得过大造成的。这时应重新进行核算，更换或增加蒸发器，或把多余的制冷量挪作其他用途等办法来解决。蒸发温度过低也可能是运行中出现的问题，如蒸发器未及时除霜，膨胀阀开启太小，负荷下降时未及时对压缩机进行能量调节等。蒸发器进行除霜固然对系统运行是有利的，但除霜也会带来系统负荷增加，造成能量增加，因此不希望频繁进行除霜。

（3）防止排气温度过高。排气温度过高会使润滑恶化，摩擦功增加，制冷剂气体与汽缸壁热交换增强，导致压缩机效率下降。为此应当及时消除排气温度过高的原因，如改善压缩机汽缸的冷却条件，防止吸气过热度太大或吸气压力过低，防止冷凝压力过高等。

（4）系统的润滑油与节能。活塞式、螺杆式压缩机的制冷系统中，由于制冷剂与油是互相接触的，润滑油不仅对压缩机的工作有影响，也对系统的其他部件有影响。不正确使用润滑油就会导致压缩机功耗增加和安全性下降，因此，运行中应对润滑油有足够的重视。

制冷机组应选择合适黏度的润滑油，黏度太大，流动阻力大，摩擦功增加；黏度小，摩擦面不能形成油膜，摩擦功也会增加。这两种情况都会使排气温度升高。另外制冷剂与润滑油溶解会降低润滑油的黏度，所以应选用黏度稍大一些的润滑油。由于润滑油的黏度随着温度的升高而下降，导致润滑恶化，摩擦功增加。因此当润滑油温度太高时，应对润滑油进行冷却或提高冷却效果。当润滑油与制冷剂互相溶解时，应注意系统回油是否通畅，否则会造成压缩机缺油，使润滑恶化，甚至导致损坏机器，或要求对压缩机经常加油，使系统中制冷剂含油太多，蒸发压力下降，最终导致制冷系数降低。当润滑油与制冷剂互相不溶解或难溶解时，应注意油分离器的分油效率是否达到要求，防止润滑油带出太多，造成压缩机缺油或使冷凝器、蒸发器传热恶化，制冷系数下降，已带入冷凝器、蒸发器的润滑油应及时排出。

7.3 空调系统节能运行

中央空调是现代建筑中不可缺少的能耗运行系统，它在给人们提供舒适的生活和工作环境时，又消耗了大量的能源。据统计，我国建筑物能耗约占能源总消耗量的30%。在有中央空调的建筑物中，中央空调的能耗约占总能耗的70%，而且呈逐年增长的趋势。因此，认识清楚目前存在的问题，高效利用中央空调系统的能源，采取有效的节能措施就成为迫切需要解决的问题。本章主要从中央空调的围护结构、冷热源、系统设计及运行等方面研究分析促使中央空调系统节能运行，提高能源合理利用率的各种措施。

7.3.1 影响空调系统运行能耗的因素分析

总体上来说，一个完整的空调系统，其运行能耗主要由制冷制热系统能耗、水系统能耗、风系统能耗三大部分组成。而影响这些能耗的主要因素有：空调系统的冷负荷、制冷设备的容量与效率、水泵与风机的电耗水平、系统的运行模式与管理水平等。

1. 空调设备的容量和效率

1）中央空调机组选型依据

根据空调专业的理论基础、仿真实验和实际运行经验，空调系统不可能总在设计负荷下运行，随着室内外负荷和扰动的变化，空调系统的冷负荷是在不断发生变化的，空调系统实际上就是一个动态的部分负荷率随变系统。冷水机组的制冷量应与空调负荷要求的冷量一致，使制冷剂在蒸发器内吸收的热量正好等于空调负荷的热量，此时的机组工作点称为平衡点。事实上，冷水机组的产冷能力和负荷都随外部条件而变化，空调设备满负荷工作的时间很少。机组制冷量的过剩将使制冷剂在蒸发器内不能充分蒸发，达不到规定的过热度，将引起热力膨胀阀关小，制冷剂流动阻力增大，流量下降，机组的制冷量下降，直到与负荷达到平衡。因此合理选择空调设备型号就尤其重要。2004年9月16日，GB 19577—2004《冷水机组能效限定值及能源效率等级》（以下简称《能效标准》）国家标准正式发布，作为强制性标准，已于2005年3月1日正式实施。本标准规定了冷水机组的能效限定值、能源效率等级、节能评价值、试验方法和检验规则。结合2004年8月国家发改委、国家质检总局先期联合颁布的《能源效率标识管理办法》，能效标准和办法的实施对中央空调行业产生了重要的影响。

近年来随着ARI550/590等冷水机组标准被国人知晓，鉴于其国际影响力和权威性，许多招标文件中，尤其在我国开放相对较早的南方地区，指明按ARI标准空调工况选择机组，然而应该注意ARI标准服务区域主要是欧美，在选择冷水机组时一定要考虑我国实际情况和需求，区别对待。文献中对ARI空调工况与中国空调工况的差异对水冷冷水机组满负荷效率的影响做了详尽的比较，指出选用冷水机组时必须重视工况不同对冷水机组性能产生的影响，考虑并满足中国气候和水质条件的要求，以保证机组长期高效、可靠运行。

2）冷水机组部分负荷综合性能参数

空调用冷水机组的全年运行能耗与冷水机组的性能有关，而冷水机组的性能主要包括满负荷性能和部分负荷性能，两者在选择和匹配冷水机组时均起着重要的作用。由于空调系统的冷负荷总是随室外气象参数扰动和室内状态的改变而变化的，在供冷期间空调系统在部分负荷下运行的时间较多，所以冷水机组的实际运行过程中大部分时间都是处于部分负荷运行状态，因此冷水机组部分负荷时的性能对其运行能耗的影响是很大的。

由美国空调与制冷学会标准（ARI550/590.98）中提出的综合部分负荷性能系数 IPLV (Integrate Partial Load Value) 来评价不同类型冷水机组在整个空调季节中的综合性能，可以更准确地反映冷水机组的能耗。

由于冷水机组的实际运行情况（串、并联台数，负荷调节方法，地理位置和建筑特点，室内外参数条件和机组运行方案）差异较大，难以准确作出冷水机组的负荷特性曲线，因此需要寻求一个能描述不同类型冷水机组共同的部分负荷性能评价指标。*IPLV* 就是在部分负荷下求得制冷性能系数，再按加权系数公式计算出冷水机组的部分负荷性能值，主要反映冷水机组的部分负荷调节功能。这一指标能够准确地描述在一个标准年周期内冷水机组运转的实际过程，这样就可以通过扩展的计算机数据分析来解决冷水机组在不同地理区域和不同应用场合中的模型问题，而不是针对单机平均值的概念。按照 ARI550.92《离心式和回转式螺杆式冷水机组》以及 ARI590.92《容积式冷水机组》两个标准中规定的综合部分负荷性能系数 *IPLV* 的计算公式为

$$IPLV=0.17A+0.39B+0.33C+0.11D \tag{7-12}$$

其中 A、B、C、D 分别是冷水机组在 100%、75%、50%和 25%负荷下的 *EER* 或 *COP*，方程式中的系数是冷水机组在评价负荷点运行时的权重系数。

经过一段试验运作后，美国空调与制冷学会 ARI 又于 1998 年推出了新的标准 (ARI550/590－98)，将所有采用蒸气压缩式制冷循环的冷水机组统一为一个相同的部分负荷评价标准，提出了新的 *IPLV* 计算公式，即

$$IPLV=0.01A+0.42B+0.45C+0.12D \tag{7-13}$$

1998 年的新标准提供了范围更加宽广的运行条件，可以用来表述每一种冷水机组应用的平均值，而不是针对某一种特殊设施条件下的状况，例如可以利用详尽的分析来反映实际气象资料、建筑物的负荷特性、冷水机组的数量、运行小时数、经济优化能力和使用水泵、冷却塔等辅机的能量。另外，许多冷水机组都是在非标准工况条件下选择和使用的，统一为使用蒸气压缩式制冷循环的冷水机组，也反映了冷水机组容量确定和测试的变化，在比较实际工程中的设施时，这些变化更能真实地反映冷水机组的性能。

另外，需注意的是通过 ARI550/590－98 中对 *IPLV* 公式的修订，我们可以看出：权系数的不同，A、B、C、D 值的不同等对 *IPLV* 的计算影响很大，此外，多台机组运行及采用蓄冷方式等都一定程度影响 *IPLV* 计算值，从而影响机组的选择。

3）空调系统能量输送效率

供热与供冷管网是输送热媒与冷媒的大动脉，将冷热源制备的冷、热媒输送到用户。清华大学江亿教授早在 1996 年就开始了空调系统运行调试与调查工作。经过 10 多年的调查与研究表明，北京市公共建筑空调系统中水泵（冷冻水泵、冷却水泵、采暖热水泵）耗电量占空调总耗电的比例为：政府办公建筑中冷冻水水泵占 10.0%，冷却水水泵占 12.0%；商场中冷冻水水泵占 4.5%，冷却水水泵占 5.6%；写字楼中冷冻水水泵占 8.0%，冷却水水泵占 6.2%，采暖泵占 4.1%；星级酒店中冷冻水水泵占 5.9%，冷却水水泵占 2.7%，采暖用水泵占 4.9%。

（1）空气输送系数的计算。空气输送系数

$$ATF=Q_a/E_f \tag{7-14}$$

式中：ATF 为空气输送系数；Q 为供给风系统的冷（热）量，kW；E_f 为整个空调系统中输送空气的耗能量，kW。

（2）水输送系数的计算。水输送系数

$$TWF=Q_w/E_p \tag{7-15}$$

式中：TWF 为水输送系数；Q_w 为供给水系统的冷（热）量，kW；E_p 为整个空调系统中输送水的耗能量，kW。

根据上述两个评价公式可以看出，要提高空调系统能量输送效率，在供给同等冷（热）量的前提下，必须减小整个系统输送空气（水）的耗能量。目前已有很多相关方面的研究：变流量系统和大温差设计及相应的节能控制方法都以减小空调系统输送能耗为目的。

2. 空调系统运行模式与管理水平

在空调系统中，有相当一部分用户，或者是间歇使用，或者使用时间经常变化。为了满足这些用户的使用要求，空调系统应该在其使用时间内保证达到所要求的环境条件。因此，空调系统在使用前，必须进行预热或预冷，即提前启动空调系统，使房间升温或冷却，以保证使用时室温处于要求范围内。问题的关键在于如何确定预热（冷）期，可以使预热（冷）时间最短，能在达到要求的温度设定值的同时，能耗最小。预热（冷）期的确定首先要看预热（冷）负荷的大小，若启动前室温偏离设定值较大，则所需预热（冷）负荷也较大，预热（冷）期更长一些。空调系统停机时，由于系统存在热惰性，室温不可能很快变化，所以可在停止使用前的某一时间提前停机，并保证在使用期结束前，室温仍保持在要求范围内。利用上述特性，可进行最优启停控制，从而节省预热（冷）能量，推迟启动和提前停止风机、水泵等动力设备，缩短设备运行时间，减小能量消耗，获取更高的运行效率及较好的节能效果。

不同的启动时间对建筑物室内温度最优启停控制在很大程度上取决于部分负荷特性和冷水管道特性。文献中提出了利用神经网络 BP 算法预测系统最小预热（冷）期及最长的提前停止时间的方法，在到达这个预测值时，控制装置发出启停指令。这种情况下，启停工况运行的时间就不是固定的，而是由神经网络预测结果确定的。

BP 网络算法的基本思路是：把输出层出现的与期望不符的误差，归因于连接权值 W 和采用的阈值 b 不恰当，通过把输出层节点的误差逐层反向传播以分摊给各连接节点，从而可算出各连接节点的参考误差，并据此对各连接权值和阈值进行相应调整，使网络达到相应的映射要求。在确定最优启动时间时，将启动前室内温度、室外温度、室外空气相对湿度作为神经网络的输入量 X_1，X_2，X_3，将最优启动时间的预测值 T_{op} 作为输出量，通过验证，可以得到理想的控制效果和节能效果。

7.3.2 变风量系统运行与节能控制

变风量空调系统属于全空气送风方式，系统的特点是送风温度不变，通过改变送风量来满足房间对冷热负荷的需要，用改变送风机的转速来改变送风量，通常采用变频调速来调节送风机电机转速的方式实现送风量的控制。空气输送系统的动力是送风机与回风机，定风量系统中的风机在设定值下运行，而在变风量系统中，风机消耗的功率是随负荷大小而变化的，因而可以节约风机的运行费用。

变风量空调机组的系统类型很多，控制方式也随之不同。总风量控制是定风量（VAV）

系统控制的核心，这里仅对应用最为广泛、最有代表性的单风管 VAV 空调系统的风量与温度控制进行介绍。现在常用的总风量控制有定静压定温度法（CPT）、定静压变温度法（CPVT）、变静压变温度法（VPVT）和 VAV “总风量控制法”。

在 CPT、CPVT 和 VPVT 三种控制方法中，末端静压均是一个重要的被调参数。但在末端静压稳定的条件下，某一末端负荷发生变化会引起总风管系统特性的改变，而这种改变又会引起一些负荷没有变化的末端装置的气流条件发生变化，引起末端产生扰动。这表明静压控制的 VAV 系统存在整个系统稳定性能不是太好的问题，这是由于所有末端通过风路管网形成耦合所引起的。

由于静压控制存在不稳定因素，对 VAV 系统的使用造成了极大的障碍。如果通过统计计算出各末端风量的总量，并通过送风机相似特性计算出此风量所对应的空调机组送风机的转速，并控制空调机组送风机在此转速运行，从而保证送风量与负荷需求一致。这就是总风量控制法的基本原理。

总风量控制是开环控制的思路，其优点是控制算法简单、速度快、稳定性好；缺点是当设备性能变化时，空调系统会产生很大的误差，甚至完全失效无法工作。因此，需要和某种反馈方式结合起来才会取得好的效果。

图 7－23 是多室变风量自动控制系统的一例。经过空调处理机处理的空气由末端装置送给多个空调房间。多室变风量系统的自动控制原理如下。

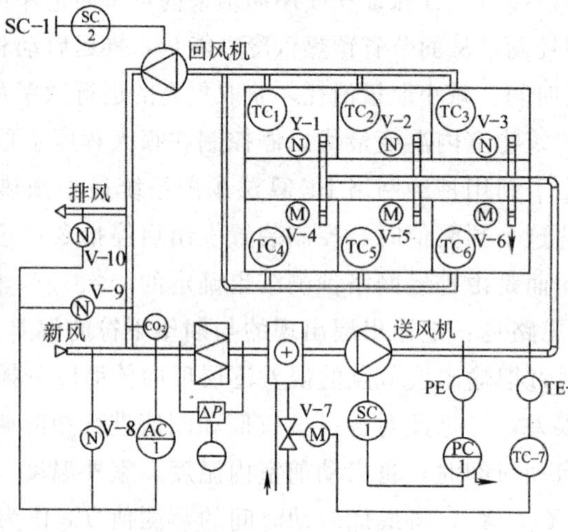

图 7－23　多室变风量自动控制

（1）送风温度自动控制系统。由温度传感器 TE－7、温度控制器 TC－7、电动两通调节阀 V－7 和冷热盘管部分组成送风温度自动控制系统。根据送风温度与给定值的偏差，按 PI 调节规律，控制双通电动调节阀的开度，以补偿室内外的干扰作用，恒定系统的送风温度，由送风机将恒温的空气送往各个空调房间。

（2）各室温度自动控制系统。由设在各个房间内的温控器（包括传感器在内的控制器），根据各室温度与给定值的偏差，控制末端变风量装置，改变送往室内的风量，以补偿室内外的干扰作用，维持室内温度的相对稳定。显然，该系统是利用节流型变风量末端装置调节风量的。各房间温控器为 TC－1～TC－6，电动调节阀为 V－1～V－6。

（3）送、回风机的平衡控制。在变风量空调系统中，送、回风量的平衡是非常重要的。由于送、回风量不平衡，会引起室内静压的变动，随之而来的新风侵入、室内空气向外渗透等，都会使室内负荷增加，因此需要保持空气的平衡。在对送风机控制的同时，也要对回风机进行控制。常用的方法有风道静压控制、直接室内正压控制和风量追踪控制三种。

①风道静压控制。变风量空调系统的风机、热湿处理设备、风管等都是按系统中的最大负荷设计的，系统的送风温度也是相对恒定的。当空调房间的热（湿）负荷变化时，会通过自动调节系统改变房间的送风量来调节室温。由于房间送风量的变化，将会引起送风管道内静压也发生相应的变化，造成系统的不平衡，同时随着末端装置节流作用的加强，使系统管道特性曲线变陡，从而造成能量的浪费，增加噪声。为了克服节流型末端装置产生的这一问题，必须在风管内设置静压调节系统。如图7－24所示，当末端装置对进入室内的空气量进行节流后，风道内的静压就会升高。当风道内的静压高于设定值时，静压调节器发出调节指令，调节风机的风量，以维持送风管内静压值的相对稳定。

图7－24所示的变风量自动控制系统，采用风道静压控制，由风压变送器测出风道静压，控制器PC－1通过变速装置SC－1、SC－2分别控制送风机和回风机的转速，以获得送、回风机的平衡。

在图7－24所示的风道静压控制中，回风机和送风机采用同一个来自送风道末端的静压信号控制运行状态。这种控制方法，要求送、回风机特性曲线相似，系统风量变化范围不能过大，一般以不超过50%为宜。

②直接室内正压控制。如图7－25所示，回风机按照室内外压力差调节运行状态，从而调节室内静压。室内测压点应远离门或其他可开启的门洞，更要远离电梯井，避开空气流动对室内测压点的影响；室外测压点应高出建筑物屋面3 m以上，防止室外风直接吹入测压管内。

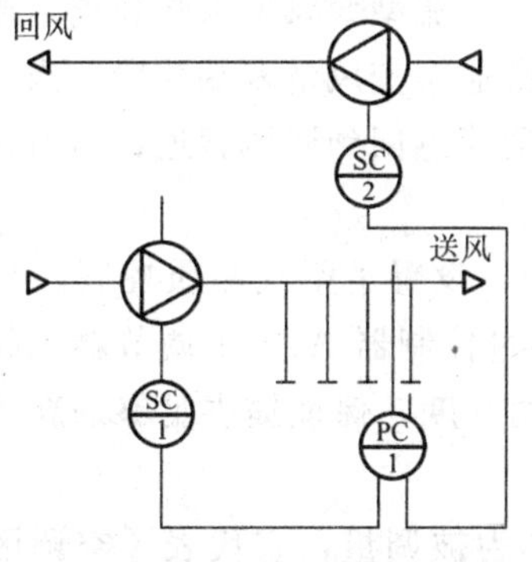

图7－24　风道静压控制

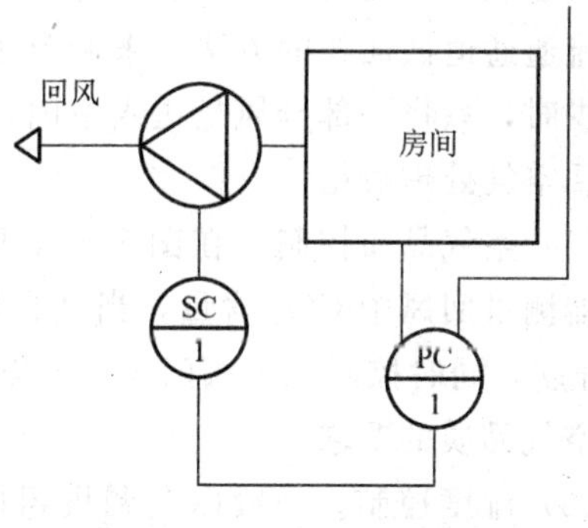

图7－25　室内正压控制

③风量追踪控制。风量追踪控制的原理见图7－26。在送风机出口和回风机入口处设置风量测量台，测量各自的风量并保持其固定的差值，当出现超差时，调节回风机的风量，以维持给定的风量差。

（4）风机的风量控制。在空调系统中，常用的风机风量控制有以下三种方法。

①风机入口导向叶片（入口阀）调节。叶片位于不同的角度，就可得出不同的风机特性曲线。如图7－27所示，图中最上面的一条曲线，表示风机入口导向叶片全开时的风机特性；最下面的一条曲线表示入口阀接近关闭时的风机特性；而图中的每一条曲线，都代表入口阀在不同开启位置的风机特性曲线。

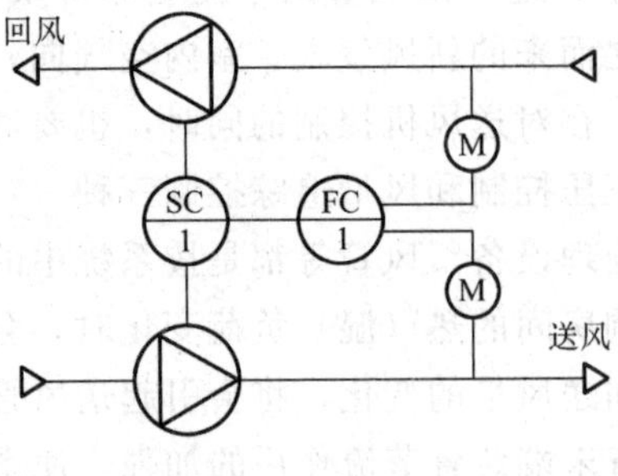

图 7－26　风量追踪控制

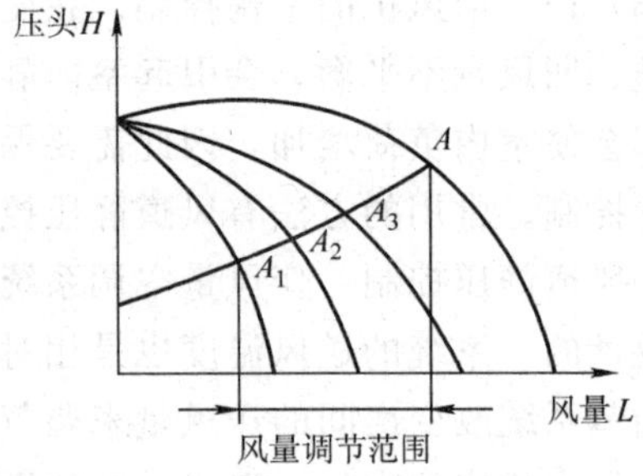

图 7－27　不同的叶片角度下风机特性曲线

②风机变速调节。当改变风机转速后，风量也相应改变时可获得明显的节能效果。风机一般多采用交流异步电动机拖动。交流异步电动机的调速方法有变转差率、变极对数、变频率三种，其中变频调速是最理想的一种，不但可以使电动机有很宽的调速范围、很好的调速平滑数，还可以获得足够硬的机械特性。但是变频调速需要一套变频设备，增加了投资，但随着变频技术的不断发展，风机变频调速已广泛应用于工程中。

③风机出口阀调节。在某些小型系统中，为了消除过高的系统静压，可在风机出口侧安装调节阀，相当于给风道附加一个阻力，消耗风机的剩余压头，以降低阀后的压力，同时也减少了风量。这种方法虽然简易，但使风道特性曲线变陡，易进入喘振区。

对风量的几种调节方法节能性进行比较可以发现，变转速调节风量的节能效果最好，入口导向阀调节风量的节能效果次之，出口阀调节风量的节能最少。另外，风机越接近于满负荷，变风机转速和入口阀调节风量两种调节方法的节能效果越接近。实际运行中的风机，风量多在 50％～100％之间变化，在这段变化范围内，两种控制方法的节能效果相差不大。

目前应用的变风量末端装置有节流型和旁通型两种。节流型变风量末端装置，通过改变空气流通通道截面积的方法，来调节送入房间的风量；旁通型变风量末端装置，当房间热负荷减少时，只将一部分风量送入室内，多余的部分由旁通管返回到回风管道，与室内回风一起送回空气处理机组。

(5) 空气品质控制。在图 7－23 所示的空调系统中，设置了空气品质控制。利用 CO_2 变送器测量回风中 CO_2 含量，当其含量超过标准时，通过控制器 AC－1 调节新风阀门 V－8 的开度，同时控制回风阀门 V－9 及排风阀门 V－10 的开度，保证提供足够的新风量，以维持空气品质的要求。

(6) 湿度控制。一般以空调机组回风的相对湿度作为被调量，它代表了空调区域（室内）湿度的平均值。空调机组回风相对湿度的调整通过改变送风含湿量来实现。DDC 控制器将回风管中的空气湿度测量值与给定值比较，对比较偏差进行运算得到控制信号调节加湿阀的开度，将空调机组回风的相对湿度控制在给定值。

7.3.3　变水量系统的节能控制分析

空调水系统按水量特性划分，可分为定水量与变水量系统。

在定水量系统中，通过各末端的水量通常为一定值，系统中没有自动调节水量的手段，有的工程在空调机组上设三通调节阀，当负荷变化时，调节机组回路和旁通支路的水流量来满足负荷要求，此方法造价高而不合理。在高层民用建筑空调系统中，采用定水量系统的不多。变水量系统是指用户侧在运行过程中，用水量不断变化的系统。变水量系统的目的是要求冷源输出的流量，所载的冷量与经常变化的末端所需的冷量相匹配，从而节约冷量的输送动力和冷源的运行费用。由于目前大多数冷水机组的水流量要求恒定，所以变水量系统实际上是供冷（水）量与需冷（水）量相对匹配的。

1. 变水量系统

变水量系统分为一次泵变水量系统和二次泵变水量系统。

(1) 一次泵变水量系统。一次泵变水量系统是目前我国高层民用建筑中广泛采用的空调水系统，如图 7－28 所示。

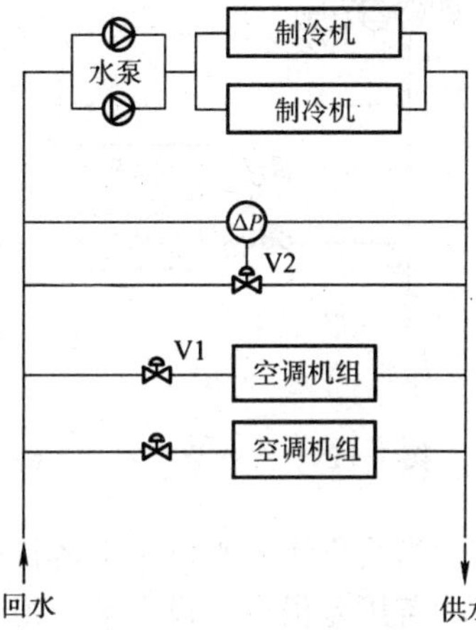

图 7－28　一次泵变水量系统

图中供、回水总管间的阀 V2 为压差旁通调节阀，以 V2 阀为界，空调机组部分称为用户侧，冷机与水泵部分称为冷机侧。

在用户侧，为满足负荷要求，空调机组的两通调节阀 Vl 改变开度，调节通过盘管的水量，因而系统用户侧的水量是随着负荷的变化而变化的。

在冷机侧，冷水机组是不宜作变水量运行的。这是因为，在蒸发器的设计中，一个恒定的水流量对于保证蒸发器内水流速均匀是很重要的，如果水流量减少，将造成水流速不均匀，而在转变处，更易使流速减慢甚至形成不流动的“死水”。由于蒸发温度极低，在蒸发器不断制冷的过程中，低流速水或“死水”极容易产生结冻情况，由此将会损坏冷水机组。所以冷水机组设有自动保护回路，对此种情况会自动停机。

从上述可见，用户侧运行和冷机侧运行对水量的要求是矛盾的，为使两侧运行水量平衡，设压差旁通调节阀 V2。当空调系统运行于设计状态，即满负荷运行时，旁通阀关闭，此时的送、回水压差 ΔP 为压差设定值。若用户侧调节阀 V1 因负荷减少而关小，则压差 ΔP 将升高，当其超过设定值时，由压差控制器控制压差旁通阀 V2 开启，部分供水经旁通阀直接流回到回水管，使送、回水压差下降到设定值。自末端设备回来的水以及流经压差旁通阀回来的水基本保持了流经冷水机组的冷冻水量不变。

压差旁通阀是根据一台冷冻水泵的流量进行计算选型的，通常一台冷冻水泵的水量与一台冷水机组相匹配，所以当旁通水量达到一台冷冻水泵的流量时，说明负荷不需这么多冷冻水，此时应停一台冷水机组及相应的水泵，以节省能源。

(2) 二次泵变水量系统。一次泵变流量系统的运行，包括冷机、水泵的启停及台数控制等，是基于水系统为线性系统的考虑。实际上，大多数空调水系统并非线性特性，因此，往往会出现负荷所需的供冷量与供水量之间的不同步，例如所需冷量的百分比大于所需的供水量百分比，若停一台水泵能满足供水量需求，但此时冷机也应停，则供冷量满足不了需求，若不停泵和机组，冷量虽然满足了要求，但水量大于需求，即便压差旁通阀全开，旁通了一台泵的流量（因阀按一台泵流量选择），供水量还大，则供、回水压差无法控制，会影响到系统的正常运行。这说明一次泵系统不适合非线性程度较大的系统。

二次泵变水量系统则比一次泵变水量系统节能，其系统如图 7－29 所示。在图 7－29

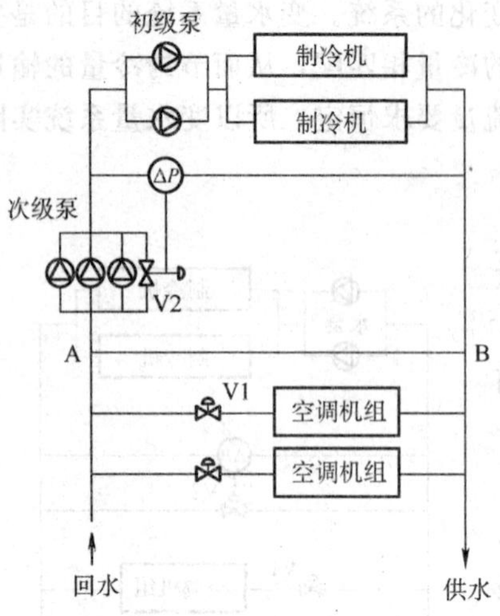

图 7－29　二次泵变水量系统

中，AB 为旁通平衡管，该管把水泵分为初级泵和次级泵，这两组水泵是串联运行的。

在二次泵系统中，初级泵的启停和冷水机组一致，次级泵的运行台数由用户侧需水量来决定。当次级泵总供水量与初级泵总供水量有差异时，由平衡管来处理。若初级泵总供水量大于次级泵总供水量，则水自 A 端流向 B 端，称为“盈”。反之，则水从 B 端流向 A 端，称之为“亏”。这样就解决了用户侧需水量和需冷量不同步的问题。

用户侧供水量的调节是经压差控制与次级泵运行台数控制来达到的，在次级泵全部为恒速泵的情况下，当用户侧需水量大于运行的次级泵总水量时，压差将低于设定值，压差控制器控制旁通阀 V2 关小直至全关，若此时压差仍低于设定值，则再启动一台次级泵。当用户侧需水量小于运行的次级泵总水量时，压差高于设定值，旁通阀 V2 开大直至全开，若压差仍高于设定值，则停一台次级泵。

压差旁通阀控制与一次泵变水量系统相同，最大旁通量为一台次级泵的流量。在平衡管上应设传感器，监测水流方向，当平衡管上水流出现“亏”状态时，应报警。

(3) 单环路变流量水系统。单环路变流量水系统如图 7－30 所示。随着控制技术的不断发展，冷水机本身可能是一个变速机组，它在制冷负荷减少时，冷水机组水流量由被输送的制冷负荷大小来决定，体现出适应建筑物负荷变化的高调节比和增大的制冷机性能系数（COP）。这一设计中，负荷端接有二通调节阀，使负荷侧冷冻水流量随负荷变化而变化。采取这种方案，冷冻水流量和冷水机容量都可以有效配合各种负荷情况。所以，初投资和维护费用较低，在部分负荷时节能显著，具有设备占地面积少等优点。但单环路变流量冷水机系统只有当直接数字控制（DDC）系统有足够的容量把冷水机、泵以及系统所供应的负荷和高性能电脑控制程序整体化才能算是成功，并且冷水机组的负荷特性是让冷冻水温度随负荷减少而升高，这也使得该变流量冷冻水系统受到限制。如在低负荷时，系统负荷的下降是由于系统部分盘管换热器没有工作引起的，此时处于正常工作的盘管仍然需要的是低温冷冻水，而冷水机组此时让供给的冷冻水温度随负荷减少而升高，将会使部分处于标准工况的盘管换热器之供水温度升高，引起机器露点的上升，使盘管可能达不到设计的除湿量。

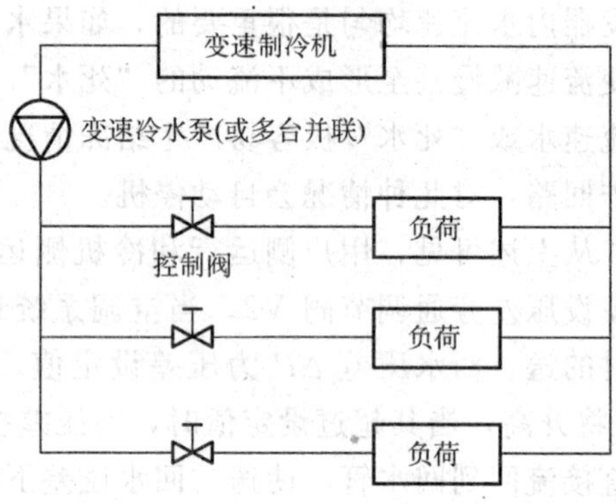

图 7－30　单环路变流量水系统

2. 二次泵空调水系统变流量调节方法

用户末端装置盘管采用二通调节阀，根据室内负荷的变化，调节进入盘管的水量，二次泵采用定流量泵。该方法中，用户水流量的改变是靠盘管二通阀关小、增加系统阻力、改变定流量水泵工作点的方法达到的。该方法为保证二通阀的控制能力，二通阀前后压差不能超过阀门的关闭压力，否则二通阀将失去控制作用。

用户末端装置盘管采用二通调节阀，根据用户侧供回水管压差控制多台并联二次泵，进行台数控制。该方法的增泵和减泵是按一台水泵的设计流量变化确定的，当定出设计工况流量下的压力后，即可定出加载和减载上下压差限定值。

用户末端装置盘管采用二通调节阀，根据用户侧供回水管压差控制多台并联二次泵的转速。目前二次泵的转速调节方法采用的是变频调速，变频调速的调节方法即采用改变电机的转速来达到改变水泵性能的目的。

二次泵用变速泵和定速泵并联工作。这种方法既可使阀的节流损失有所减少，又使水泵尽可能在效率较高情况下工作，经济性较合理。

7.3.4 集中空调控制系统

1. 集中空调控制系统特点

集中空调控制系统运用现代控制理论，如模糊控制、预测控制、推理控制等，采用闭环控制的各环节联合自动控制，解决了基于传统的经典控制理论（如开断控制规律、断续 PI 等）控制规律简单，单输入单输出，无法实现算法较为复杂的控制规律的问题，顺利地实现多变量、非线性的控制。对于复杂的热工过程来说，其控制效果令人满意。

此外，集中空调系统利用微计算机技术和网络技术将空调设备集成一个系统，实现资源共享，使人们能够了解空调系统的历史运行情况，及时知道整个系统各设备的当前运行情况，可以从系统的各种可能结构和参数中找到最佳匹配，使整体效能最佳，从而提高系统的效率，降低投资和运行费用，可以对系统及其过程进行定量化的状态模拟，减少控制环，提高可靠性与稳定性，使发生故障频率降到最低可能限度，将系统响应输出最优化，对系统运行状况进行调整和有效控制，使系统始终在最佳工作点上，达到节能运行。

2. 集中空调系统节能控制方法

空调设备的运行工况决定了系统的耗能水平，在保证系统达到调节室内空气状态的前提下，使系统能做到节能运行，甚至优化运行，控制方式的选择是关键，不同的控制方法其冷热能耗相差极远。

从空调系统运行的实际状况出发，空调设备可以采取相应的节能控制方法，如：焓值经济循环控制，夜间冷却控制，风输送系统变速、变风量（VAV）节能控制，变制冷剂流量（VRV）节能控制，以热舒适性指标 PMV 为参数的模糊控制，能量管理控制等。

此外，空调系统末端自动控制对节能也极具意义：中央空调在建筑中应用广泛，但目前中央空调末端控制器大多采用简单的电动温控阀和三挡风速调节方式，空调末端系统运行完全取决于用户。另外，空调末端的控制系统基本是独立运行，末端设备的运行参数和状态、室内环境参数等信息无法与空调的冷冻机控制系统实现信息共享，末端设备的运行状态并未纳入空调系统的监控，导致冷冻机节能优化控制缺乏相应的信息，中央空调控制与管理系统也仅能通过简单的关断控制方式控制末端设备运行，不能进行有效的远程控制与管理。显然，这样的空调末端控制方式无法实现空调系统运行管理的节能。

7.4 用户末端运行节能

热用户是热力系统的重要组成部分。热用户除采用必要的保温墙体、保温屋面和节能门窗外，还应力求使热媒所携带的热量最大限度地散发到用热体内，提高热能的利用效率。

为了使用户的主动节能行为得以实施，就必须安装可以调节散热器流量的调节阀。目前常用的调节阀有手动调节阀和自立式散热器调节阀（又称散热器温控阀），这两种阀门都可以起到调节流量的作用。但手动调节阀只能起到主动节能的作用，即用户主动关小阀门，减少流量；散热器温控阀不但可以起到主动节能的作用，还可以进行被动节能。原理就是利用阀头中感温元件热胀冷缩的物理特性，当室温升高时，感温元件受热膨胀，压缩阀杆，使阀门关小，从而节约了热能。

1. 树立热是商品的观念

长期以来我国大部分地区实行的是福利制供暖，耗热多少与用户利益无关，因此热用户节能的积极性不高。为适应市场经济发展的要求，应积极采用热能计、热量分配表等计量设备，逐步建立和完善对热用户按耗热量收费的体系。发达国家采取供热计量收费措施，可节能 20%～30%，我们也只有遵循经济规律，把热作为商品，由用户自行控制使用，才能调动广大热用户节能的积极性。

2. 积极推广分户双管系统，为计量收费创造条件

随着热表到户、计量收费的实施，单管顺流式系统既不能安装温控设备，又不能进行用热计量的弊病已开始凸现，采暖系统中不宜再采用。随着散热器温控阀的问世，热水采暖双管系统垂直失调迎刃而解，双管系统便于热计量、量调节和分户控制。因此应更新观念，积极推广分户双管系统，为实现热用户计量收费创造条件。

7.4.1 分户计量供热

室内采暖系统节能的主要任务是如何有效地提高热用户的舒适性及可调性，为此应在热用户的散热器供水支管上加装温控阀和热计量表（分户计量供热），或在回水支管上设置回水温度限制器，它能够按照用户的实际需要设定温度值，保证各房间温度具有单独性和稳定性，提高室内舒适度，节约能源。温控阀充分利用室内人员、阳光、电器设备、厨具的热量，并将散热器立支管的散热量也加以利用，不仅降低了系统的能耗，还提高了住户的热舒适性。

分户计量供热是促进人们节能的一种有效措施，通过热计量来达到节能的目的。要达到节能的目的，必须解决好两个认识上的问题。一是有些供热企业为了解决目前供热费收缴难的问题，把原有的单管顺流式系统改为具有共用立管的双管系统，并装有各种锁闭阀，一旦用户没有交费就停热。这种做法改造费用很高，但实际上并没有解决建筑节能问题，而仅仅停留在收费层次上。实际上改造成跨越管的单管顺流式系统、使用热分配表可能更为合适；同时建造热计量装置和散热器温控阀，只有这样才能达到节能的目的。另一个需要注意的是目前新设计、建造的住宅，绝大部分都设计成具有共用立管、室内分户成环的供暖系统，可能安装了热量表，但大多没有安装散热器温控阀，因此在多层、高层住宅供暖运行中不可避免要出现垂直热力失调，尤其是将来按热量收费后，这种热力失调导致无法保证供热质量而用户拒交供热费的矛盾将会突出。热计量不能只是为了计量而计量，用于热计量的花费不能大于所节约的能源价值，所以测量精度不能是热计量所追求的唯一目标，因此在选择热计量装置和供暖系统形式时要从经济性、合理性、适用性等多方面来考虑。

1. 热计量仪表

（1）热量表。热量表由一个热水流量计、一对温度传感器和一个积算仪组成。仪表安装在系统的供水管上，并将温度传感器分别装在供、回水管路上。一段时间内用户所消耗的热量为所供热水的流量和供回水的焓差的乘积对时间的积分，热量表就是利用这个原理，用热

水流量计测量逐时的流量并用温度传感器测量逐时的供回水温度，将这些数据输入积算仪积分计算就能得出用户所用的热量。

热量表依据流量计测量方式的不同可以分为电磁及超声波式、机械式和压差式。其中机械式有耗电少、抗干扰性好、安装维护方便和价格低廉的优点，因此现在应用得比较多，如法国和德国，机械式流量计的比例高达90%，但是机械式的热表在水中杂质较多时精度会受到较大的影响。超声波式的特点是量程大、计量精度较高、压损较少，但是易受管壁锈蚀程度、水中泡沫或杂质含量、管道震动的影响，价格较机械式贵很多。

(2) 热量分配表。热量分配表是通过测定用户散热设备的散热量来确定用户用热量的仪表。它的使用方法是：在集中供热系统中，在每个散热器上安装热量分配表，测量计算每个住户用热比例，通过总表来计算热量；在每个供暖季结束后，由工作人员来读表，根据计算，求得实际耗热量。根据测量原理的不同，热量分配表有蒸发式和电子式两种。

①蒸发式热分配表。蒸发式热分配表由导热板和测量液体两部分构成。导热板夹或焊在散热器上，盛有测量液体的玻璃管则放在密封容器内，比例尺刻在容器表面的防雾透明胶片上。测量液体的蒸发速度与散热器的表面温度密切相关，散热器表面温度越高液体蒸发越快。某一段时间内测量液体的蒸发量表征了散热器表面温度对时间的积分值，实际上也是反映了散热器的散热量。

②电子式热分配表。电子式热分配表是用传感器来获得散热器表面温度和房间温度的逐时值，测量装置通过A/D转换器数字化，由计算单元得到结果。

相对于电子式热分配表，蒸发式热分配表构造简单、成本低廉，也不用电。但是相对应地，它的测量准确性不如电子式。

以上两种计量装置相比较，热量表测量比较准确、管理方便，但是价格比较贵、维修量大，室内系统一定要分户成环，对旧有建筑多用的单管顺流式和双管式不适用，室内原有系统改造困难。热分配表价格便宜、对系统没有特殊要求，旧有系统改造比较适用，但是其测量结果受多种因素影响，试验工作量大，计算复杂。

2. 常用的热计量方式

(1) 通过测量入户系统的供回水温度及流量的方法来测量用户的用热量，采用这种测量方法的装置有热量表，该方法需对入户系统的流量及供回水温度进行测量。采用的仪表为热量计量仪表，其仪表由流量计、温度传感器和积算器组成。热量表安装在每户的入口处，温度传感器分别装在供、回水管路上测量逐时供回水温度，热水流量计测量逐时的流量，然后将这些数据输入积算仪积分计算就能得出用户所用的热量。热量表的优点是它安装在用户入口处，可以放在专门的地方由物业统一管理，不会受人为因素影响，读数方便，计算简单，测量比较精确。但是安装复杂，其中的热水流量计的精度会受到水质的影响，水质不好会使测量精度降低，因此要保证测量的精确，应定期进行精度检测和维护，维护工作量大。另外热量表要求系统每户要独立成环，并且价格较高。

(2) 测定用户散热设备的散热量来确定用户的用热量。该方法是利用散热器平均温度与室内温度差值的函数关系来确定散热器的散热量。该方法采用的仪表为热量分配表，它并不能测量出每个散热器的具体散热量是多少，只能测量出散热器散热量与其他散热器散热量的相对多少，因此它要和热量表配合使用。它的使用方法是：在集中供热系统中，在每个测量单元的总入口处安装热量表，测量总的耗热量；在每个散热器上安装热量分配表，测量计算每个住户用热比例，然后根据热量表读数来计算每个散热器的散热量。

(3) 通过测定用户的热负荷来确定用户的用热量。该方法是测定室内外温度并对供暖季内的室内外温差累积求和，然后乘以房间常数（如体积热指标等）来确定收费。该方法采用的仪表为测温仪表，将散热器温控阀的设定温度作典型室内温度，某一基准温度作室外温度。该方法的特点是：所用仪表安装容易，价格较低。但由于遵循相同舒适度缴纳相同热费的原则，用户的热费只与设定的或测得的室温有关，与实际用热量无关，因此开窗等浪费能源的现象无法约束，不利于节能。

(4) 目前正在研发一种计量装置，即通过计量温控设备的开启时间（通断阀）及室内温度（也可设定），并依据散热器尺寸、类型等修正来确定各户用热量的分配。该方式所用装置价格低，易于安装，如果考虑经过散热器的平均水温影响，其准确度较高，目前正处于试验研究阶段。

3. 适合热计量的室内供暖系统

1) 一般规定

实施计量供热的最终目的就是节能，因此适合热计量的户内供热系统应具备以下几个条件。

(1) 灵活的室温控制，即用户可以根据需要分室控制温度。室温控制方法可以根据具体情况选用手动调节或自动恒温调节的方式。

(2) 可靠的热量计量。每个用户的用热量应能准确计量，使用户可以按用热量多少进行计量收费，以调动用户节能的积极性。

(3) 有效的控制手段。由于室内系统的调节，使传统的定流量系统变为变流量系统，系统工况变化较大，若不采取有效的控制方式，将无法保证各用户的室温需要。

2) 分户计量的公共部分设计

(1) 供回水干立管。对于新建及补建的供热住宅，为了便于计量和温控，楼梯间、楼道等共用部分应设独立的供暖系统，用户系统宜采用按户分环、分室控温的计量供热方式。所谓按户分环，就是在户外楼梯间设置共用立管，每户单独引出供回水水平管，户内采用水平环路供暖系统，每户形成一个相对独立的系统，在每户入口处设置户用热流量表以计量用热量。这种方式便于计量，且户内系统的水阻力值较大，易于实现楼内供暖系统的水力平衡和稳定，无论户型面积大小，采用此方式技术上均比较可靠。

建筑物内供、回水水平干管的设置，应既考虑有利于共用立管的布置，又充分考虑以人为本的设计原则，尽量使其不穿越住宅户内空间。对于无地下室的住宅，水平供、回水干管宜敷设在首层楼梯间管沟内，如有地下室，水平供、回水干管可沿地下室顶板下敷设。

对于按户分环式计量供热系统共用立管的设置，应兼顾技术、经济及美观的要求综合考虑。为了满足调节的需要，共用立管应为双管系统。一般而言，新建建筑物内的共用供、回水立管及户内系统的入口装置可设于住宅共用空间（如楼梯间）的管道井内，管道井可单独设置，也可以与其他专业合用，但均应设置供抄表及维护检修用的检查门；对于补建工程，由于空间所限，可以不设置管道井，而将立管和入口装置直接置于楼梯间内，但必须注意采取保护措施。

(2) 用户系统的热力入口。从兼顾技术、经济及美观的角度出发，入口装置宜设在住宅共用空间内。户内供暖系统入口装置的基本构成应满足计量供热的需要。计量供热的主要目的之一是对各户的用热量进行计量，因此需设置户用热量表，为了保护热量表及散热器恒温阀不被堵塞，还需在表前设置过滤器。另外，考虑到我国供暖收费难的现状，从便于管理和控制的角度，在供水管上应安装锁闭阀，以便需要时采取强制性措施关闭用户的供暖系统。热力入口的具体设置方式如图 7－31 所示。

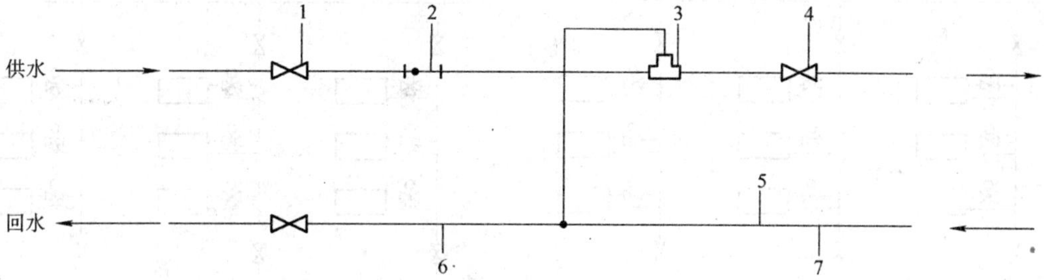

图 7—31　典型户内系统热力入口示意图

1—锁闭调节阀；2—过滤器；3—热量表；4—截止阀；

5—钢塑直通连接件；6—热镀锌钢管；7—塑料管

供热系统户外管道一般采用金属管材，而户内管道常采用塑料管材，因此必然涉及连接问题。目前，常用做法是将二者用钢塑连接件相连，常见连接方式与分界设置见图7—32。

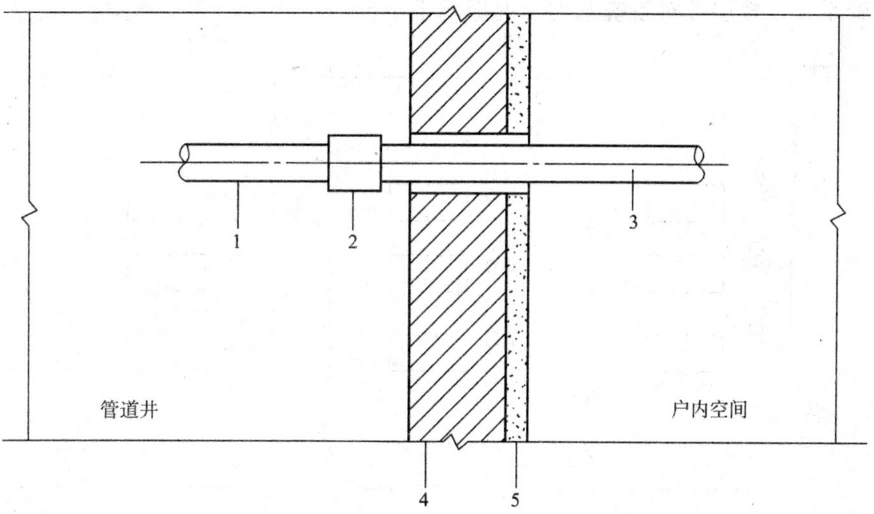

图 7—32　管道安装材质变化的分界示意图

1—分户支管（热镀锌钢管）；2—钢塑直通连接件；3—塑料管；

4—分户墙；5—分户墙饰面

3）分户计量的室内部分设计

分户热计量的室内采暖系统设计大体分为两种：一种是沿用传统的垂直上下贯通的所谓“单管式”或“双管式”系统；另一种是适应按户设置热量表形成的单户独立系统的新形式。前者通过每组散热器上安装的热量分配表及建筑入口的总热表，进行热量计量；后者直接由每户的户用热表计量。

（1）垂直式单管系统。改造原有顺流式单管系统为带跨越管、温控阀的可调节系统，是旧系统改造比较可行的一种方式。一般有两种形式：一种是加两通温控阀，如图 7—33 所示；一种是加三通温控阀，如图 7—34 所示。这两种形式具有明显的节能效果，同时也缓解了垂直失调的问题。

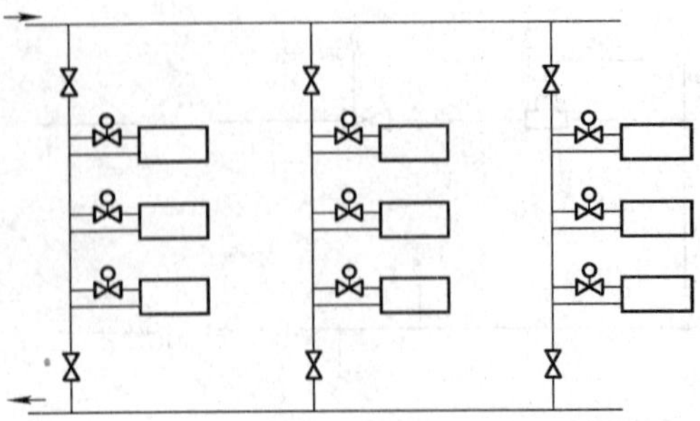

图 7－33　加两通温控阀垂直单管系统

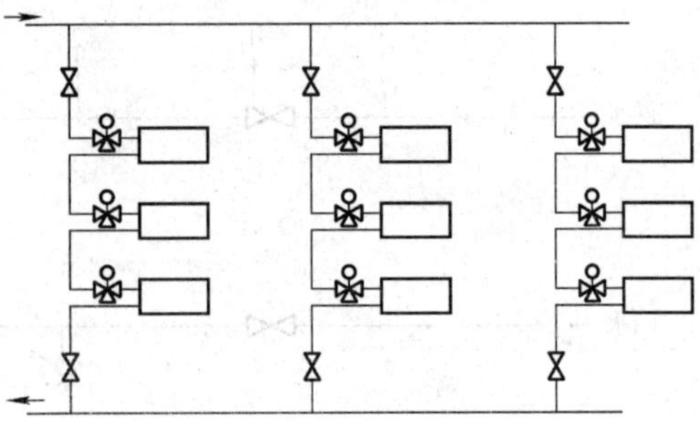

图 7－34　加三通温控阀垂直单管系统

（2）垂直式双管系统。由于双管系统存在的垂直重力失调原因，往往只应用于 4 层及以下采暖系统。在每组散热器入口处安装温控阀（如图 7－35 所示），不仅可使系统具有可调性，而且增大了末端阻力。温控阀一般推荐的压降约为 10 kPa，而每米高差的“自然作用压力”只有约 160 Pa（供回水温度 95 ℃/70 ℃），相对温控阀而言非常小，所以对于设有温控阀的双管系统，楼层数对系统水力工况影响很小。

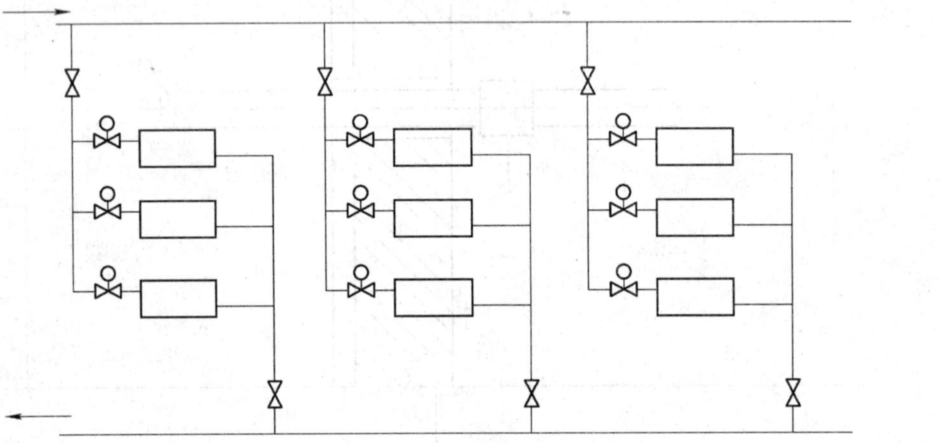

图 7－35　加温控阀的双管系统

（3）适应按户设置热表的室内采暖系统。适合热计量的室内供暖系统有共用的供回水立管和室内独立系统相结合的系统形式，如图 7－36 和图 7－37 所示。

图中列举了不同的室内系统，但其共同点是均有共用立管。这种系统的好处是每一户都有总的供水管和回水管，便于热计量。可以在每户入口处装热量表进行热计量（如图 7－36 所示），也可以采用热量表＋热量分配表（如图 7－37 所示）的热计量方式，管理比较简便，一旦没有交费就可以关断该用户的阀门而停止对其供暖。但是这种系统用户房间内的水平管增多了，明装不美观，暗装有漏水的隐患。现有住宅的室内采暖系统多是垂直单管顺流式，亦可改造成如图 7－36 所示的具有共用立管且分户成环的系统，缺点是改造难度较大，也会给居民的正常生活造成较大的影响，同时改造造价高。这种系统形式非常适用于新建楼房，对于旧楼房的改造也可采用。

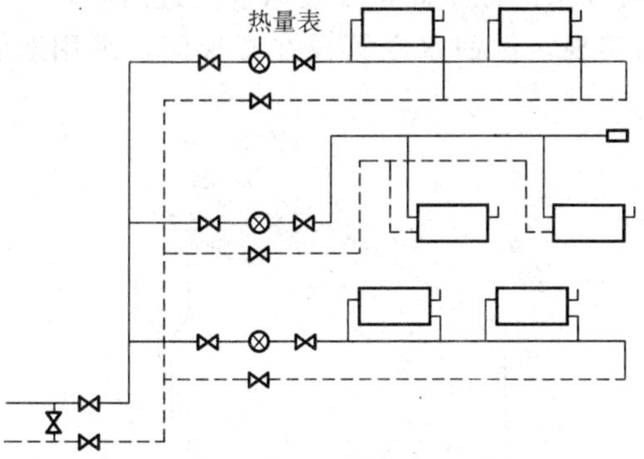

图 7—36　热量表计量

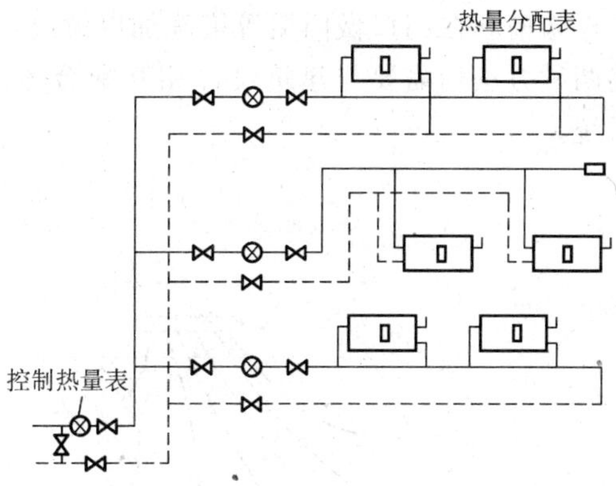

图 7—37　热量分配表计量

另外还有两种系统，即跨越式单管系统和双管系统，如图 7—38、7—39 所示。这两种系统都可以对每个散热器进行流量调节，但是只能用热量分配表＋热量表的方式进行热计量，而不能采取单独用热量表进行热计量的方式。这两种系统都适于旧有楼房的改造。对于原来的垂直单管顺流式系统只需加一跨越管，然后加热量表和热量分配表就可以了；对于原来的双管式系统不需改造，只要安装热量表和热量分配表就可以了，因此改造简单，改造费用也较低。

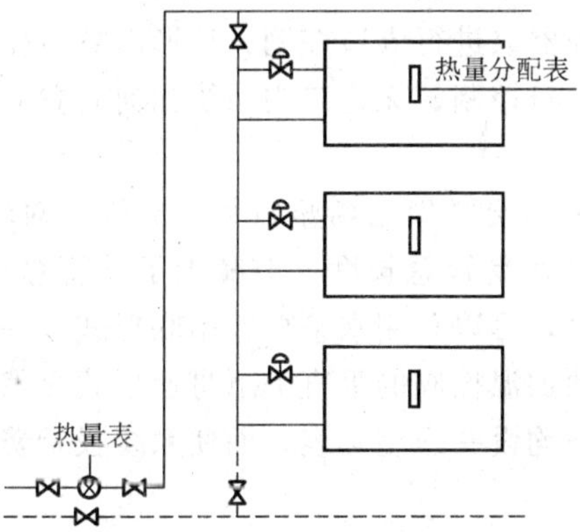

图 7—38　跨越式单管系统

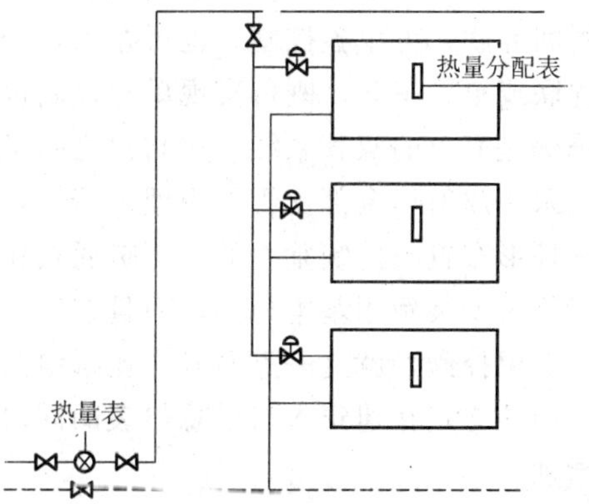

图 7—39　跨越式双管系统

按户设置热量表是指每户系统相对独立，每户入口设一户型热量表，户内各散热器相互串联或并联。实现户型热计量以及户型独立调节，是今后供热计量技术的主要发展方向。对于垂直式单管系统和垂直式双管系统，实现该功能比较困难，而水平式系统实现则较为简单。

适应按户设置热量表的室内采暖系统还有地板辐射采暖系统、散热器采暖系统。其中散热器采暖系统主要有两种形式：一种是户内设小型分、集水器，散热器之间相互并联，布管方式成放射状（如图 7—40 所示），该方式要求所有支管必须为埋地暗管，施工复杂，而且由于管道暗埋于楼板，一定程度上影响楼层高度；另一种是户内所有散热器串联或并联成环形布置（如图 7—41 所示），该方式在布管时需解决过门及美观的问题，可以采用沿管线方向挖暗槽和在门口做门槛等措施加以解决，甚至可以采用嵌壁高位安装以解决过门问题。上述两种方法均需要与建筑设计相互配合才能顺利实现，供回水立管设在楼梯间，采用双管系统。

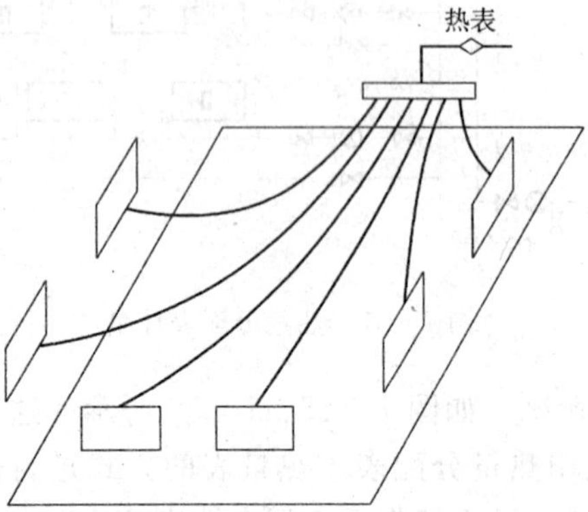

图 7－40　章鱼法（放射形）布置的双管系统

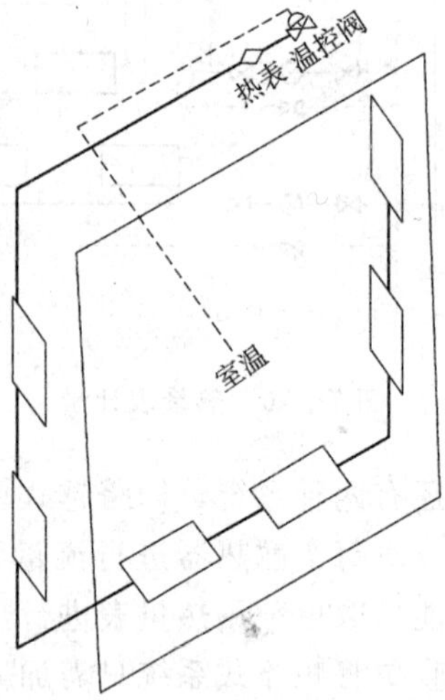

图 7－41　环形布置的双管系统

从采暖系统本身而言，采用放射形布置还是环形布置，技术上都是可行的。放射形各散热器间并联，可单独控制，也可在入户处设远程温控器只进行入口控制；环形布置可作成双管并联或单管串联，既可实现单独控制也可只进行入口控制。无论户内系统如何布置，整个系统仍是简单的双管系统，户与户之间呈并联状态。

采用放射形全部支管须为埋地暗管，管材一般采用交联聚乙烯塑料管，造价相对较高；水平环形布置与传统垂直的上下贯通式比较，增加了水平管总长度，但减少了立管总长度，两者管道安装费用基本相同，而且在室温要求不高时，可以采用水平单管串联形式，一户只设一个温控阀，就这一点而言，比每组散热器都必须加温控阀的垂直上下贯通形式显然更经济。但该方式在建筑入口设总热表的同时，需要每户均设一户型热表，而使系统投资费用有所增加。

4. 有关分户计量的几个问题

现有采暖系统实施分户计量已是一种趋势，但其难度和需要的投入较大，在积极进行试点的同时，还要充分挖掘实际的节能潜力。在分户计量中，应当注意以下几个问题。

（1）在分户计量的实施过程中，热量表是一个重要的影响因素。国外生产的热量表性能稳定、精度高、可靠性好，但价格比较昂贵；国内也有一些厂家开发出类似产品，但还需在实际应用中进行检验。另外，热量表的种类比较多，性能、精度也不相同，系统应如何选用热量表，还缺少一个标准。

（2）用户与用户之间的热传递。用户间每 1 ℃的温差，仅通过楼板的传热量就相当于设计耗热量的 5%左右。传统的住宅设计，并不考虑户与户之间的热量传递，当部分房间空置，或部分住户降低采暖标准，或有的住户间断采暖时，户与户之间就会有较大的传热量，不使用室内采暖系统的用户可能会“免费”达到某个温度。

（3）对于那些对装饰要求较高的用户来说，一户一表的单户独立系统的管道布置，一般可采取在地面垫层内或下一层顶板下敷设的办法，这将涉及管材、建筑层高和散热器布置方式等问题。

(4) 分户计量对供热部门的供热质量、运行和管理水平有更高的要求。供热部门应进一步改进技术，提高供热效率，改善供热质量。

(5) 要实现分户计量到按热量收费的过渡，还需对当前的供暖收费制度和政策进行改革。只有配备了健全的政策和制度，才能保证计热收费健康发展。

5. 散热器的选用

散热器的形式应符合“体形紧凑、便于清扫、使用寿命不低于钢管”的要求。除此之外，计量供热系统散热器选型时，还应满足下列两条要求。

(1) 考虑到普通方法生产的铸铁类散热器，内壁常有“薪砂”现象，易于造成恒温阀的堵塞，同时铸铁散热器的生产工艺能耗大，不利节能和环保，因此尽量选用非铸铁型散热器。如采用铸铁散热器，必须对散热器内腔的清砂工艺提出特殊要求及可靠的质量控制措施。

(2) 对于采用热分配表进行计量的系统，其散热器的形式必须考虑热分配表的使用条件。如带风扇的强迫对流型散热器就不宜采用热分配表进行热计量。

7.4.2 热计量收费

我国集中供热面积已经形成了相当大的规模，事实证明集中供热系统达到了环保的目的。然而这些地方基本上都是采用各种形式的按面积收费的方法，这种供热体制显然违背了市场经济的客观规律：一方面，收费的多少与所用热量无直接关系，不促使用户节约热量，造成了热量浪费的现象，这又造成了供暖费用的昂贵；另一方面，现有的系统不具备对不交费用户采取强制措施的手段，使得供热企业收费困难，这样的收费制度严重阻碍了供热企业的发展，因此我国供暖收费体制改革已大势所趋。根据国家建设部的布置，从2000年开始，所有要利用集中供热的新建建筑，其室内供热系统的设计必须适应按户依照热量计量收费的要求；所有已建成的建筑，其供热系统不适应计量收费要求的，2010年前完成供热系统的改造，以适应按户计量收费。在完成室内按户依照热量计量收费的改造后，收费体制将发生根本性的变化，“热”将真正意义上成为一种商品。按热量收费体制已经在欧美特别是北欧国家使用了很多年，已较成熟，同时它还是促使用户自觉节能的最有效手段，然而我国的供暖系统形式、房屋的围护结构以及人民的生活水平和国外的情况都有所不同，因此在制定收费政策和选择热计量设备时都要根据我国具体国情来选择。

1. 热价和收费机制的改革

(1) 热价和收费机制存在问题。长期以来供热作为一种职工福利而为职工享用，对热的商品属性、商品货币性质，没有形成一套按照市场经济规律科学、合理、规范的热价制定办法。随着城市集中供热规模的不断扩大和社会主义市场经济的发展与完善，这种按建筑面积计算热费的供暖收费制度显得非常不合理。一方面，用户用热多少与用户付费多少无关，不管供给用户的热量多少，一律按统一的价格收费，抑制了用户节能的积极性；另一方面，用户无法根据自己的需要调节室内温度。由于没有法定的成本测算依据和成本量化定额标准，无法考核供热单位成本的合理性，供热单位上报的成本往往掩盖了企业的低效率。热价的制定和调整基本上是政府物价部门牵头，供热单位报价，这种定价方法充分显示了计划经济、单位报销、福利用热的特点。

现行的供热体制严重制约了供热水平的提高，造成了能源浪费。现行供热体制的特点是热费计算方式按面积收费，热费与热量消耗无关，这种热费与热耗相脱节的买卖关系，造成了采暖用户没有节能的积极性。对不同的房屋围护结构，不同的耗热指标的建筑，均按相同面积价格标准收费，使得房地产企业用于建筑保温的节能投入资金得不到回报，购房者无须考虑房屋节能效果，所以这种收费制度制约了建筑节能工作的推广。现行的热价和收费政策不利于洁净能源的推广，由于采用燃料不同，产热形式不同，产热成本的差别很大，对用户来讲，不管供热单位烧什么燃料，得到舒适的温度即可。但由于燃油、燃气、用电等成本高，供热单位难以承受，由此许多采用洁净能源的供热单位只得又改为燃煤。

(2) 热价和收费机制改革的必要性。建设部等八部委颁发的《关于城镇供热体制改革试点工作的指导意见》(以下简称《指导意见》) 指出"城镇供热体制改革试点的指导思想是：稳步推进城镇用热商品化，供热社会化，逐步建立符合我国国情、适应社会主义经济体制要求的城镇供热新体制"。

城镇供热体制改革的主要内容是：改革单位统包的用热制度，实行用热商品化、货币化，既然要把热作为一种商品推向社会，应尽快解决上述现行供热体制下热价和收费政策存在的弊病，给热制定一个科学的供热价格理论和合理的价格体系。

实行按热量计量收费，可以调动用户节能意识；低负荷运行时，可以同时采用质调节和量调节，降低循环水泵的耗电量；对于公用和商业建筑，无人时可实现值班采暖；另外，利用温控阀，用户可根据需要调节室温，充分利用室内自然得热。

(3) 热价和收费机制的改革目标。按照建设部等八部委《指导意见》关于"试点城市供热价格实行政府定价，由试点城市政府价格主管部门按照'保本微利'的原则制定、调整"和"改革现行热费计算方式，逐步取消按面积计收热费，积极推行按用热量分户计量收费办法"的指示精神，天津热价和收费政策项目的总目标是：建立以成本核算为基础的供热定价办法，完善供热成本核算体系和按使用热量计收热费的两部制收费办法，提高供热企业总体效率，逐步实行按使用热量收取热费。改革的分阶段目标如下。

第一阶段，制定合理热价原则，住宅示范小区试行计量收费。通过典型范例，分析不同供热单位生产成本的合理性，正确制定合理供热成本、热价原则和计算公式，热价可以覆盖成本。对低收入群体实行救助，热价和计算方法同时适用于计量收费用户和非计量收费用户。实行计量收费，则热就变成一种商品，用户就有了买不买和买多少的选择自由，而且也有了实现这种选择自由的手段。但是热又不是一般的商品，也就是前边提到的用户间的传递性，在实施分户计量后，这种热传递是不能忽视的。在热价的确定上，还有待进一步探讨，按照北京地区的供暖条件分析和计算：维持室温 5 ℃的供热量，已达维持室温 18 ℃供暖量的 49%；维持室温 12 ℃的供热量，已达维持室温 18 ℃供暖量的 69%。根据有关人员的计算和实测，当周边正常供暖时，不供暖房间由于户间的传热作用室温可达 12 ℃以上。因此有理由认为任何用户应为维持建筑的总体热环境，负担基本供暖费用的 70%左右，因此普遍认为热费的收取应该保留相当的面积分配，减小按热计量分配的比例。

供暖费用应该包含多种项目，像锅炉煤耗、水泵电耗、水的软化除氧、水耗、供热人员的工资收入、设备的投资、折旧等项目。还要考虑一次换热、二次换热乃至三次换热品质定价问题。另外城市供热是由热源、热网、热用户（室内采暖系统）组成的庞大、封闭、复杂的循环系统，只要进入供暖期投入运行后，就必须连续运行，不能间断；但是按市场经济规律要求，又必须按用户的实际用热多少进行公平交易，保证供热。考虑到这两方面因素，采暖费应分为两部分：固定费用和消耗费用。固定费用是指与使用者的消耗情况无关的那部分取暖费，它是用来支付热量在输送过程中或者是设备的热量损失、设备运行维修费用、管理人员费用以及计算费用等等。它是按照用户的采暖面积来计算的。消耗费用是用户所消耗的热量的费用，用来支付燃料消耗、运行耗电、系统用水、废料处理、职工加班费等等的费用，它是根据所用热量的多少来计算的，即根据热计量装置所计量的热量来计算。固定费用和消耗费用分配在热费中所占的比重随着国家的不同而不同，一般消耗费用都在40%～60%之间，在我国采用什么比重还需要进一步调查和计算。可以在热计量收费初期选择固定费用的比重大一点，待热计量技术成熟后再将消耗部分的比重加大。

第二阶段，实现总表计量，按户计量收费。在第一阶段取得成效后，第二阶段的目标是在每一个计量单元安装总热量表，实现总表计量，按户计量收费，大力推行热计量收费。热用户装设温控阀、热量表的初衷是为了节能，是在更好地满足人们热舒适度的前提下为节能提供技术措施，所以应该进一步强化整个供热系统的量化管理，在热源、建筑供暖入口和分户实行三级计量。热源与各建筑供暖入口热量计量值的差额，可以考核管网的输送效率是否达到节能设计标准的要求。各建筑供暖入口热量计量值是确定该建筑物供暖费的依据，也可为热源和热用户之间的供需协调和热网的调控提供科学的依据。实行供热系统的热计量后，都会给传统的负荷计算方法、供热系统的设计思路和系统的运行调节手段等带来很多的问题，只有正视这些问题并加以合理分析和研究，才能推进计量供热系统朝着健康方向发展，计量供热系统才能更加完善。

2. 制定收费方法的探讨

供热收费方法的确定应该在公正、公平、公开的基础上，采用科学方法分析和确定。收费方法的研究需考虑合理的热价构成等因素。在供热改革的初始阶段，虽然热已作为商品推入市场，但在技术、管理、法规、观念还没有到位的情况下，热价还不能由市场自由竞争形成，这一过渡时期按面积收费还要维持相当长的一个时期，按使用热量收费要经过一个试验阶段。此时两种收费方法要并存。

在这个过渡时期正确制定热价和收费政策是供热市场化形成的关键，制定新的热价体系，必须兼顾国家、企业、用户的利益。国家利益体现在促进城市集中、供热事业发展、节能、环保、社会效益方面；供热企业利益体现在成本回收，并获得利益的经济效益方面；用户利益体现在用最低的支出获得满意的热舒适度方面。总之，收费方法的制定要维护发展、改革、稳定的大局。

1） 合理成本

热价制定过程中最重要的部分就是成本的确定。通常认为，热价应覆盖成本，同时应采取措施刺激降低成本，但是考虑到消费者对热费的支付能力及其对通货膨胀的影响，这些都会限制列入合理成本的内容。

（1） 生产成本。把成本按照生产工序分成热源出厂成本、一次管网输配成本、热力站成本、二次管网输配成本，其成本还需要分出折旧多少、运行费用多少，目的是测算结构热价，热价应该包括所有与供热服务相关的成本费用。

（2） 劳动力成本。把与人相关的费用归结为劳动力成本。劳动力成本占总成本的比例、劳动力成本占总收入的比例、劳动力成本占增加值的比例是衡量和控制企业劳动生产率的重要指标，也是今后热价调整的依据。

(3) 成本核算。成本核算作为费用部分，不同的公司情况不同。行业主管部门应制定统一的成本费用核算体系，才能有一个公平的起点，另外如果报告中的成本费用不能反映实际情况，成本分析就不能被用来有效地控制企业的效益和行为。

2) 成本分配

成本分配意味着在不同的产品（服务）中分配成本并把它们分摊到不同部分，即生产、输配、换热站、销售和管理。成本分摊就是将不同类型的成本分摊到不同的产品或服务中去（即采暖热水、生活用热水和蒸汽）。另外，成本分摊将把成本按照生产、输送、输配、换热站、销售和管理各环节进行分配。如果所有的成本能够清楚地被分摊到某一明确的产品或环节（即所有成本都是直接成本），成本分摊会变得容易。

3) 处理入网费

通常入网费包括供热系统的所有投资成本，即从热用户的设施（换热站或直接接入房屋）到热生产厂的所有费用。入网费是按单位采暖面积收取的（元/m^2），如果一部分用户已经支付了接入费用，而其他用户没有支付此费用（比如过去由政府投资），这样成本分摊问题就随之产生了。这两部分群体是否应支付同样的费用？如果热价体现成本，这两部分群体的热价应是不相同的。解决该问题的方案有如下两种。

方案 A：所有热用户/消费者都支付了入网费。在过去，一般是由热用户的单位或其他第三方来交纳的。入网费的成本将包括在所购买房屋价格中。

方案 B：由热用户单位或其他第三方所支付的入网费被认为是补贴。现在热用户/消费者需要以支付折旧费的形式支付入网费投资。相反，已支付入网费的新热用户将不需要支付此费用。

如果选用方案 A，以上所介绍的热价计算程序是完全适用的。如果选用方案 B，则需要做出一些修改。入网费通常包括产热费、输配费用和换热站费用。因此，相应折旧费应该从已经支付入网费的热用户的热价中扣除。

如将入网费贴现考虑进去，特别是在计算折旧时采用重置价值而不是按购置价格计算价值的时候，整个计算过程将变得非常复杂。一种简单的方法就是把入网费看作是业主向供热公司提供一种信贷，并要求其在 20 年的期限内（供热领域投资的平均寿命周期）返还费用，再加上 $x\%$ 的利息（与商业银行的平均利率相一致）。这种支付方法与按月支出采暖费相一致。该方法可以使相应折旧费、利息和其他潜在投资成本的计算不至于太复杂。

4) 利润

合理的利润不仅能促进供热企业今后的发展，还是激励企业不断提高市场竞争力，同时也将成为向用户提供优质服务的基础。供热行业是公益性服务行业，国家规定供热行业利润率掌握在“保本微利”的范围内。除确定利润率的大小外，还必须确定利润率计算的基准。基本上有三种方法可供选用：一按投资、企业净资产为依据确定利润率；二以供热成本为依据将利润率包含在供热成本中；三利润同时以投资和成本为计算基准。

5) 固定、可变部分的比例

管网的能源供应需要建立一个复杂的基础设施，这就产生了固定成本，而可变成本则是根据实际所产生和消耗能量的多少来确定的。两部制热价较为理想地反映成本的结构，包括固定容量部分和可变能量部分，能够刺激供热单位和消费者以最有效的方式利用资源。可变能量部分通过调整供应以满足用户的真实需求，从而优化资源分配（燃料及热量）。与之相似，固定部分（主要包括资本或相关成本）会帮助资本以最优方式分配。在典型的资金密集、基于热电联产的区域供热系统里，可变成本的比重很低，大约为 30%。然而为了刺激用户节省能量，区域供热费用趋向于降低固定部分的比例。这种方法在大多数西欧国家是可行的，因为其因热量需求波动而造成的风险要比东欧低得多。在波兰，区域供热的固定成本通常接近 60%，固定部分和可变部分的具体比例还须根据实际情况，因地制宜。

6）新建地区投资对热价产生的影响

集中供热行业是一个不断发展的产业，不断地有新建地区加入。新建地区的投资成本通常超出原有地区的已投资成本，因为通货膨胀增加了成本，并且由于采用了技术含量更高的、质量更好的设备，使初始一次性投资增加了，同时也降低了产品寿命期内的运行成本。因此，是否对所有的热用户都应收取额外的成本费，还是仅对新用户收取，需要讨论下面几种不同情况。

（1）计算热价时，所提取的折旧费基于购置价格（即不是基于重置价值）。在这种情况下，新建地区采暖系统的折旧费用将高于既有地区采暖系统的折旧费，采用统一的热价将导致平均折旧费的增加并使热价增加。

（2）计算热价时，所提取的折旧费基于重置价值。在这种情况下，现有系统的折旧费应与新建部分的很接近，这样就可以忽略对热价造成的影响。

第8章 热源及供热系统节能技术

供热系统是由热源、管网、热用户等几部分组成的一个复杂系统，为使热生产、输送、分配及使用都处于有序的状态，需要在其各个环节进行节能，以提高供热系统的能源利用率。下面就从锅炉房、供热管网及供热系统等方面介绍供热系统的节能途径。

8.1 锅炉房与换热站

工业锅炉是我国能耗最多的设备之一，约占我国原煤产量的1/3。我国大部分工业锅炉的效率平均只有60%，锅炉辅机耗电量大，其节能潜力也很大。

8.1.1 锅炉设备的选型设计

从节能角度出发，锅炉选型时应从以下几个方面加以考虑。

①应通过合理的计算确定锅炉的设备容量，绘制负荷曲线图进行分析。

②针对供应的煤种选择炉型。若锅炉炉型与燃用煤种不符，就会出现燃烧不完全、燃料结焦严重等问题，造成锅炉出力严重不足、热效率低、能源浪费大。

③确定锅炉型号及台数，尽量使锅炉在高效经济条件下运行。关于辅助设备及用电设备的选择，首先要选择新型的节能设备，其次按锅炉运行工况合理选择风机和水泵，避免大马拉小车的现象。

8.1.2 提高操作技术，加强技术管理

1. 提高燃烧效率及运行的稳定性

调整运行，使燃料量的调节与负荷的变化相适应；当燃料与燃烧设备不相适应时，除了改变燃料的品种外，常将燃料加以处理；在小型锅炉的内表面砖砌部位均匀涂抹高温红外涂料也可以提高锅炉的热效率。

2. 保持受热面清洁，提高传热效率

加强水质管理，避免受热面水侧结垢，若已结垢应定期化学清洗，受热面结焦或结渣时要及时清除，加强吹灰。

3. 合理调整循环水泵的运行台数

目前国内供热系统，包括一次水系统和二次水系统都普遍采用大流量、小温差的运行方式，实际运行的供水温度比设计供水温度低10～20 ℃，循环水量增加20%～50%。此种运行状态使循环水泵电耗急剧增加、管网输送能力严重下降、换热站内热交换设备数量增加。因此，应该在供热系统中增加控制手段，合理调节循环泵的运行台数，解决水力工况失调，将供水温度提高到设计温度或接近设计温度，以提高热系统的输送效率。

8.1.3 采用新技术

1. 变频调速技术的采用

风机和水泵是锅炉房的耗电大户，在选型时都是以额定负荷为依据的。通常在运行中风

机的风量是变化的，采用变频调速技术通过调节电机功率来调节风量，从而达到节能的目的；炉排电机采用变频调速装置，可以控制炉排的速度，从而达到最佳的燃烧工况，以提高锅炉的热效率；随着日益成熟的分户计量政策的实施，管网系统的流量也随之发生变化，水泵上安装变频装置也是非常必要的。

供暖系统采用先进的交流电机变频调速技术，对水泵进行调速控制，从而实现恒压供水。它通过压力传感器接收管网压力信号，经控制器分析运算后控制水泵的转速及水泵的工作台数，平稳改变供水水量，使管网压力保持恒定且有明显的节电效果。

水泵耗电功率与水泵电机转速成三次方正比关系，安装变频调速器后能够自动检测瞬时管网水压，24 小时不间断监测室外温度，根据温度变化及时控制电机转速，调整供水量，从而达到高效节能，与其他供暖系统相比，节能效果达 25%～40%。变频调速器采用全自动程序控制，运行可靠，操作简便，保护功能齐全，可根据用户需要任意设定供水压力及供水时间，无须专人值守，故障自动诊断报警，人机界面及时显示温度、压力和流量等。采用变频技术，风机和水泵普遍可节电 30%～40%。

2. 采用分层燃烧技术，改善锅炉燃烧状况

目前城市集中供热锅炉房多采用链条炉排，燃煤多为煤炭公司供应的混煤，着火条件差，炉膛温度低，燃烧不完全，炉渣含碳量高，锅炉热效率普遍偏低。采用分层燃烧技术对减少炉渣含碳量、提高锅炉热效率，有明显的效果。

采用分层给煤装置，使煤在落入炉排前进行筛分，进入炉排后形成下层为大块、中层为小块、上层为煤末的合理分布的煤层，炉排及煤层通风阻力均衡，显著地改善了锅炉的燃烧状况，降低了炉灰含碳量和炉排漏煤量，由此可提高燃烧效率 8%以上，而且锅炉燃烧系统的设备故障大大减少，提高了锅炉运行的可靠性和安全性。

对于粉末含量高的燃煤，可以采用分层燃烧及型煤技术。该技术是将原煤在入料口先通过分层装置进行筛分，使大颗粒煤直接落至炉排上，小颗粒及粉末送入炉前型煤装置压制成核桃大小形状的煤块，然后送入炉排，以提高煤层的透气性，从而强化燃烧，提高锅炉热效率和减少环境污染。例如，某油田锅炉燃用鹤壁煤，粉末含量高，$\phi<3$ mm 的煤粒占 60%～70%，采用此技术后，炉渣含碳量降低到 15%以下，锅炉效率提高了 8%，烟尘排放达到环保标准，年节煤 8%～10%。

3. 锅炉燃用型煤

锅炉燃用型煤的技术，国内许多科研单位都作了成功的探索，生产出了专用设备，并取得了明显的效果。从根本上改变了层燃炉的燃料结构和炉排通风条件，从而大大降低了炉排漏煤量和灰渣含煤量，减少了飞灰热损失和粉尘量，有利于环境保护。锅炉燃用型煤与燃用混煤相比，节省燃料可达 10%以上。

4. 推广循环流化床技术

循环流化床锅炉主要特点在于燃料及脱硫剂在炉膛内经多次循环，反复进行低温燃烧和脱硫反应，炉内湍流运动强烈，使燃料的燃烬率达到 97%以上。再者，循环流化床锅炉具有燃料适用性广、负荷调节性能好、灰渣利于综合利用等优点。

5. 锅炉的自动控制

微机监控系统除能完成常规仪表功能外，还可以通过微机自动跟踪室外温度的变化，调节运行负荷、燃烧系统及风煤比、维持炉膛负压值、调节给水系统，使锅炉始终在最佳工况

下安全、经济地运行，这将是现代化锅炉房发展的方向。在换热站一次水的入口处装设流量控制设备，能有效地解决一次水系统水力失调现象。而采用先进的组合式供热机组，可根据室外温度调节用户供水温度和供给热量，从而减少了能源的浪费。

采用集中供暖监控系统，是节能、高效、可靠、自动运行的有力保障，已受到越来越多的供热企业的重视。它主要由中央监控中心、通信网络、下位机控制器、传感器、执行机构等组成。该系统具有实时检测与显示锅炉运行时的各个参数及主要供暖参数的特点，具有方便的数据统计处理、数据管理与检索等辅助功能。

采用气候补偿装置，根据室外温度的变化，确定供热量，调节一次侧电动调节阀，实现按需供热，同时辅助以水泵变频调速系统，可使整个供暖系统在低能耗、低电耗的情况下，实现多需多供、少需少供、无需不供的科学运行方式。具体工作过程为：改变传统供暖运行方式，在锅炉房内部，总出水与总回水管间加设一旁通管，其上加一电动蝶阀控制水量，在满足室内温度要求的前提下，根据室外温度的变化，调控混水与进锅炉加热水的比例，即回水总量的一部分进锅炉加热，整个供暖期达到高温、恒定效果，另一部分回水由旁通管与锅炉高温出水混合后直接进入外网循环，从而达到外网系统大流量小温差，缓解水利失调现象；锅炉内部小流量大温差，提高锅炉运行效率。

上述电动蝶阀的动作是通过控制中心发出命令实现的，控制系统将室外、室内温度，供、回水温度，锅炉出水温度采集并显示后，经过系统软件的计算，调控电动蝶阀的开关幅度，动态、适时、科学地提供供暖温度，减少人工参与，弥补人为不足，在提供最及时、最佳的供暖质量前提下，节约能源消耗。

6. 加强锅炉房的运行管理，是投资少、效果显著的节能措施

（1）司炉人员及水处理人员必须经国家劳动部门或技术监督部门培训并考试合格。

（2）建立正确、完善、切实可行的运行操作规程。

（3）锅炉房水处理（包括软化水或脱盐、除氧）设备处理后的水质，必须达到国家相关规程规定的水质标准，严禁锅炉直接补自来水或河水。

（4）严格执行定期维修、停炉保养制度，保证设备完好，杜绝跑、冒、滴、漏现象。

8.1.4 热力站

为了实现实时控制和调节供给用户的热量，热力站应安装监控系统。

热力站（或混水站）内设有采暖系统、生活热水系统和空调系统，哪个系统需要控制，实施什么样的控制水平应根据实际情况确定。当一、二次系统都为质调节、流量基本不变时，根据二次系统的供回水温度控制一次系统的供水阀门，可以使用手动调节阀、自力式调节阀，对于控制要求高、控制过程复杂的，则应考虑配有电动执行机构的计算机控制装置。

先进国家的集中供热间接连接热力站，一般都采用组合式供热机组。该机组包括板式换热器、循环水泵、补水装置、监控仪表和设备，可根据室外温度调节二次水供水温度和供给热量。近年来，我国哈尔滨、天津等地的热力公司安装这种供热机组，运行结果表明，有显著的节能效果，同时还有占地小、安装简单等优点。

8.1.5 热力管网系统

热力管网是热源（锅炉房）与热用户连接的桥梁，节能潜力很大。

1. 采用平衡调节技术

一个热力管网通常要连接多个热用户，尽管设计采取了管径调整和阀门控制等许多措施进行水力平衡计算，但还难以满足规范规定的压差平衡标准，最终达到压差平衡是通过各热用户的流量再分配而实现的。近几年管网上安装平衡阀或自力式流量控制器，能够实现热力管网的水力平衡，保证每个热用户的热媒流量能在计算工况下运行，克服了供热管网始端用户过热、末端用户不热的弊病。

2. 推广热水管道直埋技术，降低基础投资和运行费用

与地沟敷设比较，直埋敷设不仅具有节省用地、方便施工、减少工程投资和维护工作量小的优点，同时由于采用导热系数极小的聚氨酯硬质泡沫塑料保温材料，热损失大大地小于地沟敷设。对于架空和地沟敷设的供热管网，应使用新型保温材料，对供热管道、法兰、阀门及附件采取保温措施，以降低供热管网热损失。

3. 防止供暖系统大量亏水

供暖系统是一个闭式循环回路，在正常运行中系统会存在少量的跑、冒、滴、漏现象，亏水量一般应小于循环水量的1%。而实际运行中，却存在着系统亏水偏大的问题，浪费了可贵的软化除氧水和能源，这对节能十分不利。因此要加强宣传教育和管理，采取防漏、查漏、堵漏等有效措施，将失水率降到最低。

8.2 节能型采暖系统——辐射采暖

以辐射传热方式为主散热给室内的采暖系统，称为辐射采暖系统，即利用建筑物内部顶棚、地板、墙壁或其他表面（如金属辐射板）作为辐射散热面进行采暖的系统。

8.2.1 辐射采暖系统的类型

按照不同的分类标准，辐射采暖系统分为不同的形式。

（1）根据辐射散热体表面温度的高低，将辐射采暖系统分为三种类型。第一种类型为低温辐射采暖系统：辐射散热体表面温度在80 ℃以下，将加热管（或其他发热体）直接埋设在建筑构件内而形成散热面的采暖系统，称为低温辐射采暖系统。第二种类型为中温辐射采暖系统：辐射散热体表面温度为80～200 ℃，通常采用钢板和小管径的钢管制成矩形块状或带状散热板作为散热设备的采暖系统，称为中温辐射采暖系统。第三种类型为高温辐射采暖系统：辐射散热体表面温度高于500 ℃，利用燃气红外辐射器、电红外线辐射器等作为高温辐射散热设备的采暖系统，称为高温辐射采暖系统。

（2）根据辐射采暖系统中热媒种类的不同，辐射采暖系统有多种类型。辐射采暖系统的热媒类型包括热水、蒸汽、空气、电和可燃气体或液体（如人工煤气、天然气、液化石油气等）等。

①低温热水辐射采暖系统：热媒水温度低于100 ℃（民用建筑的供水温度不大于60 ℃）。

②高温热水辐射采暖系统：热媒水温度等于或高于100 ℃。

③蒸汽型辐射采暖系统：热媒为高压或低压蒸汽。

④热风式：以加热后的空气作为热媒。

⑤电热式：以电热元件加热特定表面或直接发热。

⑥燃气式：通过燃烧可燃气体或液体经特制的辐射器发射红外线。

目前，在民用建筑的采暖系统中，应用最广的是低温辐射采暖系统，其热媒可以利用低温热水或电。

8.2.2 低温辐射采暖系统

低温辐射采暖系统的散热面与建筑构件合为一体，根据其安装位置分为顶棚式、地板式、墙壁式、踢脚板式等；根据其构造分为埋管式、风道式或组合式。低温辐射采暖系统的分类及特点如表8－1所示。

表8－1 低温辐射采暖系统分类及特点

分类根据	类型	特点
辐射散热面放置位置	顶棚式	以顶棚作为辐射散热面，加热元件镶嵌在顶棚内，辐射热占70％左右
	墙壁式	以墙壁作为辐射散热面，加热元件镶嵌在墙壁内，辐射热占65％左右
	地板式	以地板作为辐射散热面，加热元件镶嵌在地板下，辐射热占55％左右
	踢脚板式	以窗下或踢脚板处墙面作为辐射散热面，加热元件镶嵌在墙壁内，辐射热占65％左右
辐射板构造	埋管式	直径为15～32 mm的管道埋设于建筑表面内构成辐射表面
	风道式	利用建筑构件的空腔使其间热空气循环流动构成辐射表面
	组合式	利用金属板焊以金属管组成辐射板

1. 低温热水地板辐射采暖系统

低温热水地板辐射采暖系统是将具有一定温度的热水流经铺设在构造层中的加热盘管，经过构造层的热量传递，使地表面温度升高。被加热的地表面以辐射散热方式，向室内散热以弥补房间的热损失，达到采暖的目的。采暖系统具有舒适性强、节能、方便实施按户热计量方式，便于住户二次装修等特点，还可以有效地利用低温热源，如太阳能、地下热水、采暖和空调系统的回水、热泵型冷热水机组、工业与城市余热和废热等低品位热源，能够有效实现能源梯级利用的效果。

(1) 低温热水地板辐射采暖系统的工作原理。地板辐射采暖利用低温热水流经被埋设在地板内的加热盘管，通过构造层对地表面进行加热，放射出波长为8～13 μm的远红外线，投射到人体皮肤2 mm深处的“热点”传感器上，并对它产生刺激，使人感到温暖。人体对热的感受与人们所处的周围环境和肺部呼吸等向外散热方式有关，当散热量和人体产热量达到平衡时，人体体温维持在37 ℃左右，从而人体便感觉到很舒适。人体换热量中大约有50％以辐射换热方式进行，因此，围护结构（墙、窗、地面等）内表面温度的高低直接影响到人体的舒适性和散热效果，地板辐射采暖系统正是基于完全满足人的生理要求的特性而得到广泛应用。

(2) 低温热水辐射采暖地板构造。目前常用的低温热水地板辐射采暖是以低温热水（≤60 ℃）为热媒，采用塑料管预埋在地面不宜小于30 mm混凝土垫层内，如图8－1所示。

地面一般由结构层（楼板或土壤）、绝热层（上部敷设按一定管间距固定的加热管）、填充层、防水层、防潮层和地面饰面层（如大理石、瓷砖、木板等）组成。绝热层主要用来控制热量传递方向。填充层用来埋置、保护加热管并使地面温度均匀。地面饰面层指完成的建筑地面。当楼板基面比较平整时，可省略找平层，在结构层直接铺设绝热层。当工程允许地面按双向散热进行设计时，可不设绝热层。但对住宅建筑而言，由于涉及分户热计量，不应取消绝热层，并且户内每个房间均应设分支管，视房间面积大小单独布置成一个或多个环路。直接与室外空气或不采暖房间接触的楼板、外墙内侧周边，也必须设绝热层。与土壤相邻的地面，必须设绝热层，并且绝热层下部应设防潮层。对于潮湿房间（如卫生间、厨房和游泳池等），在填充层上宜设置防水层。为增强绝热板材的整体强度，并便于安装固定加热管，有时在绝热层上还敷设玻璃布及铝箔保护层和固定加热管的低碳钢丝网。

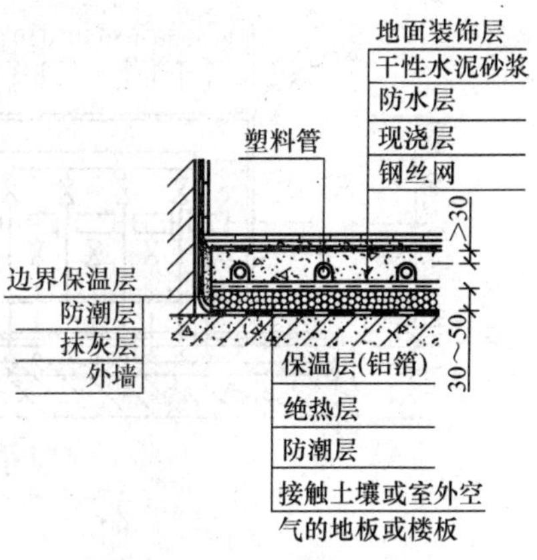

图 8－1　低温热水辐射采暖地板构造示意图

绝热层的材料宜采用聚苯乙烯泡沫塑料板，楼板上的绝热层厚度不宜小于 30 mm（住宅受层高限制时不应小于 20 mm），与土壤或室外空气相邻地板上的绝热层厚度不宜小于 40 mm，沿外墙内侧周边的绝热层厚度不应小于 20 mm。当采用其他绝热材料时，宜按等效热阻确定其厚度。

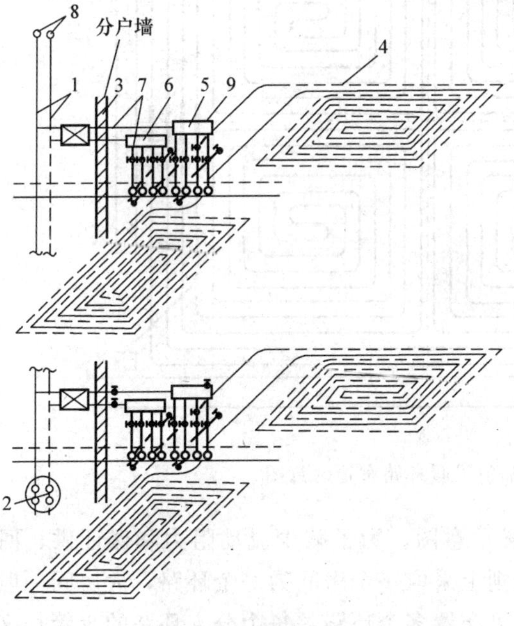

图 8－2　低温热水地板辐射采暖系统示意图

1—共用立管；2—立管调节装置；3—入户装置；
4—加热盘管；5—分水器；6—集水器；
7—球阀；8—自动排气阀；9—散热器放气阀

填充层的材料应采用 C15 豆石混凝土，豆石粒径不宜大于 12 mm，并宜掺入适量的防裂剂。地面荷载大于 20 kN/m^2 时，应对加热管上方的填充层采取加固构造措施。

早期的地板采暖均采用钢管或铜管，现在地板采暖均采用塑料管。塑料管具有耐老化、耐腐蚀、不结垢、承压高、无污染、沿程阻力小、容易弯曲、埋管部分无接头、易于施工等优点。

（3）系统设置。图 8－2 是低温热水地板辐射采暖系统示意图，其结构包括楼内系统和户内系统两个组成部分。楼内系统一般通过设置在户内的分水器、集水器与户内管路系统连接。分、集水器常组装在一个分、集水器箱体内，如图 8－3 所示，每套分、集水器宜接 3～5 个回路，最多不超过 8 个。分、集水器宜布置于厨房、洗手间、走廊两头等位置，使其既不占用主要使用面积，又便于操作，应留有一定的检修空间，且每层安装位置应相同，建筑设计时应给予考虑。

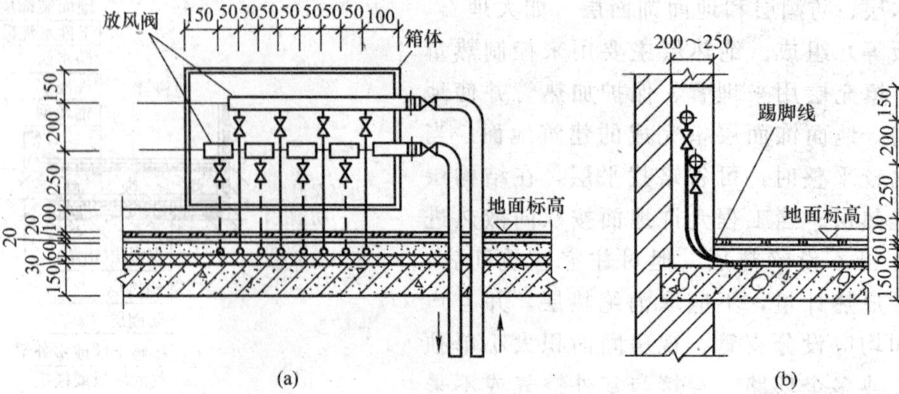

图 8－3　低温热水地板辐射采暖系统分、集水器安装示意图

(a) 分、集水器安装正视图；(b) 分、集水器安装侧视图

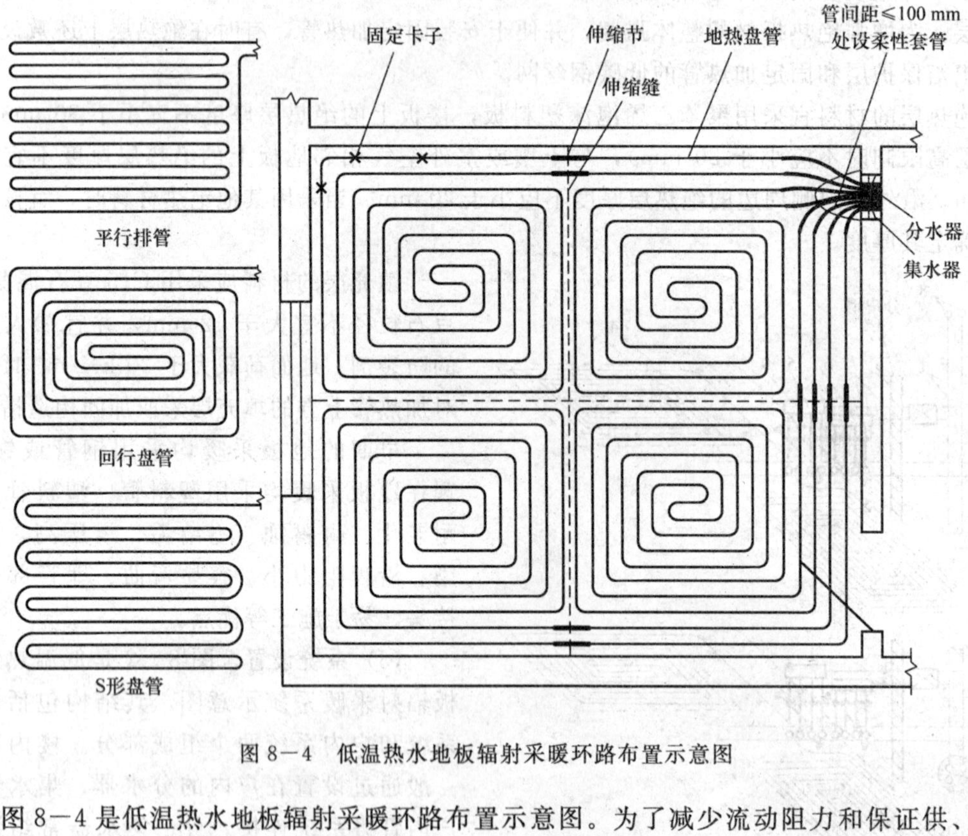

图 8－4　低温热水地板辐射采暖环路布置示意图

图 8－4 是低温热水地板辐射采暖环路布置示意图。为了减少流动阻力和保证供、回水温差不致过大，加热盘管均采用并联布置。原则上采取一个房间为一个环路，大房间一般以房间面积 20～30 m² 为一个环路，视具体情况可布置多个环路。每个分支环路的盘管长度宜尽量接近，一般为 60～80 m，最长不宜超过 120 m。

埋地盘管的每个环路宜采用整根管道，中间严禁有接头，防止渗漏。加热管的间距不宜大于 300 mm。PB 和 PE－X 管转弯半径不宜小于 5 倍管外径，其他管材不宜小于 6 倍管外径，以保证水路畅通。

加热管以上的混凝土填充层厚度不应小于 30 mm，且应设伸缩缝，以防止热膨胀导致地面龟裂和破损。一般当采暖面积超过 30 m^2 或长边超过 6 m 时，填充层应设置间距不大于 6 m、宽度不小于 5 mm 的伸缩缝，缝中填充弹性膨胀材料（如弹性膨胀膏）。加热管穿过伸缩缝处宜设长度不小于 100 mm 的柔性套管。沿墙四周 100 mm 均应设伸缩缝，其宽度为 5～8 mm，在缝中填充软质闭孔泡沫塑料。为防止密集管路胀裂地面，管间距小于 100 mm 的管路应外包塑料波纹管。

(4) 地板辐射采暖系统。辐射采暖系统不仅能保证低温、舒适的居住建筑环境，而且又能高效、节能地满足高大空间公共建筑的采暖。在低温辐射采暖系统中，可以充分利用地热、太阳能或各种低温余热等低品位能源作为热源，既可以有效地节约常规能源的消耗，又能大大降低矿物燃料的燃烧产物及废弃物对环境的污染。与常规的散热器采暖系统相比，它还具有如下特点。

①降低室内设计温度。人体的舒适度取决于室内平均辐射温度（MRT）。当采用地板辐射采暖时，由于室内围护结构内表面温度的提高，所以其平均辐射温度也要加大，一般 *MRT* 比室温 t_n 高 1～3 ℃。因此，室内设计温度降低 1～3 ℃，仍可以得到同样的舒适效果。根据有关资料介绍，室内设计温度每降低 1 ℃可节约燃料 10%。例如按天津节能目标，年平均采暖煤耗为 11.8 kg/m^2（冬季采暖期室外平均气温为－1.2 ℃，室内平均温度为 16 ℃）计算，当室温降低 1～3 ℃时，节约燃料可达 7%～17%。由此可见地板辐射采暖不仅给人们以舒适的环境，同时，其节能效果也十分可观。

②室内温度分布均匀。地板表面温度一般不高于 30 ℃，沿垂直方向温度逐步降低，在距离地面 30 cm 左右处，空气温度基本等于室内设计温度，此后，沿垂直方向温度基本不变。因此，使人们有“足热头寒”的舒适感。同时由于上部空间温度的降低，大大地减少了上部空间向室外的热损失。

③不破坏和不占用室内空间。地板辐射采暖的加热管埋置于地面下，与建筑构造相结合，地面上无任何管道设备，不占用房间和地面有效面积（据统计散热器约占 1%～3%建筑面积）。因此，采用这种采暖方式，不仅相对增加了建筑面积，而且不破坏室内环境，同时，也避免了包装暖气设备所带来的能源资金的浪费。

④便于调节和控制。室内地板辐射采暖系统地面下加热管的布置类型如图 8－4 所示，根据房间的大小，可以在一个房间设置一个或几个环路，小的房间也可以几个房间设置一个环路。各路的供、回水管连接到分配器（一般一个用户设置一个分配器，放置在偏僻的角落里）上。每个用户的分配器通过楼内供、回水干管与室外管网连接，只要在分配器处分别为各环路设置调节阀或控制装置，就可以方便地分别对不同朝向房间的供热量进行调节和控制。

⑤便于进行单户的热计量。目前我国采暖收费基本上是采用按采暖面积计费的方法。这种计费方法存在很多弊病，不论室内温度状况如何，一律平等收费（例如按天津目前收费标准是 25 元/m^2），因此，导致能源极大的浪费。最合理的收费方法应该是按用户实际用热量来核算。要采用这种计费方法，就必须进行单户热计量，要进行单户热计量的前提是每个用户的采暖系统必须能够单独进行控制，这点对常规采暖系统是不容易做到的（必须经过复杂的系统改造）。而采用辐射采暖则可以非常方便地得到解决，只要在用户分配器前加一个热计量装置即可实现。据国外的统计，采用按热计量收费来代替按采暖面积收费可以节约能源20%～30%。

⑥节能建筑为利用辐射采暖提供有利条件。从卫生角度出发，地板辐射采暖时，地面温度不能超过 30 ℃，同时，一个房间可供利用的地板面积有限，因此，地板辐射采暖向房间的供热量是有限的。如果房间的热损失较大，只靠辐射采暖可能产生“供不应求”现象，因而导致室温达不到设计要求。而节能建筑中，其围护结构的传热系数的大小均有限值，建筑耗热量很小，所以采用辐射采暖很容易达到所要求的设计工况。

综上，辐射采暖系统具有其独特的优越性，近年来辐射采暖技术发展十分迅速。

2. 低温辐射电热膜采暖系统

电热膜是一种由可导电的特制油墨、金属载流条经印刷、热压在两层聚酯薄膜间制成的一种加热元件。低温辐射电热膜采暖以电热膜为发热体，大部分热量以辐射方式散入采暖区域。根据加热组件安装位置的不同可分为顶棚辐射采暖、地板辐射采暖和墙壁辐射采暖三种类型，顶棚辐射采暖系统示意图如图 8－5 所示，低温电热膜采暖顶板安装示意图如图 8－6 所示。在实际工程中供暖形式以低温红外辐射电热膜地板采暖系统较为常见。

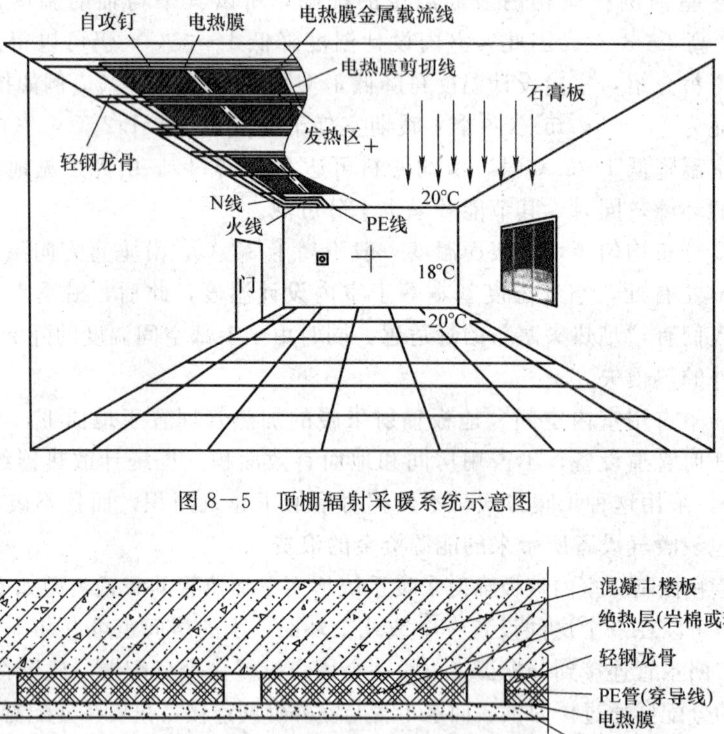

图 8－5　顶棚辐射采暖系统示意图

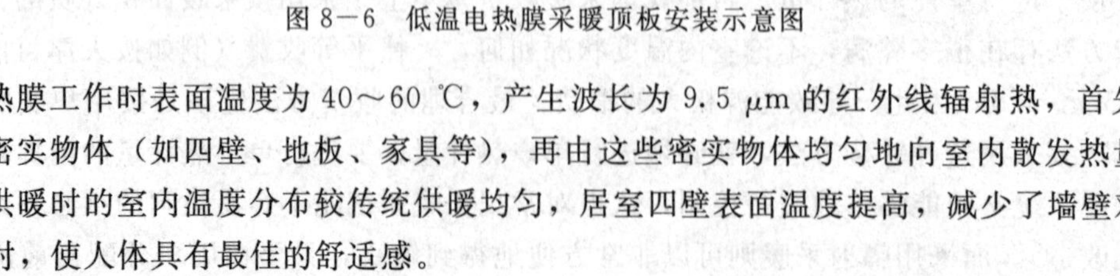

图 8－6　低温电热膜采暖顶板安装示意图

电热膜工作时表面温度为 40～60 ℃，产生波长为 9.5 μm 的红外线辐射热，首先加热房间的密实物体（如四壁、地板、家具等），再由这些密实物体均匀地向室内散发热量，由于辐射供暖时的室内温度分布较传统供暖均匀，居室四壁表面温度提高，减少了墙壁对人体的冷辐射，使人体具有最佳的舒适感。

1）低温红外辐射电热膜系统的组成

低温红外辐射电热膜系统由电源、温控器、连接卡、保温层、电热膜及饰面层构成。电源经导线连通电热膜，将电能转化为热能。电热膜为纯电阻元件，转换效率很高，除一小部分损失外，绝大部分被转换成热能，是系统中最主要的发热元件。连接卡是由特殊的合金材料制成的，安装时用专用工具钳将连接卡的一端固定在电热膜的载流条上，另一端压接在导线上。绝缘罩起绝缘和保护连接卡的作用，大多数情况下必须使用，但也可以根据实际情况采用其他绝缘材料代替。温控器用于设定、控制室内温度，根据实际需要，通过温控器的调节与设定，可以随时调节室内温度在 5～30 ℃之间变化，起到节能并保持室温恒定的作用。

2）电热膜供暖系统的特点

（1）电热膜供暖系统的优点。

①节能。通过室内设置的温控器，根据需要调整室温并保持恒定，暂不使用的房间可以调低温度，真正实现经济运行、节约能源的目的。

②使用寿命长。无须专门设立维护、维修机构，亦无水暖系统的跑、冒、滴、漏及暖气片冻裂等令人头疼的问题。

③可以分室、分户进行用电计量，有效解决供暖费收缴难的问题，同时节省了人力、物力，方便管理。

④运行安全可靠。电热膜完全防水，系统接头处亦做防水处理，使整个系统耐潮湿。在建筑物中按工艺规范安装的电热膜供暖系统，工作时电热膜表面最高温度不超过 50 ℃，因此不会发生烫伤、引起爆炸和火灾等事故。整个系统全部采用并联方式连接，可靠性高。

（2）电热膜供暖系统的缺点。

①升温较慢。由于电热膜表面温度较低，最初开启系统时室内温升较慢，一般需 1～2 h才能达到标准的室内空气温度 18 ℃。

②能源适用范围受限。电热膜供暖系统以电力为能源，对于用电紧张地区，不宜将其作为室内唯一供暖热源。供暖费是以购电的方式缴纳，对于电价过高的地区，采用该系统供暖运行费用会较其他地区要高。

③不能满足供热水需求。电热膜辐射采暖系统无须用水加热供暖，对于需要热水的场所，则要另设热水锅炉或采用贮水式电热水器等热水制备装置。

3）电热膜辐射地板采暖系统的设计与施工

电热膜辐射采暖系统应依据《地面辐射供暖技术规程》（JGJ 142－2004）、《采暖通风与空气调节设计规范》（GBJ 50019－2003）、《民用建筑电气设计规范》（JGJ 16－2008）或相关的地方标准进行设计与施工。

（1）电热膜辐射地板采暖系统的设计。

①计算采暖热负荷。地板采暖的热负荷计算应按照《采暖通风与空气调节设计规范》（GBJ 50019－2003）的相关规定执行，在计算时以国家节能墙体为例应附加 20％的运行系数。

②确定电热膜数量。以房间内所需的热负荷为基础，算出铺设电热膜的数量。

③铺设电热膜。电热膜的铺设以房间较长的墙面为铺设方向，由电源的位置决定电热膜的起始点。

④选择绝缘材料。应采用 20 mm 厚的挤塑泡沫板绝缘材料，严禁使用易燃、有毒、耐温 70 ℃以下的材料。

⑤温控器。温控器应设在便于操作的墙面上，其安装高度为 1.3～1.5 m 或安装于阳光直射的位置上。每个采暖房间至少设置一个温控器，温控器的最大负载应符合产品说明书的

要求，温度控制范围为 5～30 ℃。

⑥电热膜配线。地热应采用独立的配电回路，并设置专用的开关和套蜡管漏电保护装置，做好接地保护。每组电热膜导线为 BV—4 mm^2 单股铜线，总线根据计算电流选择。

(2) 电热膜辐射地板采暖系统的施工。

①电热膜安装应具备现场条件，建筑物顶棚及室内装修完毕，地面已找平，没有杂物，特别是表面的铁钉等金属物已清除，电热膜电源配电箱及各分支回路管线工程结束，温控器安装暗盒已具备，材料施工机具等已准备就绪，保证正常施工。

②在地面上平铺 20 mm 厚的保温材料（或依据工程要求增加保温板厚度）。

③将各组电热膜按照电热膜供暖工程施工规范接线安装，接线应用连接卡及电热膜专用绝缘胶带密封，连接导线必须套好蜡管保护。

④将各种电热膜连接导线引至地上线槽内，进行通电测试检验（电热膜表面会立刻发热）。

⑤把直径为 2.5 mm 铜塑线在电热膜外边进行镶嵌，并引至接线槽内与系统 PE 线牢固连接，做好接地保护。

⑥在保温板及电热膜上平铺一层无纺布或玻纤网格布作为保护，上面可以直接进行地板或水泥地砖的施工。

⑦地面装饰材料安装完毕后，进行电热供暖工程工作测试，并做好记录，绘制电热膜隐蔽图。

4) 顶棚电热膜供暖应用中应注意的几个问题

顶棚电热膜辐射供暖，虽不应过于夸张地誉为“供暖领域的一场革命”，但若建筑物采用节能设计并采用很好的外墙保温或不便设置锅炉房时，也是一种可供选择的供暖方式，但在其应用时，应注意以下几个问题。

①应有合理的建筑总体热环境条件，户间传热对于建筑物供暖是一个极为重要的因素，对于任何采用分户独立热源或集中供暖实行分户热计量和收费的用户都存在户间传热，在周边环境不能正常供暖的条件下，某一用户出现电费奇高的现象将不可避免，尽管顶棚电热膜辐射供暖由于其上部铺设绝热层有利减少户间传热，但其户间传热也不可避免，因此，从设计到物业管理都将是一个十分困难的问题。

②采用电热膜供暖时，其顶棚一般为平顶，吊顶方式受一定的限制，同时，由于顶棚安装有电热膜，其二次装修将对顶棚电热膜有较大破坏，不便于顶棚再进行装修，安装有电热膜的部分绝不允许钻孔、钉钉及挂物。

③因电热膜导电面积大，用电安全要求高，因而不适用于浴室等湿度较大的地方。

在进行顶棚电热膜辐射采暖设计时，应对建筑物有一个全面的了解，作全方位的技术经济比较，有一个科学、谨慎的工作态度，给人们提供一个舒适而又安全的生活和工作环境。

3. 低温发热电缆采暖系统

发热电缆是一种通电后发热的电缆，它由实芯电阻线（发热体）、绝缘层、接地导线、金属屏蔽层及保护套构成。低温加热电缆采暖系统是由可加热电缆和感应器、恒温器等组成，也属于低温辐射采暖，通常采用地板式，将发热电缆埋设于混凝土中，有直接供热及存储供热等系统形式，如图 8—7 所示。

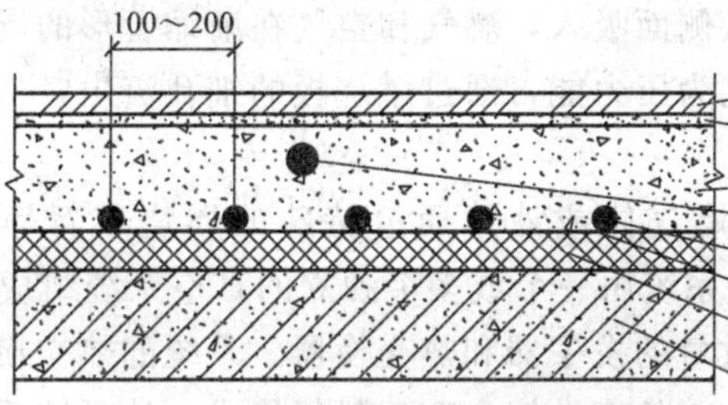

图 8－7 低温发热电缆辐射采暖安装示意图

8.2.3 中温辐射采暖系统

中温辐射采暖系统使用的散热设备通常都是钢制辐射板。按照钢制辐射板长度的不同可分为块状和带状两种类型。块状辐射板通常用 DN15～25 与 DN40 的水煤气钢管焊成排管构成加热管，将排管嵌在 0.5～1 mm 厚、预先压好槽的薄钢板上而制成长方形辐射板。一般辐射板的钢板背面加设保温层以减少无效热损失，保温层外侧可用 0.5 mm 厚钢板或纤维板包裹起来。块状辐射板的长度一般为 1～2 m，以不超过钢板的自然长度为原则。

带状辐射板的结构与块状板完全相同，只是在长度方向上是由几张钢板组装成形，也可将多块块状辐射板在长度方向上串联连接成形。带状辐射板在加工与安装方面都比块状辐射板简单一些，由于带状辐射板连接支管和阀门大为减少，因而比块状板经济。带状辐射板可沿房屋长度方向布置，也可以水平悬吊在屋架下弦处。布置带状辐射板时应注意解决好加热管热膨胀的补偿、系统排气及凝结水的排除等问题。

钢制辐射板构造简单，制作维修方便，比普通散热器节省金属 30%～70%。钢制辐射板采暖适用于高大的工业厂房、大空间的公共建筑，如商场、展厅、车站等建筑物的全面采暖或局部采暖。

8.2.4 高温辐射采暖系统

高温辐射采暖按其能源类型分为电气红外线辐射采暖和燃气红外线辐射采暖。

电气红外线辐射采暖设备多采用石英管或石英灯辐射器。石英管电气红外线辐射器的辐射温度可达 990 ℃，其中，辐射占总散热量的 78%。石英灯辐射器的辐射温度可达 2 232 ℃，其中，辐射热占总热量的 80%。

图 8－8 为燃气红外线辐射器构造图，其工作原理是：具有一定压力的燃气经喷嘴喷出，

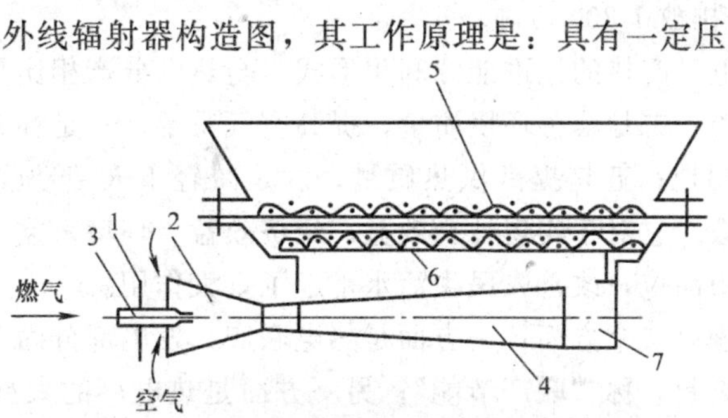

图 8－8 燃气红外线辐射器构造图

1—调节板；2—混合室；3—喷嘴；4—扩压管；5—多孔陶瓷板；6—气流分配板；7—外壳

由于速度高形成负压，将周围空气从侧面吸入，燃气和空气在渐缩管形的混合室内混合，再经过扩压管使混合物的部分动能转化为压力能，通过燃烧板的细孔流出，从而向外界放射出大量的辐射热。

燃气红外线辐射采暖是利用可燃气体或液体通过特殊的燃烧装置燃烧，形成 800～900 ℃的高温。燃气红外线辐射采暖系统由一个或多个独立的真空系统组成，每个真空系统包括一台真空泵、控制系统、一定数量的发生器和热交换器。系统的热交换器由 100 mm 直径的钢管连接成的管路及覆盖在其上方的高效铝合金反射板构成，该系统采用天然气、液化石油气或煤气等可燃气体作热源，经发生器进行无焰燃烧后，加热发生器中的空气，形成 800～900 ℃的高温，借助于离心风机或真空泵的作用，将加热后的空气及燃烧后的产物输送到辐射管内，加热辐射管向外界发射出波长为 2.47～2.7 μm 的红外线，在采暖空间或工作地点产生良好的热效应。

燃气红外线辐射采暖适用于燃气丰富而价廉的地方，它具有构造简单、辐射强度高、外形尺寸小、操作简单等优点，适用于大空间建筑的采暖。如果条件允许，可用于工业厂房或一些局部工作地点的采暖，是一种应用较广泛、效果较好的采暖形式，但使用时应注意采取相应的防火、防爆和通风换气等措施。

8.3 热电联产

8.3.1 热电联产概况

热电联产是指在同一电厂中既生产电能，又利用汽轮机将做过功的蒸汽对用户进行供热的工艺过程，简称 CHP。较分别生产电、热能的方式节约燃料。以热电联产方式运行的火力发电厂称为热电厂。一般的火力发电厂燃烧煤炭后，只产生一种产品，就是电。在发电过程中，大量的热能被循环水带走，白白地排放到大气中。火电厂的能源利用率仅为 35%左右。对外供热的蒸汽源是抽汽式汽轮机中间抽汽或背压式汽轮机的排汽，压力通常分为 0.78～1.28 MPa 和 0.12～0.25 MPa 两挡。前者供工业生产，后者供民用采暖。热电联产的蒸汽没有冷源损失，所以能将热效率提高到 85%，比大型凝汽式机组（热效率达 40%）还要高得多。另外热电厂由于锅炉容量大、除尘效果好、烟囱高，还可实现炉内脱硫除硝，相比于小锅炉、火电厂，其环境效益和社会效益非常巨大。初步估计，我国目前的热电联产每年可节约能源 3 000 万吨以上标准煤，减少二氧化碳排放 6 500 多万吨，减少二氧化硫排放 60 万吨，减少灰渣排放 1 300 万吨。

热电联产是既产电又产热的先进能源利用形式，与热电分产相比具有很多优点：一是降低能源消耗，节约能源；二是改善环境质量，提高空气质量；三是补充电源，缓解电力需求压力；四是节约城市用地；五是提高供热质量；六是减轻工人劳动强度；七是便于综合利用；八是减少安全事故。它对于实现社会效益、经济效益、环境效益三统一，促进经济社会可持续发展，提升城市品位，改善人民生活水平起了重大作用。

热电联产节能机理有二个方面：一方面是热电联产，发电部分固有的热力学冷源损失用作供热，从而节约了燃料，称“联产节能”；另一方面是热电厂的大型锅炉热效率比分散供热小锅炉高，从而节约了燃料，称“集中节能”。

热电联产系统是由热源（热电厂）、一次管网、热力站、加压泵站、二次管网和热用户几部分组成。一次管网是指从热源到热力站之间的供回水管道。二次管网是从热力站到用户之间的供回水管道。热力站是用来转换供热介质（汽，水）种类，改变供热介质温度、压力流量等参数，分配、控制和计量供热用户热量的设施。站内的主要设施有：换热器、除污器、循环水泵、软水装置、自控装置等。

8.3.2 热电联产调峰运行方式

选择供热机组时，不应按最大热负荷去选择供热机组，而是把最大热负荷乘以一个小于1的系数作为选择机组的依据，从而使供热机组的最大负荷利用小时数增加。对于室外温度较低时的热负荷不足部分，则采用其他方式补充高峰负荷。这种方式就是所谓的调峰。

在建设以热电联产为热源的能量供应系统时，为使系统的经济性达到最佳状态，应根据热负荷的大小及特性合理地选择供热机组的容量和形式，同时还应有一定容量的调峰锅炉房进行联合供热，以提高机组供热能力的利用率及系统的经济效益，联产供热在总供热量中所占的比例称为热化程度，表示热化程度的比值叫做热化系数，可简明地表述为热电厂供热机组的最大供热能力与系统最大热负荷之比。

调峰锅炉房作为集中供热外网供热能力的延续和补充，在整个供热系统中起到了辅助的作用，它能补充热负荷高峰期主热源供热能力的不足，其容量由主热源与供热系统总负荷决定。调峰热源可设置在热电厂内，也可在热电厂外建立锅炉房。调峰热源的连接运行方式应依据调峰热源位置、主热源的热媒参数以及系统的调节方式等因素确定。常见的连接运行方式有串联运行、并联运行和切断运行。

1）串联运行

热负荷高峰期，主热源出口的供水通过调峰热源再加热提高水温后送往外网用户。这种运行连接方式多在热电厂内进行，其运行方式相当于定流量变水温运行。调峰热源多为热电厂设置的高峰加热器，或者设在热网首端的调峰锅炉房，其调峰方式的供热原理见图8－9（a）。

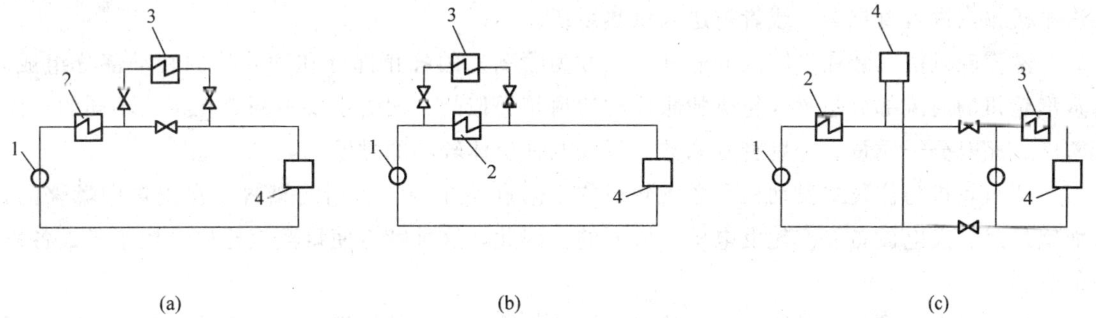

图8－9　三种供热方式的供热原理图

（a）串联运行；（b）并联运行；（c）切断运行

1—网络循环泵；2—热电厂主热水泵；3—区域热水锅炉房；4—换热站

2）并联运行

热负荷高峰期，调峰热源供出的热水与主热源供水混合同时送往外网用户，该运行方式相当于分阶段变流量质调节运行。调峰热源位置仍以热网前部靠近热源端为宜，其调峰方式的供热原理见图 8－9（b）。

3）切断运行

热负荷高峰期，把调峰热源连同其供热范围内的用户一起与主干线切断而自成体系，从而减少了基本热源的热负荷，这种运行方式是锅炉房作为调峰热源时经常采用的方式，其调峰方式的供热原理见图 8－9（c）。

上述三种调峰方式中，国内目前常用的有两种连接方式：并联连接和切断运行。当调峰热源设在热电厂外距主热源较近处，也可采用串联连接，即主热源出口的热水经高峰加热器再加热到设计温度后送往用户的两级加热方式。对设有尖峰加热器的热电厂供热系统多采用第二种方式，当调峰热源设在热电厂外且距离主热源较远或几个调峰热源比较分散时，则可采用切断运行的连接方式，即调峰热源只单独对某一部分用户供热。平峰时，全部用户热量均由主热源提供；高峰期，则把全部用户中的某一部分与主热源切断，由调峰热源单独对其供热。

8.3.3 热电联产系统形式

世界上热电联产系统的形式主要包括基于蒸汽轮机的热电联产系统、基于往复式发动机的热电联产系统、基于燃气轮机的热电联产系统、基于燃料电池的热电联产系统等四种类型。我国的大部分热电联产系统是基于蒸汽轮机的系统。下面就针对上述四种类型的热电联产系统进行阐述。

1. 基于蒸汽轮机的热电联产系统

蒸汽轮机是动力生产过程中应用最悠久的设备之一，已经有 100 多年的应用历史。目前世界上大部分电能是由蒸汽轮机动力设备生产的，其容量范围可以从 50 千瓦到大型发电厂的几百兆瓦甚至上千兆瓦，蒸汽轮机也广泛应用于热电联产系统。

蒸汽轮机的热力循环是朗肯循环，在蒸汽循环过程中，水首先被增压送入锅炉，加热到相应压力下的饱和温度，后再加热到过热蒸汽。高压蒸汽在多级汽轮机内膨胀到低压状态，汽轮机排汽进入凝汽器，或者被送入供热系统。

蒸汽轮机由安装在汽缸内的静叶片（称为喷嘴）的静止部分和动叶片的转动部分组成。蒸汽轮机的通流部分与燃气轮机膨胀段的通道是类似的，两者主要不同点在于：不同的气体密度、相对分子质量、等熵膨胀系数，以及两种流体较小的黏度。

蒸汽轮机与往复式发动机和燃气轮机的不同点还在于它所用的燃料是在锅炉中燃烧的，而锅炉是与发电设备（汽轮发电机）分开的。因此，这种特点使得蒸汽轮机适用于各式各样的燃料。

用于发电的汽轮机是凝汽式汽轮机，这些仅用于发电的机组，其排汽处于真空状态。用于热电联产的机组有两种类型：背压式和抽汽式。对于背压式机组，全部的汽轮机排汽送入工业工艺或者蒸汽供热管网。“背压”是指汽轮机排汽压力达到或超过大气压力，这个压力由特定的热电联产应用系统确定。一般区域供热系统经常用的是低压蒸汽，而工业工艺过程用的则是高压蒸汽。工业工艺过程通常包括应用较小的蒸汽轮机，蒸汽在其中进一步膨胀驱动其他转动机械。汽轮机的排汽压力越低，产生的功率越大。对于抽汽式汽轮机，其汽缸上设有抽汽口，抽出某一压力下的部分蒸汽，抽汽口蒸汽压力是可以调节的。

燃气轮机及往复式发动机的热电联产系统，它们产生的热能是电能的副产品。而对于蒸汽轮机而言，其产生的电能则是蒸汽热能的副产品。蒸汽轮机并不能够直接将燃料的化学能转化为电能，它必须经过锅炉的燃烧将化学能转化产生高压蒸汽，对汽轮机做功，依次带动发电机产生电能。同时，根据需要，可以生产不同压力的蒸汽和热水。因此蒸汽轮机能够适用于各式各样的燃料，从天然气到固体废弃物，包括所有类型的煤种、木材、木材废料和农副产品（甘蔗渣、水果核及稻草）等。在热电联产的应用中，由蒸汽轮机排出的低压蒸汽可以直接应用于工业生产工艺过程中或者转化成其他形式的热能。

实际上，在热电联产系统中，许多场合下蒸汽轮机是作为一种降压设备来使用的，把高压蒸汽降到低压后，再进入供热系统中去。许多系统为了供出更多的热能，产生的电能并不多。例如，某联产系统，高峰时需要供出 136 t/h 的蒸汽，但是产生的电能仅为 2 MW。分析表明，该系统应该可以产生电能 40～70 MW，目前的能源利用率仅为 60%左右。

虽然蒸汽轮机设备本身较其他原动机在价格上很有竞争力，但整个的锅炉－蒸汽轮机热电联产系统的成本却相对较高。这是由于蒸汽轮机热电联产系统的功热比较低，锅炉成本高，燃料处理费用高，整个蒸汽系统组成复杂等。因此，蒸汽轮机适用于大中型的热电联产系统，燃用相对廉价的燃料，比如煤、生物质、各式各样的固体废弃物及副产品（例如木屑等）、炼油厂残留的油和炼油厂排出的气体等。

在热电联产系统中，蒸汽轮机排出的蒸汽可直接送入一种工艺过程，或者被转化成其他形式的热能。汽轮机可以驱动发电机，也可以驱动锅炉给水泵、空气压缩机和制冷机、风机等装置。作为工业驱动用的汽轮机，结构比较简单，可以是单级或者多级，由蒸汽状态和蒸汽品质决定是凝汽式还是非凝汽式。蒸汽轮机带动发电机发电时转速是恒定的，当其带动制冷压缩机等设备时转速可以在一定范围内运行。对于非凝汽式机组，汽轮机排汽压力及温度应满足热电联产所需的压力及温度。

为了提高系统的效率，一般采用蒸汽轮机一燃气轮机联合循环设计。燃气轮机排气进入余热锅炉，产生的蒸汽用来驱动蒸汽轮机，以此产生额外的电能以提高循环效率。在采用联合循环的热电联产系统中蒸汽轮机的形式一般为抽汽一凝汽式。

2. 基于往复式发动机的热电联产系统

往复式发动机可以用于一系列发电用途，包括提供紧急备用电力、承担尖峰负荷、中间负荷、基本电负荷以及热电联产（CHP）等。往复式发动机的功率范围为几千瓦到 5 MW。

往复式发动机有两种基本类型：火花点火式（SI）和压缩点火式（CI）。用于发电的火花式发动机以天然气为首选燃料，但也可燃用丙烷、汽油或沼气。压缩点火式发动机（通常称为柴油机）燃用柴油或重油，但也可燃用双燃料——天然气并伴有少量的柴油。往复式发动机可以以热电联产的形式用于分布式能量供应系统，而且这是未来发展的趋势。

柴油发电机已经被广泛应用。然而，在美国和其他的一些工业化国家，出于大气排放污染物的要求，柴油机的应用受到了越来越多的限制。因而燃用天然气的火花式发动机便成为比较好的选择。

代表现代最新技术的天然气发动机，成本低，启动快，可靠性高，负荷跟踪性能好，而且余热回收潜力大。天然气发动机的发电效率可以达到 28%～40%。从发动机的高温排气和发动机冷却系统中回收得到的热量可用来生产热水或者低压蒸汽，用于热电联产系统的发电。天然气发动机热电联产系统的总效率可达 70%～80%。

往复式发动机中的废热通常有四种来源：排气、发动机缸套层间的冷却水、润滑油冷却水以及涡轮增压器冷却系统。回收的热量通常以热水或者是低压蒸汽（小于 0.21 MPa）的形式存在，该系统也可以产生中压蒸汽（大于 1.03 MPa），但是要求的排气温度很高，大约要占到发动机总可用热量的一半。有些企业的 CHP 系统可以直接将发动机排气用于工艺和产品的干燥处理。一般情况下，往复式发动机热电联产系统所生产的热水和低压蒸汽只是适合于低温工艺过程、供暖、饮用水加热、驱动吸收式制冷机等。往复式发动机热电联产系统的主要优点包括：

①技术成熟、工艺稳定，已经被广泛采用；

②发电效率高，通常在 32%～40%，对于电力需求较大的用户十分合适；

③燃气可以利用内燃机自身携带的空气压缩机增压，不用另配增压设备；

④使用多种低热值燃气，应用范围大。

往复式发动机热电联产系统的缺点包括：

①体积大、质量大，热电联产不宜布置；

②运行维护成本高，大修费用高；

③由于内燃机做功发生震爆，导致噪声很大，通常超过 100 dB，家庭使用时应置于地下室；

④余热回收系统复杂，需要对烟气、汽缸冷却水、中冷器三段热量进行分别回收，并且系统的供热量小，在供热温度要求高的情况下受到了限制。

往复式发动机的运行经济性通常取决于排气和冷却水系统中所包含热能的有效利用程度，因为它们一般占到投入燃料能量的 60%～70%。绝大部分余热是从发动机排气和外壳冷却水系统中回收的，还有一小部分是从润滑油冷却系统以及涡轮增压器的冷却器回收得到的。回收的余热可以产生热水或低压蒸汽，用于供暖、热水供应或吸收式制冷等。当然，发动机排气也可直接加热一些工艺过程或介质。

图 8—10 所示为发动机余热回收的最常用系统——闭路冷却系统。该系统通过冷却介质在发动机通道和一外部换热器之间的强制循环来冷却发动机。当有额外的热量产生时，热交换器便会将发动机的热量传送到冷却塔或散热器。闭路冷却水系统可在 88～120 ℃的冷却水温下运行。

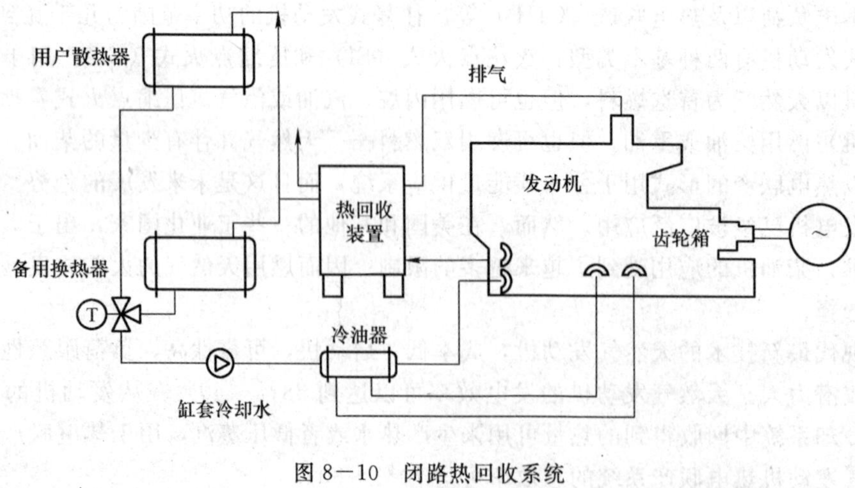

图 8—10　闭路热回收系统

3. 基于燃气轮机的热电联产系统

燃气轮机产生于20世纪初期，20世纪30年代晚期燃气轮机开始用于发电。燃气轮机可以做简单的循环运行，这种燃气轮机只产生电能；也可以用于热电联产（CHP），这时需要简单的燃气轮机循环配有热量回收换热器。换热器从燃气轮机的排气中回收热量并把它转换成有用的热量，这种热量以水蒸气或者热水的形式存在；还可以用于联合循环，在这种循环中由回收的排气余热产生高压蒸汽，并通过一个蒸汽轮机获得额外的电能。

燃气轮机是产生电能的最清洁的方式之一，一些大型机组的氮氧化合物（NO_x）排放量很低，是由于使用了尾气处理或者依靠提前混合燃烧。由于其较高的效率和以天然气作为主要燃料，与使用其他化石燃料相比，燃气轮机每产生1 kW·h的电量所排出的CO_2较少。

燃气轮机是CHP应用最理想的选择，这是因为其排气的压力和温度较高，大约为8.27 MPa，482 ℃，能用于产生工艺用汽或者直接用于工艺过程的加热或者干燥。例如，某化工企业的燃气轮机CHP系统，配有一个25 MW的简单循环燃气轮机，可以产生25 MW的电负荷，并装有排气热量回收蒸汽发生器（HRSG），可生产29 MW的蒸汽供工艺过程使用。某大学安装了5 MW的简单循环燃气轮机，余热锅炉可以产生1.03～2.76 MPa的蒸汽（或者热水），用于校园冬季的供热或者夏季制冷。

燃气轮机的工作环境对输出的电能和效率都有很明显的影响。提高进口空气温度，由于空气流量减少（空气密度随着温度的增加会减小），发电量会降低；同时，压缩高温气体时压缩机需要消耗更多的电能，因而系统的效率降低。相反，当进口空气温度降低时，发电量和效率会增加。如进口空气温度为38 ℃时，典型的燃气轮机输出电能会降低约90%，在4.4～10 ℃的进口温度下，电能可以增加约105%。

燃气轮机热电联产系统的经济性通常取决于排放尾气中热量的有效使用，这些热量占进口燃料能量的60%～70%，可以在余热锅炉中产生蒸汽，也可以直接用于加热某些工质，用来供热或者其他用途。图8－11为一个典型的燃气轮机联合循环装置，其中的余热锅炉为未补燃式，是最简单的一种CHP装置，它可以产生压力为1.03～8.23 MPa的蒸汽。

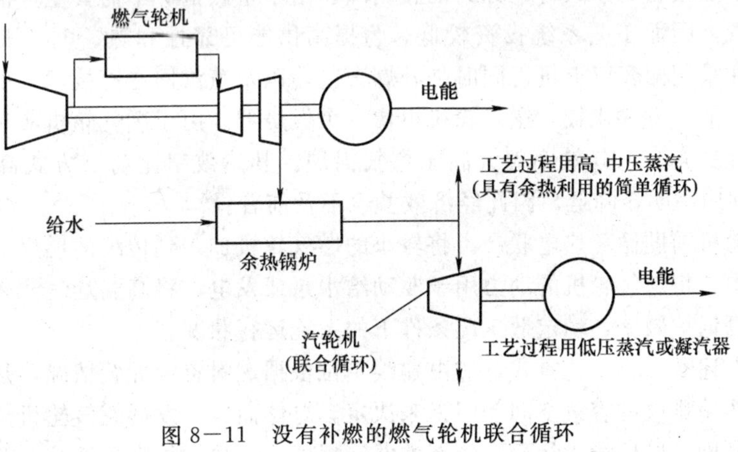

图8－11　没有补燃的燃气轮机联合循环

燃气轮机热电联产系统的总效率是从燃气轮机排气中回收热量的函数。燃气轮机的排气温度和余热锅炉的排烟温度是两个最重要的因素，而燃气轮机的排气温度取决于燃气轮机的燃烧温度和压力比。在同样的余热锅炉排烟温度下，排气温度越高，可利用的热量就越多，并且余热锅炉的蒸发量也越大。同样，余热锅炉的排烟温度越低，回收的热量就会越多，总系统的效率越高。余热锅炉的排烟温度取决于蒸汽的状态参数和燃料的种类，随着蒸汽压力的升高，饱和蒸汽温度升高。由于考虑到余热锅炉的节点温度的影响，蒸汽压力越高，余热锅炉排烟温度越高，热量利用率越低，从而导致CHP系统总效率的降低。

提高燃气轮机输出电量和效率的一些技术已经得到发展并应用。系统中设置回热器可以减少燃料消耗，它可以利用燃气轮机的排气对进入燃烧室的压缩空气进行预热。回热循环可以把效率提高十个百分点（效率从30%提高到40%）。但是，由于压缩空气和回热器的压力损失，使输出电量减少10%～15%。

中间冷却器可以用来增加燃气轮机的输出电能。可以把压缩机分成两部分，把从第一部分出来的压缩空气实施冷却，之后再进入第二部分。中间冷却器可以减少压缩机第二部分的耗电量，因而可以增加净电量输出。使用中间冷却器并不能使燃气轮机的效率有很大的改变。虽然中间冷却器增加了电能输出，但是压缩机第二部分减少的电能消耗会降低进入燃烧器的压缩空气温度，因而需要增加额外的燃料消耗。燃气轮机热电联产系统的类型有以下几种。

(1) 燃气轮机－蒸汽轮机联合循环热电联产。这是世界各国明令鼓励的类型。此种工艺首先由燃气轮机对燃料进行首次能源利用，燃烧燃料产生热膨胀功推动动力透平涡轮叶片来驱动发电机发电，其高温乏气通过余热锅炉将烟气转换成中温中压以上的蒸汽，再推动蒸汽轮机做功发电，并将功后乏汽用于供热。这种工艺发电比率高，有效能量转换率高，因此经济效益也较好。后置蒸汽轮机可以是抽汽凝汽式，也可以是背压式。但背压式汽轮机受制约比较大，不利于电网、热网和天然气管网的调节，除非是企业自备的热电厂，用汽、用电稳定，一般在世界上极少采用。燃气轮机－蒸汽轮机联合循环热电厂往往采用两套以上的燃气轮机和余热锅炉拖带1～2台抽汽凝汽式汽轮机，或使用余热锅炉补燃，以及双燃料系统提高对电网、热网和天然气管网的调节能力及供能可靠性。

(2) 燃气轮机－余热锅炉直供热电联产。它与前一工艺方式的区别为只有燃气轮机和余热锅炉，省掉了蒸汽轮机，故将其称为前置循环。由于余热锅炉不需要生产能够推动蒸汽轮机的高品位蒸汽，因而工艺系统投资较低。为提高供能可靠性和热、电、天然气的调节能力，国际上往往采用两套以上机组同时加补燃工艺，以及蒸汽回注等技术，所采用的机组一般也比较小。与前一方式比较，燃气轮机更像一个燃烧器。由于燃气轮机实现了对天然气的预热，使之燃烧更充分，其效率大大高于燃气锅炉。其热效率比前一方式高，但发电比率低，导致㶲的利用率明显降低，因此经济效益也不及前者。

(3) 燃气轮机辅助循环热电联产。将较小的燃气轮机加入到传统的燃煤或燃油后置循环热电联产系统中，将燃气轮机的动力用于驱动给水泵或发电，将高温烟气注入余热锅炉用于改善燃烧，提高锅炉效率，稳定低工况条件下的系统运行状况。

无论采用上述哪一种工艺方式，应由建设单位根据燃料资源配置情况，热力、电力市场的实际需求及环境排放的容量空间等因素来决定。总体而言，发展燃气轮机热电联产应该坚持适度规模的原则，以环境、社会、经济效益定规模，以强调提高资源综合利用效率，特别是提高㶲的转换率和降低环境代价为核心来确立有关指标。尤其是那些肩负环境污染治理、具有社会公益性质和燃气调节任务的区域性燃气轮机热电厂，应该积极采用对气、热、电均有较好调节能力，经济效益较佳的第一种工艺方式。由于㶲的转换、利用率难以确定计算标准，所以将第一种工艺方式的热效率和热电比指标作为政策底线标准应是合理的。

4. 基于燃料电池的热电联产系统

燃料电池系统安装成本较高，而 CHP 不但可以产生电能，而且还能回收利用余热，所以分布式发电系统最可能的应用就是热电联产。连续在基本负荷运行，并且对储存在尾气和冷却子系统中余热的利用提高了产生电能装置的经济性。

热量主要是以热水和低压水蒸气（小于 0.21 MPa）的形式进行回收，但是热量的品质是由燃料电池的种类和工作温度决定的。通常，从 CHP 回收来的热量适合于某些低温过程的需要，例如供暖、加热饮用水等。对于 SOFC（固体氧化物燃料电池）和 MCFC（熔融碳酸盐燃料电池）来说，可以产生中压蒸汽，其压力达 1.03 MPa，系由燃料电池的高温排气得到，高温烟气的主要作用是与进口处的烟气进行换热。

燃料电池系统由单个电池组合而成，每个电池可以产生 100 W～2 kW 的电量，这使得系统的容量有很大的弹性。为 DG（分布式发电）应用而设计的系统规模可达 5 kW～2 MW，多个系统可以并联工作，从而可以提供更大的容量。燃料电池系统的总效率可达 65%～85%，余热可用于取暖和加热家庭用水。已有燃料电池系统正常工作了 4×10^6 h，其可用率达到 90%。随着燃料电池系统的不断成熟，它们的可用率还可以提高。燃料电池的低负荷运行效率较高，通常可以在 1/4～1/3 额定负荷下工作，其负荷跟随特性很好。尽管如此，由于 SOFC 和 MCFC 需要较长的加热和冷却时间，在某些调峰的场合也限制了它们的使用能力。燃料电池系统输出的电能是高品质的电能，可以满足严格条件下的用电需求。燃料电池唯一的燃烧过程是低能量的氢气流的消耗，其排放物为体积分数小于 2×10^{-6} 的 CO，体积分数小于 1×10^{-6} 的 NO_x 和可忽略的 SO_x。

燃料电池的总效率是产生的电能与消耗氢的发热量之比。氢燃料电池最高的热力学效率是吉布斯自由能和氢的发热量之比。吉布斯自由能随着温度的升高会减少，因为燃料电池在高温下产生的水包含了该温度下具有的显热，这个热量在不增加热能转换循环（如蒸汽轮机）的情况下不能转化为电能。因此，一个单纯燃料电池系统的最高效率随着温度的升高会降低。

燃料电池用于发电和热电联产，也可以与燃气轮机组成联合循环一起工作。用于热电联产的燃料电池 PAFC（磷酸型燃料电池）是所有民用燃料电池中发展最快、技术最成熟、最接近实用的一种，其发电效率为 35%～41%，热电联产时总效率为 71%～85%；MCFC 发电效率可达 50%～60%，利用高温余热组成燃气一蒸汽联合循环时，发电效率可达 60%～70%，热电联产时综合效率可达 80%，故适用于规模较大的区域性热电联产系统；SOFC 发电效率约为 60%，联合循环发电效率可达 70%～80%，热电联产时总效率可达 85%，适用于联合循环发电、区域性热电厂和洁净煤热电联产工程；PEMFC（质子交换膜燃料电池）发电效率为 40%～58%，热电联产时总效率可达 80%以上，适宜的工作条件及高度的可靠性，使其在小型分布式热电联产和家庭热电联产方面具有较大的潜力。PEMFC 的工作温度较低，余热不能用于制冷。燃料电池的运行特性取决于电池的种类和容量。由于燃料电池系统由一系列化学过程、电化学过程和电子系统组成，因此，寻求最佳的电效率和运行特性是一项复杂的工程问题。

发电用燃料电池系统的经济性并不取决于对余热的有效利用，而是取决于效率较低的原动机，但是及时把系统的热量传递出来，会改善系统的运行特性。通常，电池堆和处理器包含输入能量的25%，这些能量以高品位的热能形式存在；废气（包括燃料电池产生的水的潜热）包含可回收热量的另外的25%，这些热量可以用来产生热水或者低压水蒸气，而热量的品质取决于燃料电池的类型和其工作温度。但是对于PEM燃料电池，其工作温度低于100 ℃，因此只有低品位的热量可以回收。

燃料电池可以利用的余热主要有四个来源：废气（包括水）的冷凝、电池堆冷却、阳极气体的燃烧和处理器的散热。PAFC系统的发电效率可以达到36%，CHP总效率可以达到72%，也就是说系统的热效率为36%。在可回收的热量中，25%～45%的热量来自于电池堆的冷却回路，回路工作温度大约为204 ℃，并且可以产生中、低压的水蒸气。废气冷却回路有两个作用：第一个就是冷凝生成水，以补偿系统用水；第二个作用是回收热量。对于SOFC和MCFC，中压蒸汽（约1.03 MPa）可由燃料电池的高温排气生成，但是这些排气的主要作用是与进口的气体换热。与发动机和燃气轮机系统相似，燃料电池的排气可直接用于某些工艺过程，比如干燥。

燃料电池系统产生的排放物很少，这是由于电能产生过程不涉及燃烧。事实上，燃料处理子系统是排放物唯一的主要来源。燃烧温度可以保持在低于982 ℃，这样可以防止NO_x的生成，但温度已足够高，完全可以把一氧化碳（CO）和不稳定的有机化合物（VOCs——未燃的非甲烷碳氢化合物）全部氧化。通常，燃料处理器之前的吸收床可去除其他的污染物，比如硫氧化物（SO_x），而CO和VOCs都由不完全燃烧生成，在高温下如果氧量不足或者反应时间不足就会生成CO，排气过程中的冷却和对燃烧室的冷却也会导致不完全燃烧并且会增加CO的生成量。燃料电池系统不需要任何的排放物控制设备来满足当前的和设计的需要。燃料电池热电联产系统的优点如下。

①效率高。一般来说，燃料电池的发电效率比其他分布式发电装置（如内燃机、燃气轮机等）高1/6～1/3。现有的燃料电池的发电效率为40%～55%（LHV），这样的发电效率在现有的分布式发电系统中应该说是最高的。

②清洁。燃料电池是名副其实的清洁能源，因为它对燃料的要求很高，有些燃料电池只能用氢气，有些燃料电池虽然能够用天然气，但必须脱硫，而其内部发生的电化学反应的产物往往只有水蒸气和热空气，如果不将其燃料处理所产生的污染物排放计入的话，燃料电池可以做到“零排放”。

③启停灵活，负荷响应速度快，负荷调节能力强。燃料电池的开启和停运要比常规热电厂简单快捷得多。如PEMFC的冷启动时间仅为数秒钟至几分钟，燃料电池在调节负荷的同时还具有良好的效率特性，即使在负荷较低时，还可保持较高的效率。

④模块化设计，安装时间短。由于燃料电池采用模块化设计，各组件在制造厂生产，在现场安装，简单省时，因而建设周期很短。另外，由于标准化的设计，制造、使其安装方便，系统规模按负荷要求可大可小，容易扩容，便于根据热电负荷的实际需求而分期建设。

⑤噪声小。燃料电池靠电化学反应发电，其内部没有任何活动部件，因此运行噪声很低。

正是由于燃料电池具有这么多的优点，它已被越来越多地应用于各行业。燃料电池的发展趋势是冷热电联产，它将有可能发展成为供热供冷系统主要的热源方式之一。

第 9 章　可再生能源在建筑中的利用

18 世纪的工业革命，大大推动了人类社会的生产力水平，使人类进入了机器大生产的工业时代。可以说，世界经济的现代化得益于传统能源，如石油、天然气、煤炭、核裂变能等广泛投入应用。但发展到今天，这些能源所具有的资源有限性和对生态环境的危害性愈来愈突出，已成为人类面临的巨大威胁和挑战。为了人类社会的可持续发展，必须寻求新的能源发展道路。在能源危机的胁迫下，在当前全球可持续发展战略的倡导下，大范围的开发、利用可再生能源已是大势所趋。在建筑设计中，如果充分利用生态环境，采用一些先进的生态节能技术，则可以有效提高能源的利用率，节约能源。本章重点介绍可再生能源在建筑中的综合应用实例。

9.1　太阳能

太阳能资源是一种巨大的、无尽的、非常宝贵的可再生能源。太阳表面的有效温度为 5 762 K，而中心区的温度高达 8×10^6～40×10^6 K，内部压力有 3 400 多亿标准大气压（约合 3.445×10^{13} kPa）。由于太阳内部的温度极高、压力极大，物质早已离子化，呈等离子状态，不同元素的原子核相互碰撞，引起了一系列核子反应，从而构成太阳的能源。这些能量以电磁波的形式向空间辐射，尽管只有 22 亿分之一到达地球表面，但已高达 173×10^{12} kW，是地球上最多的能源。

9.1.1　太阳能资源的特点

太阳辐射能作为一种能源，与煤炭、石油、天然气及核能等比较，在能源开发利用中具有独特的优势，表现在以下几个方面。

①可再生性。根据天文学的研究结果，可知太阳系已存在大约 46 亿年。根据目前对太阳辐射的总功率以及太阳中氢的总含量进行估算，尚可继续维持 40 亿年之久。对于人类存在的年代来说，太阳辐射可以说是在源源不断地供给地球能量。因此利用太阳能作为能源，可以说是取之不尽、用之不竭。

②普遍性。阳光普照大地，处处都有太阳能，太阳能不像其他能源那样具有分布的偏集性。无论在陆地或海洋、高山或平原、沙漠或草地，都可以就地取用，无须开采和运输，能解决偏僻边远地区及交通不便的农村、海岛的能源供应。

③容量巨大性。太阳每秒钟辐射达到地球表面的能量高达 8×10^{13} kJ，相当 6×10^6 千吨标准煤，按此计算，一年内达到地面的太阳能总量折合成标准煤共约 1.892×10^{13} 吨，是目前世界主要能源探明储量的一万倍。

④经济性。太阳能可以就地取用，无须开采和运输，虽然太阳能的热利用初投资高，但在使用过程中不需要或较少需要另外耗能。随着科技的发展以及人类开发利用太阳能的技术突破，太阳能利用的经济性会更加明显。

⑤环境友好性。利用太阳能作为能源，没有废渣、废料、废水、废气排出，没有噪声，

不产生对人体有害的物质，并且在能量转换和消耗的过程中，得到的热量又耗散在地球周围的空间，所以利用太阳能不会像利用矿物燃料那样改变地球的热能平衡。太阳能是一种生态资源，具有环境友好性。

⑥安全性。与核能相比，太阳能利用要安全得多，不必担心核泄漏、核辐射对人体的危害，不必担心核电站废墟的掩埋问题。

当然，太阳能资源也具有如下缺点。

①分散性。太阳辐射的能量密度较低。一般在夏季阳光较好时，在太阳能资源较丰富的地区，地面上接受的太阳辐照度为500～1 000 W/m^2。因此，在开发利用太阳能时，需要较大的采光面积。

②不稳定性和间断性。太阳能随季节、气候、昼夜的变化而变化。

③效率低。目前大部分太阳能利用设备的效率还较低，虽然节电但不节能。

④初投资大。由于夜晚或阴天得不到太阳辐射或太阳辐射很少，需要考虑配备储能设备，或增设辅助热源，才能供全天应用，且目前太阳能光热转换设备成本高，所以利用太阳能，系统初投资大。

总之，太阳能的利用目前在技术上、经济上还有许多课题需要努力研究探索。随着人类的进步、科学技术的发展，将来太阳能必定会作为一种巨大而廉价的可再生能源，为人类作出更大的贡献。

9.1.2 我国太阳能资源情况

1. 我国太阳能资源的分布特点

我国幅员广阔，有着十分丰富的太阳能资源。据估算，陆地表面每年接受的太阳辐射能约为 50×10^{18} kJ，全国各地太阳年辐射总量达 3 350～8 370 MJ/(m^2·a)，平均值为5 860 MJ/(m^2·a)。

太阳能资源的分布与各地的纬度、海拔高度、地理状况和气候条件有关，我国太阳能资源分布的主要特点是：太阳能的高值中心和低值中心都处于北纬 22°～35°这一带，青藏高原是高值中心，四川盆地是低值中心；太阳年辐射总量，西部地区高于东部地区，而且除西藏和新疆两个自治区外，基本上是南部低于北部；由于南方多数地区云多雨多，在北纬 30°～40°地区，太阳能的分布情况与一般的太阳能随纬度而变化的规律相反，太阳能不是随着纬度的增加而减少，而是随着纬度的升高而增长。

从全国太阳年辐射总量的分布来看，西藏、青海、新疆、内蒙古南部、山西、陕西北部、河北、山东、辽宁、吉林西部、云南中部和西南部、广东东南部、福建东南部、海南岛东部和西部以及台湾省的西南部等广大地区的太阳辐射总量很大。尤其是青藏高原地区最大，例如被人们称为“日光城”的拉萨市，1961 年至 1970 年，年平均日照时间为 3 005. 7 小时，相对日照为 68%，年平均晴天为 108.5 天，阴天为 98.8 天，年平均云量为 4.8，太阳总辐射为 8 160 MJ/ (m^2·a)，比全国其他省区和同纬度的地区都高。全国以四川和贵州两省的太阳年辐射总量最小，其中尤以四川盆地为最，那里雨多、雾多，晴天较少。例如素有“雾都”之称的成都市，年平均日照时数仅为 1 152. 2 小时，相对日照为 26%，年平均晴天为 24.7 天，阴天达 244.6 天，年平均云量高达 8.4。其他地区的太阳年辐射总量居中。

我国年辐射量分布见图 9—1。

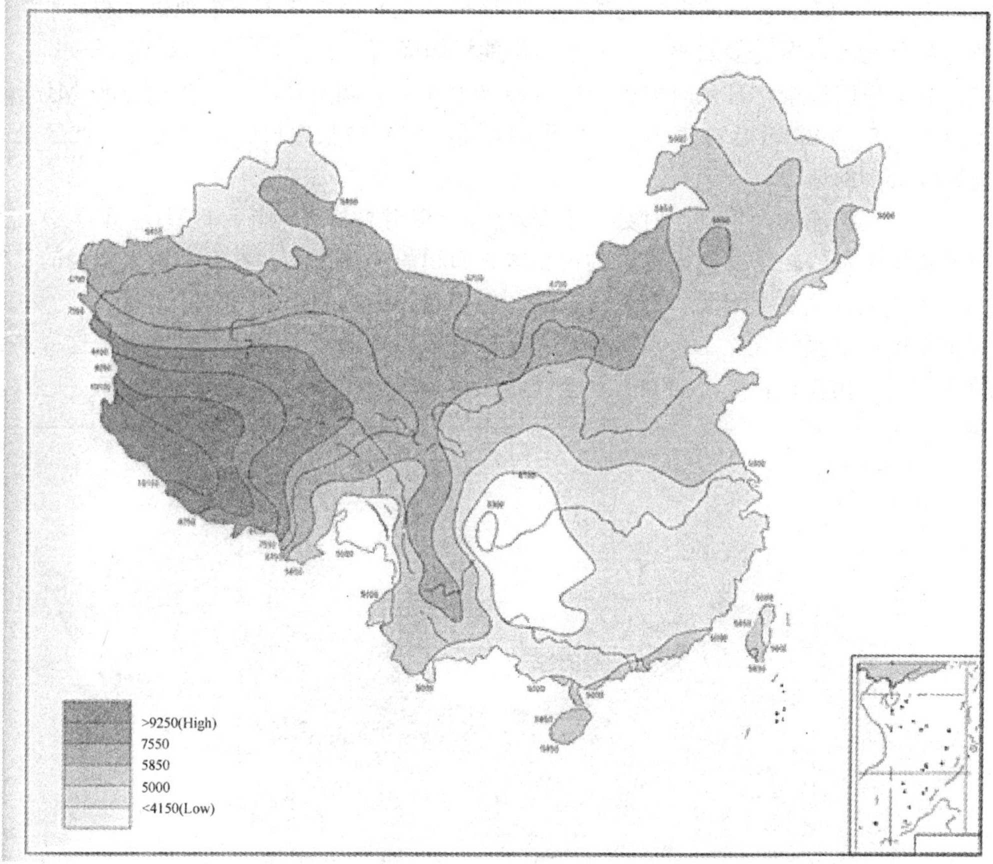

图 9—1　我国太阳能辐射量分布图

2. 我国太阳能资源分区

太阳能资源的分布与各地的纬度、海拔高度、地理状况和气候条件有关。一般以全年总辐射量和全年日照总时数来判断一个地区太阳能资源是否丰富。

我国太阳能资源按全年接受太阳能总辐射量的大小，大致上可分为如下五类地区。

(1) 一类地区 。全年日照时数为 3 200～3 300 小时，辐射量在 6 700～8 370 MJ/(m^2·a)，相当于 225～285 kg 标准煤燃烧所发出的热量，主要包括青藏高原、甘肃北部、宁夏北部和新疆南部等地。这些地区是我国太阳能资源最丰富的地区。

(2) 二类地区 。全年日照时数为 3 000～3 200 小时，辐射量在 5 860～6 700 MJ/(m^2·a)，相当于 200～225 kg 标准煤燃烧所发出的热量，主要包括河北西北部、山西北部、内蒙古南部、宁夏南部、甘肃中部、青海东部和西藏东南部等地。此区为我国太阳能资源较丰富区。

(3) 三类地区。全年日照时数为 2 200～3 000 小时，辐射量在 5 020～5 860 MJ/(m^2·a)，相当于 170～200 kg 标准煤燃烧所发出的热量。主要包括山东、河南、河北东南部、山西南部、新疆北部、吉林、辽宁、云南、陕西北部、甘肃东南部、广东南部、福建南部、江苏北部和安徽北部等地。

(4) 四类地区。全年日照时数为 1 400～2 200 小时，辐射量在 4 190～5 020 MJ/(m² · a)，相当于 140～170 kg 标准煤燃烧所发出的热量。主要是长江中下游地区、福建、浙江和广东的一部分地区，春夏多阴雨，秋冬季太阳能资源尚可。

(5) 五类地区。全年日照时数为 1 000～1 400 小时，辐射量在 3 350～4 190 MJ/(m² · a)，相当于 115～140 kg 标准煤燃烧所发出的热量。主要包括四川、贵州两省，此区是我国太阳能资源最少的地区。

一、二、三类地区，年日照时数大于 2 000 h，辐射总量高于 5 860 MJ/(m² · a)，是我国太阳能资源丰富或较丰富的地区，约占全国总面积的 2/3 以上，具有利用太阳能的良好条件。四、五类地区虽然太阳能资源条件较差，但仍有一定的利用价值。

评价太阳能资源情况除了日照时数这一重要参数外，还应考虑日照百分率，这一参数也是评价太阳能利用稳定性的重要参数，全国日照百分率分布图见图 9－2 所示。

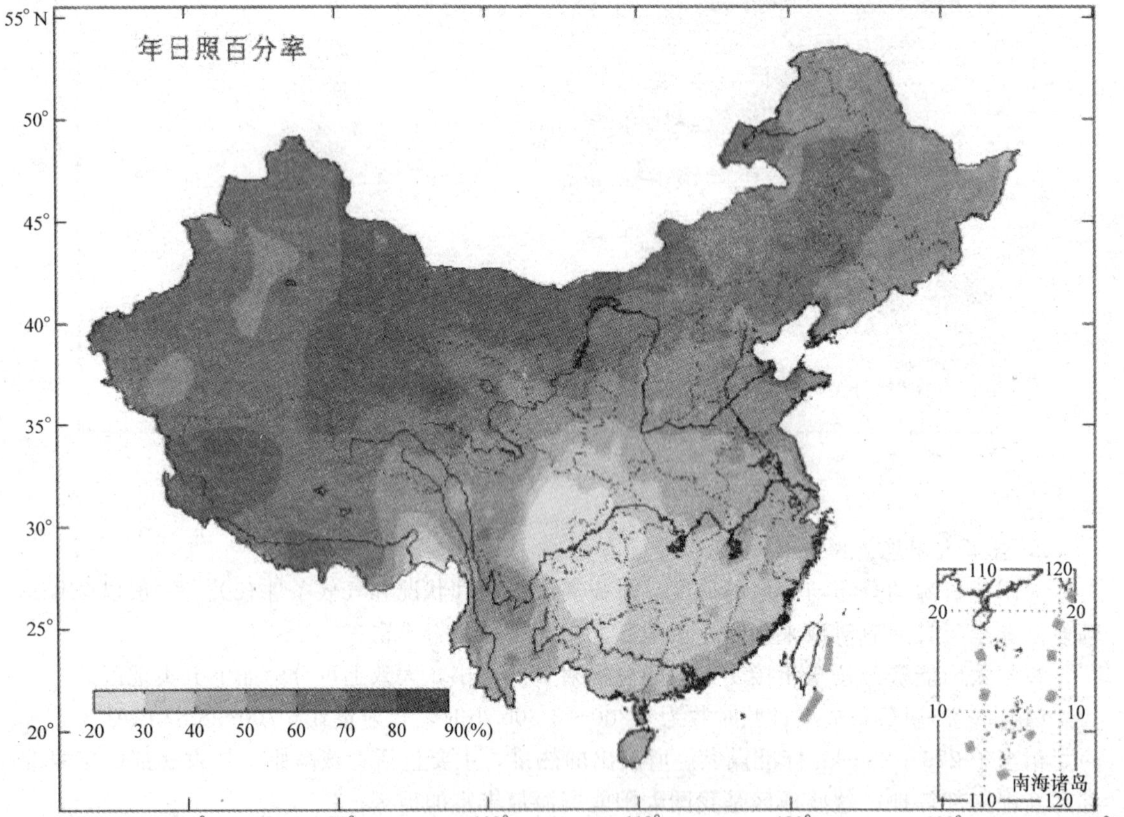

图 9－2　我国太阳能年均日照百分率分布图（单位：MJ/m²）

9.1.3　太阳能光热利用

太阳能光热利用是通过转换装置把太阳辐射能转换成热能的技术，光热转换是太阳能利用的基本方式，可广泛应用于建筑采暖、热水供应和温室等。目前主要的应用方式有太阳能采暖系统、太阳能热水系统、太阳能制冷、太阳灶、太阳能干燥等。

1. 太阳能采暖系统

太阳能采暖根据是否利用机械设备的方式获取太阳能，分为主动式采暖和被动式采暖。需要借助机械设备获取太阳能的采暖技术称为主动式采暖技术；通过适当的建筑设计，无须借助机械设备获取太阳能的采暖技术称为被动式采暖技术。

我国建筑能耗中采暖能耗占很大比例，而被动式太阳能技术投资低、效果好，可以节约大量的化石能源；主被动相结合的太阳能技术设计已成为当前建筑设计不可缺少的一部分。

1）被动式太阳能建筑（被动式太阳房）

被动式采暖设计是通过建筑朝向和周围环境的合理分布、内部空间和外部形体的巧妙处理以及建筑材料、结构构造的恰当选择，使其在冬季能集取、储存、分布太阳能，从而解决建筑物的采暖问题。

被动式太阳能建筑设计的基本思想是控制阳光和空气在恰当的时间进入建筑并储存和分配热空气。其设计原则是要有有效的绝热外壳和足够大的集热表面，室内布置尽可能多的储热体，以及合理布置主次房间的平面位置。

被动式采暖应用范围广、造价低，可以在增加少许或几乎不增加投资的情况下完成，在中小型建筑或住宅中最为常见。

(1) 被动式太阳房原理。被动式太阳房（或称被动式太阳能采暖系统）的特点是不需要专门的集热器、热交换器、水泵（或风机）等主动式太阳能采暖系统中所必需的部件，只是依靠建筑方位的合理布置，通过窗、墙、屋顶等建筑物本身构造和材料的热工性能，以自然交换的方式（辐射、对流和传导）使建筑物在冬季尽可能多地吸收和储存热量，以达到采暖的目的。简言之，被动式太阳房就是根据当地的气象条件，在基本上不添置附加设备的条件下，只在建筑构造和材料性能上下工夫，使房屋达到一定采暖效果的一种方法。因此，这种太阳能采暖系统构造简单、造价便宜。

如图 9－3 所示，将一道实墙外面涂成黑色，实墙外面再用一层或两层玻璃加以覆盖，将墙设计成集热器而同时又是储热器。室内冷空气由墙体下部入口进入集热器，被加热后又由上部出口进入室内进行采暖。当无太阳能时，可将墙体上、下通道关闭，室内只靠墙体壁温以辐射和对流形式不断地加热室内空气。

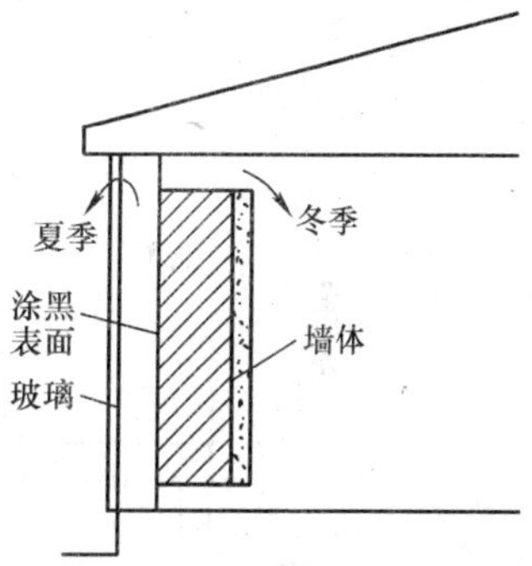

图 9－3　被动式太阳房供暖系统

(2) 被动式太阳房类型。从太阳能热利用的角度，被动式太阳房可分为直接受益式、集热蓄热墙式、附加阳光间式、屋顶蓄热池式、热虹吸式等五种类型，如图 9－4 所示。

①直接受益式。直接受益式利用南窗直接照射的太阳能，是被动式太阳房中最简单的一种形式。

A　工作原理及特点。直接受益式太阳房工作原理如图 9－5 所示，就是将房间朝南的窗扩大，或做成落地式大玻璃墙，让阳光直接进到室内加热房间。在冬季晴朗的白天，阳光通过南向的窗（墙）透过玻璃直接照射到室内的墙壁、地板和家具上，使它们的温度升高，并被用来储存热量；夜间，在窗（墙）上加保温窗帘，当室外和房间温度都下降时，墙和地板储存的热，通过辐射、对流和传导被释放出来，使室温维持在一定的水平（见图 9－6）。

南立面是单层或多层玻璃的直接受益窗，利用房间本身的集热蓄热能力，而使室内空气

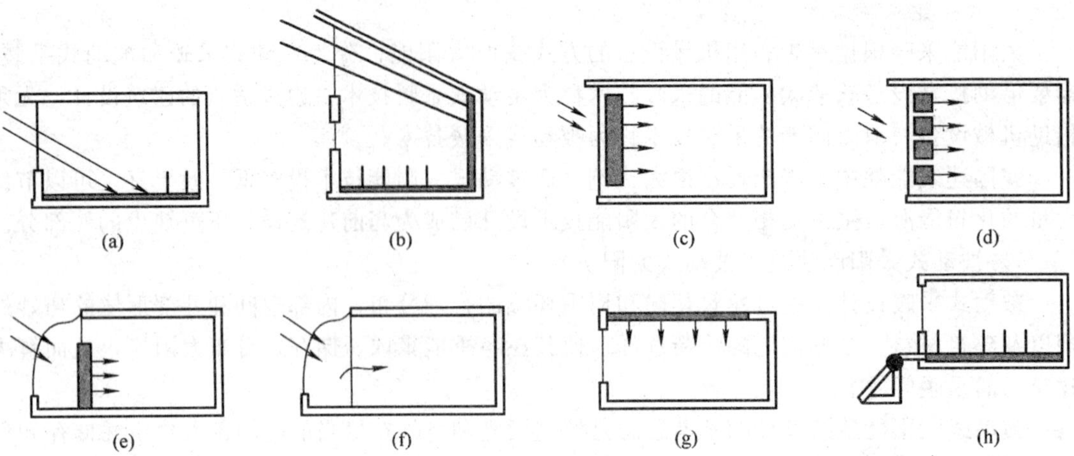

图 9—4 被动式太阳能供暖系统

(a)(b)直接受益式；(c)(d)集热蓄热墙式；(e)(f)综合式；(g)屋顶集热蓄热式；(h)热虹吸式

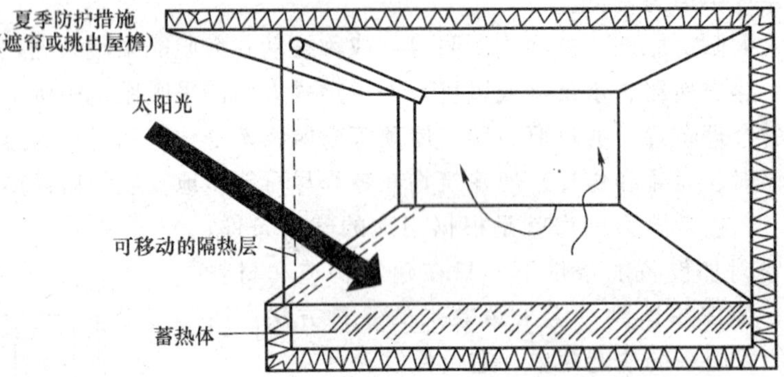

图 9—5 直接受益式太阳房工作原理

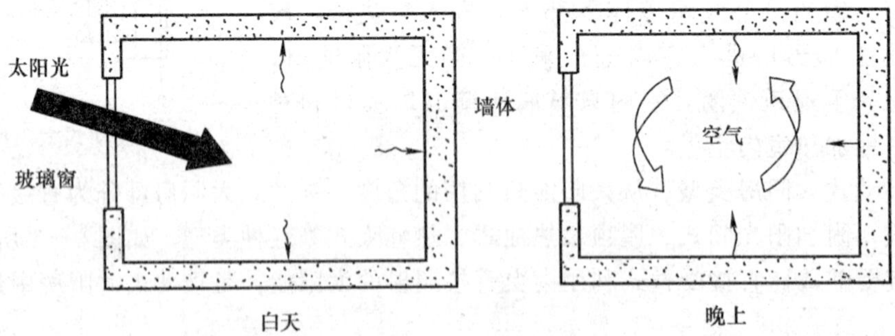

图 9—6 吸热（白天）和放热（晚上）

升温。在日照阶段，太阳光透过南向玻璃窗进入室内，地面和墙体吸收热量，表面温度升高，所吸收的热量一部分以对流的方式供给室内空气，另一部分以辐射的方式与其他围护结构内表面进行热交换。还有一部分由地板和墙体的导热作用把热量传入内部蓄存起来，当没有日照时，被吸收的热量释放出来，主要用来加热室内空气，维持室温，其余则传递到室外。

采用该形式除了遵循节能建筑设计的平面设计要点之外，应特别需要注意以下几点：建筑朝向在南偏东、偏西30°以内，有利于冬季集热和避免夏季过热；根据热工要求确定窗口面积、玻璃种类、玻璃层数、开窗方式、窗框材料和构造；合理确定窗格划分，减少窗框、窗扇自身遮挡，保证窗的密闭性；最好与保温帘、遮阳板相结合，确保冬季夜晚和夏季的使用效果。

直接受益式的优点是：构造简单，易于制作安装和日常管理维修；形式灵活，与建筑功能配合紧密，便于建筑立面处理，有利于设备与建筑的一体化设计；有利于自然采光。缺点是：室温上升快，一般室内温度波动幅度稍大，可能引起过热现象，易引起眩光，需要采取相应的构造措施。直接受益式太阳房对仅需要白天采暖的办公室、学校等公共建筑物更为适用。

直接受益式太阳房具有结构简单，建筑形式美观，且造价较低等优点。但如设计不当，会引起室温日波动大，舒适性差，辅助能耗增多。此外，白天室内的眩光问题不易解决。适宜建在气候比较温和的地区，在寒冷地区效果较差。某小学太阳房结构见图9—7。

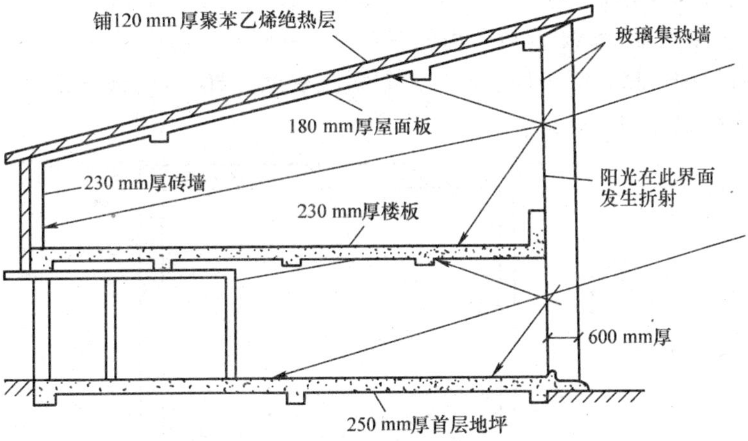

图9—7　某小学太阳房结构

B　基本设计要素。直接受益式太阳能采暖系统中主要的集热构件是南向玻璃窗，称为直接受益窗，要求窗扇密封性能良好，并配有保温窗帘。另一类主要构件是蓄热体，包括室内的地面、墙壁、屋顶和家具等。此外，围护结构应有良好的保护层，防止室内热量散失。

(a) 直接受益窗。直接受益窗是直接受益式太阳房获取太阳热能的唯一途径，它既是得热部件，又是失热部件。一个设计合理的集热窗应保证在冬季通过窗户的太阳得热量能大于通过窗户向室外散发的热损失，而在夏季使照在窗户上的日照量尽可能少。

改善直接受益窗的保温状况的措施为：一是增加窗的玻璃层数；二是在窗上增加夜间活动保温窗帘。增加玻璃层数，可以加大窗的热阻，减小热损失，但同时玻璃的透过系数及窗的有效面积系数降低，使透过玻璃的太阳得热量也减小了。当无夜间保温时，增加玻璃层数对提高房屋热性能有较大作用，但有了夜间保温后，作用就相应减小。

因采光要求，窗户占南立面的比例至少应等于30%，此时窗地比约为0.16，为获取太阳热量，此比例还需加大，但窗户面积过大，会引起直接受益式太阳房室温波动变大。因此，应选择适当的窗户面积。若集取的太阳热量不够，可将不开窗户的其余南向墙面设计成其他类型的集热设施。

(b) 蓄热体。为了更充分地利用太阳能，应使房间在有日照时，能多吸收和蓄存一部分过剩的太阳热量，以便在无日照时，又能将热量逐渐向室内散发，减少室温波动并保持一定的温度水平，这就需要在房间内配置足够数量的蓄热物质，即蓄热体。

蓄热材料应具有较高的体积热容量和热导率，砖石、混凝土、水等都是较好的蓄热材料，应将蓄热体配置在阳光能够直接照射到的区域，并且不能在蓄热体表面覆盖任何影响其蓄热性能的物品。

对重型结构房屋通常所用的厚度是：墙体大于或等于 2.4 cm，地面大于或等于 5 cm，蓄热体表面积与玻璃面积之比大于或等于 3，地面所起的蓄热作用较大，地面厚度增至 10 cm比较有利。

(c) 房间内表面的有效太阳能吸收系数。直接受益式太阳房内表面的有效太阳能吸收系数是指太阳房内墙壁、天花板和地面所吸收的日射量 S_n 与透过南窗玻璃的日射量 S_{or} 的比值，其大小与玻璃的反射系数 ρ_c、房间内壁、板的吸收系数 α_w 及南窗面积与房间内隔壁、板表面积的比例等因素有关。

图 9－8 为直接受益式太阳房内表面的有效太阳能吸收系数的示意图，H_0 及 H_w 分别表示从南窗玻璃及房间内壁、板表面发出的总辐射流密度。H_0 由两部分组成：阳光的直接透射和对于房间内壁辐射的反射。

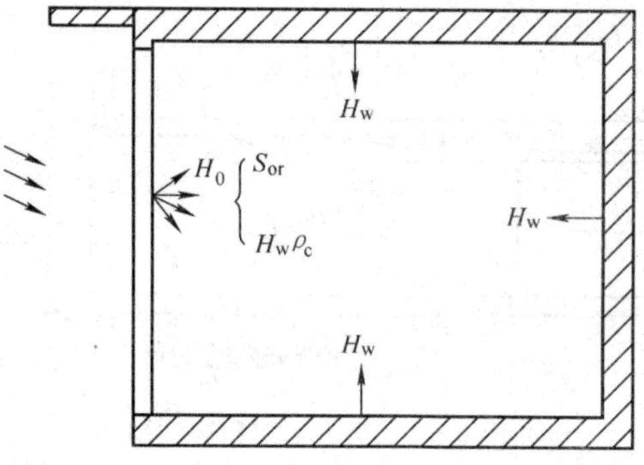

图 9－8　房间内表面的有效太阳能吸收系数

直接受益式太阳房内表面的颜色对其有效太阳能吸收系数有明显的影响，按基准房几何尺寸计算的结果见表 9－1。

表 9－1　房间内表面颜色对吸收系数的影响

类　型	吸收系数
各表面均为深色（$\rho_f=\rho_c=0.1$）	0.88
各表面均为浅色（$\rho_f=\rho_c=0.8$）	0.67
地面为深色，其他表面为浅色（$\rho_f=0.1$，$\rho_c=0.8$）	0.83

注：ρ_f 为内壁板表面反射系数。

②实体墙式集热蓄热墙。用实体墙进行太阳能的收集和蓄存时称之为实体墙式集热蓄热墙。以实体墙式集热蓄热墙作为太阳能集热部件的太阳房称之为实体墙式集热蓄热墙太阳房。实体墙式集热蓄热墙通常是利用建筑南立面的外墙，在其外表面涂以高吸收系数的无光

深色涂料，并以密封的玻璃盖层覆盖而成，墙体材质应具有较大的体积热容量和导热系数，如混凝土、砖砌体、土坯等。

集热墙式太阳房于 1956 年由法国学者特朗勃等提出，也称为特朗勃（Trombe）墙。在直接受益式太阳窗的后面筑起一道重型结构墙，利用重型结构墙的蓄热能力和延迟传热的特性获取太阳的辐射热。

A　工作原理。集热蓄热墙式太阳房的特点是利用南墙进行集热蓄热，在建筑物的外墙上增加一层玻璃外罩，形成集热墙。集热墙在吸收太阳辐射热以后，可通过热传导的方式将热量输送到墙体内表面，同时玻璃罩与外墙之间被加热的空气也可通过窗口排向室内，增加采暖房间的热量。

这种形式的太阳房在供热机理上与直接受益式不同，属于间接受益式太阳能采暖系统。阳光透过玻璃照射在集热墙上，集热墙外表面涂有吸收涂层以增强吸热能力，其顶部和底部分别开有通风孔，并设有可开启活门。在这种被动式太阳房中，透过透明盖板的阳光照射在重型集热墙上，墙的外表面温度升高，墙体吸收太阳辐射热，一部分通过透明盖层向室外损失；另一部分加热夹层内的空气与室内空气密度不同，通过上下通风口而形成自然对流，由上通风孔将热空气送进室内；第三部分则通过集热蓄热墙体向室内辐射热量，同时加热墙内表面空气，通过对流使室内升温。

冬季采暖过程的工作原理如图 9—9（a）和 9—9（b）所示。冬季的集热蓄热效果越好，夏季越容易出现过热问题。目前采取的办法是利用集热蓄热墙体进行被动式通风，即在玻璃

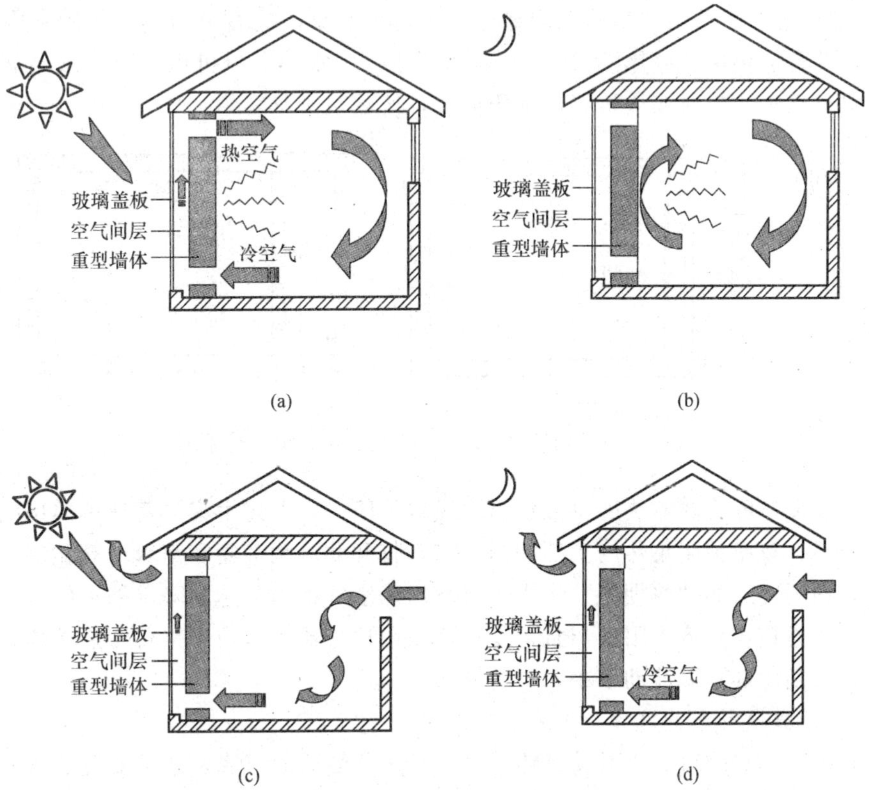

图 9—9　集热蓄热墙式太阳房采暖降温过程示意图

（a）、（b）冬季采暖；（c）、（d）夏季采暖

盖板上侧设置风口，通过如图 9－9（c）和 9－9（d）所示的空气流动带走室内热量。另外利用夜间天空冷辐射使集热蓄热墙体蓄冷或在空气间层内设置遮阳卷帘，在一定程度上也能起到降温的作用。通过对位于辽宁省大连农村地区采用集热蓄热墙的被动式太阳房进行实测，表明太阳房室内温度在夏季比对比房低 5 ℃，冬季高 9 ℃。

夏天，关闭墙上部的通风孔，室内热空气随设在墙外上端的排气孔排出，使室内得到通风，达到降温的效果，如图 9－10 所示。

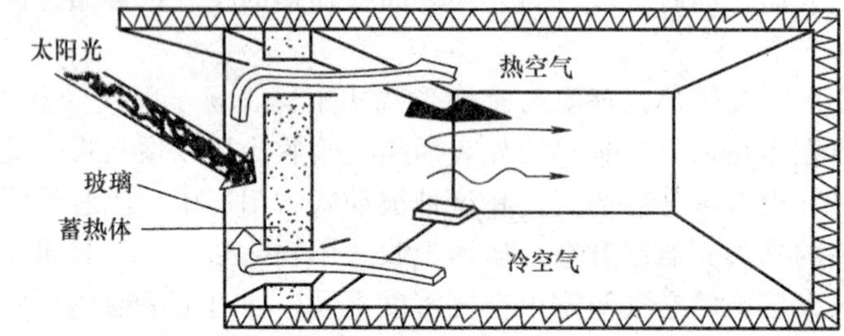

图 9－10 集热一蓄热墙式工作原理

另一种形式是在玻璃后面设置一道“水墙”，如图 9－11 所示，其特点是墙上不需要开进气口与排气口。“水墙”的表面吸收热量后，由于对流作用，吸收的热量很快地在整个“水墙”内部传播。然后由“水墙”内壁通过辐射和对流，把墙中的热量传到室内。“水墙”内充满水，具有加热快、储热能力强及均匀的优点。“水墙”也可以用塑料或金属制作，有些设计采用充满水的塑料或金属容器堆积而成，使建筑别具一格。

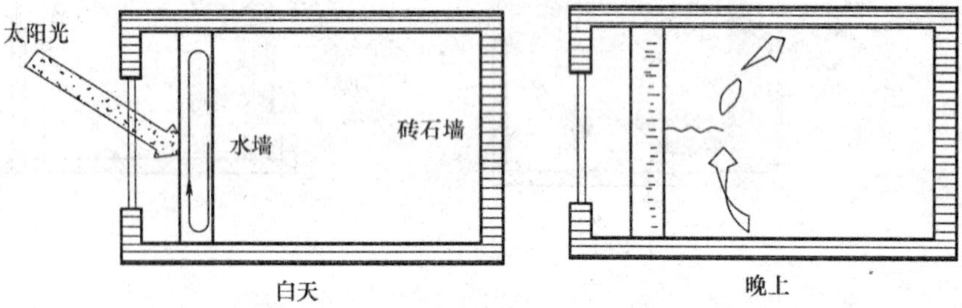

图 9－11 利用“水墙”的被动式太阳能采暖系统

对于不设风口的集热蓄热墙，或集热墙风口关闭时，上述由集热蓄热墙向房间的第二项传热量等于零。夏季关闭集热墙上部的通风口，打开北墙调节窗和南墙玻璃盖层上通向室外的排气窗，利用夹层的“热烟筒”作用，将室内热空气抽出，达到降温的目的。

实体墙式集热蓄热墙太阳房与直接受益式太阳房相比较，由于集热蓄热墙体具有较好的蓄热能力，太阳房的室温波动较小，舒适感较好。

B 实体墙式集热蓄热墙设计要点。

(a) 集热蓄热墙的组成要素及集热效率。集热蓄热墙的组成要素主要有墙体厚度、风口设置及大小、盖层玻璃层数及墙面涂层材料。集热蓄热墙收集太阳能的能力可用集热效率 η 表示，即

$$\eta=\frac{\text{集热蓄热墙的热量}}{\text{玻璃盖层表面接受的辐照量}}\times 100\%$$

当集热蓄热墙盖层玻璃的光学性能一定时，其集热效率与墙体的材料及厚度、风口的设置（有、无风口，风口的大小）、盖层玻璃层数、夜间有无保温板、墙体表面涂层性质等有关。

(b) 墙体材料及厚度。实体墙式集热蓄热墙应采用具有较大体积热容量及热导率的重型材料，常用的砖、混凝土、土坯等都适宜作为实体墙式集热蓄热墙。在条件一定的情况下，集热蓄热墙墙体的厚度对其集热效率、蓄热量、墙体内表面的最高温度及其出现的时间有直接的影响。墙体越厚，蓄热量越大，通过墙体的温度波幅衰减越大，时间也越长。因此，传导进入室内的热量 Q_D 越小，集热蓄热墙的集热效率越低。墙体薄，集热效率虽增高，然而由于蓄热量小，温度波幅的延迟时间短，将导致室温的波幅增大。推荐采用以下厚度：

土坯墙，200～300 mm；砖墙，240 mm，370 mm；混凝土墙，300～400 mm。

(c) 通风口的设置与大小。有风口的实体墙式集热墙的集热效率比无风口时高很多。有风口时供热量的最大值出现在白天太阳辐射最大的时候；无风口时，其最大值滞后于太阳辐射最大值出现的时间，对于较温暖地区或太阳辐射资源好、气温日差较大的地区，采用无风口集热蓄热墙，既可避免白天房间过热，又可提高夜间室温，减小室温的波动。对于寒冷地区，利用有风口的集热蓄热墙，其集热效率高，补热量少，可实现显著的节能效果。

当空气夹层的宽度为 30～150 mm 时，其集热效率随风口面积与空气夹层的横断面积比值的增加而略有增加，合适的面积比为 0.8～1.0。减小风口与夹层横断面的面积比，集热蓄热墙的集热效率随之降低，直至风口面积为 0，此时集热效率最低，室温波动最小。

(d) 玻璃层数。玻璃层数越少，透过玻璃的太阳辐射越多，热损失越少。因此，玻璃的层数不宜大于 3 层。我国以 1～2 层为宜，较寒冷地区采用两层，温暖地区可采用单层。

夜间在集热蓄热墙外加设保温板，可有效地减少热损失，提高集热效率，单层玻璃加夜间保温板的集热蓄热墙，其集热效率与双层玻璃的相差很少。

(e) 墙体外表面的涂层。涂层应采用吸收系数高的深色无光涂层，如黑色、墨绿色、暗蓝色等。

③附加阳光间式（综合）。附加阳光间式太阳房是指附加在房屋南面的温室，既可用于新建的太阳房，又可在改建的旧房上附加上去。实际它是直接受益式（南向的温室部分）和集热蓄热墙式（后面有集热墙的房间）两种形式的综合，如图 9－12 所示。由于温室效应，使室内有效得热量增加，同时减小室温波动。温室可作为生活间，也可作为阳光走廊或门斗，温室中种植蔬菜和花草，美化环境增加经济收益，缩短回收年限。附加温室外观立面增加了建筑的造型美，热效率略高于集热蓄热墙式，但是温室造价较高，在温室内种植物，湿度大，有气味，使温室的利用受到限制。

附加阳光间实际上就是在房屋主体南面附加的一个玻璃温室，见图 9－13。该集热蓄热墙将附加阳光间与房屋主体隔开，墙上一般开设有门、窗或通风口，太阳光通过附加阳光间的玻璃后，投射在房屋主体的集热蓄热墙上。由于温室效应的作用，附加阳光间内的温度总是比室外温度高。因此，附加阳光间不仅可以给房屋主体提供更多的热量，而且可以作为一个缓冲区，减少房屋主体的热损失。冬季的白天，当附加阳光间内的温度高于相邻房屋主体的温度时，通过开门、开窗或打开通风口，将附加阳光间内的热量通过对流的方式传入相邻

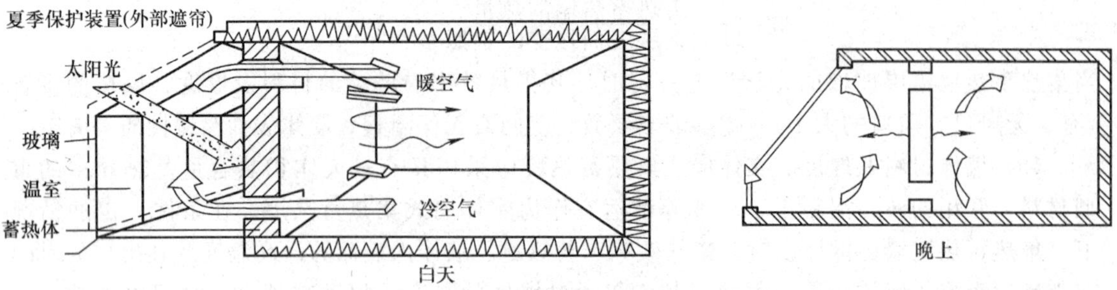

图 9－12 综合式被动太阳房工作原理

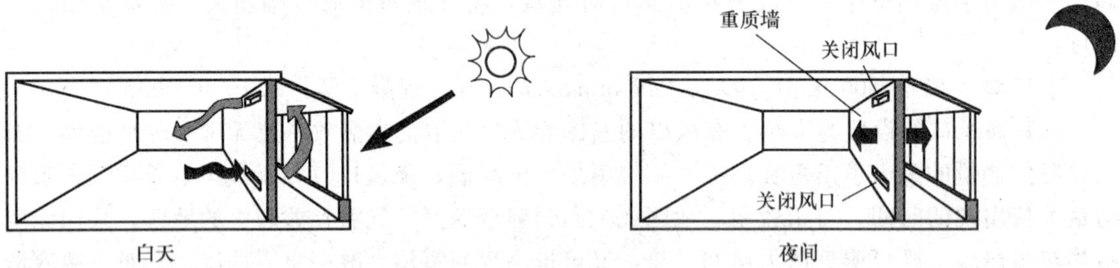

图 9－13 附加阳光间太阳房原理图

的房间，其余时间则关闭门、窗或通风口。

随着对建筑造型要求的提高，这种外形轻巧的玻璃立面普遍受到欢迎。阳光间的温度一般不要求控制，可结合南廊、入口门厅、休息厅、封闭阳台等设置，用来养花或栽培其他植物，所以附加阳光间式太阳房有时也称附加温室式太阳房。

附加阳光间式具有如下优点：集热面积大、升温快，与相邻内侧房间组织方式多样，中间可设砖石墙、落地门窗或带槛墙的门窗。缺点是透明盖层的面积大，散热面积增大，降低了所收集阳光的有效热量；维护费用较高；对夏季降温要求很高。只有解决好冬季夜晚保温和夏季遮阳、通风散热的问题，才能减少因阳光间自身缺点带来的传热方面的不利影响。冬季的通风也很重要，因为种植植物等原因，阳光间内湿度较大，容易出现结露现象。夏季可以利用室外植物遮阳或安装遮阳板、百叶帘，开启甚至拆除玻璃扇。阳光间设计的注意事项如下：

(a) 组织好阳光间内热空气与室内空气的通畅循环，防止在阳光间顶部产生“死角”；

(b) 处理好地面与墙体等位置的蓄热；

(c) 合理确定透光外罩玻璃的层数，并采取有效的夜间保温措施；

(d) 注意解决好冬季通风除湿问题，减少玻璃内表面结霜和结露；

(e) 采取有效的夏季遮阳、隔热等降温措施。

④屋顶进行集热和储热池式。它是在建筑物屋顶的金属顶棚台板上放置装满水的塑料袋作为储热体，其上面设置可以推拉启闭的保温盖板，通过盖板的敞开与关闭起到采暖和降温的作用。这套系统可在冬夏季使用。

屋顶做成一个浅池式（或将水装入密封的塑料袋内）集热器，在这种设计中，屋顶不设保温层，只起承重和围护作用，池顶装一个能推拉开关的保温盖板。该系统可以实现冬季取暖，夏季降温（见图 9－14）。冬季白天打开保温板，让水（或水袋）充分吸收太阳的辐射热；晚间关上保温板，水的热容大，可以储存较多的热量。水中的热量大部分从屋顶辐射到房间内，少量从顶棚到下面房间进行对流散热，以满足晚上室内采暖的需要。夏季白天把屋顶保温板盖好，以隔断阳光的直射，由前一天暴露在夜间、较凉爽的水（或水袋）吸收下面室内的热量，使室温下降；晚间打开保温盖板，借助自然对流和向凉爽的夜空进行辐射，冷却池（水袋）内的水，又为次日白天吸收下面室内的热量做好了准备。该系统适合于类似于北京这样夏季较热、冬天又十分寒冷的地区，为一年冬、夏两个季节提供冷热源。

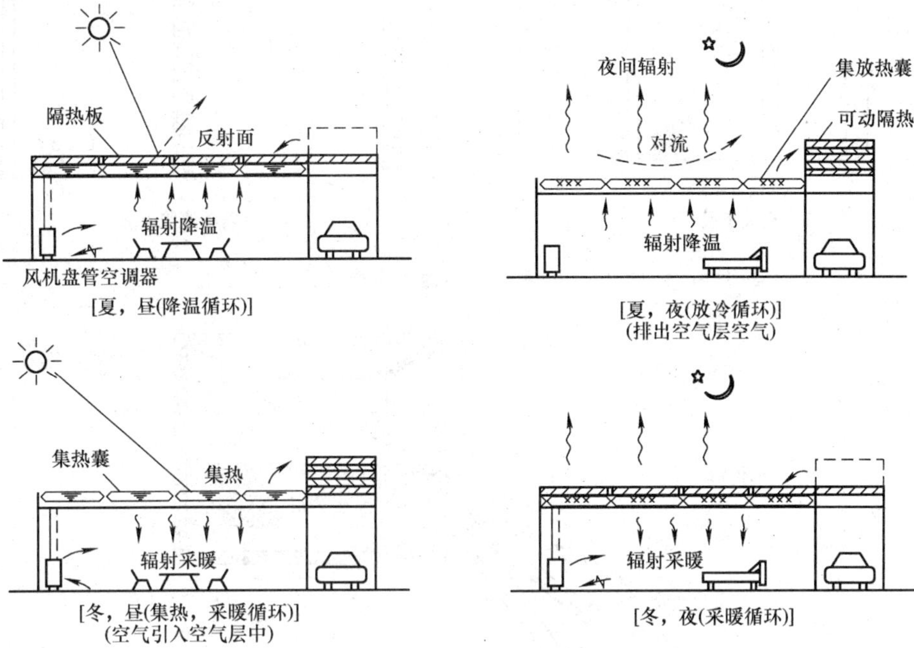

图 9－14　屋顶集热蓄热式太阳房工作原理图

用屋顶作集热和储热的方法，不受结构和方位的限制。用屋顶作室内散热面，能使室温均匀，也不影响室内的布置。

屋顶池式太阳房（如图 9－15 所示）兼有冬季采暖和夏季降温两种功能，它的蓄热物质放在屋顶上，通常是有吸热和储热功能的贮水塑料袋或相变材料，其上设可开闭的隔热盖板，冬夏兼顾。该形式适合冬季不太寒冷且纬度低的地区。因为纬度高的地区冬季太阳高度角太低，水平面上集热效率也低，而且严寒地区冬季水易冻结。另外系统中的盖板热阻要大，蓄水容器密闭性要好。使用相变材料，热效率可提高。目前，在所有的太阳能采暖方式中，用空气做介质的系统相对而言技术简单成熟、应用面广、运行安全、造价低廉。

⑤热虹吸（自然循环）式。自然循环被动太阳房的集热器、储热器是和建筑物分开独立设置的，它适用于建在山坡上的房屋。集热器低于房屋地面，储热器设在集热器上面，形成高差，利用流体的热对流循环，如图 9－16 所示。白天，太阳集热器中的空气（或水）被加热后，借助温差产生的热虹吸作用，通过风道（用水时为水管），上升到它的上部岩石储热层，热空气被岩石堆吸收热量而变冷，再流回集热器的底部，进行下一次循环。夜间，岩石储热器通过送风口向采暖房间以对流方式采暖。该类型太阳房有气体采暖和液体采暖两种，由于其结构复杂，应用受到一定的限制。

这种太阳能采暖方式由集热器和蓄热物质（通常为卵石地床）构成，因此也被称为卵石

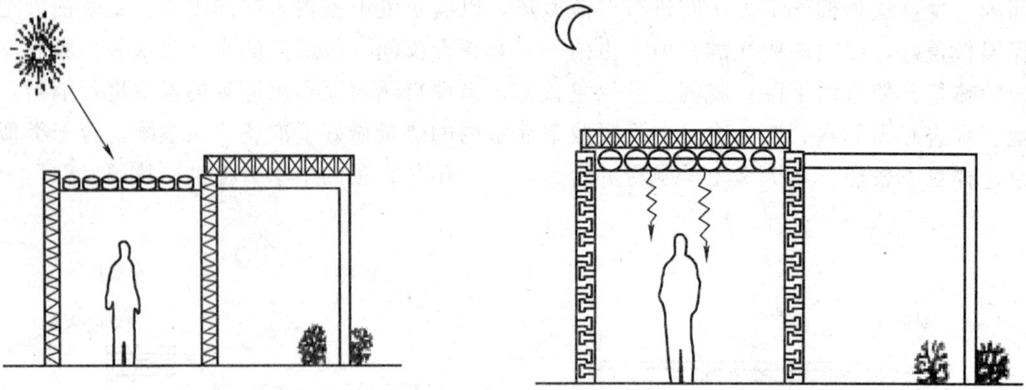

图 9—15　蓄热屋顶池式冬季工况

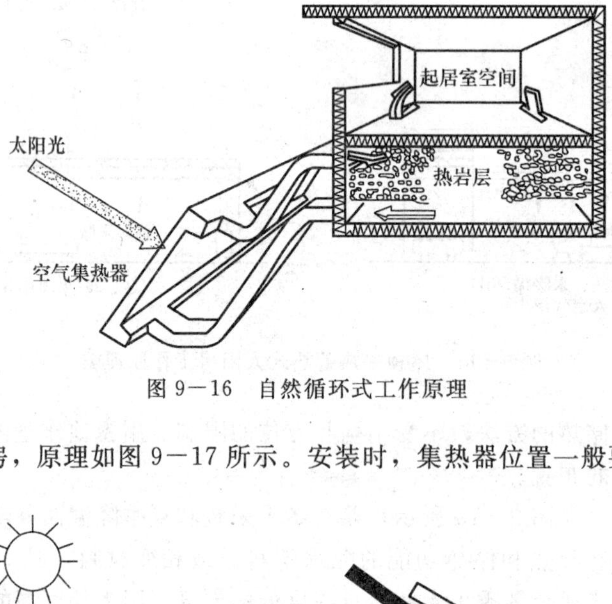

图 9—16　自然循环式工作原理

床蓄热式被动太阳房，原理如图 9—17 所示。安装时，集热器位置一般要低于蓄热物质的位

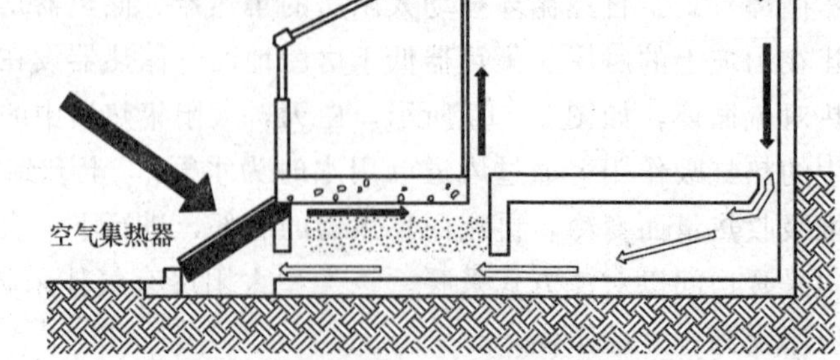

图 9—17　卵石床蓄热式被动太阳房示意图

置。在太阳房南墙下方设置空气集热器，用风道与采暖房间及蓄热卵石床相通。集热器内被加热的空气，借助于温差产生的热压直接送入采暖房间，也可送入卵石床蓄存，而后需要时再向房间供热。

该方式的特点是：构造较复杂，造价较高；集热和蓄热量大，且若蓄热体的位置合理的话，能获得较好的室内温度环境；适用于一定高差的南向坡地。

以上几种类型的被动式太阳房，在实际应用中，往往是几种类型结合起来使用，称为组合式或复合式。尤以前三种形式应用在一个建筑物上更为普遍，其他还有主、被动结合在一起使用的情况。

目前，一种新型的太阳能集热墙已经被应用。这种集热墙是在传统的集热墙面上增加一层隔热板，使南墙与集热墙分离，在集热墙周边再增加一层保温板，用于减少热损失。由于集热墙体积相对较小，温度上升很快，与室内形成了较大的温差，提高了对流传热速度，使室内得热量大大增加。经使用测试，其集热效果比传统集热墙提高 1.96 倍。当室内外温差为 20～25 ℃时，采暖效果显著。

2）主动式太阳能建筑

主动式太阳能建筑是通过高效集热装置来收集获取太阳能，然后由热媒将热量送入建筑物内的建筑形式。它对太阳能的利用效率高，不仅可以采暖、供热水，还可以供冷，而且室内舒适，温度波动小。一般来说，主动式太阳能建筑能够较好地满足住户的生活要求，可以保证室内采暖和供应热水的要求。但设备复杂、先期投资偏高，需要消耗辅助能源，阴天、有云期间集热效率严重下降，而且所有的热水集热系统都需要有防冻措施，这些都导致主动式太阳能建筑在我国难以推广应用。

主动式采暖与常规能源采暖的区别在于它是以太阳能集热器作为热源，替代以煤、石油、天然气、电等常规能源作为燃料的锅炉。主动式太阳能采暖系统主要设备包括：太阳能集热器、储热水箱、管道、风机、水泵、散热器及控制系统等部件。主动式太阳能建筑利用这些设备来收集、蓄存及输配太阳能，系统中的各部分均可控制而达到需要的室温。太阳辐射受季节、气候和昼夜的影响很大，为保证室内能稳定采暖，比较大的住宅和办公楼通常还需配备辅助热源装置。根据承担室内热负荷的介质不同，主动式太阳能采暖分为太阳能空气采暖和太阳能热水采暖。

（1）太阳能空气采暖。太阳能空气采暖包括热水集热－热风采暖和热风集热－热风采暖两种形式。前者的特点是热水集热后，再用热水加热空气，然后向各房间送暖风，将来自太阳能集热器的热水先送至蓄热槽中，再经三通阀将蓄热槽和锅炉的热水混合，然后送到室内，暖风机向房间供热，这种太阳房可全年供热。后者采用太阳能空气集热器，由太阳能集热器加热空气直接用来采暖，要求热源的温度比较低（50 ℃左右），集热器有较高的效率。热风采暖的缺点是送风机噪声大，功率消耗高。主动式太阳能采暖系统如图 9－18 所示。

太阳能空气采暖根据集热器的位置不同可分为空气集热器式、集热屋面式、窗户集热板式、墙体集热式等方式。

①空气集热器式。此方式是在建筑的向阳面设置太阳能空气集热器，用风机将空气通过碎石蓄热层送进建筑物内，并与辅助热源配合，如图 9－19 所示。由于空气的比热容小，从集热器内表面传给空气的传热系数低，所以需要大面积的集热器，该形式热效率低。

②集热屋面式。此方式是把集热器放在坡屋面、用混凝土地板作为蓄热体的系统。冬

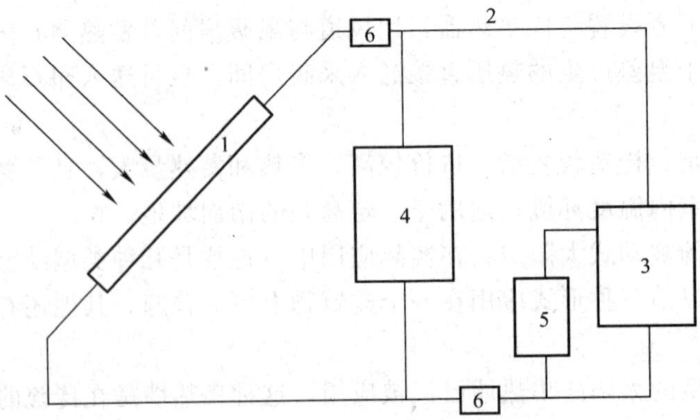

图 9—18　主动式太阳能采暖系统

1—太阳能集热器；2—供热管道；3—散热设备；
4—贮热器；5—辅助热源；6—风机或泵

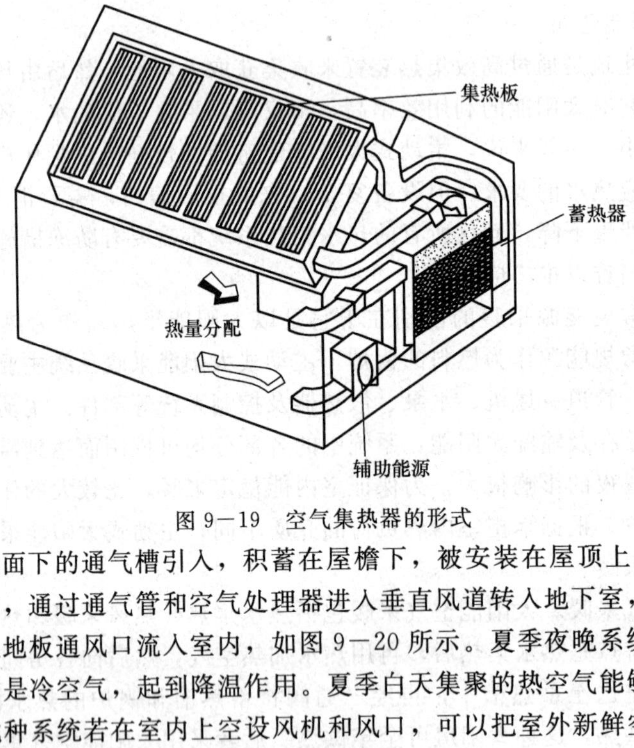

图 9—19　空气集热器的形式

季，室外空气被屋面下的通气槽引入，积蓄在屋檐下，被安装在屋顶上的玻璃集热板加热，上升到屋顶最高处，通过通气管和空气处理器进入垂直风道转入地下室，加热屋内厚水泥地板，同时热空气从地板通风口流入室内，如图 9—20 所示。夏季夜晚系统运行与冬季白天相同，但送入室内的是冷空气，起到降温作用。夏季白天集聚的热空气能够加热生活热水，如图 9—21 所示。此种系统若在室内上空设风机和风口，可以把室外新鲜空气送到屋面集热器下进行加热（冬季）或冷却（夏季）然后送到室内。

③窗户集热板式。由玻璃盒子单元、百叶集热板、蓄热单元、风扇和风管等组合而成，如图 9—22 所示。玻璃夹层中的集热板把光能转换成热能，加热空气，空气在风扇驱动下沿风管流向建筑内部的蓄热单元。在流动过程中，加热的空气与室内空气完全隔绝。集热单元安装在向阳面，空气可被加热到 30～70 ℃。集热单元的内外两层均采用高热阻玻璃，不但可以避免热散失，还可防止辐射过大时对室内造成的不利影响。不需要集热时，集热板调整角度，使阳光直接入射到室内。夜间集热板闭合，减少室内热散失。蓄热单元可以用卵石等蓄热材料水平布置在地下，也可以垂直布置在建筑中心位置。集热面积约占建筑立面的 1/3，

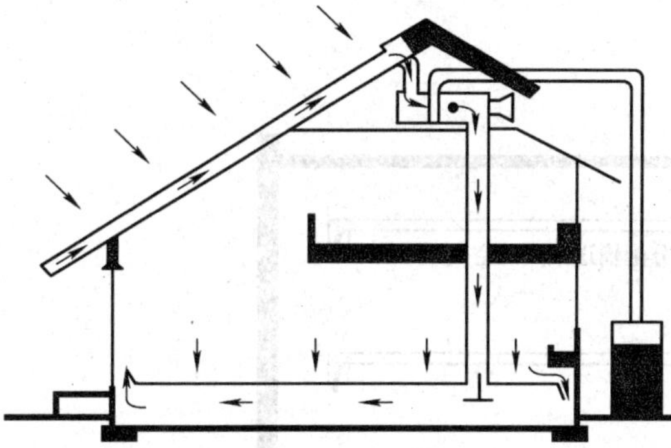

图 9－20　冬季白天工况

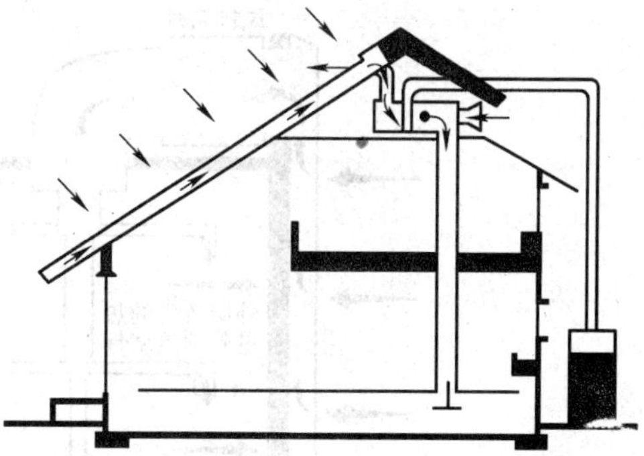

图 9－21　夏季白天工况

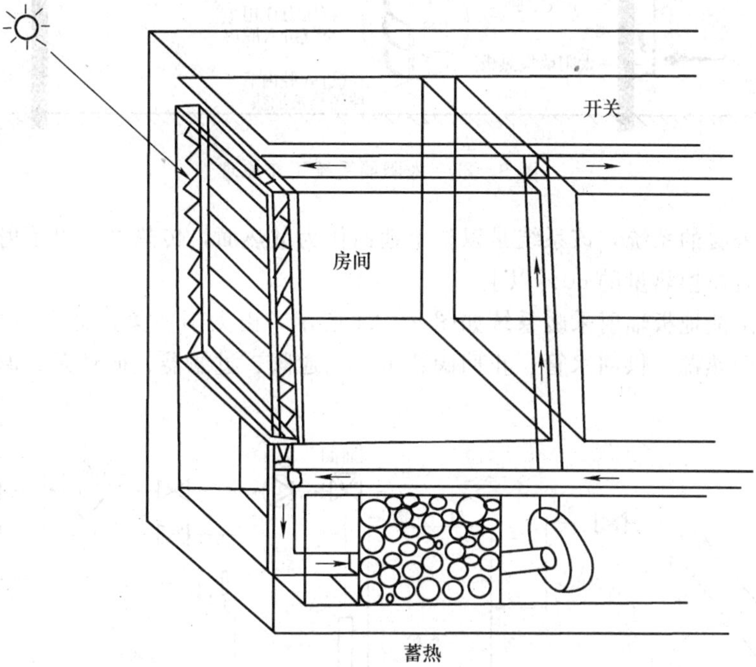

图 9－22　窗户集热板示意图

最多可节约 10％的供热能量，与阳光间的节能效果相似，适用于太阳辐射强度高、昼夜温差大的地区内低层或多层居住建筑和小型办公建筑。

④墙体集热式。系统由集热和气流输送两部分系统组成，房间是蓄热器，集热系统包括垂直墙板、遮雨板和支撑框架，如图 9－23 所示。气流输送系统包括风机和管道，太阳墙集热板置建筑外墙的外侧，上面开有小孔，与墙体的间距由计算决定，一般在 200 mm 左右，形成的空腔与建筑内部通风系统的管道相连，管道中设置风机，用于抽取空腔内的空气。

（2）太阳能热水采暖。太阳能热水采暖通常是指以太阳能为热源，通过集热器吸收太阳能，以水为热媒进行采暖的技术。因为辐射采暖的热媒温度要求在 30～60 ℃，这就使得利用太阳能作为热源成为可能。按照使用部位的不同，太阳能辐射采暖可分为太阳能顶棚辐射采暖，太阳能地板辐射采暖等，在此介绍使用普遍的太阳能地板辐射采暖。

太阳能地板辐射采暖是一种将集热器采集的太阳能作为热源，通过敷设于地板中的盘管

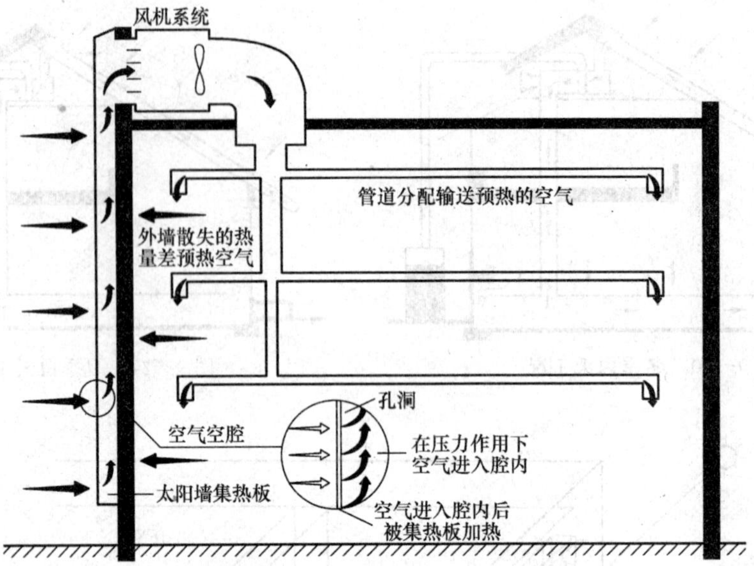

图 9－23　太阳墙系统工作原理

加热地面进行采暖的系统，该系统是以整个地面作为散热面，传热方式以辐射散热为主，其辐射换热量约占总换热量的 60％以上。

典型的太阳能地板辐射采暖系统如图 9－24 所示，由太阳能集热器、控制器、集热泵、蓄热水箱、辅助热源、供回水管、止回阀若干、三通阀、过滤器、循环泵、温度计、分水器和加热器组成。

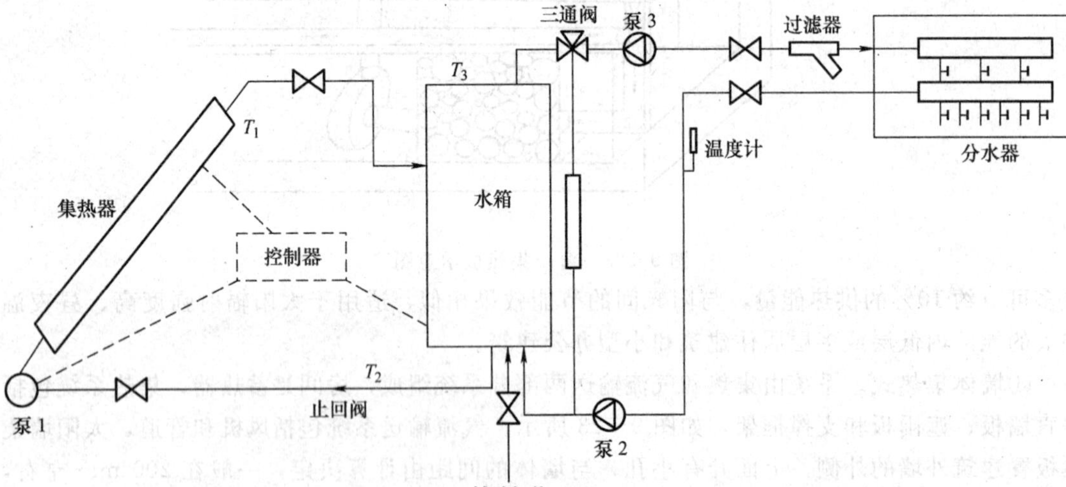

图 9－24　太阳能地板辐射采暖系统图

当 $T_1>50$ ℃时，控制器就启动水泵 1，水进入集热器进行加热，并将集热器的热水压入水箱。水箱上部温度高，下部温度低，下部冷水再进入集热器加热，构成一个循环。$T_1<40$ ℃时水泵停止工作，为防止反向循环及由此产生的集热器的夜间热损失，则需要一个止回阀。当蓄热水箱的供水水温 $T_3>45$ ℃时，可开启泵 3 进行采暖循环。当阴雨天或是夜间太阳能供应不足时，开启三通阀，利用辅助热源加热。当室温波动时，可根据以下几种情况进行调节：如果可利用太阳能，而建筑物不需要热量，则把集热器得到的能量加到蓄热水箱中去；如果可利用太阳能，而建筑物需要热量，把从集热器得到的热量用于地板辐射采暖；如果不可利用太阳能，建筑物需要热量，而蓄热水箱中已储存足够的能量，则将储存的能量用于地板辐射采暖；如果不可利用太阳能，而建筑物又需要热量，且蓄热水箱中的能量已经用尽，则打开三通阀，利用辅助能源对水进行加热，用于地板辐射采暖。需要指出的是，蓄热水箱存储了足够的能量，但不需要采暖，集热器又可得到能量，集热器中得到的能量无法利用或存储，为节约能源，可以将热量供应生活用热水。

太阳能地板辐射采暖与传统的散热器采暖相比，具有以下优点：

①降低室内设计温度。影响人体舒适度的因素之一为室内平均辐射温度。当采用太阳能地板辐射采暖时，由于室内围护结构内表面温度的提高，所以其平均辐射温度也要加大，一般室内平均辐射温度比室温高 2～3 ℃。因此要得到与传统采暖方式同样的舒适效果，室内设计温度值可降低 2～3 ℃。

②舒适性好。以地板为散热面，在向人体和周围空气辐射换热的同时，还向四周的家具及外围护结构内表面辐射换热，使壁面温度升高，减少了四周表面对人体的冷辐射。由于具有辐射和温度的双重作用，使室温比较稳定，温度梯度小，形成真正符合人体散热要求的热环境，给人以脚暖头凉的舒适感，可使脑力劳动者的工作效率提高。

③适用范围广。解决了大跨度和矮窗式建筑物的采暖需求，尤其适用于饭店、展览馆、商场、娱乐场所等公共建筑以及对采暖有特殊要求的厂房、医院、机场和畜牧场等。

④可实现分户计量。太阳能地板辐射采暖一般采用双管系统，以保证每组盘管供水温度基本相同。采用分、集水器与管路连接，在分水器前设置热量控制计量装置，可以实现分户控制和热计量收费。

⑤卫生条件好。室内空气流速较小，平均为 0.15 m/s，可减少灰尘飞扬，减少墙壁面或空气的污染，消除了普通散热器积尘而挥发的异味。

⑥高效节能。供水温度为 30～60 ℃，使利用太阳能成为可能，节约常规能源。太阳能地板辐射采暖可节约燃料 20%～30%。

⑦使用寿命长。太阳能低温地板采暖，塑料管埋入地板中，如无人为破坏，使用寿命在 50 年以上，不腐蚀、不结垢，节约维修和更换费用。

太阳能地板辐射采暖是通过敷设于地板中的盘管加热地面进行采暖的系统。如图 9－25 所示，太阳能地板辐射采暖系统盘管的敷设方式分为蛇形和回形两种。蛇形敷设又分为单蛇形、双蛇形和交错双蛇形敷设三种；回形敷设又分为单回形、双回形和对开双回形敷设三种。

影响盘管敷设方式的主要因素是盘管的最小弯曲半径。由于塑料材质的不同，相同直径盘管最小弯曲半径是不同的。如果盘管的弯曲半径太大，盘管的敷设方式将受到限制。而满足弯曲半径的同时也要使太阳能地板辐射采暖的热效率达到最大。对于双回形布置，经过板面中心点的任何一个剖面，埋管是高低温管相互间隔布置，存在“零热面”和“均化”效应，从而使这种敷设方式的板面温度场比较均匀，且铺设弯曲度数大部分为 90°弯，故铺设简单也没有埋管相交问题。

2. 太阳能热水系统

太阳能热水系统是利用温室原理，将太阳辐射转变为热能，并向冷水传递热量，从而获

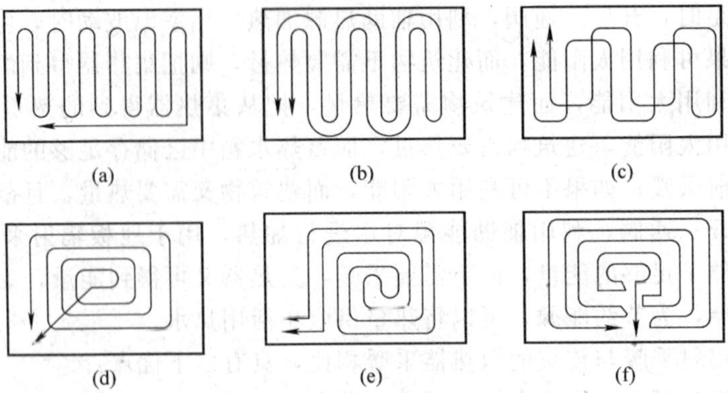

图 9－25　盘管敷设方式

（a）单蛇形；（b）双蛇形；（c）交错双蛇形；（d）单回形；（e）双回形；（f）对开双回形

得热水的一种系统，通常称为太阳能热水器。

1）太阳能热水器的组成及工作原理

太阳能热水系统由太阳能集热元件（平板集热器、玻璃真空管、热管真空管及其他形式的集热元件）、蓄热容器（各种形式的水箱、罐）、控制系统（温感器、光感器、水位控制、电热元件、电器元件组合及显示器或供热性能程序电脑）以及完善的管道保温、防腐部分等有机地组合在一起。在阳光的照射下，太阳的光能充分转化为热能，辅以电力和燃气等能源，就成为非常稳定的能源供应设备，提供中温热水供人们使用。

（1）集热器。太阳能集热器是把太阳辐射能转换为热能的主要部件。经过多年的开发研究，已经进入较成熟的阶段。集热器有四大类：闷晒式集热器、平板式集热器、真空管式集热器、真空超导热管式集热器。

①闷晒式集热器。闷晒式集热器是最简单的集热器，如图 9－26 所示，工作温度低，成本低廉，全年太阳能量利用率为 20%。由于结构笨重，且热水保温问题不易解决，目前应用较少，故不作详细介绍。

图 9－26　闷晒式集热器

②平板式集热器。平板式集热器是在 17 世纪后期发明的，但直至 20 世纪 60 年代以后才真正进行深入研究和规模化应用。在除闷晒式集热器以外的其余三种类型中，平板式太阳能热水器制造成本最低，但每年只能有 6～7 个月的使用时间，冬季不能有效使用，夏季多云时太阳能吸收率低。平板式太阳热水器的工作原理是在一块金属片上涂以黑色，置于阳光下，以吸收太阳辐射而使其温度升高，如图 9－27 所示。金属片内有流道，使流体通过并带走热量。在板的背后衬垫保温材料，在其阳面加上玻璃罩盖，以减少板对环境的散热，全年太阳能量利用率可达 50%。

由于闷晒式集热器和平板式集热器热损失大，难以达到 80 ℃以上的工作温度，冬季热效率低，现阶段在我国大中城市中使用较少。但由于其造价、热效率、人工费用等方面的特点与欧洲国家的国情和气候特点相符，所以在欧洲各国有着较广泛的市场和较大的市场占有率。

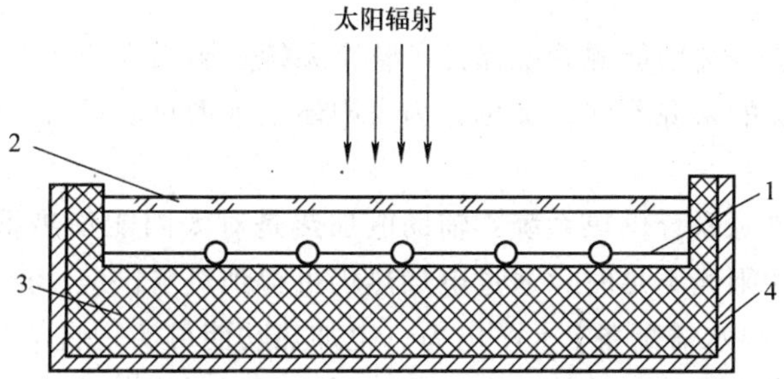

图 9－27　平板式太阳能集热器

1—吸热板；2—透明盖板；3—隔热层；4—外壳

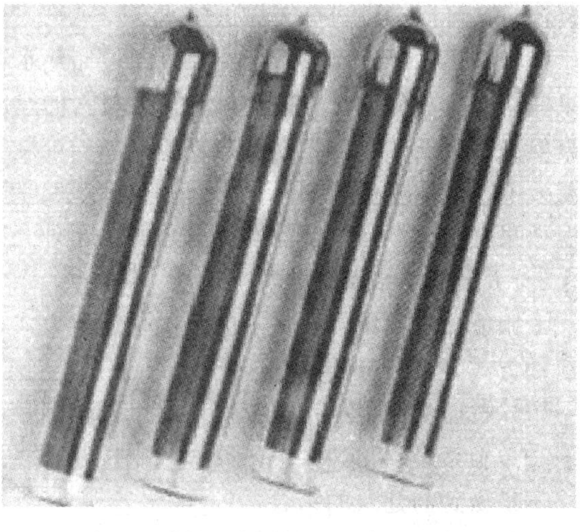

图 9－28　全玻璃真空太阳能集热管

③真空管式集热器。为了提高集热温度，国际上在 20 世纪 70 年代研制成功真空集热管，其吸热体被封闭在高真空的玻璃真空管内，充分发挥了选择性吸收涂层的低发射率及降低热损的作用，如图 9－28 所示。在内层玻璃外表面，利用真空镀膜机沉积选择性吸收膜，再把内管与外管之间抽真空，这样就大大减少了对流、辐射与传导造成的热损失，使总热损失降到最低，最高温度可以达到 120 ℃，这就是真空集热管的基本思路。图 9－29 所示为全玻璃真空太阳能集热管的结构。将若干支真空集热管组装在一起，即构成真空管集热器，为了增加太阳光的采集量，有的在真空集热管的背部还加装了反光板，即 CPC 板。其他内容详见第 6 章。

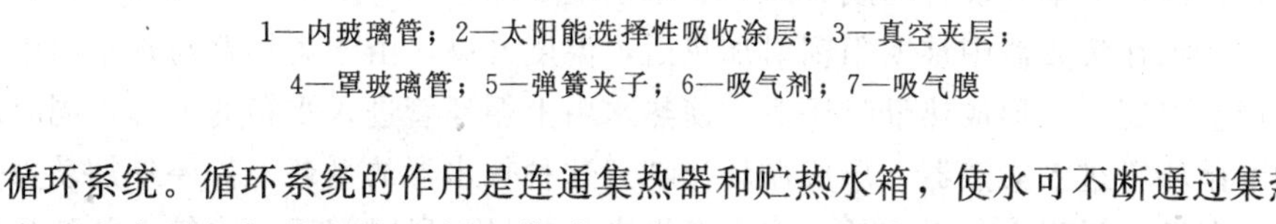

图 9－29　全玻璃真空太阳能集热管结构

1—内玻璃管；2—太阳能选择性吸收涂层；3—真空夹层；
4—罩玻璃管；5—弹簧夹子；6—吸气剂；7—吸气膜

（2）循环系统。循环系统的作用是连通集热器和贮热水箱，使水可不断通过集热器进行加热，形成一个完整的加热系统。循环管路设计施工是否正确，往往影响整个热水器系统的正常运行。一些热水系统水温偏低，就是由于管道走向和连接方式不正确。

（3）控制系统。控制系统用来使整个热水器系统正常工作并通过仪表加以显示，包括无日照时的辅助热源装置（如电加热器等）、水位显示装置、温度显示装置、循环水泵以及自动和手动控制装置等。

（4）辅助能源系统。辅助能源系统保证了整个系统在阴雨天或冬季光照强度弱时仍能正常使用。按照辅助能源的来源不同，又可分为太阳能电辅助热源联合供热系统和全自动燃油炉联合供热水系统。

①太阳能电辅助热源联合供热系统：辅助电加热是对太阳能集热系统在功能上的补充，在阴雨雪天气下，当太阳光不足时，通过电加热仍可得到热水供应。产水量与电加热功率成正比，一般计算中 1 t 热水需配备 4 kW 电力。电加热功能可实现自动化。

②全自动燃油炉联合供热水系统：在该系统里，可以通过仪表也可以人工控制循环泵，使之在白天或太阳辐射照度满足要求时启动，在集热器吸收太阳能给蓄热水箱的水加热；辐射量不足时，则经过全自动燃油（或燃气）炉加热后再供给用户。该系统既充分利用了太阳能资源，又可以为用户全天提供热水。

（5）储热系统。储热系统主要是通过储热水箱将加热后的热水进行储存、备用，其保温效果完全取决于保温材料的种类和保温材料的厚度及密度。目前太阳能热水器保温材料多选用聚氨酯。聚氨酯整体发泡工艺复杂，加工难度很高。成功发泡成型的保温泡沫整体性好，无漏发泡，泡沫密度达 80 kg/m^3，强度均匀，封闷性好。厚度在 4～5 cm 即可达到很好的保温效果（东北严寒地区需 6 cm 厚）。水箱外壳必须选择抗腐蚀耐老化的材料制成。

2）太阳能热水系统分类

太阳能热水系统可按供热的范围、运行方式、传热工质、辅助能源安装位置、辅助能源的启动方式等进行分类。

（1）按照太阳能热水系统提供热水的范围，可分为单独系统和综合系统。

①单独系统。单独系统虽操作起来较容易，目前建筑市场中应用较多，但管道多，管理难，不易做到与建筑的结合。

②综合系统。综合系统即多住户共用一套循环加热系统与一个蓄热水箱，进行集中供热，可由太阳能集热系统和热水供应系统组成。集热系统的主要组成部分为：太阳能集热器、辅助加热或换热器储水箱、循环管路、循环泵、控制部件和控制线路。除了集热器外，其余所有部件均是常规建筑水暖设计经常采用的成熟产品，所以必须保证太阳能集热器的性能和质量，才能使之适应建筑一体化的要求。热水供应系统由配水循环管路、水泵、控制阀门和热水计量表组成，与常规的生活热水系统相同。

（2）按照太阳能热水系统的运行方式可分为自然循环系统、强制循环系统和直流式系统。

①自然循环系统。自然循环系统主要是由太阳能组件、热水储水器（蓄热水箱）、转换或交换装置、固定框架等装置构成。此类热水系统如图 9－30 所示，其中蓄水箱必须置于集热器的上方，水在集热器中被太阳辐射加热后，温度升高；由于集热器与蓄水箱中的水温不同，因而产生密度差，形成热虹吸压头，使热水由上循环管进入水箱的上部，同时水箱底部的冷水由下循环管进入集热器，形成循环流动。这种热水器的循环不需要外加动力，故称为自然循环。在运行过程中，系统的水温逐渐提高，经过一段时间后，水箱上部的热水即可使用。在用水的同时，由补给水箱向蓄水箱补充冷水。

②强制循环系统。强制循环系统如图 9－31 所示，在这种系统中，水靠泵来循环，系统中装有控制装置，当集热器顶部的水温与蓄水箱底部水温的差值达到某一限定值的时候，控

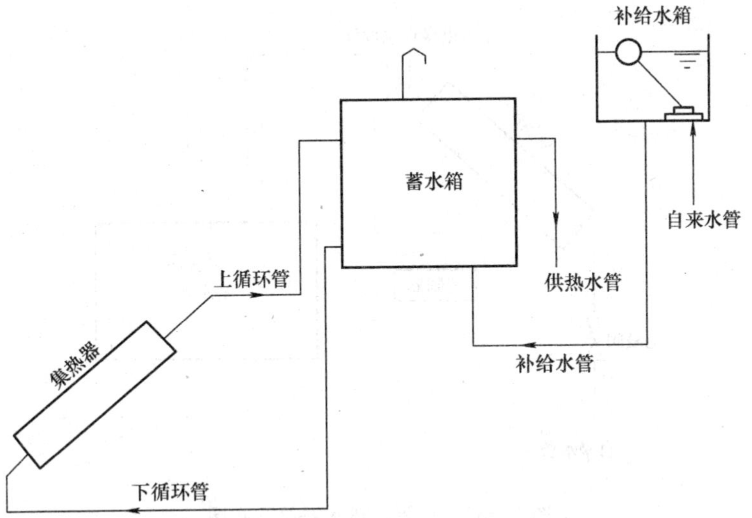

图 9－30　自然循环式热水系统示意图

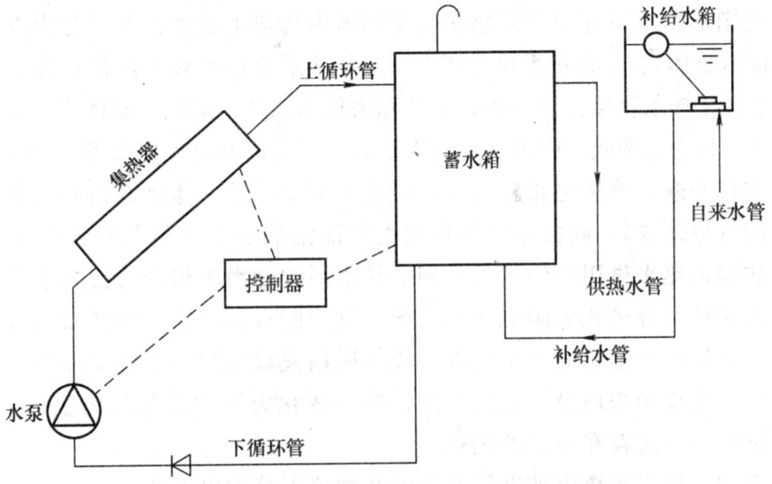

图 9－31　强制循环式热水系统示意图

制装置就会自动启动水泵；反之，当集热器顶部的水温与蓄水箱底部水温的差值小于某一限定值的时候，控制装置就会自动关闭水泵，停止循环。因此，强制循环系统中蓄水箱的位置不一定要高于集热器，整个系统布置比较灵活，适用于大型热水系统。

其优点是水箱可以自由放置，使建筑物的立面效果得以改善；把水箱设置在室内，热损耗小，在寒冷季节也可保持一定水温；防冻液不易结冰，且循环管道细而软（直径为 6 mm），易于布置，对保温要求相对较低；水不参与循环，不会在集热器内形成水垢，可延长集热器使用寿命。这种方式技术较先进，虽然目前尚未大规模推广，但代表了今后发展的方向。从长远利益考虑，应当尽量采用这种技术含量高、效益更佳的太阳能热水系统。

③直流式系统。直流式系统如图 9－32 所示。这一系统是在自然循环和强制循环的基础上发展而来的，水通过集热器被加热到预定的温度上限，集热器出口的电接点温度计立即给控制器信号，在打开电磁阀后，自来水将达到预定温度的热水顶出集热器，流入蓄水箱。当电接点温度计降到预定的温度下限时，电磁阀又关闭，这样集热器时开时关，不断地获得热水。

目前家用太阳能热水器和小型太阳能热水器系统多用自然循环式，而大中型太阳能热水

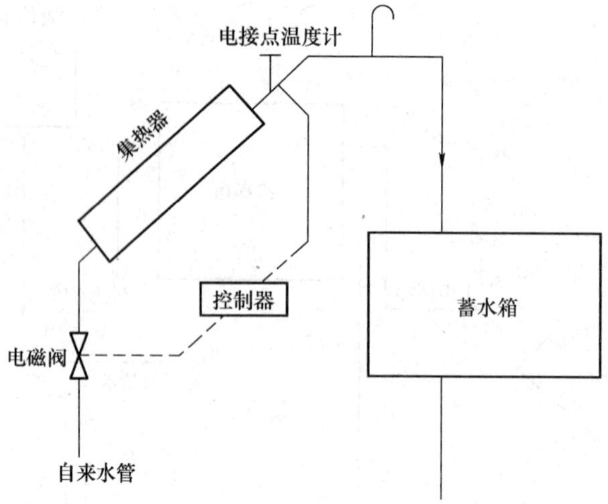

图 9－32　直流式热水系统示意图

器系统多用强制循环式。

（3）按照太阳能热水系统中生活热水与集热器内传热工质的关系可分为以下几类。

①直接系统（整体式）。直接系统是指太阳能集热器直接加热水供用户使用的太阳能热水系统。因集热器和蓄热水箱结合为一体，一般称为整体式热水系统。整体式太阳能热水系统又分为屋脊支架式、挂脊支架式、南坡面预埋固定式、平屋面普通支架式等。目前整体式太阳能集热器的使用比较普遍，价格也比较低廉，但在太阳能建筑一体化方面的问题还有待解决。

②间接系统（分体式）。间接系统是指在太阳能集热器中加热某种传热工质，再使该传热工质通过换热器加热水供用户使用的太阳能热水系统，因集热器与蓄热水箱分开又称作分体式太阳能热水系统。分体式太阳能热水系统又分为阳台嵌入式、南坡面嵌入式、平顶嵌入式。该系统中集热器作为建筑的一个构件，成为屋顶或墙面的一个组成部分，水箱放置在阁楼或室内，系统的管道预先埋设，在太阳能建筑一体化方面的优势较为突出，但结构复杂，造价较高，在推广方面还存在一定的困难。

（4）按照太阳能热水系统中辅助能源的安装位置可分为以下几类。

①内置加热系统。内置加热系统，是指辅助能源加热设备安装在太阳能热水系统贮水箱内的太阳能热水系统。

②外置加热系统。外置加热系统，是指辅助能源加热设备不是安装在贮水箱内，而是安装在太阳能热水系统的贮水箱附近或安装在供热水管路（包括主管、干管和支管）上的太阳能热水系统。所以，外置加热系统又可分为：贮水箱加热系统、主管加热系统、干管加热系统和支管加热系统等。

（5）按照太阳能热水系统中辅助能源的启动方式可分为以下几类。

①全日自动启动系统。全日自动启动系统，始终自动启动辅助能源水加热设备，确保可以全天 24 h 供应热水。

②定时自动启动系统。定时自动启动系统，能定时自动启动辅助能源水加热设备，从而可以定时供应热水。

③按需手动启动系统。按需手动启动系统，系根据用户需要，随时手动启动辅助能源水加热设备。

9.1.3 太阳能光伏利用

早在1839年，法国科学家贝克雷尔就发现，光照能使半导体材料的不同部位之间产生电位差，这种现象后来被称为“光生伏打效应”，简称“光伏效应”。1954年，美国科学家恰宾和皮尔松在美国贝尔实验室首次制成了实用的单晶硅太阳能电池，诞生了将太阳光能转换为电能的实用光伏发电技术。

随着全球能源形势趋紧，太阳能光伏发电作为一种可持续的能源替代方式，于近年得到迅速发展，并首先在太阳能资源丰富的国家（如德国和日本）得到了大面积的推广和应用。在国际市场和国内政策的拉动下，中国的光伏产业逐渐兴起，并迅速成为后起之秀，涌现了无锡尚德、常州天合和天威英利等一大批优秀的光伏企业，并带动了上下游企业的发展，中国光伏发电产业链正在形成。

虽然太阳能光伏发电成本较高，但是从长远看，随着技术的进步，以及其他能源利用形式的逐渐饱和，太阳能可以在未来成为主流能源利用形式，有着不可估量的发展潜力。因此，应对光伏发电的发展充满信心。

1. 太阳能光伏利用的特点

（1）节省空间。光伏发电是一种简单的低风险技术，几乎可以安装在任何有光的地方。这意味着在公共、私人和工业建筑的屋顶和墙面上都有广泛的安装潜力。在运行中，这个系统还可以降低建筑的受热，增加通风。光伏还可以作为隔声板装在公路两侧，光伏在提供大量电力供应的同时，避免了占用更多的土地。

（2）改善环境。光伏发电不产生传统发电技术（例如燃煤发电）带来的污染物排放和安全问题，没有废气或噪声污染，系统报废后也很少有环境污染的遗留问题。

（3）提供电力。太阳能光伏发电系统可以很容易地在偏远农村地区安装，这些地区可能多年无法架设电网，光伏发电等可再生能源特别适用于远离电网、零星分布的社区。离网农村电力以家庭为单位或设立小电网可提供照明、冷藏、教育、通信和卫生等所需电力，提高经济生产力，增加创收的机会。光伏发电系统结实耐用、易于安装且极其灵活，可满足世界任何地方的农村电力需求。

2. 光伏发电系统的原理

太阳光发电是指无须通过热过程直接将光能转变为电能的发电方式，它包括光伏发电、光化学发电、光感应发电和光生物发电。光伏发电是利用太阳能半导体电子器件有效地吸收太阳光辐射能，并使之转变成电能的直接发电方式，是当今太阳光发电的主流。人们通常所说的太阳光发电就是太阳能光伏发电，亦称太阳能电池发电。

太阳电池工作原理的基础是半导体PN结的光生伏打效应（图9－33），就是当物体受到光照时，物体内的电荷分布状态发生变化而产生电动势和电流的一种效应，即当太阳光或其他光照射半导体的PN结时，就会在PN结的两边出现电压，叫做光生电压，使PN结短路，就会产生电流。

3. 发电系统基本构成

光伏发电系统是直接将太阳光能转换为电能的装置，典型的光伏发电系统由四个部分组成，如图9－34所示。

1）太阳光伏电池板

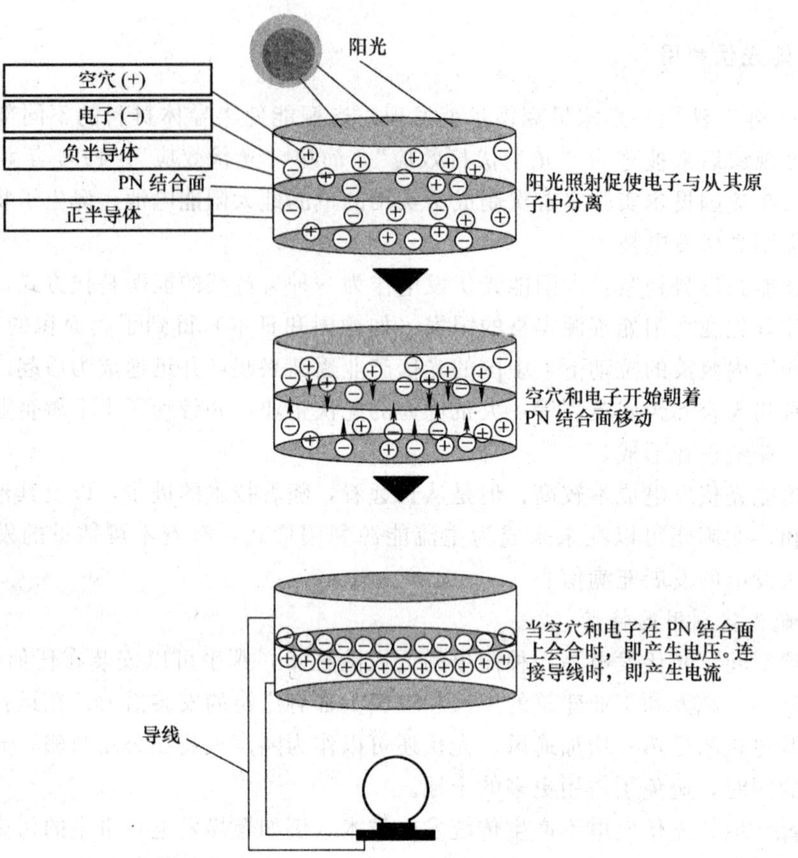

图 9—33　光生伏打效应示意图

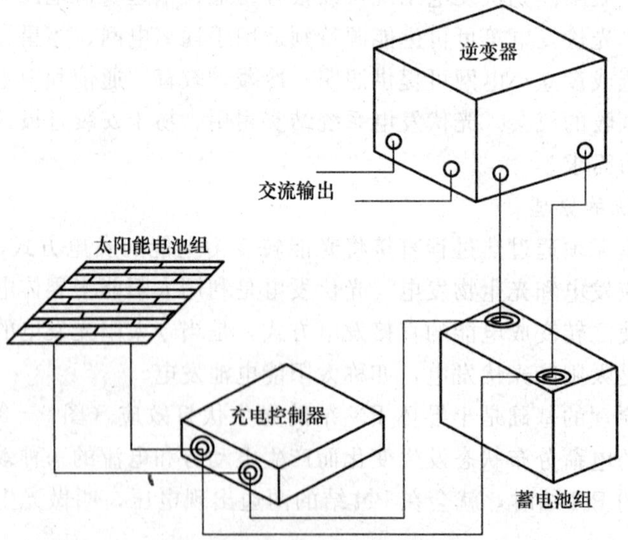

图 9—34　光伏发电原理图

太阳电池板的作用是将太阳辐射能直接转换成直流电，供负载使用或存贮于蓄电池内备用。由于技术和材料原因，单一电池的发电量是十分有限的，使用中的太阳能电池是单一电池经串、并联组成的电池系统，称为电池组件（阵列）。一般的太阳能电池板根据用户需要将太阳能电池列为方阵，再配上适当的支架及接线盒组成。太阳能电池多为半导体材料制成，发展到今天种类和形式都已经很繁多了。

（1）按照结构分类。

①同质结太阳能电池，由同一种半导体材料构成一个或多个 PN 结的太阳能电池。

②异质结太阳能电池，用两种不同禁带宽度的半导体材料在相接的界面上构成一个异质 PN 结的太阳能电池。

③肖特基太阳能电池，用金属和半导体接触组成一个“肖特基势垒”的太阳能电池，叫做肖特基太阳能电池。

④复合结太阳能电池，由两个或多个结形成的太阳电池。如由一个 MIS 太阳电池和一个 PN 结硅电池叠合而形成高效 MISNP 复合结硅太阳电池，其效率已达 22％。复合结太阳电池往往做成级联型，把宽禁带材料放在顶区，吸收阳光中的高能光子，用窄禁带材料吸收低能光子，使整个电池的光谱响应拓宽。砷化铝镓－砷化镓－硅太阳能电池的效率高达 31％。

⑤平板太阳能电池，即非聚光电池，指在 1 倍阳光下工作的太阳能电池。

⑥聚光太阳能电池，指在大于 1 倍阳光下工作的太阳能电池。1～10 倍的为低倍聚光，10～100倍的为中倍聚光，大于 100 倍的为高倍聚光。聚光需要考虑高温散热量大、电流输出等特殊设计，便于组成光电、光热综合利用的复合系统。与聚光电池相配的聚光器和跟踪器会增加系统的复杂性，但采用廉价的聚光材料来代替昂贵的半导体材料，可以降低太阳能电池发电系统的成本。

⑦空间太阳能电池，系用于人造卫星和空间飞行器上的太阳能电池。空间电池要求有较高的功率质量比，耐高低温冲击，抗高能粒子辐射能力强，制作精细，价格较高。

⑧地面太阳能电池，系用于地面阳光发电系统的太阳能电池。要求耐风霜雨雪的侵袭，有较高的功率价格比，具有大规模生产的工艺可行性和材料来源。

⑨有机半导体太阳能电池，系利用具有半导体性质的萘等有机材料进行掺杂后制成的 PN 结太阳能电池，离子掺杂也能使一些塑料薄膜变成半导体。由于这些材料抗光老化的能力不理想，目前只作些原理性试验。

（2）按照材料分类。

①硅太阳能电池，系以硅材料作为基体的太阳能电池，如单晶硅太阳能电池、多晶硅太阳能电池、非晶硅太阳能电池等。

②硫化锡太阳能电池，系以硫化锡单晶或多晶为基体材料的太阳能电池。

③砷化镓太阳能电池，系以砷化镓为基体材料的太阳能电池。

2）蓄电池组

蓄电池组是将太阳能电池方阵发出的直流电贮存起来，供负载使用的装置。在光伏发电系统中，蓄电池处于浮充放电状态，夏天日照量大，除了供给负载用电外，还对蓄电池充电；冬天日照量少，这部分贮存的电能逐步放出。白天太阳能电池方阵给蓄电池充电（同时方阵还要给负载用电），晚上负载用电全部由蓄电池供给。因此，要求蓄电池的自放电要小，而且充电效率要高，同时还要考虑价格和使用是否方便等因素。常用的蓄电池有铅酸蓄电池和硅胶蓄电池，要求较高的场合也有使用价格比较昂贵的镍镉蓄电池的。太阳能电池产生的直流电先进入蓄电池储存，蓄电池的特性影响着系统的工作效率和特性。

3）逆变器

逆变器按激励方式，可分为自激式振荡逆变和他激式振荡逆变。逆变器的作用就是将太阳能电池方阵和蓄电池提供的低压直流电逆变成 220 V 交流电，通过全桥电路，一般采用 SPWM 处理器经过调制、滤波、升压等，得到与照明负载频率、额定电压等匹配的正弦交流电供系统终端用户使用。

4）直流控制系统

在电能从光伏阵列到储能单元，再到逆变单元的传输和交换过程中，要保持系统的高效与安全运行，所以需要直流控制系统对整个过程进行调整、保护和控制。

4. 太阳能并网光伏发电系统

太阳能并网光伏发电系统是将电池所发的直流电通过逆变装置变换成交流电，再同电网的交流电合起来使用的发电系统，如图 9－35 所示。该系统具有以下特点：

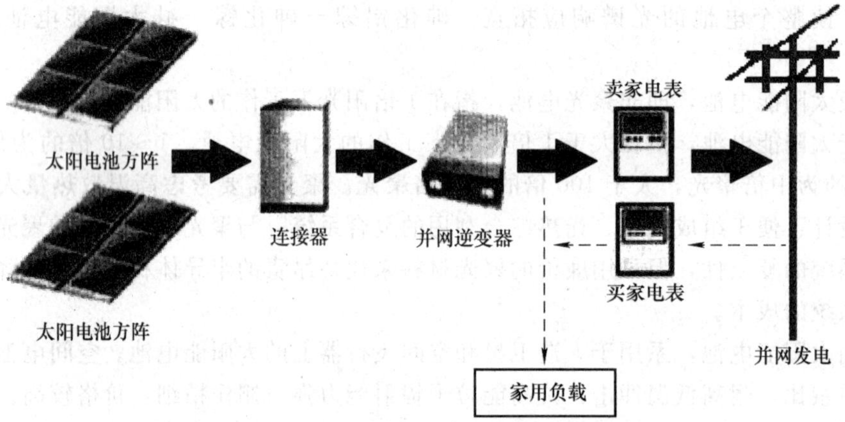

图 9－35　太阳能并网光伏系统示意图

①利用清洁干净、可再生的天然能源太阳能发电，不消耗不可再生的、资源有限的碳化石能源，无温室气体和污染物排放，与生态环境和谐，符合社会经济可持续发展战略；

②所发电能并入电网，以电网为储能装置，节省蓄电池，比独立光伏系统的建设投资减少，从而使发电成本大为降低，节省的蓄电池可提高系统的平均无故障时间，并大大降低蓄电池的二次污染；

③分布式建设，就近就地分散发电和供电，进入和退出电网灵活，既有利于增强电力系统抵御战争和灾害的能力，又有利于改善电力系统的负荷平衡，并可降低线路损耗；

④可起调峰作用。

并网光伏系统是世界各发达国家在光伏应用领域竞相发展的热点和重点，是世界光伏发电的主流发展趋势，市场巨大，前景广阔。

并网光伏系统可分为大型联网光伏电站和住宅联网光伏系统两大类型。

大型联网光伏电站的主要特点是所发电能被直接输送到电网上，由电网统一调配向用户供电。建设大型联网光伏电站，投资巨大，建设期长，需要复杂的控制和配电设备，并要占用大片土地，同时其发电成本目前要比市电贵数倍，因而发展不快。

住宅并网光伏系统的主要特点是所发的电能直接分配到住宅（用户）的用电负载上，多余或不足的电力通过联接电网来调节。住宅系统可分为有倒流和无倒流两种形式。有倒流系统是在光伏系统产生剩余电力时将该电能送入电网，由于同电网的供电方向相反，所以称为倒流；当光伏系统电力不够时，则由电网供电。这种系统，一般是为光伏系统的发电能力大于负载或发电时间同负荷用电时间不相匹配而设计的。住宅系统由于输出的电量受天气和季节的制约，而用电又有时间的区分，为保证电力平衡，一般均设计成有倒流系统。无倒流系统是指光伏系统的发电量始终小于或等于负荷的用电量，电量不够时由电网提供，即光伏系统与电网形成并联向负载供电。这种系统，即使当光伏系统由于某种特殊原因产生剩余电能，也只能通过某种手段加以处理或放弃。由于不会出现光伏系统向电网输电的情况，所以称为无倒流系统。

住宅联网光伏系统通常是白天光伏系统发电量大而负载耗电量小，晚上光伏系统不发电而负载耗电量大。将光伏系统与电网相连，就可将光伏系统白天所发的多余电力“贮存”到电网中，待用电时随时取用，省掉了贮能蓄电池。其工作原理是太阳能电池在太阳光辐照下发出直流电，经逆变器转换为交流电，供用电器使用；系统同时又与电网相连，白天将太阳能电池发出的多余电能经联网逆变器逆变为符合电网电能质量要求的交流电并入电网，在晚上或阴雨天发电量不足时，由电网向住宅（用户）供电。

5. 光伏发电系统与建筑的结合

在20世纪80年代，光伏发电系统的应用除了大量作为独立电源系统外，已经开始进入联网用户和商业建筑领域。进入20世纪90年代以后，随着常规发电成本的增加和人们对环境保护的日益重视，一些国家纷纷开始实施、推广太阳能屋顶计划。比较著名的有德国“十万屋顶计划”、美国“百万屋顶计划”以及日本的“新阳光计划”等。“光伏发电与建筑物集成化”的概念也于20世纪90年代被正式提出，并很快成为热门课题，这不仅开辟了一个光伏应用的新领域，而且意味着光伏发电开始进入城市大规模应用的阶段。

长期以来，作为建筑物围护结构的屋顶、墙壁和窗户，既是体现建筑风格和建筑美学的主体，也是建筑功能的主要研究对象，尤其是为了保持建筑内部舒适的小环境，不得不在绝热、采暖空调和日光照明等多方面进行优化设计，以求得最佳效果。

太阳能光电转换、热利用技术和新型材料的合理利用，可大大降低建筑能耗和改善居住环境，是当前建筑节能的新方向。

广义上讲，光伏与建筑相结合有两种形式：一种是建筑与光伏系统相结合，另一种是建筑与光伏器件相结合。

(1) 建筑与光伏系统相结合（BAPV）。把封装好的光伏组件（平板或曲面板）安装在居民住宅或建筑物的屋顶上，再与逆变器、蓄电池、控制器、负载等装置相连，光伏系统还可以通过一定的装置与公共电网连接。

(2) 建筑与光伏器件结合。光伏与建筑结合的进一步目标是将光伏器件与建筑材料集成化。一般建筑物的外墙采用涂料、马赛克等材料，有的还采用价格不菲的幕墙玻璃，其功能仅仅是保护和装饰。若能将屋顶及向阳的外墙甚至窗户材料都用光伏器件来代替，则既能作为建材又能发电，可谓一举两得。

当然，对光伏器件来说，同时还应具备建材所要求的绝热保温、电器绝缘、防水防潮等功能。用光伏器件替代部分建材，可进一步降低光伏发电的成本，有利于推广应用，所以有着十分巨大的潜在市场。

将太阳能电池与建筑屋顶、墙壁和窗户相结合，可以充分利用太阳能发电，出现所谓

“太阳能电池瓦”、“太阳能电池幕墙”、“太阳能电池窗户”和“太阳能电池遮阳篷”等新型建筑材料和构件，深受建筑界、太阳能界和环境保护界人士的普遍关注，主要有以下几种。

①太阳能电池房：这是早期的太阳电池建筑，将太阳电池方阵安装在建筑物的顶部和朝阳面，充分利用太阳能资源为室内提供电源。

②太阳能电池屋顶和遮阳篷：由单晶硅制成的太阳能电池方阵，安装在建筑物的顶部和窗户上方作为屋顶电池和遮阳篷电池系统。

③太阳能电池瓦：是将非晶硅太阳能电池封装在玻璃中的光电转换器件，每片瓦就是一个太阳能电池组件的单体，使用时将各片瓦的电极连接即可形成一个发电系统。

④太阳能电池窗户：由半透明性薄膜太阳能电池制成的功能器件，既不影响窗户的透光，又充分利用太阳中的能量发电。

⑤太阳能电池幕墙：由硫化镉电池制成的太阳能电池幕墙，安装在西班牙 Barcelora Matarc 公共图书馆上，在 1994 年以前属于欧洲最大的太阳能建筑。

⑥能源全自给太阳房：建于德国弗莱堡市的全部采用自然能源的太阳试验房，整座建筑运用太阳能电池、太阳能热水器、燃料电池、储能系统、透明绝热材料、太阳能窗帘和绝热玻璃等一系列新材料和新技术，研究采用自然能源取代常规能源的可能性。用光电材料替换传统的建筑表层建材，如屋顶的瓦片、外墙的覆面，另一种是只将其置于建筑材料外部，如屋顶或装置上。

9.1.4 太阳能建筑一体化技术

所谓太阳能与建筑一体化不是简单地将太阳能与建筑“相加”，而是将太阳能利用技术与建筑的建造技术有机结合，利用太阳能集热器替代屋顶覆盖层或替代屋顶保温层，既消除了太阳能对建筑物形象的影响，又避免了重复投资，降低了成本，整合出一个崭新的现代化节能建筑。简言之，太阳能与建筑一体化就是太阳能与建筑的结合应用，是未来太阳能技术发展的方向。

太阳能与建筑一体化技术的特点：把太阳能的利用纳入环境的总体设计，把建筑、技术和美学融为一体，太阳能设施成为建筑的一部分，相互间有机结合，取代了传统太阳能的结构所造成的对建筑外观形象的影响；利用太阳能设施完全取代或部分取代屋顶覆盖层，可减少成本，提高效益；可用于平屋顶或斜屋顶，一般对平屋顶而言用覆盖式，对斜屋顶用镶嵌式。

太阳能与建筑一体化应用技术适用对象：

①适用于城建较严格，要求安装规范、美观、不损害市容市貌的单位、集体、小区等；

②适用于在建筑设计之初，就将太阳能作为建筑的一部分考虑在内，与建筑一同设计；

③适用于各种形式的建筑，例如住宅小区、高层楼群、别墅等；

④集体购买统一安装，该种形式主要适合于新建住宅小区和旧房改造。

太阳能建筑一体化的优点：对于物业管理来说，安装规范、便于管理；对于房地产商来说，可以作为楼盘销售的卖点；可以单独为某个小区设立售后服务点，专门为该小区服务，免去客户的后顾之忧。

1. 一体化的设计理念

建筑应该从一开始设计的时候，就要将太阳能系统包含的所有内容作为建筑不可或缺的设计元素加以考虑，巧妙地将太阳能系统的各个部件融入建筑设计的相关专业内容中，使太阳能系统成为建筑组成不可分割的一部分，而不是让太阳能成为建筑的附加构件。

就主动式太阳能建筑对太阳能利用的两种主要形式——太阳能光伏发电系统和太阳能光热转换系统而言，太阳能光伏发电系统在建筑上的外露部件主要是单（多）晶硅电池板，其颜色为深蓝；而太阳能光热转换系统在建筑上的外露部件主要是太阳能集热板、集热管、管道，太阳能集热板、集热管的颜色目前以蓝黑色为主。不论建筑上应用太阳能光伏发电系统还是太阳能光热转换系统，如果将大部分太阳能构件进行隐藏、遮挡、淡化，则太阳能构件在建筑立面上很不明显，这种太阳能建筑形式称为隐藏式。反之经过潜心设计，将太阳能外露部件与建筑立面进行有机结合，进行大胆地暴露，甚至夸张地展现，如将太阳能部件设计成现代立面装饰构架、屋顶飘板、幕墙、阳台栏板、遮阳构件、雨篷、花架、凉亭、装饰玻璃等，这些在建筑上明显带有（或突出）太阳能特点的表现方法称为彰显式太阳能建筑。

科学、合理、巧妙的建筑设计对太阳能建筑来说尤为重要。无论是隐藏式太阳能建筑，还是彰显式太阳能建筑，只要设计应用得好，使太阳能设备成为建筑的一个有机组成部分，它确能为建筑增光添彩，否则无序乱装将会影响建筑形象甚至有碍城市景观。好的太阳能建筑，应该从设计中就能品味出它独特的建筑风格，产生事半功倍、震撼人心的建筑艺术效果，体现出一种理性的美、高科技的美、时尚的美和未来的美。

2. 一体化的应用标准

太阳能与建筑一体化，其应用标准必须是：

①环保无污染，节能达标；

②“主动式”与“被动式”多功能的综合应用，热水、通风、采暖、制冷和发电等单项或多项的综合应用，建筑能大面积收集太阳能，一举多得；

③系统持久耐用、性能优良、施工便利；

④太阳能与建筑必须融合，外观统一、协调，而不是简单地拼合或附加；

⑤太阳能产品、构件能够实现预制板式的工业标准化、系列化和商业通用化，与屋顶和墙壁等建筑构件具有可替代性；

⑥具有适用性、经济性、舒适性和美观性；

⑦建筑接收太阳能因地制宜，不得再另外占用土地和增加其他设施等。

3. 一体化的系统工程

实现太阳能与建筑一体化，让太阳能与建筑进行有机地结合，需要在建筑物的规划、设计、建造、使用、维护以及改造等活动中，让房地产开发商、太阳能企业、设计单位、政府监管部门形成共识，使得太阳能系统与建筑统一规划、统一设计、统一施工、统一运营管护，将太阳能与建筑物完美结合。

4. 太阳能热水系统与建筑一体化

（1）太阳能热水系统与建筑一体化的优越性。太阳能热水器通常是安装在建筑物的向阳面上，太阳能热水器能否与建筑物实现完美结合，直接关系到建筑外观的和谐一致。热水系统与建筑一体化，就是将太阳能热水器系统装置与建筑充分结合并实现整体外观的和谐统一。其优越性如下。

①建筑的使用功能与太阳能热水器的利用有机地结合在一起，形成多功能的建筑构件，巧妙高效地利用空间，使建筑可利用太阳能的部分——向阳面或屋顶得以充分利用。

②同步规划设计，同步施工安装，节省太阳能热水系统的安装成本和建筑成本，一次安装到位，避免后期施工对用户生活造成的不便以及对建筑已有结构的损害。

③综合使用材料，降低了总造价，减轻了建筑荷载。

④综合考虑建筑结构和太阳能设备协调，构造合理，使太阳能热水系统和建筑融合为一体，不影响建筑的外观。

⑤如果采用集中式系统，还有利于平衡负荷和提高设备的利用效率。

⑥太阳能的利用与建筑相互促进、共同发展，节省能源、造福于民。

总之，经过一体化设计和统一安装的太阳能热水系统，在外观上可达到和谐统一，形成良好的建筑艺术形象。

(2) 一体化设计的基本原则。太阳能热水系统与建筑一体化的设计原则可以表述为：吸取美学的表观方法，体现各类住宅建筑的特点，强调可识别性，利用太阳能构件为建筑增加美学趣味。

一谈到太阳能热水器与住宅建筑的一体化设计首先就会考虑到外观与风格的问题。传统的设计方法存在很多的缺陷：装在屋顶上的太阳能热水器连接管道较长，热损失大；上屋顶检查或维护较为困难；如果没有统一设计，会造成布局混乱，与建筑不协调，不美观，破坏建筑形象，影响市容市貌等，从而降低了太阳能产品在消费者心目中的地位。

太阳能热水系统与建筑一体化设计应考虑居住建筑的特点，如：平立面、结构和造型较规整，房间的功能性较强，住宅投资大的限制。在设计中应注意立面设计力求简单，使立面看上去简洁平整。

太阳能热水器作为一种工业化的技术产品，与建筑的有机结合，有利于创造富有个性的建筑形体，从而加强住宅的可识别性。

(3) 一体化的技术要求。

①太阳能集热器本身整体性好、故障率低、使用寿命长。一般建筑物的寿命在50～70年，太阳能集热器一般较多地布置于建筑物向阳面坡屋顶上，因此对建筑一体化的太阳能集热器的寿命要求相对较长，应该在25年以上，且整体性好，有一定的保温作用，故障率相对要低，不需经常到屋顶去维修。

太阳能集热器品种众多，材料千差万别，各具特点。我国目前市场上使用的太阳能集热器大致分为两类：平板型集热器和真空管型集热器。平板型集热器整体性好、寿命长、故障少，但零度以下使用效果总体上还不理想。真空管型集热器解决了零度以下产水问题，但与平板型集热器相比较故障率高、寿命较短。真空管型集热器又分为全玻璃真空管式和金属玻璃结构真空管式两种。全玻璃真空管因其材质为玻璃，放在室外被损坏的概率较大，运行中若集热器有一根管损坏，整个系统就会停止工作；为解决此问题，在全玻璃真空管的基础上，研发了金属－玻璃结构真空管，包括U形管式真空管和热管式真空管两种形式。金属－玻璃结构真空管集热器较全玻璃真空管式集热器的故障减少了，但寿命及水垢问题还有所困扰。总体上平板型太阳能集热器在与建筑一体化的工程应用中，其整体性、故障、寿命等方面具有更大的优势。平板型集热器本身整体性好，并可起一定的保温隔热作用，现集热板芯大多采用全铜或铜铝复合材质，如果不严重腐蚀或冻损，可使用25年以上，且基本不用维修。

②热水的储存相对集中，且储水箱与集热器分开布置。目前市场上销售的家用热水器，

以户为单位且水箱与集热部分一体化，因此，受到很多建筑设计、施工部门的指责和抵制，很多真空管热水器的大企业在宣传或设计大型热水工程时往往也只是将众多个家用热水器排列在一起，这样既增加了成本，提高了故障率，也给建筑外观的设计带来了不便。太阳能与建筑一体化的设计，可根据建筑物本身的用途、外观、面积等的需要，将热水系统以一个单元、一栋楼房、几栋楼房或一个院落为单位系统进行设计，用热水表对每个热水用户进行计量管理，这样既可减少热水系统的故障数量，又可合理地分配热水用量。如果热水储水箱与集热器可分开，将集热器根据建筑设计的需要集中或分几块布置于屋顶，而将水箱布置在建筑物的单独一个房间内，这样整个太阳能热水系统的设计就与常规能源的热水系统设计没有很大的区别，而更容易被建筑设计部门和施工部门接受，使用管理起来也更容易、更方便。

③设备及系统在零度以下运行保证不会冻损。我国北方地区冬季气候寒冷，长江流域一带冬季有时也会结冰。前几年有些地方多次发生大量冻坏集热器的现象，真空管太阳能热水器在东北、内蒙地区也经常发生冻坏的现象，有时虽然真空管没冻坏，系统的上下水管却常被冻坏，因此，保证太阳能集热器设备及循环管线不被冻坏是十分重要的。而加强保温或加伴热带等都不能保证万无一失，只有排空才是最可靠的防冻办法。

④系统自动运行，并保证 24 小时供应热水。随着生活水平的提高，人们对热水的要求也越来越高，与建筑一体化的太阳能热水系统必须保证 24 小时供应热水，这就需在系统中配备常规能源，而且应满足以下几个条件：优先全面使用太阳能，最少使用常规能源，24 小时供应热水，自动运行无人值守。这几个条件的满足，在现在科学技术的条件下已经得以解决——将太阳能、常规能源、水位、水温、水泵等相关控制点按照最佳运行方式编制程序，使控制过程完全符合人的习惯思维，更加人性化，这样的控制器非常“听话”，也非常可靠。

⑤集热器与建筑的结合，除应符合建筑外观的要求外，其防水是十分重要的，应保证集热器本身及其与建筑的结合部位不会渗漏。将集热器放在建筑物屋顶向阳面坡度瓦的上面是简单的与建筑一体化的办法，只将上下水管道通过屋面板的防水做好即可，但总有点美中不足。如果将集热器放的位置确定为与瓦的高度基本一致时，集热器本身及其四周与瓦相交接处的防水就显得十分重要了，由于温度的变化及材料的不同，各种建筑防水材料均不能保证在几年中不会渗漏，还是结构防水最可靠。为了满足一组多块集热板之间不会漏水，采用集热器母管上下出口的方式并用耐腐蚀的金属材料做顺水槽，借鉴国内外结构防水的先进经验，可以比较好地解决集热板阵列四周的防水问题。

5. 太阳能光伏系统与建筑一体化

在能源和环保压力的促进下，太阳能光伏技术已逐步成为国际社会走可持续发展道路的首选技术之一。太阳能光伏发电是到目前为止最长寿、最清洁的发电技术。光伏发电对世界能源需求将会做出重大贡献的两个领域是提供住户用电和用于大型中心电站的发电，前者将对现代建筑的发展产生重大影响。

1）太阳能光伏建筑一体化的形式

太阳能光伏发电系统只涉及半导体封装器件，不消耗常规能源，无运动机械部件，无污染，无噪声，维护方便，发电容量可任意选择。在推行建筑一体化太阳能发电技术时一般采用两种太阳能电池组件，一种是普通太阳能电池组件，另一种是建材型太阳能电池组件。

（1）普通太阳能电池组件。施工时通过装配件把太阳能电池组件同周围建筑材料结合起来，组件之间和组件与建材之间的间隙需要另行处理，其特点是太阳能电池组件可以在普通流水线上大批量生产，成本低，价格便宜，既可以同建筑结合起来使用，又可以安装在大型支架上形成大规模太阳能发电站。其缺点是无法直接代替建筑材料使用，太阳能电池组件与建材重叠使用造成浪费，施工成本高。

（2）建材型太阳能电池组件。这是一种在厂家把太阳能电池芯片直接封装在特殊建材上的组件，设计有防雨结构，施工时按模块方式拼装，集发电功能与建材功能于一体，施工成本低。但是由于必须适应不同的建筑尺寸，很难在同一条流水线上大规模生产，有时甚至需要投入大量的人力进行手工操作生产，以至于生产成本高。

建筑与光伏的进一步结合是将光伏器件与建筑材料集成化。一般的建筑物外围护表面采用涂料、装饰瓷砖或幕墙玻璃，目的是为了保护和装饰建筑物。如果用光伏器件代替部分建材，即用光伏组件来做建筑物的屋顶、外墙和窗户，这样既可用作建材也可用以发电，可谓物尽其用。对于框架结构的建筑物，可把其整个围护结构做成光伏阵列，选择适当光伏组件，既可吸收太阳直射光，也可吸收太阳反射光。目前已经研制出大尺度的彩色光伏模块，可实现以上目的，还可使建筑外观更具魅力。

2）太阳能光伏建筑一体化的特点与要求

光伏系统与建筑一体化具有高技术、无污染和自供电的特点，能够强化建筑物的美感和建筑质量，具有多功能和可持续发展的特征，建筑物的外壳能为光伏系统提供足够的面积，不需要占用昂贵的土地，省去光伏系统的支撑结构及输电费用，光伏阵列可以代替常规建筑材料，从而节省安装和材料费用。例如常规外墙包覆装修成本与光伏组件成本相当；光伏系统的安装可集成到建筑施工过程，成本又可大大降低；在用电地点发电，避免传输和分电损失（5%～10%），降低了电力传输和电力分配的投资和维修成本；集成设计使建筑更加洁净、完美，更使人赏心悦目，更容易被专业建筑师、用户和公众接受。

用光伏器件做建材，必须具备建材的要求：坚固耐用、保温隔热、防水防潮、适当的强度和刚度等性能。若是用于窗户、天窗等，则必须能够透光，就是说既可发电又可采光。除此之外，还要考虑安全性能、外观和施工简便等因素。

3）太阳能光伏建筑一体化的进程

太阳能光伏系统和建筑的完美结合体现了可持续发展的理想范例，国际社会十分重视。国际能源组织（IEA）于 1991 年和 1997 年相继两次启动建筑光伏集成计划，计划的实施对建筑光伏集成起了重要的开拓和推动作用，许多国家相继制订了本国的屋顶计划，使得建筑光伏集成技术得以蓬勃发展。

据了解，我国于 2009 年 9 月下达了首批太阳能光电建筑应用示范项目补贴资金 12.7 亿元，共 111 个项目，总规模 91MW；同年 11 月，我国公布了金太阳示范工程补贴结果，将补助 275 个项目，总投资将达 200 亿元，其中光电建筑并网项目 222 个，共 298.4 MW。

2010 年太阳能光电建筑应用示范项目补贴政策，重点支持应用程度较高的建材型、构建型项目，总投资 11.95 亿元，共 99 个项目；同年金太阳示范项目补贴 120 个项目，共计 272 MW，其中包括 13 个太阳能光伏发电集中应用示范区。

截至 2010 年底，全球光伏发电市场累计安装量达到 3700 万 kW 以上，增幅超过 50%，全球多晶硅产量也达到了 12 万吨。相比之下，2010 年我国的多晶硅产量和产业规模仅次于美国和德国，居世界第三；我国的硅片产量、光伏电池产量及光伏电池组件各项产业总体规模居世界第一。

国家能源局正在编制的“十二五”能源发展规划提出，到2020年太阳能发电装机容量达到20 GW，是2007年颁布的《可再生能源中长期发展规划》的11倍，届时平均每年将会有2 GW的装机，这将对我国的光伏建筑一体化产业的大规模推广起到非常积极的作用。

9.2 风能

9.2.1 我国风能资源现状

我国风能资源丰富，可开发利用的风能储量约10亿kW，其中，陆地上风能储量约2.53亿kW（陆地上离地10 m高度资料计算），海上可开发和利用的风能储量约7.5亿kW。

截至2010年底，中国全年风力发电新增装机达1 600万kW，累计装机容量达到4 182.7万kW，首次超过美国，跃居世界第一。然而，风电在整个能源结构中所占的比例依然很低，风电上网难的瓶颈也还没有突破，要从风电装机大国发展为风电利用大国，在全球清洁能源革命中拔得头筹，中国仍需继续给力。中国风电装备的质量水平，包括设备完好率、发电能力等还有待提高，虽然2010年中国风电装机容量超过了美国，但是发电量只有500亿kW·h时，仍低于美国。

1. 我国的风能资源分布

1）“三北”（东北、华北、西北）地区风能资源丰富带

该地区包括东北三省、河北、内蒙古、甘肃、青海、西藏和新疆等省/自治区近200 km宽的地带，风功率密度在200～300 W/m^{2}以上，有的可达500 W/m^{2}以上，可开发利用的风能储量约2亿kW，约占全国可利用储量的79%。该地区风电场地形平坦，交通方便，没有破坏性风速，是我国连成一片的最大风能资源区，有利于大规模的开发风电场。但是，建设风电场时应注意防止低温和沙尘暴的影响，有的地方联网条件差，应与电网统筹规划发展。

2）东南沿海地区风能丰富带

东南沿海受台湾海峡的影响，每当冷空气南下到达海峡时，由于狭管效应使风速增大。冬春季的冷空气、夏秋季的台风，都能影响到沿海及附近岛屿，是我国风能最佳丰富区。我国有海岸线约1 800 km，岛屿6 000多个，这是风能大有开发利用前景的地区。

沿海及岛屿风能丰富带，年有效风功率密度在200 W/m^{2}以上，风功率密度线平行于海岸线，沿海岛屿风功率密度在500 W/m^{2}以上，如台山、平潭、东山、南鹿、大陈、嵊泗、南澳、马祖、马公、东沙等，可利用小时数为7 000～8 000 h。这一地区特别是东南沿海，由海岸向内陆是丘陵，风能丰富地区仅在距海岸50 km之内。

3）内陆局部风能丰富地区

此地区在两个风能丰富带之外，风功率密度一般在100 W/m^{2}以下，可利用小时数3 000 h以下。但是在一些地区由于湖泊和特殊地形的影响，风能也较丰富，如鄱阳湖附近较周围地区风能就大，湖南衡山、湖北的九宫山、河南的嵩山、山西的五台山、安徽的黄山、云南的太华山等也较平地风能为大。

4）海上风能丰富区

我国海上风能资源丰富，10 m 高度可利用的风能资源达7亿多千瓦。海上风速高，很少有静风期，可以有效利用风电机组发电容量。海水表面粗糙度低，风速随高度的变化小，可以降低塔架高度。海上风的湍流强度低，没有复杂地形对气流的影响，可减少风电机组的疲劳载荷，延长使用寿命。一般估计海上风速比平原沿岸高20%，发电量增加70%，在陆上设计寿命20年的风电机组在海上可达25年到30年，且距离电力负荷中心很近。随着海上风电场技术的发展成熟，经济上可行，将来必然会成为重要的可持续能源。

2. 我国的风能资源特点

我国的风能资源有两个特点。一是风能资源季节分布与水能资源互补，我国风能资源丰富，但季节分布不均匀，一般春、秋和冬季丰富，夏季贫乏。水能资源丰富，雨季在南方大致是3～6月，或4～7月，在此期间的降水量占全年的50%～60%；在北方，不仅降水量小于南方，而且分布更不均匀，冬季是枯水季节，夏季为丰水季节。丰富的风能资源与水能资源季节分布刚好互补，大规模发展风力发电可以在一定程度上弥补我国水电冬春两季枯水期发电电力和电量之不足。二是风能资源地理分布与电力负荷不匹配，沿海地区电力负荷大，但是风能资源丰富的陆地面积小；北部地区风能资源很丰富，电力负荷却很小，给风电的经济开发带来困难。由于大多数风能资源丰富区远离电力负荷中心，电网建设薄弱，大规模开发需要电网延伸的支撑。

9.2.2 风能利用形式

在风能的各种利用形式中，风力发电是风能利用的主要形式，也是目前可再生能源中技术最成熟、最具有规模化开发条件和商业化发展前景的发电方式之一。风力发电是指利用风力发电机组直接将风能转化为电能的发电方式。

风力发电的原理，是利用风力带动风车叶片旋转，再透过增速机将旋转的速度提升，来促使发电。依据目前的风车技术，大约在3 m/s的微风速度（微风的程度）便可以开始发电，其结构如图9－36所示。风能发电的主要形式有两种：一是独立运行，二是风力并网发电。

小型独立风力发电系统一般不并网发电，只能独立使用，单台装机容量为100 W～5 kW，通常不超过10 kW。它的构成为：风力发电机、充电器和数字逆变器。风力发电机由机头、转体、尾翼、叶片组成。叶片用来接受风力并通过机头转为电能；尾翼使叶片始终对着来风的方向从而获得最大的风能；转体能使机头灵活地转动以实现尾翼调整方向的功能；机头的转子是永磁体，定子绕组切割磁场线产生电能。因风量不稳定，故小型风力发电机输出的是13～25 V变化的交流电，须经充电器整流，再对蓄电瓶充电，使风力发电机产生的电能变成化学能，用有保护电路的逆变电源，把电瓶里的化学能转变成220 V的交流市电，才能保证稳定使用。

9.2.3 风力发电的优缺点

1. 优点

①利用自然界的可再生能源，干净无污染，无需燃料。

②运行成本低，风电机组的设计寿命为20～25年，运行和维护的费用通常相当于机组总成本的3%～5%。

图 9-36　渔民船上的微型风力发电机

③建设周期短，若不计测风，快者一年左右便可建成。

2. 缺点

①选址时对自然环境（风速）要求较高，仅测风阶段就要历时一年以上；风场占地面积通常在几百亩到几千亩（1 亩=666.6 m^2），与火电相比，单位土地面积的发电出力相差较大（尽管风机塔架周围的土地仍可进行其他利用）；风力大的地区通常人口稀少，离电力负荷中心较远，对电网输送要求较高。

②出力不稳定（取决于不可控的风速），利用小时数低（通常为 2 000 h/a 左右），通常认为风力发电量占电网总电量的比重不能过高（10%～12%，最高可达 20%），否则会影响电网稳定。

③一次性投资较火电大，上网电价高于火电、水电。目前国内风电场的千瓦造价通常要 8 000～12 000 元，比西方还高，原因之一是进口设备价格较贵。2002 年采用当时先进的风电机组在最佳条件下，欧洲每千瓦装机的投资成本为 832 欧元（现价折人民币 8 428 元），每千瓦时电的成本为 0.038 8 欧元（合人民币不到 0.4 元/kW·h，我国火电成本通常为 0.15～0.25 元/kW·h 左右）。随着技术的进步，风电成本将会下降。有研究称，预期风电成本会从 0.04 欧元/kW·h，下降至 2010 年的 0.03 欧元/kW·h（假设装机成本降至 628 欧元/kW）；到 2020 年，再降低至 0.023 4 欧元/kW·h（装机成本为 497 欧元/kW）。届时，风力发电的成本已跟燃煤机组的成本相近。

9.3　地热能

地热能是由地壳抽取的天然热能，这种能量来自地球内部的熔岩，并以热力形式存在，是引致火山爆发及地震的能量。地球内部的温度高达 7 000 ℃，而在 80～100 英里（1 英里=1 609.344 m）的深度处，温度会降至 650～1 200 ℃。透过地下水的流动和熔岩涌至离地面 1～5 km 的地壳，热力得以被转送至较接近地面的地方。高温的熔岩将附近的地下水加热，这些加热了的水最终会渗出地面。运用地热能最简单和最合乎成本效益的方法，就是直接取用这些热源，并抽取其能量。

相对于太阳能和风能的不稳定性，地热能是较为可靠的可再生能源，这让人们相信地热能可以作为煤炭、天然气和核能的最佳替代能源。另外，地热能确实是较为理想的清洁能源，能源蕴藏丰富并且在使用过程中不会产生温室气体，对地球环境不产生危害。

9.3.1 我国地热能资源现状

中国地热资源按其属性可分为三种类型：

①高温（>150 ℃）对流型地热资源，这类资源主要分布在西藏、腾冲现代火山区及台湾，前二者属地中海地热带中的东延部分，而台湾位居环太平洋地热带中；

②中温（90～150 ℃）、低温（<90 ℃）对流型地热资源，主要分布在沿海一带，如广东、福建、海南等省区；

③中低温传导型地热资源，这类资源分布在中新生代大中型沉积盆地，如华北、松辽、四川、鄂尔多斯等。这类资源又往往跟油气或其他矿产资源（如煤炭等）处在同一盆地中。

若地热资源按温度划分，中国一般把高于150 ℃的称为高温地热，主要用于发电。低于此温度的叫中低温地热，通常直接用于采暖、工农业加温、水产养殖及医疗和洗浴等。

9.3.2 地热能的利用形式

地热能的利用可分为地热发电和直接利用两大类，而对于不同温度的地热流体可能利用的范围有：200～400 ℃的直接用于发电及综合利用；150～200 ℃的用于双循环发电、制冷、工业干燥和工业热加工；100～150 ℃的用于双循环发电、供暖、制冷、工业干燥、脱水加工、回收盐类、罐头食品；50～100 ℃的用于供暖、温室、家庭用热水、工业干燥；20～50 ℃的用于沐浴、水产养殖、饲养牲畜、土壤加温、脱水加工。

1. 地热发电

地热发电是利用地下热水和蒸汽为动力源的一种新型发电技术，它涉及地质学、地球物理、地球化学、钻探技术、材料科学和发电工程等多种现代科学技术。地热发电实际上就是把地下的热能转变为机械能，然后再将机械能转变为电能的能量转变过程，或按照载热体类型、温度、压力和其他特性的不同，可把地热发电的方式划分为地热蒸汽发电和地下热水发电两大类。

1）地热蒸汽发电

地热蒸汽发电是把蒸汽田中的干蒸汽直接引入汽轮发电机组发电，但在引入发电机组前应把蒸汽中所含的岩屑和水滴分离出去。这种发电方式最为简单，但干蒸汽地热资源十分有限，且多存于较深的地层，开采技术难度大，故发展受到限制。此类发电主要有背压式和凝汽式两种发电系统。

（1）背压式汽轮机发电系统。最简单的地热干蒸汽发电，是采用背压式汽轮机地热蒸汽发电系统，其工作原理为：首先把干蒸汽从蒸汽井中引出，先加以净化，经过分离器分离出所含的固体杂质，然后就可把蒸汽通入汽轮机做功，驱动发电机发电。做功后的蒸汽，可直接排入大气，也可用于工业生产中的加热过程。

这种系统大多用于地热蒸汽中不凝结气体含量很高的场合，或者综合利用于工农业生产和人民生活的场合。

(2) 凝汽式汽轮机发电系统。为提高地热电站的机组出力和发电效率，通常采用凝汽式汽轮机地热蒸汽发电系统。在该系统中，由于蒸汽在汽轮机中能膨胀到很低的压力，因而能做出更多的功。做功后的蒸汽排入混合式凝汽器，并在其中被循环水泵打入冷却水冷却而凝结成水，然后排走。

在凝汽器中，为保持很低的冷凝压力，即真空状态，设有两台带有冷却器的抽气器来抽气，把由地热蒸汽带来的各种不凝结气体和外界漏入系统中的空气从凝汽器中抽走。

2) 地下热水发电

地下热水发电是地热发电的主要方式，其类型有闪蒸地热发电系统和双循环地热发电系统两种方式。

(1) 闪蒸地热发电系统。此系统直接利用地下热水所产生的蒸汽进入汽轮机工作，也叫做减压扩容法地热发电系统。类型可以分为：

①单级闪蒸地热发电系统，又包括湿蒸汽型和热水型两种；

②两级闪蒸地热发电系统；

③全流法地热发电系统。

闪蒸系统如图 9－37 所示，当高压热水从热水井中抽至地面，压力降低部分热水会沸腾并“闪蒸”成蒸汽，蒸汽送至汽轮机做功；而分离后的热水可继续利用后排出，当然最好是再回注入地层。

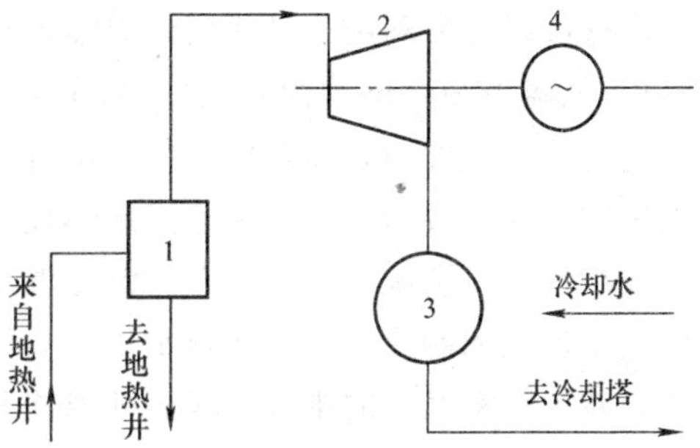

图 9－37　闪蒸系统示意图

1—蒸发器；2—汽轮机；3—冷凝器；4—发电机

(2) 双循环系统。利用地下热水来加热某种低沸点工质，使其产生蒸气进入汽轮机工作。双循环地热发电也叫做低沸点工质地热发电或中间介质法地热发电，又叫做热交换法地热发电。在这种发电系统中，低沸点介质常采用两种流体：一种是采用地热流体作热源，另一种是采用低沸点工质流体作为一种工作介质来完成将地下热水的热能转变为机械能。所谓双循环地热发电系统即由此而得名。常用的低沸点工质有氯乙烷、正丁烷、异丁烷、氟利昂－11、氟利昂－12 等。

双循环地热发电系统的优点是：利用低温位热能的热效率较高；设备紧凑，汽轮机的尺寸小；易于适应化学成分比较复杂的地下热水。缺点是：不像扩容法那样可以方便地使用混合式蒸发器和冷凝器；大部分低沸点工质传热性都比水差，采用此方式需有相当大的金属换热面积；低沸点工质价格较高，来源欠广，有些低沸点工质还有易燃、易爆、有毒、不稳定、对金属有腐蚀等特性。

双循环系统的流程如图 9－38 所示。地热水首先流经热交换器，将地热能传给另一种低沸点的工作流体，使之沸腾而产生蒸气。蒸气进入汽轮机做功后进入冷凝器，再通过热交换器而完成发电循环，地热水则从热交换器回注入地层。这种系统特别适合于含盐量大、腐蚀性强和不凝结气体含量高的地热资源。发展双循环系统的关键技术是开发高效的热交换器。

中国利用地热发电才刚刚起步，近年来一些地方只是利用地下热水成功建立小型发电站，这是地热应用的一个良好开端。我国已经发现的地热温度较低，品位差，用来取暖及供热应当更合适。

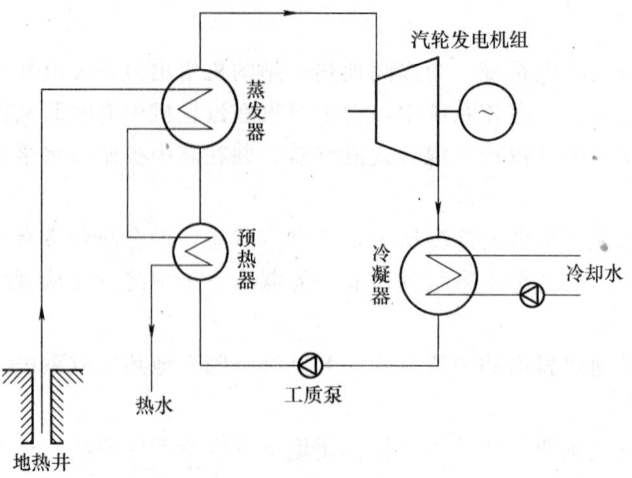

图 9－38　双循环系统示意图

2. 地热供暖

地热供暖主要利用的是浅层地温能。浅层地温能是指地表以下一定深度范围的岩土体内（一般为恒温带 200 m 埋深）、温度低于 25 ℃，在当前技术经济条件下具备开发利用价值的地温能，浅层地温能是地热资源的一部分。随着地源热泵技术逐步推广，浅层地温能日益受到人们的重视，成为目前城市地区地热能利用新的途径。

浅层地温能资源丰富，分布广泛，温度稳定，开发技术臻于成熟，在我国城市地区正逐步应用于供暖和制冷以及生活热水供应。浅层地温能可持续利用，可以作为化石能源的替代资源，减少温室气体的排放。浅层地温能利用系统具有绿色环保、运行成本低、技术成熟、不消耗地下水等特点，应用前景广阔。

将地热能直接用于采暖、供热和供热水是仅次于地热发电的地热利用方式。因为这种利用方式简单、经济性好，备受各国重视，特别是位于高寒地区的西方国家。我国利用地热供暖和供热水发展也非常迅速，热泵技术也趋于成熟，在京津地区已成为地热利用中最普遍的方式。

1）水源热泵技术

地源热泵（也称地热泵）是利用地下常温土壤和地下水相对稳定的特性，通过深埋于建筑物周围的管路系统或地下水，采用热泵原理，通过少量的高位电能输入，实现低位热能向高位热能转移，与建筑物完成热交换的一种技术。前者称为土壤源热泵，后者称为水源热泵。

地源热泵空调系统主要分为三个部分：室外地能换热系统、水源热泵机组系统和室内采暖空调末端系统。其中水源热泵机组主要有两种形式：水－水型机组或水－空气型机组。三个系统之间靠水或空气换热介质进行热量的传递，水源热泵与地能之间换热介质为水，与建筑物采暖空调末端换热介质可以是水或空气。

(1) 水源热泵的定义。水源热泵是以水为介质来提取能量实现制热和制冷的一个或一组系统。水源热泵机组，就是通过消耗少量高品位能量，将地表水中不可直接利用的低品位热量提取出来，变成可以直接利用的高品位能源的装置。水源热泵是利用太阳能和地热能来制冷、供热，应该说它属于热泵中“地源热泵”的一种。经过严格测试及不同地区热泵的应用实例测算，水源热泵制热的性能系数在 3.3～4.4 之间，制冷的性能系数在 4.1～5.8 之间。

(2) 水源热泵工作原理。地球表面浅层水源（如深度在 1 000 m 以内的地下水、地表的河流、湖泊和海洋）吸收了太阳进入地球的辐射能量，这些水源的温度一般都十分稳定。水源热泵机组工作原理就是在夏季将建筑物中的热量转移到水源中，由于水源温度低，所以可以高效地带走热量，而冬季，则从水源中提取能量，由热泵原理将空气或水提升温度后送到建筑物中。通常水源热泵消耗 1 kW 的能量，用户可以得到 4 kW 以上的热量或冷量。

水源热泵根据对水源利用方式的不同，可以分为闭式系统和开式系统两种。闭式系统是指在水侧为一组闭式循环的换热盘管，该组盘管一般水平或垂直埋于湖水或海水中，通过与湖水或海水换热来实现能量转移；开式系统是指从地下或地表中抽水后经过换热器直接排放的系统。水源热泵无论是在制热还是制冷过程中均以水为热源和冷却介质，即用切换工质回路来实现制热和制冷的运行。

(3) 水源热泵的特点。环保效益显著，水源热泵是利用地表水作为冷热源，进行能量转换的供暖空调系统；供热时省去了燃煤、燃气、燃油等锅炉房系统，没有燃烧过程，避免了排烟、排污等污染；供冷时省去了冷却水塔，避免了冷却塔的噪音、霉菌污染及水耗。所以说，水源热泵系统是利用清洁的可再生能源的一种技术。

高效水源热泵机组可利用的水体温度冬季为 12～22 ℃，水体温度比环境空气温度高，所以热泵循环的蒸发温度提高，能效比也提高。而夏季水体温度为 18～35 ℃，水体温度比环境空气温度低，所以制冷的冷凝温度降低，使得冷却效果好于风冷式和冷却塔式，机组效率提高。据美国环保署 EPA 估计，设计安装良好的水源热泵，平均来说可以节约用户 30%～40%的供热制冷空调运行费用。

2) 土壤源热泵

(1) 土壤源热泵的定义。土壤源热泵是利用地下土壤温度相对稳定的特性，通过深埋于建筑物周围的管路系统与建筑物内部完成热交换的装置。冬季从土壤中取热，向建筑物供暖；夏季向土壤排热，为建筑物供冷。它以土壤作为热源、冷源，通过高效热泵机组向建筑物供热或供冷。高效热泵机组的能效比一般能达到 4.0 以上，与传统的冷水机组加锅炉的配置相比，全年能耗可节省 40%左右，初投资偏高，机房面积较小，节省常规系统冷却塔可观的耗水量，运行费用低，不产生任何有害物质，对环境无污染，实现了环保的功效。

(2) 土壤源热泵制冷（供热）基本原理。土壤源热泵的制冷（制热）循环属于单级蒸气压缩式理论循环，并非逆卡诺循环。实际工程中应用的热泵，其蒸气压缩过程不是绝热过程，存在汽缸余隙、吸排气阀阻力、摩擦损失等，因此压缩机消耗的功率比理论功率大。利用土壤源热泵的逆循环（制热循环），可通过冷凝器向房间供热。

常见的土壤源热泵系统由压缩机、冷凝器、节流装置和蒸发器组成，主要包含三部分：热泵的驱动能源（如电能）、热泵的工作机和低温热源——土壤。其制冷系统原理见图 9－39。土壤源热泵系统，利用土壤的蓄热性能，通过埋地换热器，夏季把室内的热量取出，释放到埋地换热器附近的土壤中去，即利用土壤冷却埋地换热器管内的制冷工质，工质经节流后，在蒸发器内吸热蒸发，从而实现向建筑物供给冷量。

冬季供热系统原理见图 9－40，系统利用四通阀的转换作用，埋地换热器转变为蒸发器，吸收土壤的热能，室内的蒸发器转变为冷凝器，通过释放冷凝热，向建筑物供暖。土壤源热泵的供热量永远大于它所消耗的功量。

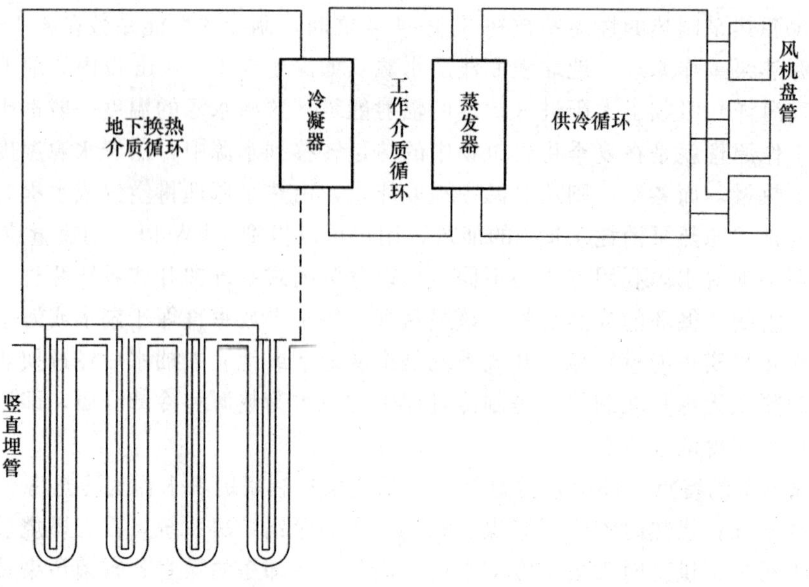

图 9－39　夏季供冷原理图

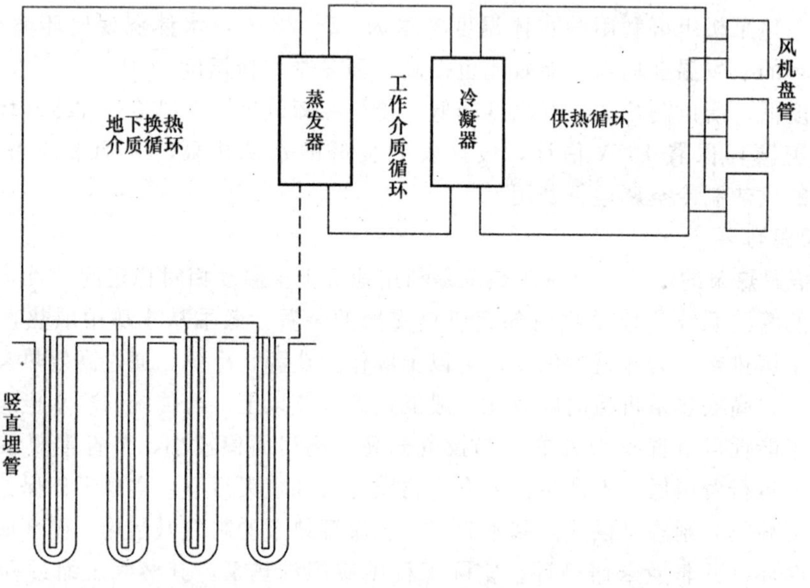

图 9－40　冬季供热原理图

(3) 土壤源热泵的主要特点。

①利用可再生能源，高效节能。地表浅层是一个巨大的太阳能集热器，收集了大约47%的太阳能，比人类每年利用能量的500倍还多。因此，土壤源热泵采用的能源永远不会枯竭，是一种可再生的能源。研究表明，地表面5 m以下的土壤，年平均温度基本上不随季节变化，且约等于该地区的空气年平均气温，这说明无论夏季还是冬季，都非常适用于空调系统。

②运行工况平稳。地下土壤温度较高且相对稳定，几乎不受地上温度变化的影响，没有结霜之忧，土壤源热泵运行工况平稳。同时，也节省了空气源热泵结霜、除霜所消耗的能量。

③土壤源热泵不需设置在屋顶等户外开敞处，没有轴流通风机产生的噪声，热泵机组可布置于封闭性能好的机房内，噪声干扰可得到有效控制。夏季不会向周围空气大量排热，冬季不会向周围空气吸热，避免了空调装置对建筑物声环境、室外热环境的破坏作用。

9.3.3 地热发电系统设计与建设

地热发电系统的设计与建设，涉及地热资源的勘探与开采、冷却水源的选择、地热流体的输送以及地热发电设备的选型与安装及调试等一整套综合工程技术。

1. 地热发电设备选型

选型计算内容包括以下几项：

①汽轮发电机发电功率的计算；

②机组容量选择（单机容量不宜过大）；

③汽轮机进口初压；

④凝汽器；

⑤抽气器。

2. 冷却水源及冷却水塔选择

地热电站与火力发电厂一样，通常以地表水作为冷却水源来对汽轮机的排汽进行冷凝。为了维持较低的冷凝温度，提高电站的出力，冷凝器冷却水的温升一般取得比较小。冷却水系统有以下两种类型：

①开式水冷却系统（水源充足的地方用）；

②循环水冷却系统（水源不足的地方用）。

各地根据具体情况有针对性地选择相应的设备，以期达到高效节能的目标。

3. 地热流体输送系统设计

要事先了解地热流体的化学性质、井口压力变化对流量和气水比的影响以及闭井时的最大井口压力等。地热流体输送系统一般由一条或几条大口径的主干管道和接自井口装置的小口径分支管道所组成。设计地热流体输送系统要考虑的主要问题之一，是管径的选择，以使井口到管道交付端之间的压降不至过大，避免过大的压降使井口产量过低。

4. 低沸点工质的选择

在中间介质法地热发电系统中，是由蒸汽或低沸点工质蒸气向地下水吸热、对汽轮机做功、向冷却水放热等过程实现热能转换的。

选择工质时应注意考虑以下基本要求：

①发电性能好，即在相同条件下每吨热水的实际发电量较大；

②传热性能好，即在相同条件下放热系数较大；

③压力水平适中，即在地下热水温度下相应的饱和压力不是很高，在冷源温度下不出现高度真空；

④来源丰富，价格较低；

⑤化学稳定性好，不易分解，腐蚀性和毒性小，不易燃易爆。

5. 地热电站防腐蚀

(1) 地热流体腐蚀的主要物质有：氧（O_2）、氢离子（H^+）、氯离子（Cl^-）、硫化氢（H_2S）、二氧化碳（CO_2）、氨（NH_3）和硫酸盐（SO_4^{2-}）等。

（2）防腐措施有：

①整个系统采用耐腐蚀的金属和非金属材料；

②使系统尽量密封，以隔绝外界空气的进入，也可在系统中加亚硫酸盐等除氧剂除氧；

③在系统中安装热交换器，使地热水不直接进入利用系统；

④对非传热的金属表面涂敷防腐涂料；

⑤针对不同类型的局部腐蚀采取相应的防腐蚀措施。

6. 地热电站防结垢

（1）垢的类型。按化学成分，可将垢分为碳酸钙垢、硫酸钙垢、硅酸盐垢和氧化铁垢等种类，其物性指标是硬度和孔隙度。

（2）防结垢的方法：

①机械除垢；

②化学方法处理；

③在地热利用系统前部增加阀门；

④物理方法除垢；

⑤根据热力学原理计算与控制井口压力。

7. 地热电站回灌技术

（1）地热电站回灌技术的意义。地热田的大量开采，必将会造成热储寿命缩短，地下水位下降，并导致地面沉降。如把地热发电后的地热弃水回灌地下，就可大大减轻这些弊端，并减轻地热弃水对于环境的污染。

（2）地热电站回灌技术的方法。不同的地热田采用的回灌方式会有所不同。回灌方式的选择取决于地质、环境和经济等综合因素，但一般来说边对边的、深一些的回灌井布局在多数情况下可较好地避免热干扰。

8. 地热电站尾水综合利用

地热电站发电后排出的尾水，温度一般都在 60～70 ℃或更高，适合于工农业生产以及生活上利用，或从中提取有用的化学元素等。如：广东丰顺等地热试验电站将排出的热水与冷水混合，每小时约有 300 t 水供给农田灌溉；湖南灰汤地热试验电站将排出的热水供当地疗养院和温室利用；江西温汤地热试验电站将发电后排出的余热水用于繁育水稻良种和治疗皮肤病、关节炎等。

9. 地热电站对环境的影响

地热能作为新能源，无论是用来发电，还是用于非电直接用热，都能大幅度削减温室气体排放量，减轻环境污染，因此地热能开发利用对环境的有害影响很小。但地热能的开发利用仍有少量有害物质排放，造成大气、地面和水体的一定污染，必须加以重视。例如地下热水和地热蒸汽中含有二氧化碳、甲烷、氢、氮、氨、硫化氢等不凝结气体，可能造成空气污染；废水中硼、砷等有害物质可能造成地表和水源的化学污染；地热电站排出大量废热水可能造成的热污染；大量开采地下热水可能引起地变形、地面沉降和诱发地震等危害。

第 10 章　分布式能源

所谓“分布式能源”（distributed energy sources）是指分布在用户端的能源综合利用系统。一次能源以气体燃料为主，可再生能源为辅，利用一切可以利用的资源；二次能源以分布在用户端的热电冷联产为主，其他中央能源供应系统为辅，实现以直接满足用户多种需求的能源梯级利用，并通过中央能源供应系统提供支持和补充；在环境保护上，将部分污染分散化、资源化，争取实现适度排放的目标；在管理体系上，依托智能信息化技术实现现场无人职守，通过社会化服务体系提供设计、安装、运行、维修一体化保障；各系统在低压电网和冷、热水管道上进行就近支援，互保能源供应的可靠。分布式能源实现多系统优化，将电力、热力、制冷与蓄能技术结合，实现多系统能源容错，将每一系统的冗余限制在最低状态，利用效率发挥到最大状态，以达到节约资金的目的。

10.1　概述

分布式能源是以热电冷联产技术为基础，与大电网和天然气管网相连接的，向一定区域内的用户同时提供电力、蒸汽、热水和空调冷水（或风）等的能源服务系统。它采用了 20 世纪 70 年代在国外发展起来的、洁净高效、小型分散为主要特征的第二代能源技术，目前主要以天然气为燃料，使燃气轮机或内燃机首先做功，通过各种方式按照不同的温位逐级利用 400～600 ℃的排出烟气，最终实现 80%以上的能源利用效率。

20 世纪 90 年代，全球温暖化问题和全球环境问题引起世界各国学者、政治家和环保主义者的高度重视。1997 年 12 月 1～11 日，《联合国气候变化框架公约》的第三次缔约方会议（简称 COP3）在日本京都举行。经过与会 150 个国家代表激烈的辩论，达成了一份《京都议定书》，明确了发达国家和“经济转轨国家”减少 CO_2 排放量的具体目标。

以煤为主的能源结构是不可能实现 CO_2 减排的，除非以牺牲发展速度为代价。为了实现可持续发展，世界上许多有识之士提出能源革命的思想，提出以氢能源替代碳能源，从根本上解决 CO_2 排放、全球温暖化和全球环境问题。这将是新世纪中人类面临的一场重大变革。

在我国过去二十几年的经济快速发展中，以煤为主的能源结构所造成的环境污染和生态问题已经对我国的可持续发展形成了巨大的压力。我国政府最近开始考虑对能源战略进行重大调整，先后做出了西气东输、西电东送、加快引进天然气的决定。国民经济的持续快速发展要求能源供应的保障和电力的超前发展，加上能效需要提高和环境、生态保护方面的压力，这些都对热电冷联产的分布式能源系统产生了巨大的需求。据估计，在今后的十几年内，在中国将需要兴建成千上万个分布式能源站，这是前所未有的历史机遇。当前，正是处于这个历史阶段的开端。但是，如果说从现在开始，分布式能源站会以每年几百个、甚至上千个的速度发展，那么，立即便有一系列的问题产生：资金从哪来，技术依托何在，用户端的市场如何开拓和将会怎样发展，目前政府的政策法规是否适应这个发展趋势，谁来做分布式能源建设开发主体，如何协调分布式能源站同电网公司和天然气公司的关系。这些问题对于分布式能源站的发展是极为现实而又严峻的挑战。目前在北京、上海、广州等地正在策划兴建的分布式能源站已经遇到了这些方面重重的障碍和挑战。认为分布式能源会自然而然地顺利发展起来，或者认为根本没办法克服目前的障碍和挑战、因而它不可能发展起来的这两种看法，都是不符合实际的。我们必须认真地面对当前分布式能源发展中的机遇和挑战，研究、制定好它在中国快速发展的战略。

1999 年美国政府提出发展建筑热电冷联产的行动纲领。其战略目标是：2005 年建立 200 个示范点；2010 年有 20%的新建商用建筑采用热电冷联产；2020 年有 50%的新建商用建筑和 15%的已建建筑采用热电冷联产。

建筑热电冷联产是把传统的二次能源（电、热力）的输送变为将一次能源直接输送到楼宇。这表明建筑热电联产系统应用的前提是城市能源结构的转变。如果我国城市仍然保持过去以煤为主的能源供应格局，那么实施 BCHP 只会造成大气污染的遍地开花。为了彻底改善我国东部城市的大气环境质量、实施西部大开发的发展战略，我国政府制定了宏伟的西气东输规划，将西部地区丰富的天然气源源不断地输送到东部地区。

由于天然气的主要组分是甲烷等低碳烷烃，在无碳能源尚未成为大规模商品能源之前，天然气是最清洁的能源。因此，利用天然气实现热电冷联产是改善区域环境质量、保护地球环境和节能的重要措施。

10.2 热电冷联供系统形式

根据燃料不同，分布式能源系统的主要形式可分为燃用化石能源、利用可再生能源和燃用二次能源及垃圾燃料等几种类型。燃用化石能源的动力装置有：微型燃气轮机、燃气轮机、内燃机、常规的柴油发电机、燃料电池。利用可再生能源发电技术有太阳能发电、风力发电、小水利发电、生物质发电等。利用二次能源的有氢能发电技术。根据用户需求不同，则可分为电力单供、热电联产方式（CHP）和热电冷三联产（CCHP）等方式。

热电冷联供系统的一般形式如图 10－1 所示。以天然气为燃料的原动机（内燃机、燃气轮机、斯特林发动机、燃料电池等）首先生产并输出电能，同时将原动机以烟气、蒸汽、热水等形式输出的余热回收，用于供热或制冷。除了余热锅炉（换热器）、吸收式制冷机、除湿机等直接利用余热的设备外，为了增加系统供电、供热、供冷的稳定性和可靠性，一般还要配备电动制冷机、燃气锅炉、蓄能装置等。

从图 10－1 可以看出，热电冷联产系统根据能源利用形式的不同可分为电力系统和热利用系统两大部分，本节主要对热电冷联产的这两种系统形式进行较详细的介绍。

10.2.1 电力系统

1. 供电方式

热电冷联产的供电方式应根据系统与大电网（市电）供电的联系方式决定，有以下四种形式。

1）独立回路方式

热电冷联产的发电电力通过独立的回路供电，与市电回路分开，一般用来供应特定的负荷设备，作为一个不间断电源（UPS）。如果其电力有余，也可以通过切换开关，作为高峰负荷供电或作为市电停电时的备用电源。这种供电方式一般用在规模较小的系统中，要将电

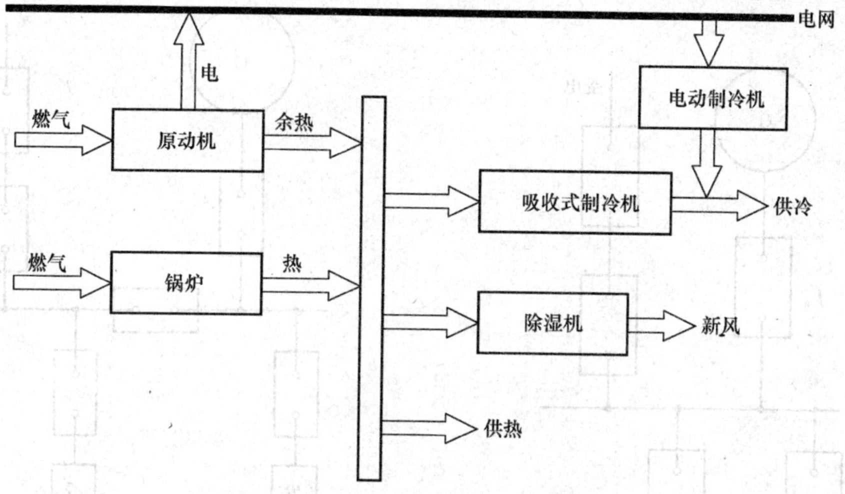

图 10－1　热电冷联供系统工作原理示意图

力负荷分成发电专用、受电专用和发电/受电切换三部分。在发电专用负荷不工作时，发电机停止运行。发电/受电切换负荷用切换开关转为使用市电（见图 10－2）。

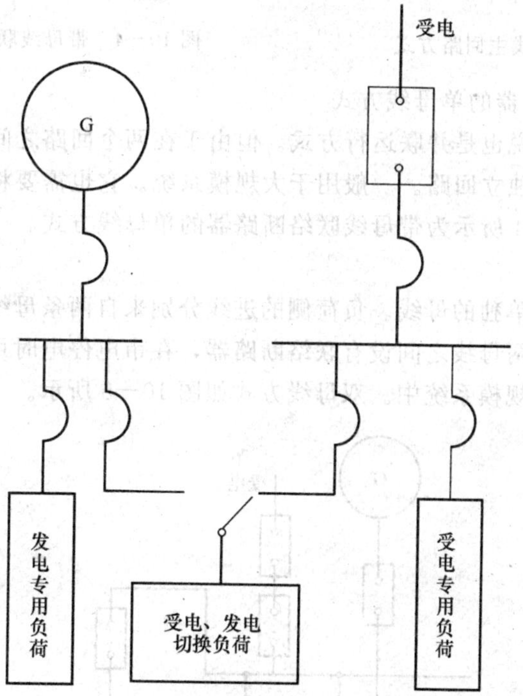

图 10－2　独立回路供电方式

2）单母线主回路方式

热电冷联产的发电与市电受电共用一根母线，并联运行。发电部分作为电力负荷削峰或作为市电停电时的备用电源之用。这种方式一般用于中等规模的系统。并联运行方式对发电品质（频率、电压）要求很高，必须与市电保持一致，同时还需设置防止电力逆潮进入市电网的装置。图 10－3 所示为单母线主回路方式。

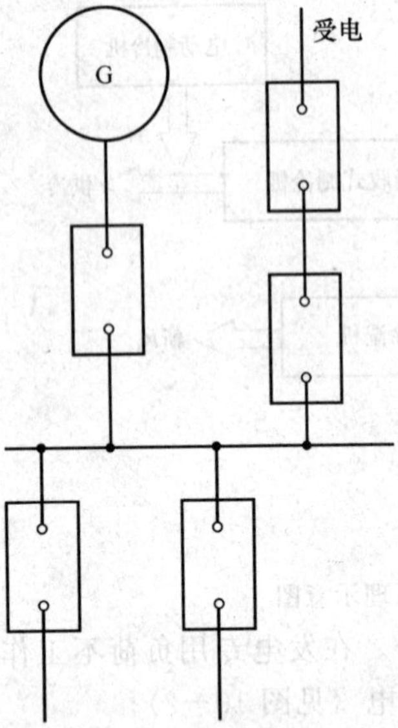

图 10－3　单母线主回路方式

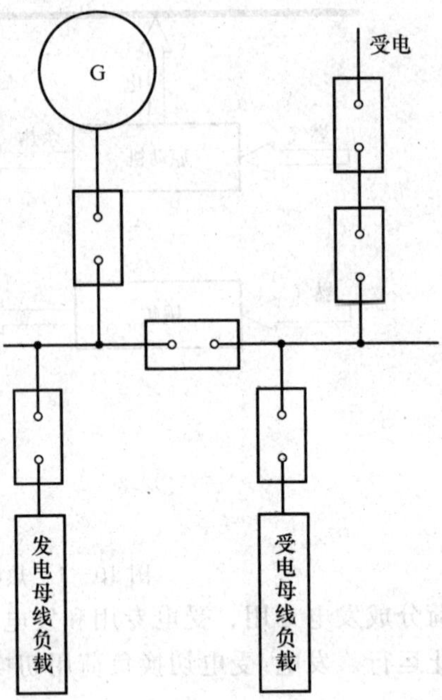

图 10－4　带母线联络断路器的单母线方式

3）带母线联络断路器的单母线方式

这种方式从本质上说也是并联运行方式。但由于在两个回路之间加了断路器，所以在需要时也可以分开成两个独立回路。一般用于大规模系统。它也需要将负荷分为发电负荷和受电负荷两部分。图 10－4 所示为带母线联络断路器的单母线方式。

4）双母线方式

发电和受电各自有单独的母线。负荷侧的进线分别来自两条母线，可以根据负荷管理的需要由两条母线供电。两母线之间设有联络断路器，在市电停电时可自动切换，从而保证供电安全。一般也用在大规模系统中。双母线方式如图 10－5 所示。

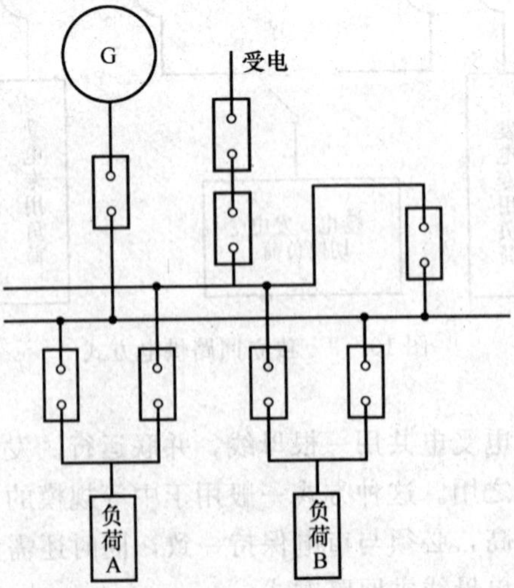

图 10－5　双母线方式

2. 热电冷联产发电机的运行方式

热电冷联产发电机的运行方式有两种模式（如图 10－6 所示）：

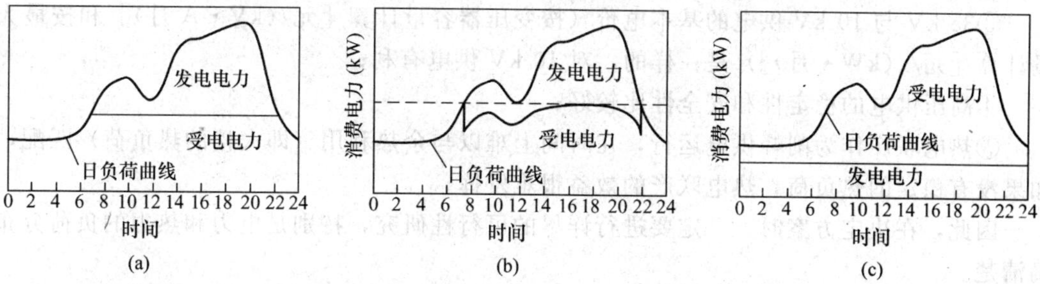

图 10－6　发电机运行模式

(a) 受电电力一定，发电电力调峰；(b) 发电电力一定，发电电力调峰；

(c) 发电电力一定，发电电力作为基础负荷

(1) 受电电力一定。热电冷联产产生的电力作为市电的补充和削峰之用。要求发电机组有较好的调节能力，追踪电力负荷的变化。而产生的热量不稳定，给用热调节带来困难。

(2) 发电电力一定。热电冷联产的发电机组以最大出力运行。这种模式又可分为：

①发电电力削峰运行；

②发电电力作为建筑的基本负荷常时运行。

后一种模式对于排热利用运行十分有利，可以提高系统的经济性。

在从市电切换到发电或从发电切换到市电时，不可避免地要发生瞬时电压波动和瞬间停电，可能会造成建筑内各种用电设备的损害。各种电气设备对电压降有一定的容许时间（见表 10－1），因此选择的切换开关或断路装置必须满足降压允许时间的要求。

表 10－1　若干电气设备电压降允许时间

电气设备	允许电压降（%）	持续时间（s）	电气设备	允许电压降（%）	持续时间（s）
电脑	10～20	～1	半导体开关元件	20	0.25～1.5
电磁接触器	50	～1	高压水银灯	20～30	～1

在考虑设置热电联产机组的发电容量时，需要对受电电力（合同电力）和发电电力进行技术经济分析，以确定合适的发电量。以往的做法是在全年各月各时刻的电力负荷中以最大的电力负荷为基准决定合同电力。电力公司有一个供电容量界限的规定，以上海市电力公司为例，这一规定如下。

①客户用电设备容量在 350 kW 以下或最大需量在 150 kW 以下的，采用低压三相四线 380 V 供电；

②客户受电设备总容量在 6 300 kV·A 以下的采用 10 kV 电压供电；

③客户受电设备总容量在 6 300～40 000 kV·A 的采用 35 kV 电压供电；

④客户受电设备总容量超过 40 000 kV·A 的采用 110 kV 及以上电压供电。

假定某大楼的电力总装机容量为 7 000 kW，那么按规定就要采用 35 kV 供电，变压器容量、供电设备等级都要提高一挡，初投资增加。如果配置 1 台 1 000 kW 的热电联产机组，使市电需求降到 6 000 kW，则可以采用 10 kV 供电。对降低供电初投资是有利的。即热电联产起到“避高”作用。但还有一些因素必须通盘考虑：

①35 kV 与 10 kV 供电的贴费不一样，10 kV 的要贵一些，例如上海这二者分别是 220

元/（kV·A）和 290 元/（kV·A）；

②35 kV 与 10 kV 供电的日常电度电价不一样，10 kV 的也要贵一些；

③35 kV 与 10 kV 供电的基本电价（按变压器容量计算［元/(kV·A 月)］和按最大需量计算［元/（kW·月)］）是一样的，对 10 kV 供电有利；

④高压供电的稳定性和安全性比较好；

⑤热电联产作为削峰供电运行，在时间上难以与余热利用（即大楼的热负荷）匹配，而如果没有稳定的热负荷，热电联产的效益很难发挥。

因此，在决定方案时，一定要进行详尽的可行性研究，特别是电力和热力的负荷分布要搞清楚。

10.2.2 热利用系统

在建筑热电冷联产系统中，热利用系统是重要环节。在民用建筑中，利用排热的设备主要是空调采暖和给排水卫生设备，其利用形态见表 10－2。

表 10－2 建筑热电冷联产排热利用形态

			排热利用目的					
			空调设备				卫生设备	
			低温水		蒸汽			
			供冷用冷水	采暖用热水	采暖用	加湿用	供热水	蒸汽
排热回收形态	热水	低温水（80～85 ℃）	单效吸收式制冷机 吸附式制冷机	换热器 板式 螺旋管式	—	—		—
	蒸汽	低压 100 kPa	单效吸收式制冷机	换热器管壳式	直接利用	直接利用		直接利用
		高压 800 kPa	双效吸收式制冷机	换热器管壳式	直接利用 （减压到 200 kPa）	直接利用 （减压到 200 kPa） 干蒸汽加湿器	热水储槽加热 给水预热	直接利用 蒸汽加热器

由于原动机形式的不同，其排热也具有不同的形式和温度，如微燃机以排烟余热为主，而内燃机有排烟和热水两种形式。热电联产系统热利用的一个重要原则就是热量的“物尽其用”和梯级利用，因此根据不同的温度水平采用相应的热利用方式。热利用的基本形式有五种，其工作过程分别绘制于图 10－7～图 10－11 中。传统的电力制冷方案和热力制冷方案的能源利用情况对比数据见表 10－3 所示。

热电冷联产系统热利用形式之一——蒸汽系统工作流程示意图如图 10－7 所示，原动机的高温排气进入排烟锅炉（余热锅炉），产生蒸汽，供制冷机制冷、供热交换器制成热水采暖，以及供水加热器制成生活热水。为了弥补产热量的不足和调节热负荷，系统中还应设置蒸汽锅炉。图 10－7 中方框涂成灰色的，表明是需要消耗燃料的耗能设备。（下同）

热电冷联产系统热利用形式之二——热水系统工作流程示意图如图 10－8 所示，原动机

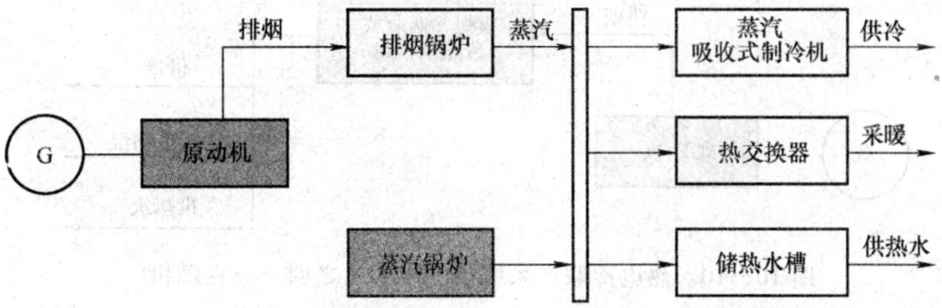

图 10－7　热电冷联产系统热利用形式之一——蒸汽系统

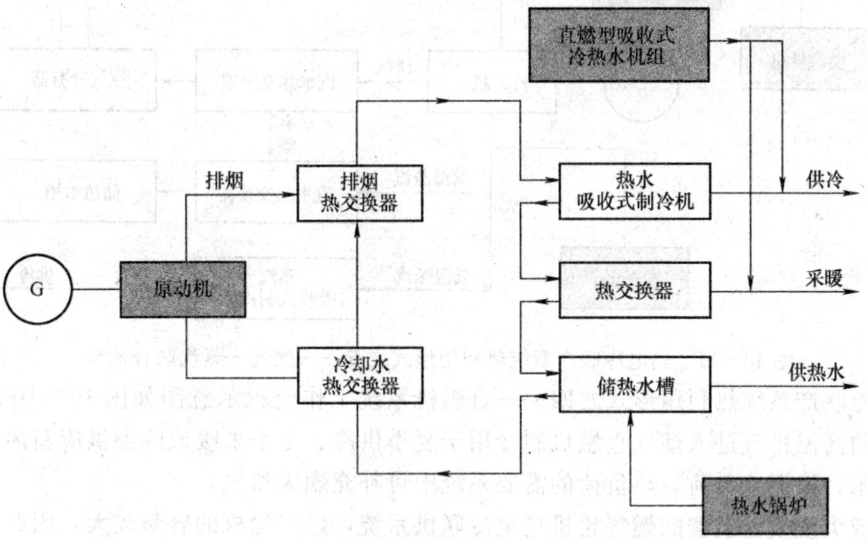

图 10－8　热电冷联产系统热利用形式之二——热水系统

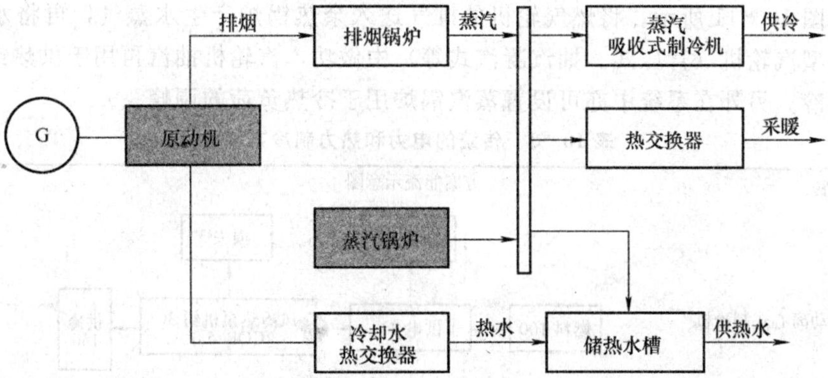

图 10－9　热电冷联产系统热利用形式之三——蒸汽＋热水系统

的高温排气进入排烟换热器产生热水，进入热水吸收式制冷机制冷用于夏季空调，进入热水换热器制热用于冬季供暖，进入水—水储热水槽制成生活热水。为了弥补产热量的不足和调节热负荷，系统中还应设置热水锅炉。

热电冷联产系统热利用形式之三——蒸汽＋热水系统工作流程示意图如图 10－9 所示，原动机的高温排气进入排烟锅炉产生高温水蒸气，进入蒸汽型吸收式制冷机制冷用于夏季空调，进入热水换热器制热用于冬季供暖，进入汽一水储热水槽制成生活热水。为了弥补产热量的不足和调节热负荷，系统中还应设置蒸汽锅炉。

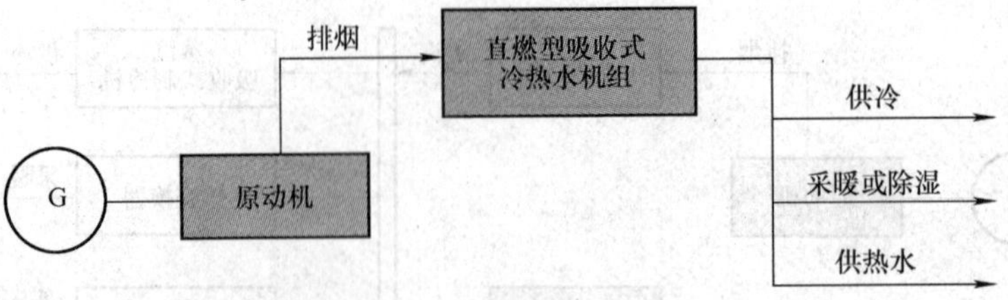

图 10—10　热电冷联产系统热利用形式之四——直燃机

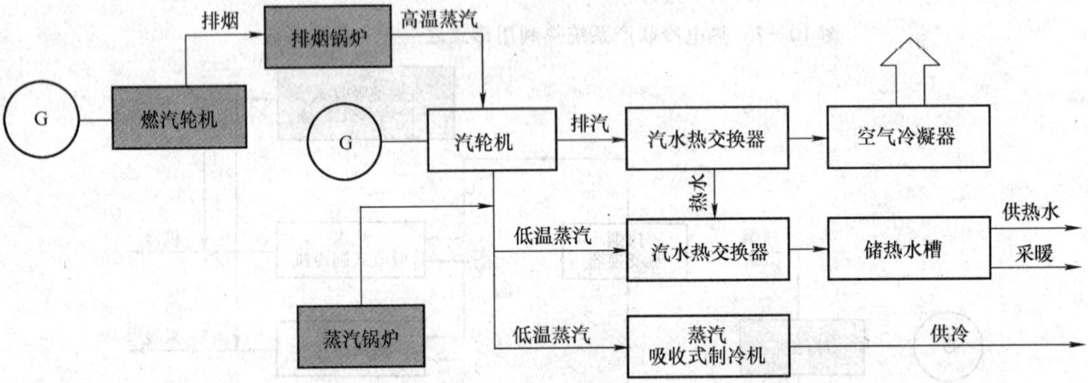

图 10—11　热电冷联产系统热利用形式之五——燃气—蒸汽联合循环

热电冷联产系统热利用形式之四——直燃机系统工作流程示意图如图 10—10 所示，原动机产生的高温排气进入烟气直燃机制冷用于夏季供冷、冬季采暖或除湿供应新风、全年供应卫生热水，根据冷负荷、热负荷的需要系统中可补充燃天然气。

区域或大规模建筑群的燃气轮机热电冷联供系统，燃气轮机的容量较大，因此有条件采用更高效的系统形式。为了进一步提高气发电效率，通常采用燃气—蒸汽联合循环系统，流程示意图如图 10—11 所示。将燃气轮机的排气送入余热锅炉产生水蒸气，再将水蒸气引入热电冷联供型汽轮机（背压式、抽汽凝汽式等）中做功，汽轮机抽汽再用于供热或通过吸收式制冷机供冷。另外在系统中亦可设置蒸汽锅炉用于冷热负荷的调峰。

表 10—3　传统的电力和热力制冷方案

方案	方案能流示意图	一次能效
1. 电力驱动离心式制冷机	燃料 100 → 供电 33（→ 损失 67）→ 风冷热泵机组 30 COP=5.0（→ 损失 3）→ 供冷 150	1.50
2. 电力驱动风冷冷水机组	燃料 100 → 供电 32（→ 损失 68）→ 风冷热泵机组 29 COP=3.0（→ 损失 3）→ 供冷 87	0.87
3. 直燃型溴化锂吸收式制冷机	燃料 100 → 直燃机 PER=1.18 → 供冷 118	1.18

以 80 kW 微型燃气轮机热电联产系统为例，在不同回热率情况下的热电收支平衡实验数据如表 10－4 所示。

表 10－4　80 kW 热电联产微型燃气轮机的热电平衡

回热率（%）	0	10	20	30	40	50	60	70	80	90	100
发电机出力（kW）	80	80	80	80	80	80	80	80	80	80	80
输出电力（kW）	75.90	75.65	75.39	75.16	74.93	74.64	74.35	74.03	73.70	73.32	72.94
燃气压缩机电量（kW）	4.1	4.36	4.61	4.84	5.07	5.36	5.65	5.98	6.3	6.68	7.06
发电效率（%）	23.04	21.69	20.34	19.37	18.40	17.38	16.36	15.46	14.56	13.71	12.86
排烟温度（℃）	278	315	352	389	426	455	484	516	547	581	615
余热回收量（kW）	106	144	182	220	257	292	326	362	398	438	477
供热效率（%）	32.26	41.21	49.17	56.50	63.18	67.68	71.71	75.35	78.61	81.52	84.13
热电综合出力（kW）	182	220	258	295	332	366	400	436	472	511	550
热电综合效率（%）	55.30	62.90	69.51	75.87	81.57	85.05	88.07	90.80	93.16	95.23	96.98
燃料消耗量（MJ/h）	1186	1260	1334	1400	1466	1551	1636	1730	1823	1933	2043
天然气耗量（m^3/h）	34	36.13	38.25	40.15	42.04	44.48	46.91	49.59	52.26	55.41	58.56

从表 10－4 看出，如果在热力制冷部分采用直燃机，就必须使微燃机排气温度达到 500 ℃以上，此时发电效率只有 13%～15%。而如果要提高发电效率，则相应的排气温度只能适于采用效率比较低的吸收式制冷机。表 10－5 分别给出几种系统组合的性能。

表 10－5　微燃机热电联产系统全供冷模式的几种不同组合

原则　　方案　　方案能流示意图　　一次能效

提高热效率

(1) 电动离心机＋直燃机

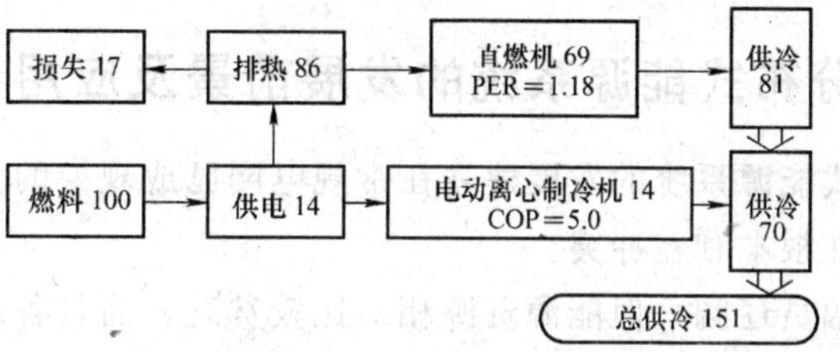

1.51

(2) 电动风冷机组＋直燃机

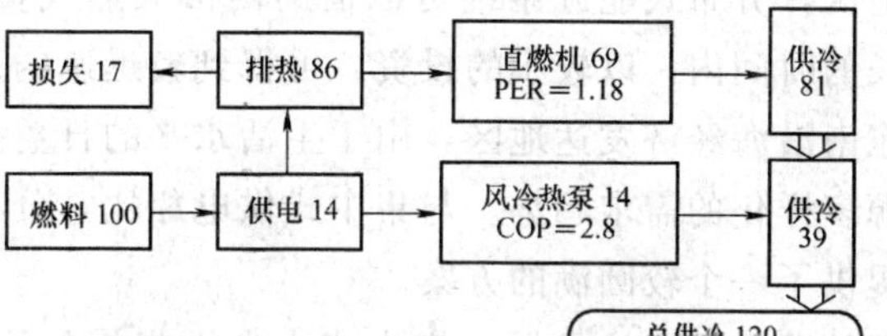

1.20

提高电效率

(3) 电动离心机＋双效吸收机

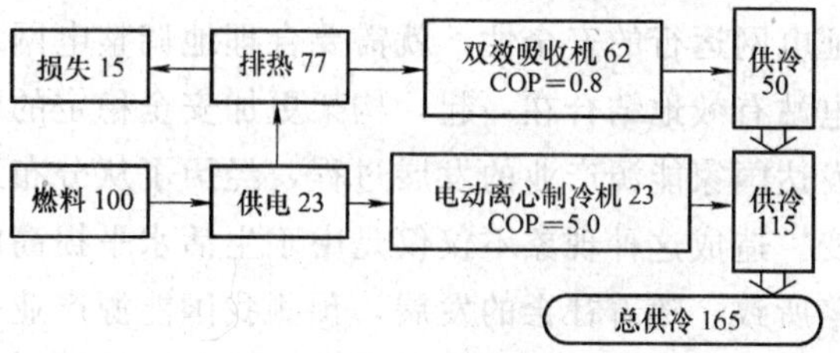

1.65

(4) 电动风冷机组＋双效吸收机

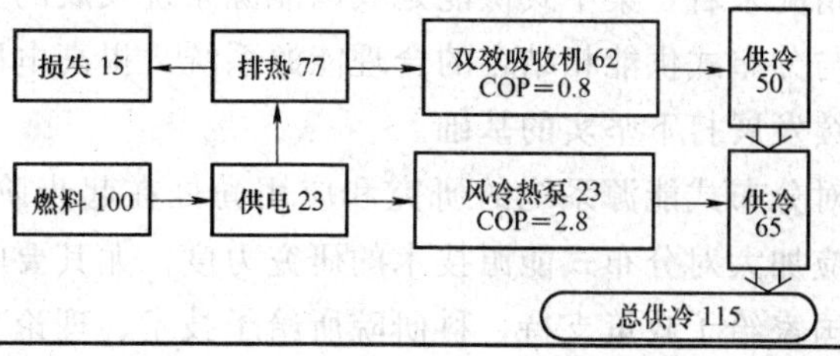

1.15

表 10－5 中的几种方案，只有方案（3）（电动离心机＋双效吸收机）的能效高于任何一个传统方案。而方案（1）（电动离心机＋直燃机）与表 10－3 中方案 1（电动离心机）基本持平，说明热电联产机组和直燃机的投资是多余的；方案（2）（风冷冷水机组＋直燃机）与表 10－3 中方案 3（直燃机）基本持平，说明热电联产机组和风冷冷水机组的投资是多余的。

当然，系统能效只是问题的一个方面。如果从运行经济角度考虑，采用热电冷联产系统实际是用天然气取代电力作为建筑的能源。应分别计算出传统供冷方式和热电冷联产供冷方式的单位冷量能源费用来进行比较。由于各地电价和天然气价相差很大，必须因地制宜地根据当地实际情况计算。如果得到的结果是热电冷联产系统的运行费比较低，那么紧接着的问题是系统的投资回收期的测算。投资回收期测算又与系统的运行方式、运行时间表有关。

从表 10－3 和表 10－5 的比较也可以看出，热电冷联产系统的本质是回收发电系统过去被丢弃的排热、废热或余热，以提高综合能效，即在保证发电效率的前提下充分利用余热。如果为了用热而抑电，就是本末倒置了。尤其是楼宇热电冷联产，所用的发电机组功率比较小，效率远远比不上大型电厂的大发电机组。它的优势在于综合效率和就近供能，而发挥其综合效率的关键是系统合理的配置和科学的运行，热电冷联产机组的研发固然重要，系统集成和末端合理应用则是更重要的环节。

10.3　分布式能源系统的发展前景及应用

分布式能源系统的发展建立在常规电网已成规模的基础之上，和原有的中心电站互为补充，不存在根本利益冲突。

我国幅员辽阔，但能源资源相对比较贫乏，而且各地区经济发展不平衡。对于西部等边远、落后地区，分布式能源系统可以借助西部天然气资源丰富、可再生能源多种多样的优势，在不长的时间内，以较小的投资，可得到较迅速的发展，为西部经济发展提供有力的支撑。对于东南沿海经济发达地区，由于生活水平的日益提高，已经出现了类似于西方发达国家对于能源多样化的需求趋势。与集中式供电相比，分布式供能显现了突出的优点，为解决上述问题提供了一个较圆满的方案。

随着经济建设的飞速发展，集中式大电网规模的迅速发展所带来的安全性隐患不容忽视。为保证电网运行的安全性，就需要合理地调整电网结构，通过将分布式能源系统和集中式的中心电站有效地结合在一起，构架更加安全稳定的电力系统。

西方发达国家能源产业的发展过程，经历了从分布式供能到集中式供能，又到两者结合供能的演变。造成这种现象不仅仅是由于生活水平提高的需求，而且也是集中式供能方式所存在的缺陷所致。随着社会的发展，预测我国能源产业也将面临类似的问题。从目前能源产业的发展情况来看，集中式供能是我国能源系统发展的主要方向，但从长远看，构造一个集中式供能与分布式供能相结合的合理能源系统，提高电网的质量和可靠性，将为我国能源产业的可持续发展打下坚实的基础。

我国对分布式能源系统的研究和应用尚处在起步阶段，要在未来的竞争中占有一席之地，首先应加大对分布式能源技术的研究力度，尤其要吸引社会资本的参与，让企业研发成为主角，国家给予政策支持，科研院所给予技术、理论支持；其次，有关部门应该借鉴发达国家的成功经验，为我国分布式能源技术的研究和应用提供宏观指导。可以预测在能源结构调整中，分布式能源系统将成为未来能源可持续发展的一个重要领域。下面介绍几个分布式能源系统成功应用项目。

1. 北京奥运能源展示中心

为体现科技奥运和绿色奥运的精神，使能源建设成为奥运行动的亮点，在奥林匹克公园内建设了奥运能源展示中心（Energy Park）。

能源展示中心为奥运中心区的国家体育场、国家游泳中心、信息大厦等共 41 万 m^2 的场馆建筑提供所需的全部空调、采暖和生活热水，并供应部分电力，项目采用常规能源与可再生能源互补的、先进的分布式冷热电联产系统。

系统由小型燃气轮机、双效余热型溴化锂吸收式制冷/热泵机组、低温余热锅炉、吸收式除湿装置和压缩式制冷/热泵机组组成的燃气轮机一吸收机的分布式热电冷联产系统。

在制冷工况运行时燃料先进入燃气轮机发电，燃气轮机排烟直接驱动余热型双效溴化锂吸收式机组制冷，同时，利用吸收式制冷凝器的特点，回收其部分排热，用于生产生活热水和为游泳中心的池水加温；其余排热利用城市中水冷却。离开吸收式机组的 170 ℃的烟气，进入低温余热锅炉，产生约 95 ℃热水，用于驱动吸收式除湿装置。压缩式机组主要作用是利用低谷电和系统多余电力蓄冷。当系统电冷比大于负荷电冷比时，压缩式制冷系统开始工作，把多余的电转化为冷存储起来；当系统电冷比小于负荷电冷比时，将蓄能装置所存储的冷量释放出来。

在制热工况下运行时，燃气轮机排烟直接驱动双效溴化锂吸收式机组，采用吸收/压缩复叠式热泵技术。热泵运行的低温热源由两部分组成：一部分来自太阳能和地热的低温热，另一部分来自压缩式机组从中水中提取的热量，该热泵也起到调节电热比的作用，此时低温余热锅炉所产生的热水直接用于供暖和提供生活热水。

奥运能源展示中心分布式能源系统项目建设估算总投资为 12960 万元。在含税热价 35 元/m^2（合 51.41 元/GJ），含税冷价 40 元/m^2（合 1.00 元/冷吨），含税电价为 0.623 元/kWh 基础上，测算项目内部收益率为 15.43%，投资回收周期 7.2 年。因此，项目经济上是合理的。奥运能源展示中心项目采用分布式冷热电联产技术，对天然气、太阳能、地热、中水等进行综合利用，并与场馆功能有机结合，向国家体育场、国家游泳中心和信息大厦供应冷、热、生活热水及部分电力，是能源、资源综合利用的分布式多功能绿色能源系统。

技术方面，奥运能源展示中心设计功能满足上述三场馆的能源需要，同时突出系统可靠性、技术先进性、环境友好性、经济可行性和对先进能源利用技术的展示作用，在系统集成和性能指标等方面优于国际现有分布式热电冷联产系统。项目方案具有很高的能源利用率。推荐方案与传统分产系统相比，在额定制冷和制热工况下节能率分别超过 30%和 35%。

项目在节能率、环保、可靠性等方面充分体现“科技奥运”、“绿色奥运”的精神，成为奥运建设的亮点。项目的建设还能为解决城市电力和城市燃气负荷的季节峰谷问题开辟新的途径，并能展示我国电力系统的先进性、开放性和灵活性。

2. 广州大学城

2003 年 7 月初，由华南理工大学华贲教授主持完成的《广州大学城区域能源规划研究》

在广州通过来自全国各地专家的审查。该规划研究提出采取先进的燃气轮机热电冷三联供技术，通过能源服务公司和 BOT 方式解决区内 10 所大学的热电冷供应。

广州大学城将新建于广州南部珠江中的小谷围岛地区，一期工程占地面积 18 平方公里，拟建建筑面积 724 万平方米，将容纳人口 25 万人，其中学生 14 万人，预计将需要制冷总装机容量 11.7 万冷吨，用电负荷 20.32 万 kW。将有 10 所大学迁入大学城，项目建成将是亚洲地区最大的大学城市。

为解决如此巨大能源需求，《广州大学城区域能源规划研究》建议采用世界先进的，并为各国大学普遍采用的燃气轮机联合循环热电冷联产技术，其系统如图 10—12 所示，通过对能源的“温度对口、梯级利用”方式，解决大学城的基本能源供应。

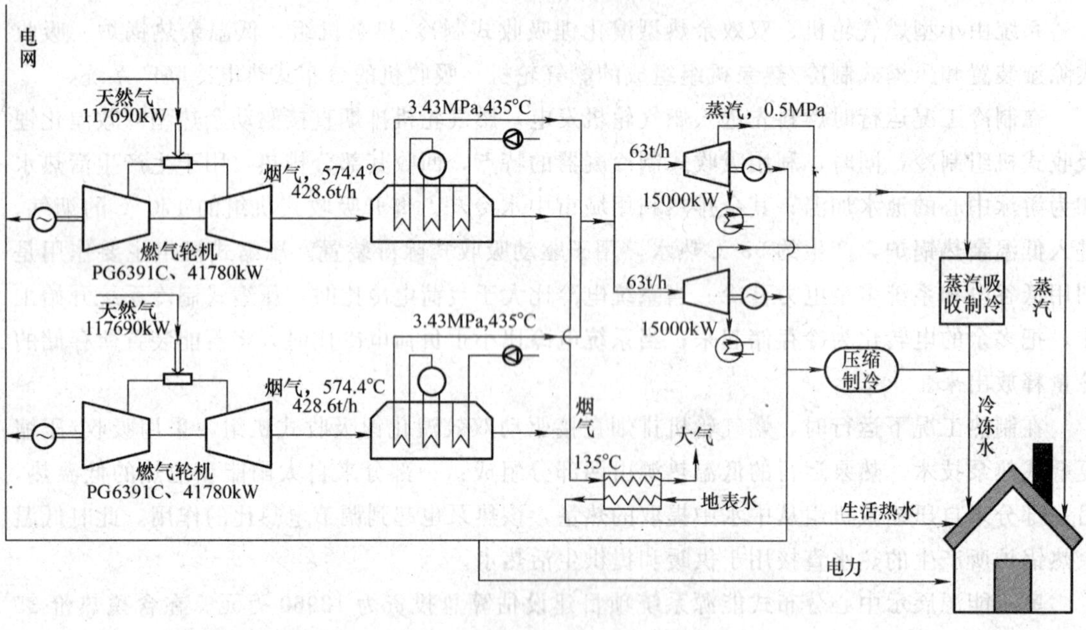

图 10—12　广州大学城燃气轮机联合循环三联供系统

该项目计划装机总容量 125MW，燃料利用广东 LNG 项目通过的天然气资源，采用燃气轮机作为动力源发电，将余热生产蒸汽再次驱动蒸汽轮机发电，再将做功后的乏汽通过蒸汽管道送往 5 个大型集中制冷站进行区域供冷，系统综合热效率高达 80.9%。

动力站机组及规模为设置 2 台 50MW 内燃机，装设余热锅炉和抽凝机组，抽汽量为 100t/h 供应吸收制冷及供汽，可满足大学城全年总用电量的 80%，占地约 500 余亩（含余热锅炉、冷却塔等）。采用集中供冷方式，制冷站沿共同管沟设置 5 个，总最大负荷 11 万冷吨，电压缩制冷 80%，蒸汽吸收制冷 20%，采用冰蓄冷技术，双工况冷机。

动力站部分投资额：约 5 亿人民币，包括：燃机设备及安装费用，余热锅炉及汽轮机费用，燃气（LNG）、蒸汽管线费用，10kV 电网输电设施费用（不含用地费用）。投资回收期（动力站部分）：按照燃气（LNG）价格以调峰电厂直供价计算，投资回收期 6～9 年；运营机制：大学城管委会-能源服务公司-用户三方协议，若干年内特许经营；能源服务公司建议按照 BOT 模式动作。目前全国各地正在规划建设的大学城有 40 多个，广州大学城的能源规划将对全国有重要的示范作用。

3. 其他

北京首都机场扩建工程的分布式能源工程将由国家电网公司的三产企业中兴电力实业发展总公司参加筹建。北京国际商城的分布式能源工程将由华电集团华电工程公司参加筹建。为探讨分布式能源发电上网可能发生的问题和需制订的政策，北京市科委已立项："北京小型分布式发电并网运行可行性研究"科研课题，由北京供电公司和清华大学电机系承担。另外，电力系统也有一些领导和专家已开始重视分布式能源建设，关心小型热、电、冷工程的发展，认为这将是对大电力系统的辅助和补充，发展势头将会很迅猛。

积极发展天然气热电联产，在有天然气供应的中心城市扩大天然气热电冷联产的规模，在高新技术开发区、经济技术开发区等工业园区、大学、商业中心区等区域建设天然气热电厂。根据电力负荷的特点，在具备条件的地区建设采暖期供热，夏季作为高峰电源使用的天然气电厂，并积极发展采用各种新技术的小型天然气热电冷三联产等独立供能系统。

天然气热电装机主要应在北京、上海、江苏、浙江、广东等地发展，分布式能源、小型热、电、冷联产也应在这个区域发展。这是天然气的气源、当地雄厚的经济基础和严格的环保要求等条件所决定的。

北京市集中供热已代替233座燃煤锅炉房。近几年北京大力加速城市基础设施建设，加速危房改造，从2002年开始全面启动奥运场馆的施工。2002年北京市施工总面积达9697万平米，全年竣工总面积3121万平米。

北京目前有高等院校62所，医院466个，这些都是分布式能源发展的好市场。更重要的是由于医院消毒要用蒸汽，病房要用生活热水，最适于发展分布式能源实现热电冷联产。

天津市的天然气来源较丰富，目前有渤海西部、大港油田、华北油田和陕北长庆油田天然气。到2002年底，天津市拥有5.7亿 m^3 的气源指标，7亿 m^3/a 的输气管网。天津目前经济建设飞速发展，电源供电缺口很大，天津海河两岸综合开发许多大型公用和商用建筑，耗电量大，还需采暖与制冷。目前天津商业电价为：高峰0.95元/kWh，平电0.6元/kWh谷电0.28元/kWh，这是发展分布式电源实现热电冷联产的极好机遇，天津大学城的建设也将为发展分布式电源提供极好的机遇，目前天津市计委已认识到调整燃料结构发展分布式能源对天津发展国民经济的重要意义，近期将组织有关部门和单位到上海、江苏等地考察国内分布式能源建设的实际情况，并将组团到欧州工业化发达国家实地取经，以便为天津分布式能源的发展打好基础。

到2002年底我国有单机6 000 kW及以上燃气轮机166台，共649万kW，柴油机组520台，共569万kW，尚不包括各工业企业、商店为应时缺电而自备的小发电装置，这些机组未上报电力部门也未进入统计口径，这些为应对缺电而建的分布式电源大部在广东省。

广东省能源自给率很低（仅1%左右），除少量山区小水电和小煤矿外，大部能源需外供，电力主要依靠省网，最近几年，供电缺口达100万kW，限电造成工业直接损失达10亿元/a；以煤为主的能源结构使酸雨居高不下，全省酸雨控区面积已达63%，直接经济损失40亿元/a。

广东省由于能源缺乏，我国第一个进口LNG项目确定在广东，澳大利亚为广东LNG的资源供应地，一期工程合同期为25年，年合同量325万吨LNG，这为广东发展分布式能源提供了物质基础。广东由于气候原因，空调制冷时间长，冷负荷需求大，为发展分布式能源提供了好机遇。

附　录

建筑节能相关法律、法规和政策

1　法律

中华人民共和国节约能源法
中华人民共和国可再生能源法
中华人民共和国建筑法
中华人民共和国标准化法
中华人民共和国清洁生产促进法
中华人民共和国循环经济促进法

2　行政法规

公共机构节能条例
民用建筑节能条例
建设工程勘察设计管理条例
建设工程质量管理条例
标准化法实施条例

3　部门规章

民用建筑节能管理规定
实施工程建设强制性标准监督规定
建设领域推广应用新技术管理规定

4　“十一五”规划

《国民经济和社会发展第十一个五年规划纲要》
《国家中长期科学和技术发展规划纲要（2006—2020年）》

5　重要文件

《国务院关于印发节能减排综合性工作方案的通知》
《国务院关于加强节能工作的决定》
《国务院关于做好建设节约型社会近期重点工作的通知》
《国务院办公厅关于进一步推进墙体材料革新和推广节能建筑的通知》

《国务院办公厅关于严格执行公共建筑空调温度控制标准的通知（国办发［2007］42号）》

《国务院办公厅关于印发2009年节能减排工作安排的通知（国办发［2009］48号）》

《国务院关于进一步加大工作力度确保实现“十一五”节能减排目标的通知（国发〔2010〕12号）》

《中国节能产品认证管理办法》

《民用建筑太阳能热水系统应用技术规范》

《绿色建筑技术导则》

6　建筑节能设计标准

《公共建筑节能设计标准（GB 50189—2005）》

《民用建筑节能设计标准（JGJ 26－1995）》

《居住建筑节能设计标准（DBJ 14－037—2006）》

建筑节能相关规范性文件

《中国节能技术政策大纲》

《中国节能技术政策大纲（2005年修订征求意见稿）》

《能源发展重点专项规划（“十五”计划）》

《节能中长期专项规划》

《节能中长期专项规划》十大重点节能工程

《2000～2015年新能源和可再生能源产业发展规划要点》

《建设部建筑节能试点示范工程（小区）管理办法》

《建设部建筑节能“十一五”计划纲要》

《新能源和可再生能源产业发展“十一五”规划》

《能源节约与资源综合利用“十一五”规划》

《重点用能单位节能管理办法》

《建设事业技术政策纲要》

《促进我国建筑节能工作的建议》

《新能源基本建设项目管理的暂行规定》

《关于加强城市照明管理促进节约用电工作的意见》

《能源效率标识管理办法》

《关于做好（民用建筑节能管理规定）宣传和实施工作的通知》

《夏热冬冷地区居住建筑节能设计标准》

《新建居住建筑严格执行节能设计标准》

《关于城镇供热体制改革试点工作的指导意见》

《墙体材料革新“十一五”规划》

天津市建筑节能相关规范、标准

地方标准名称	地方标准编号	主编单位	实施日期
天津市城镇燃气供气设施运行管理标准	DB/T 29－119－2005	天津市燃气管理处	2005－4－1
天津市城市供水管网维护管理技术标准	DB/T 29－121－2005	自来水集团有限公司管网分公司	2005－4－1
居住建筑节能工程施工技术规程	DB 29－125－2005	天津市墙体材料革新和建筑节能办公室，天津市建设工程质量监督总站	2005－4－1
居住建筑节能工程质量验收规程	DB 29－126－2005	天津市墙体材料革新和建筑节能办公室，天津市建设工程质量监督总站	2005－4－1
现浇发泡夹芯保温墙体施工及验收规程	DB/T 29－135－2005	天津市建材集团（控股）有限公司	2005－5－1
《05系列建筑标准设计图集》	DBJT 29－18－2005	天津市建筑标准设计办公室	2005－7－1
天津市居住建筑节能施工工法指南		天津市建设工程质量监督管理总站	2005－9－1
天津市公共建筑节能设计标准	DB 29－153－2005	天津市建筑设计院、天津市墙体材料革新和建筑节能管理中心	2005－10－1
公共建筑节能工程施工技术规程	DB 29－158－2006	天津市建设工程质量监督管理总站，天津市墙体材料革新和建筑节能管理中心	2006－2－1
公共建筑节能工程质量验收规程	DB 29－159－2006	天津市建设工程质量监督管理总站，天津市建筑科学研究院	2006－2－1
天津市建筑节能门窗技术规程	DB 29－164－2006	天津建科建筑节能环境检测有限公司，天津市建设工程质量监督总站	2006－10－1
居住建筑节能检测标准	DB 29－88－2004	天津市房产住宅科学研究所	2004－11－1

参考文献

[1] 清华大学建筑节能研究中心．中国建筑节能年度发展研究报告 2010［M］．北京：中国建筑工业出版社，2010.

[2] 杨洪兴，周伟．太阳能建筑一体化技术与应用［M］．北京：中国建筑工业出版社，2009.

[3] 赵荣义．空气调节［M］．北京：中国建筑工业出版社，2009.

[4] 曹启坤．建筑节能工程材料与施工［M］．北京：化学工业出版社，2009.

[5] 张雄，张永娟．建筑节能技术与节能材料［M］．北京：化学工业出版社，2009.

[6] 武涌，龙惟定．建筑节能管理［M］．北京：中国建筑工业出版社，2009.

[7] 龙惟定，武涌．建筑节能技术［M］．北京：中国建筑工业出版社，2009.

[8] 中国建筑学会建筑电气分会．电气节能与太阳能应用技术［M］．北京：中国建筑工业出版社，2009.

[9] 孙力强．建筑节能与环保［M］．北京：高等教育出版社，2009.

[10] 孙奉仲，杨祥良，高明，等．热电联产技术与管理［M］．北京：中国电力出版社，2008.

[11] 李联友．建筑设备运行节能技术［M］．北京：中国电力出版社，2008.

[12] 邹宁宇．墙体屋面绝热材料［M］．北京：化学工业出版社，2008.

[13] 上海现代建筑设计（集团）有限公司，上海市建筑建材业市场管理总站．建筑节能环保技术与产品：冷热源［M］．北京：中国建筑工业出版社，2008.

[14] 江亿．天然气热电冷联供技术及应用［M］．北京：中国建筑工业出版社，2008.

[15] 建设部干部学院．实用建筑节能工程设计［M］．北京：中国电力出版社，2008.

[16] 寿明道．制冷与空气调节技术［M］．北京：电子工业出版社，2008.

[17] 唐中华．空调制冷系统运行管理与节能［M］．北京：机械工业出版社，2008.

[18] 付小平，杨洪兴，安大伟．中央空调系统运行管理［M］．北京：清华大学出版社，2008.

[19] 建设部干部学院．实用建筑节能工程技术措施［M］．北京：中国电力出版社，2008.

[20] 付祥钊，肖益民．建筑节能原理与技术［M］．重庆：重庆大学出版社，2008.

[21] 徐伟．可再生能源建筑应用技术指南［M］．北京：中国建筑工业出版社，2008.

[22] 徐峰，张雪芹，华七三．建筑保温隔热材料与应用［M］．北京：中国建筑工业出版社，2007.

[23] 罗忆，刘忠伟．建筑节能技术与应用［M］．北京：化学工业出版社，2007.

[24] 赵军，戴传山．地源热泵技术与建筑节能应用［M］．北京：中国建筑工业出版社，2007.

[25] 朱洪祥．建筑节能实用技术与应用［M］．济南：黄河出版社，2007.

[26] 鱼剑林，王沣浩．建筑节能应用新技术［M］．北京：化学工业出版社，2006.

[27] 李汉章．建筑节能理论与实践［M］．北京：中国建筑工业出版社，2006.

[28] 刘万峰．建筑节能理论与技术［M］．兰州：甘肃科学技术出版社，2006.

[29] 李德英．建筑节能技术［M］．北京：机械工业出版社，2006.

[30] 北京市建设委员会．建筑设计与建筑节能技术［M］．北京：冶金工业出版社，2006.

[31] 徐春霞．建筑节能和环保应用技术［M］．北京：中国电力出版社，2006.

[32] 河南省建设工程质量监督总站．建筑节能低压电器及水暖管材工程检测［M］．郑州：黄河水利出版社，2006.

[33] 李汉章．建筑节能技术指南［M］．北京：中国建筑工业出版社，2006.

[34] 龙惟定．建筑节能与建筑能效管理［M］．北京：中国建筑工业出版社，2005.

[35] 李先瑞．供热空调系统运行管理、节能、诊断技术指南［M］．北京：中国电力出版社，2004.

[36] 张鹤飞．太阳能热利用原理与计算机模拟［M］．2 版．陕西：西北工业大学出版社，2004.

[37] 付祥钊．夏热冬冷地区建筑节能技术［M］．北京：中国建筑工业出版社，2004.
[38] 陈在康，丁力行．空调过程设计与建筑节能［M］．北京：中国电力出版社，2004.
[39] 王荣光，沈天行．可再生能源利用与建筑节能［M］．北京：机械工业出版社，2004.
[40] 朱盈豹．保温材料在建筑墙体节能的应用［M］．北京：中国建材工业出版社，2003.
[41] 李金川．空调运行管理手册［M］．上海：上海交通大学出版社，2000.
[42] 方贵银．蓄冷空调工程实用新技术［M］．北京：人民邮电出版社，2000.
[43] 吴喜平．蓄冷技术和蓄热电锅炉在空调中的应用［M］．上海：同济大学出版社．2000.
[44] 孙晓慧．浅析节能建筑与建筑节能［J］．矿业工程，2010，3：64－65.
[45] 张连芬．推广建筑节能，做好可持续发展［J］．内蒙古科技与经济，2010（1）．
[46] 特古斯格日勒，麦拉苏，葛壮．浅析建筑节能［J］．内蒙古民族大学学报，2010，16（2）：46－47.
[47] 王慧．浅谈节能建筑外墙面砖的脱落问题［J］．科技情报开发与经济，2010（02）：217－218.
[48] 肖玲．浅谈建筑的可持续发展［J］．科技资讯，2010，13：79.
[49] 江亿．科学发展观实现中国特色建筑节能［J］．城市住宅，2009（1）：22.
[50] 关苗．建筑节能需双管齐下［J］．中化建筑报，2009（5）．
[51] 马琳．中国节能建筑思想酝酿变革［J］．中国房地产报，2009，9（2）：019.
[52] 禚静．太阳能热泵系统简介［J］．江西能源，2007（1）：20－23.
[53] 万蓉，刘加平，孔德泉．节能建筑——绿色建筑与可持续发展建筑［J］．四川建筑科学研究，2007，33（2）．
[54] 谭杨威，刘玲．建筑节能设计存在的问题的探讨［J］．中外建筑，2007（6）．
[55] 李晓明，建筑节能逼出来的商机［J］．中国投资，2006（7）：14－19.
[56] 庄剑英．建筑节能与节能建筑材料［J］．墙材革新与建筑节能，2005（07）．
[57] 李锐，张建国，等．太阳能热泵系统［J］．可再生能源，2004，116：30－32.
[58] 郁文红，杨昭．采暖居住建筑节能改造收益分析［J］．节能，2004（12）：21－23.